確率解析への誘い

― 確率微分方程式の基礎と応用

成田 清正 著

はじめに

　大学初年次で学ぶニュートン・ライプニッツの微分積分は確定的に 1 つ定まる関数を対象としている．その関数が表す曲線はジェットコースターが画くような滑らかな道で，ミクロの部分を拡大していくと，ほとんど直線に近い．これに対して，確率論で学ぶ解析は偶然で不規則に変化する関数を対象としている．その関数が表す曲線は連続ではあるが，揺らいでいるノイズが画くような道で，ミクロの部分を拡大しても，ジグザグした模様のままである．このような関数は情報，通信，ネットワーク，環境，医学，生体信号，金融など，多くの分野で用いられている．そして，現象数理のモデルに熱い視線が注がれている今日，確率解析の学びが望まれている．

　しかし，学びのためには偶然，積分，収束という 3 つの概念の門をくぐり抜けなければならない．これらの門は，測度論またはルベーグ積分論の道でつながっているが，初心者にとっては難関とされている．そこで，大学初年次の微分積分，線形代数および確率統計のもとに，確率解析の基礎から応用までを丁寧に辿り，深いことを面白く伝えたいと試みたのが本書である．具体的には，この本 1 冊だけで知見の習得が完結できるよう，次のようなことを目標にしてまとめた．

1. 確率論の基礎概念から偶然に変化する系列までを平易に透視して，伊藤理論による確率積分の勘所を読み取りの繰り返しで押さえることができる．
2. 非常に簡単な問題について，ずっと詳しく調べると一般の場合が本当に分かる，という実感がもてる．そして，節ごとの例題と問で自学自習ができる．
3. 線形現象，測度の変換，パラメータの統計的推定，安定性問題，人口動態，競争と共存，フィルター問題，金融のブラック・ショールズモデル，これらを通じてタイムリーな応用への展望をもつことができる．
4. リスクを最小にしてマネジメントあるいはデザインしようと努める人たちにとって，スマート社会の懸け橋になることができる．

さて,偏りのない硬貨を投げ続けて,表が出たら $(+1)$,裏が出たら (-1) と加算していく反復試行を実行しよう.このとき,x 回での結果 $y = y(x)$ は数直線上の原点から前後にスキップして進む人の位置を表している.また,表ならば 1 円もらい,裏ならば 1 円払うというギャンブルの場合は x 回での所持金を表している.これらの推移はランダムウォークとよばれ,xy 平面で描くと折れ線グラフになる.もちろん,グラフは硬貨投げの表裏の結果によって偶然に変化する.

そこで,硬貨を投げることを瞬時に繰り返し,表裏の結果に応じて,± 1 の代わりに微小量だけ移動するときの経路を描く.もちろん,時空の瞬間操作であるからコンピュータの仕事になるが,細かなジグザグ模様の連続なグラフが出来上がる.これが,いわゆるブラウン運動の経路である.ブラウン運動という名称は,水の表面に浮かぶ花粉粒子の不規則な動きを観察したスコットランドの生物学者ブラウン (1828 年) に由来する.時を経て,ブラウン運動をする粒子に関する確率法則の方程式がアインシュタイン (1905 年) によって導出され,厳密な理論が数学者ウイーナー (1923 年) によって体系化され,さらに,古典的なニュートン・ライプニッツの方法だけでは扱えない偶然現象の解析理論が伊藤清 (1944, 1946, 1951 年) によって構築された.

一方,フランスのバシュリエ (1900 年) が初めて株価の推移をブラウン運動によってモデル化してから 1 世紀以上経った近年,フィンテック (FinTech) という新しい分野が注目されている.これは金融＋情報技術 (Finance + Information Technology) の造語で,金融と情報技術を融合した技術革新のことである.確率解析の応用はますます拡がって来ている.

本書における確率解析は,伊藤理論による確率積分をもとに定式化された確率微分方程式,すなわち偶然な環境を考慮してつくられた現象数理のモデルを扱った方程式について,基礎から応用までの入門コースを対象としている.

本来,筆者は伊藤清先生について語る資格はない.しかし,個人的な思い出を記すことをお許しいただきたい.じつは,直接お話できたのはずいぶん前のことで,事務的な連絡と研究集会のときにお言葉をいただけであるいる.今でも何か温かいものが残っている.その後,確率論とその応用に関して,多くの先生と研究者の皆様にご教授いただき学びの道を歩むことができたのは,望外の幸せである.

筆者はこれまで，共立出版からエクササイズシリーズでお世話になってきた．この度，共立出版編集部の大越隆道氏は大所高所から筆者の意を汲んでお仕事を進めて下さり，三浦拓馬氏は糸を紡いで織っていくような作業を巧みに続けて，読みやすいかたちの作品に仕上げて下さった．また，営業部の稲沢会氏は折々の教育情報の交換を通して励まして下さった．出版に際してお世話になった3氏に心より感謝を表したい．

2016年8月

成 田 清 正

目次

はじめに ………………………………………………………………… iii

第1章　解析学からの準備

1.1　数列の極限 ……………………………………………………… 1
1.2　関数の極限 ……………………………………………………… 4
1.3　微分法 …………………………………………………………… 9
1.4　積分法 …………………………………………………………… 14
1.5　2変数関数の偏微分 …………………………………………… 17
1.6　2重積分 ………………………………………………………… 25
1.7　無限級数 ………………………………………………………… 28
1.8　関数項級数 ……………………………………………………… 30
1.9　常微分方程式 …………………………………………………… 34
1.10　関数の変動と2次変分 ……………………………………… 39

第2章　確率論の基礎概念

2.1　離散型の確率モデル …………………………………………… 45
2.2　連続型の確率モデル …………………………………………… 57
2.3　確率変数の平均 ………………………………………………… 66
2.4　確率変数の変換と収束 ………………………………………… 69
2.5　独立性と共分散 ………………………………………………… 78
2.6　正規分布 ………………………………………………………… 85
2.7　条件付き平均 …………………………………………………… 89
2.8　連続時間の確率過程 …………………………………………… 95

第3章　ブラウン運動

- 3.1　ブラウン運動の定義 ·· 104
- 3.2　ブラウン運動の増分 ·· 109
- 3.3　ブラウン運動の見本経路 ··· 115
- 3.4　ガウス過程としてのブラウン運動 ·· 120
- 3.5　マルコフ過程としてのブラウン運動 ··· 124

第4章　伊藤の確率積分

- 4.1　階段過程に対する確率積分 ·· 133
- 4.2　適合過程に対する確率積分 ·· 140
- 4.3　マルチンゲールをつくるリーマン和 ··· 145
- 4.4　確率積分の実際 ·· 148
- 4.5　確率積分の2次変分と共変動 ··· 156
- 4.6　伊藤過程と確率微分 ·· 159
- 4.7　伊藤の単純公式 ·· 166
- 4.8　伊藤の一般公式 ·· 173
- 4.9　多次元の伊藤公式 ··· 176
- 4.10　ストラトノビッチ積分 ·· 180
- 4.11　マルチンゲールの表現定理 ··· 187

第5章　確率微分方程式

- 5.1　確率微分方程式で表されるモデル ··· 192
- 5.2　ドリフトと拡散の係数 ·· 197
- 5.3　確率微分方程式の解の存在と一意性 ··· 202
- 5.4　リプシッツ条件と線形増大度条件の役割 ··································· 220
- 5.5　多次元の確率微分方程式 ··· 224

第6章 確率微分方程式の解の性質

6.1 マルコフ過程としての解 ･･･228
6.2 チャップマン・コルモゴロフ方程式 ････････････････････････････････235
6.3 解の積率評価 ･･･243
6.4 拡散過程としての解 ･･･250
6.5 コルモゴロフの前向きと後ろ向きの方程式 ････････････････････････255
6.6 拡散過程の関数の平均と偏微分方程式 ････････････････････････････262
6.7 時間的に一様な拡散過程と不変測度 ･･････････････････････････････272

第7章 応用トピックス

7.1 線形確率微分方程式 ･･277
7.2 確率測度の変換とギルサノフの公式 ･･････････････････････････････283
7.3 パラメータの統計的推定 ･･･293
7.4 確率微分方程式の解の安定性 ･･･････････････････････････････････297
7.5 人口動態のロジスティックモデル ････････････････････････････････302
7.6 競争と共生のロトカ・ボルテラモデル ････････････････････････････305
7.7 カルマン・ブーシーのフィルター問題 ･･･････････････････････････312

第8章 金融のブラック・ショールズモデル

8.1 オプションとブラック・ショールズモデル ････････････････････････317
8.2 裁定機会，リスク中立確率，市場の完備性 ･･･････････････････････324
8.3 ブラック・ショールズの偏微分方程式 ････････････････････････････331
8.4 熱方程式とブラック・ショールズのPDE ････････････････････････338
8.5 リスク中立確率とマルチンゲールによる価格付け ･･･････････････343
8.6 ヘッジ戦略 ･･･352

参考図書 ･･363

索引 ･･･366

第1章

解析学からの準備

1.1 数列の極限

本章では,第 2 章以降に必要となる実数値関数の基本事項を準備する.

今後,実数全体の集合を $\mathbb{R}$ で表す.また,定数 a, b の間に $a < b$ という関係があるとき,以下のような形で表される $\mathbb{R}$ の部分集合を総称して**区間**という.

(1) $(a, b) = \{x; a < x < b\}$, $[a, b] = \{x; a \leq x \leq b\}$.
(2) $[a, b) = \{x; a \leq x < b\}$, $(a, b] = \{x; a < x \leq b\}$.
(3) $[a, +\infty) = \{x; a \leq x < +\infty\}$, $(a, +\infty) = \{x; a < x < +\infty\}$.
(4) $(-\infty, a] = \{x; -\infty < x \leq a\}$, $(-\infty, a) = \{x; -\infty < x < a\}$.
(5) $(-\infty, +\infty) = \{x; -\infty < x < +\infty\}$.

特に (a, b) を**開区間**, $[a, b]$ を**閉区間**という.

実数全体の集合 $\mathbb{R}$ 自身は $(-\infty, +\infty)$ とも表される. (3)-(5) の区間を**無限区間**という.これに対して, (1)-(2) の区間を**有限区間**という.記号 "$+\infty$" を**正の無限大**, "$-\infty$" を**負の無限大**という. $+\infty$ を単に ∞ ともかく.

はじめに,実数の集まりに関する基本的な概念を紹介しよう.

実数から成る集合 M が適当な無限区間 $(-\infty, a]$ に含まれるとき, M は**上に有界**であるといい, a を M の**上界**という.同様に, M が $[a', +\infty)$ に含まれるとき**下に有界**であるといい, a' を M の**下界**という.上下に有界であることを単に**有界**という.

a が M の上界で M に属しているとき, a を M の**最大値**といい, $\max M$ で表す.同様に, a' が M の下界で M に属しているとき, a' を M の**最小値**といい, $\min M$ で表す.特に $M = \{a, b\}$ のとき, $\max\{a, b\}$ は a, b のうちの小さくないほうを, $\min\{a, b\}$ は a, b のうちの大きくないほうを表す.

集合 M に最大値あるいは最小値があるとき,それは最小の上界あるいは最

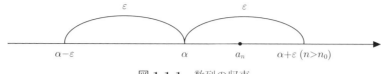

図 1.1.1 数列の収束

大の下界を与えるが,集合 M に最大値あるいは最小値がなくとも,上あるいは下に有界でありさえすれば最小の上界あるいは最大の下界がある.このことは次の**ワイエルシュトラスの定理**から知られている.

定理 1.1.1

実数の集合 M が上に有界ならば,M の上界のうちに最小のものが存在する.また,M が下に有界ならば,最大の下界が存在する.

M の最小上界を**上限**,最大下界を**下限**といい,それぞれ $\sup M$, $\inf M$ で表す.M が上界をもたないとき $\sup M = +\infty$,下界をもたないとき $\inf M = -\infty$ と定める.

次に,離れ離れに整列している実数の集まりを考えよう.一般に,自然数 $n = 1, 2, \ldots, n, \ldots$ の各々に,実数が 1 つずつ対応しているとき,対応している数を順に並べた

$$a_1, a_2, \ldots, a_n, \ldots$$

を**数列**といい,$\{a_n\}$ で表す.$\{a_n\}$ の一部分

$$a_{n_1}, a_{n_2}, \ldots, a_{n_k}, \ldots \qquad (1 \leq n_1 \leq n_2 \leq \cdots \leq n_k \leq \cdots)$$

を $\{a_n\}$ の**部分列**といい,$\{a_{n_k}\}$ で表す.

数列 $\{a_n\}$ で n が限りなく大きくなるにつれて,a_n が限りなく一定の実数 α に近づくとき

$$\lim_{n \to \infty} a_n = \alpha \quad \text{または} \quad a_n \to \alpha \quad (n \to \infty)$$

と表し,α を $\{a_n\}$ の**極限値**といい,$\{a_n\}$ は α に**収束する**という.言い換えれば,どんなに小さな正数 ε が与えられても,ε に対応して十分大きな自然数 n_0 を定めると

$$n_0 \text{ より大きいすべての } n \text{ に対して} \quad |a_n - \alpha| < \varepsilon \qquad (1.1.1)$$

が成り立つということである.

$\{a_n\}$ が収束するための必要十分条件は，どんなに小さな正数 ε が与えられても，ε に対応して十分大きな自然数 n_0 を定めると

$$n_0 \text{ より大きいすべての } m, n \text{ に対して} \quad |a_m - a_n| < \varepsilon$$

が成り立つことである．この条件を満たす数列を**コーシー列**という．

収束しない数列は**発散する**という．発散する数列のうち，n が増すにつれて限りなく大きくなるもの，すなわち，どんなに大きな実数 G が与えられても，G に対応して十分大きな自然数 n_0 を定めると，n_0 より大きいすべての n に対して $a_n > G$ となるような数列 $\{a_n\}$ は**正の無限大に発散する**といい，

$$a_n \to +\infty \quad (n \to \infty)$$

と表す．**負の無限大に発散する**ということも同様に定義される．正または負の無限大に発散する数列についても，$+\infty, -\infty$ を極限とよび，やはり $\lim_{n \to \infty} a_n$ で表す．

数列の極限については，次に述べる上極限，下極限という弱い概念もある．

有界な数列 $\{a_n\}$ に対し，

$$\overline{a}_n = \sup\{a_n, a_{n+1}, \ldots\}, \qquad \underline{a}_n = \inf\{a_n, a_{n+1}, \ldots\}$$

とおく．このとき $\underline{a}_n \leq a_n \leq \overline{a}_n$ で，しかも

$$\overline{a}_1 \geq \overline{a}_2 \geq \cdots \geq \overline{a}_n \geq \cdots, \qquad \underline{a}_1 \leq \underline{a}_2 \leq \cdots \leq \underline{a}_n \leq \cdots$$

となっている．これらの数列の極限をそれぞれ $\{a_n\}$ の**上極限**，**下極限**といい，$\limsup_{n \to \infty} a_n, \liminf_{n \to \infty} a_n$ と表す．すなわち

$$\limsup_{n \to \infty} a_n = \lim_{n \to \infty} \overline{a}_n = \inf \overline{a}_n, \qquad \liminf_{n \to \infty} a_n = \lim_{n \to \infty} \underline{a}_n = \sup \underline{a}_n.$$

上極限と下極限は，任意の数列に対し常に意味をもち，ただ 1 つ存在することが知られている．$\{a_n\}$ が上に有界でないときは $\limsup_{n \to \infty} a_n = \infty$ とおき，下に有界でないときは $\liminf_{n \to \infty} a_n = -\infty$ とおく．

数列の収束を上極限と下極限を用いて表せば次のようになる．

定理 1.1.2

$\lim_{n \to \infty} a_n$ が（$\pm \infty$ も含めて）存在するための必要十分条件は

$$\limsup_{n \to \infty} a_n = \liminf_{n \to \infty} a_n \tag{1.1.2}$$

の成り立つことである．このとき $\lim_{n \to \infty} a_n = \limsup_{n \to \infty} a_n = \liminf_{n \to \infty} a_n.$

> **例題 1.1.1** $a_n = 1 - \dfrac{1}{2^n}$ のとき，$\lim\limits_{n\to\infty} a_n = 1$ となることを (1.1.1) および (1.1.2) に基づいて確かめよ

【解答】 十分小さな ε に対して不等式 $|a_n - 1| = \dfrac{1}{2^n} < \varepsilon$ を n について解けば，$n > (-\log_{10}\varepsilon)\left(\dfrac{1}{\log_{10} 2}\right)$ となる．この右辺の値の整数部分を k_0 として，$n_0 = k_0 + 1$ とおく．そうすれば，$n > n_0$ のとき常に $|a_n - 1| < \varepsilon$ とできる．たとえば $\varepsilon = 10^{-6}$ に対しては $(-\log_{10}\varepsilon)\left(\dfrac{1}{\log_{10} 2}\right) = 6\left(\dfrac{1}{\log_{10} 2}\right) = 19.931\cdots$ となるから，$k_0 = 19, n_0 = 20$ である．ε がどんなに小さくても，それに応じて (1.1.1) が成り立つような n_0 を選ぶことができる．

もとの数列は単調に増加し，$a_1 < a_2 < \cdots < a_n < \cdots$ かつ $a_n \leq 1$ であることに注意する．このとき定義から $\overline{a}_n = \sup\{a_n, a_{n+1}, \ldots\} = 1$．これは n によらないから，その下限も 1，すなわち $\inf \overline{a}_n = 1$ である．したがって，$\limsup\limits_{n\to\infty} a_n = 1$．他方，$\underline{a}_n = \inf\{a_n, a_{n+1}, \ldots\} = a_n \leq 1$ によって，その上限は $\sup \underline{a}_n = 1$ である．したがって，$\liminf\limits_{n\to\infty} a_n = 1$．以上から $\limsup\limits_{n\to\infty} a_n = 1 = \liminf\limits_{n\to\infty} a_n$，すなわち (1.1.2) が成り立つ．ゆえに，$\lim\limits_{n\to\infty} a_n = 1$．

問 1.1.1 数列 $\{a_n\}, a_n = (-1)^n + \dfrac{1}{n}$ に対して，上極限と下極限を求めよ．

【解答】 $a_{2n} = 1 + \dfrac{1}{2n}, a_{2n-1} = -1 + \dfrac{1}{2n-1}$ であるから，偶数次の項は正で減少して 1 に近づき，奇数次の項は負で減少して -1 に近づく．上極限は偶数次の項の中にあり，下極限は奇数次の項の中にある．$\overline{a}_{2n} = 1 + \dfrac{1}{2n}, \inf \overline{a}_{2n} = 1$．したがって，$n$ を十分大きくすると $\limsup\limits_{n\to\infty} a_n = 1$．また $\underline{a}_{2n-1} = -1$，$\sup \underline{a}_{2n-1} = -1$ であるから，n を十分大きくすると $\liminf\limits_{n\to\infty} a_n = -1$．

1.2 関数の極限

1 つの変数 x に対して，値 y がただ 1 つだけ定まるような規則 f を（x の 1 変数）**関数**といい，

$$y = f(x)$$

とかく．独立変数 x の動く範囲を**定義域**，従属変数 y のとる値の範囲を**値域**という．定義域が D で，値域が E の関数 $y = f(x)$ を

$$f : D \to E$$

とかくこともある.

関数 $f(x)$ において，変数 x が a 以外の値をとりながら定数 a に近づくとき，その近づき方に無関係に $f(x)$ が定数 A に近づくならば，x が a に近づくとき $f(x)$ は A に**収束する**といい，

$$\lim_{x \to a} f(x) = A \quad \text{または} \quad f(x) \to A \quad (x \to a) \tag{1.2.1}$$

と表す．この場合，定数 A を $x \to a$ のときの関数 $f(x)$ の**極限値**という．言い換えれば，$|x - a|$ が正で十分小さくさえあれば，$|f(x) - A|$ をどれほどでも小さくできるということである.

(1.2.1) において，x が a に近づくときというのは，a への近づき方に無関係という意味である．そこで，近づき方に依存する場合の極限を考える．

(1) 変数 x が a の右から a に近づくとき，$f(x)$ が定数 A に近づくならば，A を "x が右から a に近づくときの関数 $f(x)$ の**右極限値**" といい，$\lim_{x \to a+0} f(x) = A$ とかく．

(2) 変数 x が a の左から a に近づくとき，$f(x)$ が定数 A に近づくならば，A を "x が左から a に近づくときの関数 $f(x)$ の**左極限値**" といい，$\lim_{x \to a-0} f(x) = A$ とかく．

特に，$\lim_{x \to 0+0} f(x)$ を $\lim_{x \to +0} f(x)$，$\lim_{x \to 0-0} f(x)$ を $\lim_{x \to -0} f(x)$ とかく．

右極限値を $f(a+0)$，左極限値を $f(a-0)$ のように表すことがある．

$x \to a$ のとき $f(x) \to A$ であるとは，右極限値と左極限値が等しいことである．

$$\lim_{x \to a} f(x) = A \Leftrightarrow f(a+0) = f(a-0) \tag{1.2.2}$$

たとえば，$f(x) = [x]$（x を超えない最大の整数）とすると，整数 n に対して，$n < a < n+1$ のとき

$$\lim_{x \to a+0} f(x) = \lim_{x \to a-0} f(x) = n.$$

すなわち，$\lim_{x \to a} f(x) = [a] = n$．しかし，

$$\lim_{x \to n+0} f(x) = n, \quad \lim_{x \to n-0} f(x) = n - 1$$

であるから，$\lim_{x \to n} f(x)$ は存在しない．

2つの関数が 0 に近づくとき，それらのスピードを比べることが必要になる．

定義 1.2.1

$x \to a$ のとき,$u = f(x) \to 0$ ならば,u を ($x \to a$ のときの) **無限小** とよぶ.2 つの無限小 u, v の間に $\lim_{x \to a} \dfrac{u}{v} = 0$ という関係があるとき,u は v より**高位の無限小**であるといい,$u = o(v)\ (x \to a)$ または単に $u = o(v)$ と表す.特に $\lim_{x \to 0} \dfrac{u}{x} = 0$ のとき,$u = o(x)\ (x \to 0)$ とかく.

$u = o(x)\ (x \to 0)$ であるとは,$u = \varepsilon x$ とおくとき,$x \to 0$ ならば $\varepsilon \to 0$ となることを意味するが,ε に関する精密な評価を必要としないとき,$o(x)$ の記法を用いると便利である.

例題 1.2.1 $1 - \cos x = o(x)$ と表されることを確かめよ.

【解答】 $u = 1 - \cos x$ とおく.$\lim_{x \to 0} u = 0$ であるから,u は ($x \to 0$ のときの) 無限小.さらに

$$\lim_{x \to 0} \frac{u}{x} = \lim_{x \to 0} \frac{1 - \cos x}{x} = \lim_{x \to 0} \frac{1 - \cos^2 x}{x(1 + \cos x)} = \lim_{x \to 0} \frac{\sin^2 x}{x} \frac{1}{1 + \cos x}$$
$$= \lim_{x \to 0} \left(\frac{\sin x}{x} \right) \frac{\sin x}{1 + \cos x} = 1 \cdot \frac{0}{1 + 1} = 0.$$

ゆえに,u は $v = x$ より高位の無限小となり,$u = 1 - \cos x = o(x)$.

問 1.2.1 $x^2 - 3x^4 = o(x)$ を示せ.

【解答】 $u = x^2 - 3x^4$ とおく.$\lim_{x \to 0} \dfrac{u}{x} = 0$ であるから $u = o(x)$.

定義 1.2.2

$\lim_{x \to a} f(x) = f(a)$ のとき,すなわち,$x \to a$ のとき,$f(x)$ の極限値 A が $x = a$ における関数の値 $f(a)$ に等しいとき,$f(x)$ は **a で連続**であるという.言い換えれば,任意の正数 ε に対して適当な正数 δ をとれば

$$|x - a| < \delta \text{ を満足するすべての } x \text{ に対して}\quad |f(x) - f(a)| < \varepsilon \tag{1.2.3}$$

が成り立つということである.

連続性については,次のような弱い概念もある.

x が a の右から a に近づいて $\lim_{x \to a+0} f(x) = f(a)$ となるとき,$f(x)$ は a で**右連続**であるという.また,x が a の左から a に近づいて $\lim_{x \to a-0} f(x) = f(a)$ となるとき,$f(x)$ は a で**左連続**であるという.

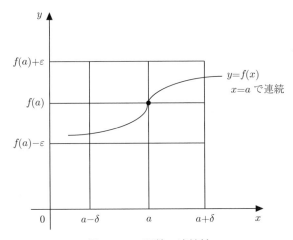

図 1.2.1 関数の連続性

注意 1.2.3 $f(x)$ が a で連続であるとは，a で右連続かつ左連続ということである．まとめると，a において

$$\begin{aligned}右連続 &\Leftrightarrow f(a+0) = f(a) \quad 左連続 \Leftrightarrow f(a-0) = f(a) \\ 連続 &\Leftrightarrow f(a+0) = f(a-0) = f(a)\end{aligned} \quad (1.2.4)$$

また，関数 $f(x)$ が区間 I の各点で連続のとき，$f(x)$ は**区間 I で連続**であるという．

今後のために，連続な関数について基本的な性質を記しておく．

定理 1.2.4
関数 $f(x)$ が閉区間 $[a,b]$ で連続ならば，$M = \{f(x); x \in [a,b]\}$ は有界である．そのとき，M には最大値，最小値が存在する．

上の定理で保証された M の最大値，最小値を，それぞれ関数 $f(x)$ の $[a,b]$ における**最大値**，**最小値**という．したがって，閉区間において連続な関数は，この区間に属する適当な 2 点において，それぞれ最大値と最小値をとる．

連続なグラフをかくとき，高さの違う点を結べば，その中間の点を絶対に 1 回は横切る．このことを示すのが**中間値の定理**である．

定理 1.2.5
ある区間で連続な関数 $f(x)$ がこの区間に属する 2 点 x_1, x_2 で相異なる値 $f(x_1) = \alpha, f(x_2) = \beta$ をとるとき，α, β の中間にある任意の値を γ とすれば，$f(\xi) = \gamma$ となる点 ξ が x_1 と x_2 の間にある．

一般に，関数 $f(x)$ が区間 I で連続なとき，$a \in I$ で連続であるから，(1.2.3) が成り立つ．しかし，同じ ε に対して，δ の大きさは点 a によって異なる．

他方，与えられた ε に対して δ を適当に小さく選びさえすれば，区間 I 内のいかなる a に対しても均一に

$$|x-a|<\delta \quad \text{ならば} \quad |f(x)-f(a)|<\varepsilon$$

が成り立つとき，$f(x)$ はその区間 I で**一様連続**であるという．言い換えれば，ε に対し δ が存在して，

$$|x-x'|<\delta \text{ を満足するすべての 2 点に対して} \quad |f(x)-f(x')|<\varepsilon \quad (1.2.5)$$

が成り立つということである．

例題 1.2.2 関数 $f(x) = x^2$ は区間 $[-1, +1]$ で一様連続であることを確かめよ．

【解答】 この区間では

$$|x^2 - (x')^2| = |x-x'| \cdot |x+x'| \leq |x-x'| \cdot (|x|+|x'|) \leq 2|x-x'|$$

であるから，ε に対して，たとえば $\delta = \dfrac{\varepsilon}{3}$ と定めれば (1.2.5) が成り立つ．

問 1.2.2 関数 $f(x) = \dfrac{1}{x}$ は区間 $(0,1)$ で連続ではあるが，一様連続ではないことを示せ．

【解答】 連続性は明らかである．次に，x, x' を区間内の 2 点（$x > x'$）とする．$|f(x) - f(x')| = \dfrac{x-x'}{xx'} > \dfrac{x-x'}{x^2}$ であるから，$|f(x)-f(x')| < \varepsilon$ であるためには $|x-x'| < \varepsilon x^2$ でなければならない．したがって，ε によって定まる δ は点 x が 0 に近いほど限りなく小さくなり，区間内で共通に定めることはできない．一様連続でない原因は，x が 0 に近づくにつれて値が急激に増大することにある．

しかしながら，閉区間で連続な関数の場合，次の定理が成り立つ．

定理 1.2.6

閉区間で連続な関数は，その区間で一様連続である．

1.3 微分法

定義 1.3.1

区間 I で定義された関数 $y = f(x)$ に対して，$a \in I$ のとき極限 $\displaystyle\lim_{h \to 0} \frac{f(a+h) - f(a)}{h} = C$ が存在するならば，$f(x)$ は**点 a で微分可能**であるという．極限値 C を $f(x)$ の a における**微分係数**といい，$f'(a)$ で表す．すなわち

$$\lim_{h \to 0} \frac{f(a+h) - f(a)}{h} = f'(a). \tag{1.3.1}$$

次の定理が示すように，微分可能性は連続性よりも強い条件である．

定理 1.3.2

$f(x)$ が $x = a$ で微分可能ならば，$x = a$ で連続である．

区間 I 内の各点で微分可能のときは，**区間 I で微分可能**であるという．

x に $f'(x)$ を対応させる関数を $f(x)$ の**導関数**といい $f'(x)$ または y'，$\dfrac{dy}{dx}$，$\dfrac{d}{dx}y$ などとかく．$f(x)$ から $f'(x)$ を求めることを**微分する**という．

注意 1.3.3 一般に，x の増分（変量）を Δx，それに対応する関数 $y = f(x)$ の増分を $\Delta y = f(x + \Delta x) - f(x)$ で表す．このとき，(1.3.1) によって

$$\Delta y = f'(x) \Delta x + \varepsilon \Delta x, \quad \varepsilon \Delta x = o(\Delta x).$$

右辺の主要部分 $f'(x) \Delta x$ を x における $y = f(x)$ の**微分**といい，dy で表す．すなわち，$dy = f'(x) \Delta x$．特に $f(x) = x$ のとき，$f'(x) = 1$ で $dx = \Delta x$ であるから，y の微分 dy と x の微分 dx の間には

$$dy = f'(x) \, dx \tag{1.3.2}$$

なる関係式が成り立つ．この式から $f'(x) = \dfrac{dy}{dx}$ は微分の商 $(dy \div dx)$ という意味をもつとも考えられ，この意味で $f'(x)$ を**微分商**ともいう．微分係数という用語は，(1.3.2) で微分 dy における微分 dx の係数という意味である．これらによって，一般に $\dfrac{dy}{dx} = \phi(x)$ と $dy = \phi(x) \, dx$ とは同一のことを表している．

微分法の中でも，次の**合成関数の微分法**は第 4 章以降に大切となる．

> **定理 1.3.4**
>
> $y = f(u)$ が u について，$u = g(x)$ が x についてそれぞれ微分可能であるとき，合成関数 $y = f(g(x))$ は x について微分可能で
>
> $$\frac{dy}{dx} = \frac{dy}{du} \cdot \frac{du}{dx} \quad \text{すなわち} \quad dy = f'(u)\,du = f'(u)g'(x)\,dx \quad (1.3.3)$$
>
> が成り立つ．

たとえば，$y = a^x$ (a は 1 でない正数) のとき，$y = e^{x \log a}$ であるから，$u = x \log a$ とおけば $y = e^u$．したがって

$$\frac{dy}{dx} = \frac{dy}{du} \cdot \frac{du}{dx} = e^u \cdot \log a = a^x \log a, \quad dy = a^x \log a\,dx.$$

関数の増分 $\Delta y = \Delta f(x)$ については，次に示す**平均値の定理**が知られている．

> **定理 1.3.5**
>
> 関数 $f(x)$ が $[a,b]$ で連続，(a,b) で微分可能ならば
>
> $$\frac{f(b) - f(a)}{b - a} = f'(c), \quad a < c < b \quad (1.3.4)$$
>
> となるような c が存在する．

(1.3.4) において，特に $f(b) = f(a)$ の場合は**ロルの定理**とよばれている．平均値の定理は次の形で用いられることが多い．h の正負にかかわらず

$$f(a+h) = f(a) + f'(a + \theta h)h, \quad 0 < \theta < 1. \quad (1.3.5)$$

定理 1.3.5 を一般化したのが，次に示す**コーシーの平均値の定理**である．

> **定理 1.3.6**
>
> 関数 $f(x), g(x)$ が $[a,b]$ で連続，(a,b) で微分可能ならば
>
> $$\frac{f(b) - f(a)}{g(b) - g(a)} = \frac{f'(c)}{g'(c)}, \quad a < c < b \quad (1.3.6)$$
>
> となるような c が存在する．ただし，$g'(x) \neq 0$ とする．

(1.3.6) において，$g(x) = x$ の場合は平均値の定理になっている．

例題 1.3.1 $f(x), g(x)$ を a の近くで微分可能な関数で，$x \neq a$ では $g(x) \neq 0, g'(x) \neq 0$ とする．$\lim_{x \to a} f(x) = \lim_{x \to a} g(x)$ の値が 0 であるとき，次が成り立つ（**ロピタルの定理**）．このことを確かめよ．

$$\lim_{x \to a} \frac{f(x)}{g(x)} = \lim_{x \to a} \frac{f'(x)}{g'(x)}$$

【解答】 微分可能な関数は連続であるから，$x \to a$ での f, g の極限値は $f(a) = g(a) = 0$．コーシーの平均値の定理から

$$\lim_{x \to a} \frac{f(x)}{g(x)} = \lim_{x \to a} \frac{f(x) - f(a)}{g(x) - g(a)} = \lim_{x \to a} \frac{f'(c)}{g'(c)}, \quad a < c < x \quad \text{または} \quad x < c < a.$$

$x \to a$ のとき，$c \to a$ である．したがって，題意の結果が得られる．

ロピタルの定理は，$\lim_{x \to a} f(x) = \lim_{x \to a} g(x) = \pm\infty$ の場合にも使える．また，$x \to a$ が $x \to \infty$ の場合でも使える．このように，$\frac{0}{0}, \frac{\infty}{\infty}$ の**不定形の極限**は分母子を微分して計算することができる．

問 **1.3.1** $\lim_{x \to 1} \frac{\log x}{x - 1}$ を求めよ．

【解答】 $\frac{0}{0}$ の不定形である．$\lim_{x \to 1} \frac{\log x}{x - 1} = \lim_{x \to 1} \frac{\frac{1}{x}}{1} = \lim_{x \to 1} \frac{1}{x} = 1.$

実数の集合 M が関数 f の定義域に含まれているとする．M に属する 2 数 x_1, x_2 の間に $x_1 < x_2$ という関係があればいつでも，$f(x_1) \leq f(x_2)$ が成り立つとき，f は M において**増加**または**単調増加**であるといい，いつでも $f(x_1) \geq f(x_2)$ が成り立つとき，f は M において**減少**または**単調減少**であるという．増加関数と減少関数をあわせて**単調関数**とよぶ．

関数の単調性は導関数の正負によって判別することができる．すなわち，

★ $f(x)$ は $[a, b]$ で連続，(a, b) で微分可能とする．区間 (a, b) のすべての点で $f'(x) > 0$ $(f'(x) < 0)$ ならば，$[a, b]$ で $f(x)$ は単調増加（単調減少）．

★ 関数は，増加（減少）から減少（増加）の状態に移るとき**極大値**（**極小値**）をとる．極大値，極小値を総称して**極値**という．

応用のためには，増減以外に凹凸の性質も知っておくと便利である．

定義 **1.3.7**

区間 I 上の関数 $f(x)$ が**凸関数**，または（下に）**凸**であるとは，すべての $x_1, x_2 \in I$ と $\lambda \in (0, 1)$ に対して，次を満たすことである．

$$f(\lambda x_1 + (1 - \lambda)x_2) \leq \lambda f(x_1) + (1 - \lambda)f(x_2). \tag{1.3.7}$$

(1.3.7) における不等号の向きが逆の場合，$f(x)$ は**凹関数**，または（下に）**凹**であるという．

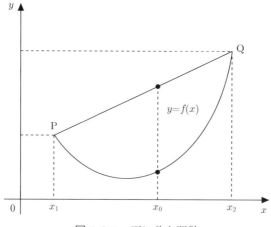

図 1.3.1　下に凸な関数

★ $f(x)$ が微分可能な場合，凸（凹）ということは，曲線 $y = f(x)$ のグラフが曲線上の点における接線の上方（下方）にあることを意味している．

★ 曲線上の点 R の近傍において，一方では曲線が接線の下方にあり，他方ではその上方にあるとき，すなわち，曲線と接線が切り合うとき，R をその曲線の**変曲点**という．

関数 $y = f(x)$ の導関数 $f'(x)$ がある区間 I で微分可能であるとき，$f(x)$ は I で **2 回微分可能**であるといい，$\dfrac{d}{dx}f'(x) = f''(x)$ を $f(x)$ の**第 2 次導関数**という．

$x = c$ を含む十分小さい開区間において，$f(x)$ が微分可能で連続な 2 次導関数をもつとき，

$$\begin{cases} f''(c) > 0 \Rightarrow x = c \text{ の近くで（下に）凸} \\ f''(c) < 0 \Rightarrow x = c \text{ の近くで（下に）凹} \\ f''(c) = 0 \Rightarrow (c, f(c)) \text{ は変曲点} \end{cases}$$

一般に，$f(x)$ の第 $n-1$ 次導関数 $f^{(n-1)}(x)$ が I で微分可能であるとき，$f(x)$ は I で **n 回微分可能**であるといい，$\dfrac{d}{dx}f^{(n-1)}(x)$ を $f(x)$ の**第 n 次導関数**といい，$f^{(n)}(x)$, $\dfrac{d^n}{dx^n}f(x)$, $\dfrac{d^n y}{dx^n}$ などで表す．特に $f^{(0)}(x) = f(x)$ と規約する．$f(x)$ が n 回微分可能で $f^{(n)}(x)$ が I で連続であるとき，$f(x)$ は I で **C^n 級**または **n 回連続微分可能**であるという．

平均値の定理を一般化したのが，次に示す**テイラーの定理**である．

定理 1.3.8

$f(x)$ が $[a,b]$ で C^{n-1} 級，かつ (a,b) で n 回微分可能ならば，次式を満たす値 c $(a<c<b)$ が存在する．

$$f(b) = f(a) + \frac{f'(a)}{1!}(b-a) + \frac{f''(a)}{2!}(b-a)^2 + \cdots$$
$$+ \frac{f^{(n-1)}(a)}{(n-1)!}(b-a)^{n-1} + R_n, \quad (1.3.8)$$

$$R_n = \frac{f^{(n)}(c)}{n!}(b-a)^n.$$

テイラーの定理は，x と 0 の大小にかかわらず，$b=x$, $a=0$ とおいた次のような形で表現することができる（**マクローリンの定理**）．

$$f(x) = f(0) + \frac{f'(0)}{1!}x + \frac{f''(0)}{2!}x^2 + \cdots + \frac{f^{(n-1)}(0)}{(n-1)!}x^{n-1} + R_n, \quad (1.3.9)$$

$$R_n = \frac{f^{(n)}(\theta x)}{n!}x^n, \quad 0<\theta<1.$$

例題 1.3.2 関数 $f(x)=e^x$ にマクローリンの定理を応用して，e の近似計算を試みよ．

【解答】 $f^{(k)}(x)=e^x$, $f^{(k)}(0)=1$ $(k\geq 1)$．したがって

$$e^x = 1 + x + \frac{x^2}{2!} + \cdots + \frac{x^{n-1}}{(n-1)!} + \frac{x^n}{n!}e^{\theta x}, \quad 0<\theta<1.$$

$x=1$ を代入して，$n=10$ とおく．和を小数第 6 位まで計算すれば

$$e = 1 + 1 + \frac{1}{2!} + \frac{1}{3!} + \cdots + \frac{1}{9!} \approx 2.718282.$$

実際の値は $e = 2.718281828459045\cdots$ である．

問 1.3.2 関数 $f(x)=\log(1+x)$ にマクローリンの定理を応用せよ．

【解答】 $f^{(k)}(x)=(-1)^{k-1}(k-1)!(1+x)^{-k}$, $f^{(k)}(0)=(-1)^{k-1}(k-1)!$．

$$\log(1+x) = x - \frac{x^2}{2} + \frac{x^3}{3} - \cdots + (-1)^{n-2}\frac{x^{n-1}}{n-1}$$
$$+ (-1)^{n-1}\frac{x^n}{n}\cdot\frac{1}{(1+\theta x)^n}, \quad 0<\theta<1.$$

1.4 積分法

与えられた関数 $f(x)$ に対して，関数 $F(x)$ が存在して $F'(x) = f(x)$ となるとき，$F(x)$ を $f(x)$ の**原始関数**といい，$F(x) = \int f(x)\,dx$ で表す．$f(x)$ に対してその原始関数 $F(x)$ はただ 1 つとは限らない．記号 $\int f(x)\,dx$ は $f(x)$ の原始関数の 1 つを表している．これについては次の結果が知られている．

> $f(x)$ が 1 つの区間で与えられたとき，そのすべての原始関数は，その区間で $\int f(x)\,dx + C$ （C は定数）の形で表される．これを**不定積分**といい，C を**積分定数**という．

$f(x)$ が与えられたとき，$f(x)$ の原始関数 $F(x)$ が存在するならば，$f(x)$ は**積分可能**であるという．$F(x)$ を求めることを $f(x)$ を**積分する**といい，$f(x)$ を**被積分関数**という．

定義 1.4.1

区間 $[a,b]$ 上の連続な実数値関数を $f(x)$ とし，区間の任意の分割を $\pi: a = x_0 < x_1 < x_2 < \cdots < x_n = b$ とする．このとき，区間 $[a,b]$ 上の連続関数 $f(x)$ の定積分は，分割 π を限りなく細かくするときの極限

$$\int_a^b f(x)\,dx = \lim_{\delta \to 0} \sum_{i=0}^{n-1} f(\xi_i)(x_{i+1} - x_i), \tag{1.4.1}$$

$$x_i \leq \xi_i \leq x_{i+1}, \quad \delta = \max_{i=0,\ldots,n-1}(x_{i+1} - x_i)$$

によって定義される．ここで，ξ_i は小区間 $[x_i, x_{i+1}]$ 上の任意の点である．積分の値は分割 π と内点 ξ_i の選び方に関わりなく一通りに定まる．この極限値が存在するとき，$f(x)$ は $[a,b]$ で**定積分可能**であるといい，上式の値を $\int_a^b f(x)\,dx$ と表して，$f(x)$ の $[a,b]$ における**定積分**という．(1.4.1) の右辺に現れる和 $\sum$ の部分を**リーマン和**といい，定積分を**リーマン積分**ともいう．

定理 1.4.2

$f(x)$ が $[a,b]$ で連続ならば，$[a,b]$ で定積分可能である．

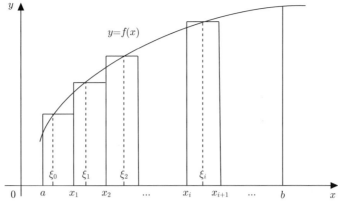

図 **1.4.1** 定積分（リーマン積分）

次に示す不等式は，第 4 章以降において数式の評価のために用いられる．

例題 1.4.1 区間 $[a,b]$ で $f(x), g(x)$ が連続ならば

$$\left(\int_a^b f(x)g(x)\,dx\right)^2 \le \left(\int_a^b f(x)^2\,dx\right)\left(\int_a^b g(x)^2\,dx\right)$$

が成り立つことを確かめよ．この不等式を**シュワルツの不等式**という．

【解答】 $A = \int_a^b f(x)^2\,dx, \quad B = \int_a^b f(x)g(x)\,dx, \quad C = \int_a^b g(x)^2\,dx$

とおく．$f(x)$ が恒等的に 0 である場合は，証明すべき不等式が成り立つことは明らかである．$f(x)$ は恒等的に 0 でないとする．t を任意の実数とすれば，$(tf(x) + g(x))^2 \ge 0$．さらに

$$0 \le \int_a^b (tf(x) + g(x))^2\,dx = \int_a^b (t^2 f(x)^2 + 2tf(x)g(x) + g(x)^2)\,dx$$
$$= At^2 + 2Bt + C = h(t).$$

したがって，t の 2 次関数 $h(t)$ が任意の t について非負であるから，その判別式は $D \le 0$ となる．すなわち，$\dfrac{D}{4} = B^2 - AC \le 0$．ゆえに，$B^2 \le AC$．

問 1.4.1 実数の組 $\{a_i; i = 1, \ldots, n\}, \{b_i; i = 1, \ldots, n\}$ に対して

$$\left(\sum_{i=1}^n a_i b_i\right)^2 \le \left(\sum_{i=1}^n a_i^2\right)\left(\sum_{i=1}^n b_i^2\right)$$

が成り立つことを示せ．これは**シュワルツの不等式**の変形である．

【解答】 $A = \sum_{i=1}^{n} a_i^2$, $B = \sum_{i=1}^{n} a_i b_i$, $C = \sum_{i=1}^{n} b_i^2$ とおく．任意の実数 t に対して
$$0 \le \sum_{i=1}^{n}(ta_i + b_i)^2 = \sum_{i=1}^{n}(t^2 a_i^2 + 2ta_i b_i + b_i^2) = At^2 + 2Bt + C.$$

例題 1.4.1 の証明と同様にすればよい．

次に示す定理は**微分積分の基本定理**として知られている．

定理 1.4.3

$f(x)$ が区間 I で連続ならば，$c, x \in I$ に対して $F(x) = \int_c^x f(t)\,dt$ は I における $f(x)$ の原始関数である．すなわち，
$$\frac{d}{dx}\int_c^x f(t)\,dt = f(x).$$
したがって，$f(x)$ が区間 I で連続で，$F(x)$ が $f(x)$ の原始関数ならば，I に属する任意の 2 点 a, b について次が成り立つ．
$$\int_a^b f(x)\,dx = \Big[F(x)\Big]_a^b = F(b) - F(a). \tag{1.4.2}$$

一般の関数を積分するには，適当な手段によって，その積分を基本的な不定積分に変形するのであるが，そのような"単純化"のための方法を 2 つ挙げる．

定理 1.4.4

(1) $f(x)$ が区間 I で連続，$\varphi(t)$ が $[\alpha, \beta]$ で C^1 級，かつ $\varphi(t) \in I, \varphi(\alpha) = a, \varphi(\beta) = b$ とすれば
$$\int_a^b f(x)\,dx = \int_\alpha^\beta f(\varphi(t))\varphi'(t)\,dt. \quad \text{(**置換積分法**)}$$

(2) $f(x), g(x)$ が $[a,b]$ で C^1 級ならば
$$\int_a^b f(x)g'(x)\,dx = \Big[f(x)g(x)\Big]_a^b - \int_a^b f'(x)g(x)\,dx. \quad \text{(**部分積分法**)}$$

これまでの定義によれば，定積分 $\int_a^b f(x)\,dx$ は次の場合に意味をもたないことになる．

- $f(x)$ が区間 (a,b) 内で連続でない．
- 積分範囲が無限大となる．

このような場合にも定積分に定義をもたせるために，まず，$f(x)$ が連続であるような狭い区間で定積分の値 S を求めて，次に，その狭い区間を拡げる操作による S の極限値を求める．

たとえば，$f(x)$ が a で不連続となる場合は

$$\lim_{\varepsilon \to +0} \int_{a+\varepsilon}^{b} f(x)\,dx = \int_{a}^{b} f(x)\,dx$$

と定義する．$f(x)$ が b で不連続となる場合も同様に考える．

また，積分範囲が有限でないが，$f(x)$ が $[a, \infty)$ で連続の場合は

$$\lim_{b \to \infty} \int_{a}^{b} f(x)\,dx = \int_{a}^{\infty} f(x)\,dx$$

と定義する．積分範囲が $(-\infty, b]$ の場合も同様に考える．

上記の極限値が存在するとき，積分は**収束する**といい，これらの拡張された積分を**広義積分**という．

例題 1.4.2 $\int_{1}^{\infty} \dfrac{1}{x^p}\,dx \ (p > 1)$ は収束することを確かめよ．

【解答】

$$\int_{1}^{\infty} \frac{1}{x^p}\,dx = \lim_{b \to \infty} \left[\frac{1}{1-p}\frac{1}{x^{p-1}}\right]_{1}^{b} = \lim_{b \to \infty} \frac{1}{1-p}\left(\frac{1}{b^{p-1}} - 1\right) = \frac{1}{p-1}, \quad \text{収束する．}$$

問 1.4.2 積分 $\int_{0}^{1} \dfrac{1}{x^\alpha}\,dx \quad (0 < \alpha < 1)$ を求めよ．

【解答】

$$\int_{0}^{1} \frac{1}{x^\alpha}\,dx = \lim_{\varepsilon \to +0} \int_{\varepsilon}^{1} \frac{1}{x^\alpha}\,dx = \lim_{\varepsilon \to +0} \frac{1}{1-\alpha}\left(1 - \varepsilon^{1-\alpha}\right) = \frac{1}{1-\alpha}.$$

1.5 2変数関数の偏微分

これまでは $\mathbb{R} = (-\infty, \infty)$ で与えられた 1 変数の実数値関数を扱ってきたが，今後は **n 次元空間**

$$\mathbb{R}^n = \{(x_1, x_2, \ldots, x_n);\ -\infty < x_i < \infty, \quad i = 1, 2, \ldots, n\}$$

で与えられる **n 変数関数** $f(x_1, x_2, \ldots, x_n)$ が必要となる．$n(\geq 3)$ を直感的にとらえることは難しいが，計算規則などは 2 変数関数の場合から類推できることが多いので，この節では主に 2 変数関数について考える．

2 つの変数 x, y に対して，値 z がただ 1 つ定まるような規則 f を x と y の **2 変数関数**といい，

$$z = f(x, y)$$

とかく．$z = f(x,y)$ の定義域 D は，xy 平面上の点の集合で，**領域**とよばれる．また，そのグラフは，空間内の点 (x, y, z) の集合

$$S = \{(x, y, z);\ z = f(x, y),\quad (x, y) \in D\}$$

であり，一般に**曲面**を表す．

領域 D に属する点 $\mathrm{P}(x, y), \mathrm{A}(a, b)$ の間の距離

$$\sqrt{(x-a)^2 + (y-b)^2}$$

を考える．点 P が A に近づくとき，すなわち $\sqrt{(x-a)^2 + (y-b)^2} \to 0$ のとき，関数 $f(x,y)$ が限りなく 1 つの値 c に近づくならば，$\mathrm{P} \to \mathrm{A}$ のときの $f(x, y)$ の**極限値**は c であるといい，

$$\lim_{\mathrm{P} \to \mathrm{A}} f(\mathrm{P}) = c, \quad \lim_{(x,y) \to (a,b)} f(x, y) = c, \quad \lim_{\substack{x \to a \\ y \to b}} f(x, y) = c \tag{1.5.1}$$

などとかく．極限値 c は点 P が点 A に近づく経路に依存しない．

一般に，$\lim_{x \to a}\{\lim_{y \to b} f(x,y)\}$ または $\lim_{y \to b}\{\lim_{x \to a} f(x,y)\}$ が存在しても，必ずしも $\lim_{(x,y) \to (a,b)} f(x, y)$ は存在しない．x, y がそれぞれ a, b に近づく仕方は無数にあるが，その仕方がどうであっても f の値 z が一定値に近づくときに，その一定値が極限になるのである．

定義 1.5.1

関数 $z = f(x, y)$ が点 $\mathrm{A}(a, b)$ において

$$\lim_{(x,y) \to (a,b)} f(x, y) = f(a, b) \tag{1.5.2}$$

となるとき，$f(x, y)$ は点 $\mathbf{A}(\boldsymbol{a}, \boldsymbol{b})$ で**連続**であるという．そして，ある集合 $M(M \subset D)$ のすべての点で連続であるとき，関数 $z = f(x, y)$ は**集合 M で連続**であるという．

定義 1.5.2

点 (a, b) を含む $\mathbb{R}^2$ のある領域 D で定義された関数 $z = f(x, y)$ について，y を止めて x だけを変化させたときの極限値

$$\lim_{h \to 0} \frac{f(a+h, b) - f(a, b)}{h} \tag{1.5.3}$$

が存在するとき，これを $f_x(a, b)$ で表し，f の (a, b) における x に関する**偏微分係数**といい，f は (a, b) で x に関して**偏微分可能**であるという．

D の各点で x に関して偏微分可能ならば，$(x,y) \longrightarrow f_x(x,y)$ なる対応は D 上で定義された関数と考えられる．このとき f は D で x に関して**偏微分可能**であるといい，上記の対応で定義される関数 f_x を f の x に関する**偏導関数**といい，これを

$$z_x, \quad f_x, \quad \frac{\partial z}{\partial x}, \quad \frac{\partial f}{\partial x}, \quad \frac{\partial}{\partial x}f(x,y)$$

などの記号で表す．

同様に，関数 $z = f(x,y)$ について，x を止めて y だけを変化させたときの極限値

$$\lim_{k \to 0} \frac{f(a, b+k) - f(a,b)}{k}$$

から，f の (a,b) における y に関する偏微分係数が定義でき，D の各点で y に関して偏微分可能ならば，$(x,y) \longrightarrow f_y(x,y)$ なる対応から f の y に関する偏導関数が得られる．これを

$$z_y, \quad f_y, \quad \frac{\partial z}{\partial y}, \quad \frac{\partial f}{\partial y}, \quad \frac{\partial}{\partial y}f(x,y)$$

などの記号で表す．

x または y に関する偏導関数を求めることを**偏微分する**という．

D において f_x, f_y が存在するとき，f_x, f_y が x または y に関して偏微分可能ならば，$(f_x)_x, (f_x)_y, (f_y)_x, (f_y)_y$ などが考えられる．これらをそれぞれ

$$f_{xx}, \quad f_{xy}, \quad f_{yx}, \quad f_{yy} \quad \text{または} \quad \frac{\partial^2 f}{\partial x^2}, \quad \frac{\partial^2 f}{\partial y \partial x}, \quad \frac{\partial^2 f}{\partial x \partial y}, \quad \frac{\partial^2 f}{\partial y^2}$$

などで表し，**第 2 次偏導関数**という．さらに偏微分可能ならば，f の**第 3 次偏導関数**が考えられる．同様にして一般に，第 r 次偏導関数を考えることができ，これらを総称して**高次偏導関数**という．$f(x,y)$ の第 r 次偏導関数は 2^r 個ある．

$f(x,y)$ がすべての第 r 次偏導関数をもち，それらがすべて連続のとき，$f(x,y)$ を $\boldsymbol{C^r}$ **級**または $\boldsymbol{r}$ **回連続偏微分可能**という．

定理 1.5.3

$z = f(x,y)$ が C^r 級のとき，次が成り立つ．
(1) r 次以下の偏導関数および $f(x,y)$ はすべて連続である．
(2) r 次以下の偏導関数は偏微分の順序をかえてもよい．たとえば

$$f_{xxyy} = f_{xyxy} = f_{yxyx} = \cdots \quad \text{でこれらは} \quad \frac{\partial^4 f}{\partial x^2 \partial y^2} \quad \text{と表される．}$$

注意 1.5.4 $n \geq 3$ の場合, $z = f(x_1, x_2, \ldots, x_n)$ なる n 変数の実数値関数についても, 大体において $n = 2$ の場合と同様に論じられる. すなわち, $\mathbb{R}^n$ の領域 D を定義域とした関数 f について, 点 $A(a_1, \ldots, a_n)$ が D 内にあり,

$$\lim_{h_i \to 0} \frac{f(a_1, \ldots, a_{i-1}, a_i + h_i, a_{i+1}, \ldots, a_n) - f(a_1, \ldots, a_{i-1}, a_i, a_{i+1}, \ldots, a_n)}{h_i}$$

が存在すれば, f は A で x_i に関して**偏微分可能**であるといい, 上の極限値を A における f の x_i に関する**偏微分係数**といい,

$$\frac{\partial}{\partial x_i} f(a_1, \ldots, a_n), \quad f_{x_i}(A), \quad \frac{\partial z}{\partial x_i}, \quad z_{x_i} \tag{1.5.4}$$

などで表す. 2 次以上の**偏導関数**, $\boldsymbol{C^r}$ **級**の定義なども $n = 2$ のときと同じである. ただし, 第 r 次偏導関数は n^r 個ある.

例題 1.5.1 関数 $f(x, y) = \dfrac{xy}{x+y}$ の第 2 次偏導関数を求めよ.

【解答】 $f_x = \dfrac{y(x+y) - xy}{(x+y)^2} = \dfrac{y^2}{(x+y)^2}, \quad f_y = \dfrac{x(x+y) - xy}{(x+y)^2} = \dfrac{x^2}{(x+y)^2}.$

$f_{xx} = \dfrac{-2y^2}{(x+y)^3}, \quad f_{xy} = \dfrac{2y(x+y)^2 - y^2\{2(x+y)\}}{(x+y)^4} = \dfrac{2xy}{(x+y)^3} = f_{yx},$

$f_{yy} = \dfrac{-2x^2}{(x+y)^3}.$

問 1.5.1 関数 $f(x, y) = e^{2x} \cos y + e^{3y} \sin x$ について, $f_{xy} = f_{yx}$ の成り立つことを確かめよ.

【解答】 $f_x = 2e^{2x} \cos y + e^{3y} \cos x, \quad f_y = -e^{2x} \sin y + 3e^{3y} \sin x.$

$f_{xy} = 2e^{2x}(-\sin y) + (3e^{3y}) \cos x = -2e^{2x} \sin y + 3e^{3y} \cos x,$

$f_{yx} = (-2e^{2x}) \sin y + 3e^{3y} \cos x = -2e^{2x} \sin y + 3e^{3y} \cos x.$

ゆえに, $f_{xy} = f_{yx}$.

1 変数関数に対する合成関数の微分法は, たとえば次のように応用される.

$t = t(x, y)$ が 2 変数 x, y に関して偏微分可能で, z が t の関数として $z = z(t)$ とかけているとき

$$\frac{\partial z}{\partial x} = \frac{dz}{dt} \frac{\partial t}{\partial x}, \quad \frac{\partial z}{\partial y} = \frac{dz}{dt} \frac{\partial t}{\partial y} \tag{1.5.5}$$

が成り立つ. すなわち, $z_x = z' \cdot t_x, \quad z_y = z' \cdot t_y$.

2 変数関数に対しては, その偏導関数 f_x, f_y はもちろん 2 変数 x, y の関数として連続であるとき, 次のように合成関数の偏微分法と連鎖率が成り立つ.

定理 1.5.5

$z = f(x, y)$ のとき，x, y がともに 1 個の変数 t に関して微分可能な関数として，$x = x(t), y = y(t)$ とかけているとき，これを合成した $z = f(x(t), y(t))$ は t の関数 $z(t)$ となる．このとき

$$\frac{dz}{dt} = f_x(x(t), y(t))\frac{dx}{dt} + f_y(x(t), y(t))\frac{dy}{dt} \tag{1.5.6}$$

が成り立つ（**合成関数の偏微分法**）．これは次のようにも表される．

$$\frac{dz}{dt} = \frac{\partial z}{\partial x}\frac{dx}{dt} + \frac{\partial z}{\partial y}\frac{dy}{dt}, \quad \text{すなわち} \quad z' = z_x \cdot x' + z_y \cdot y'.$$

定理 1.5.6

$z = f(x, y)$ のとき，x, y がともに 2 変数 u, v に関して偏微分可能な関数として $x = x(u, v), y = y(u, v)$ と表されているとき，$z = f(x(u, v), y(u, v))$ は，u, v の 2 変数関数となる．このとき

$$\begin{aligned}\frac{\partial z}{\partial u} &= f_x(x(u,v), y(u,v))\frac{\partial x}{\partial u} + f_y(x(u,v), y(u,v))\frac{\partial y}{\partial u}, \\ \frac{\partial z}{\partial v} &= f_x(x(u,v), y(u,v))\frac{\partial x}{\partial v} + f_y(x(u,v), y(u,v))\frac{\partial y}{\partial v}\end{aligned} \tag{1.5.7}$$

が成り立つ（**連鎖律**）．これは次のようにも表される．

$$\frac{\partial z}{\partial u} = \frac{\partial z}{\partial x}\frac{\partial x}{\partial u} + \frac{\partial z}{\partial y}\frac{\partial y}{\partial u}, \quad \frac{\partial z}{\partial v} = \frac{\partial z}{\partial x}\frac{\partial x}{\partial v} + \frac{\partial z}{\partial y}\frac{\partial y}{\partial v}.$$

すなわち $\quad z_u = z_x \cdot x_u + z_y \cdot y_u, \quad z_v = z_x \cdot x_v + z_y \cdot y_v.$

例題 1.5.2

(1) $z = x^2 + y^2, x = \cos t, y = \sin t$ のとき，$\dfrac{dz}{dt}$ を求めよ．

(2) $z = e^x \cos y, x = u^2 - v^2, y = 2uv$ のとき，$\dfrac{\partial z}{\partial u}, \dfrac{\partial z}{\partial v}$ を求めよ．

【解答】 (1) $\dfrac{dz}{dt} = \dfrac{\partial z}{\partial x}\dfrac{dx}{dt} + \dfrac{\partial z}{\partial y}\dfrac{dy}{dt} = 2x(-\sin t) + 2y(\cos t) = 0.$

(2) $z_u = \dfrac{\partial z}{\partial u} = \dfrac{\partial z}{\partial x}\dfrac{\partial x}{\partial u} + \dfrac{\partial z}{\partial y}\dfrac{\partial y}{\partial u} = z_x \cdot x_u + z_y \cdot y_u$

$\qquad = (e^x \cos y)(2u) + (-e^x \sin y)(2v) = 2e^x(u\cos y - v\sin y),$

$z_v = \dfrac{\partial z}{\partial v} = \dfrac{\partial z}{\partial x}\dfrac{\partial x}{\partial v} + \dfrac{\partial z}{\partial y}\dfrac{\partial y}{\partial v} = z_x \cdot x_v + z_y \cdot y_v$

$\qquad = (e^x \cos y)(-2v) + (-e^x \sin y)(2u) = -2e^x(v\cos y + u\sin y).$

問 1.5.2 (1) $z = \log(x+y), x = e^t, y = t^2$ のとき，$\dfrac{dz}{dt}$ を求めよ．

(2) $z = x^3 - y^3, x = 2u - v, y = u + 2v$ のとき，$\dfrac{\partial z}{\partial u}, \dfrac{\partial z}{\partial v}$ を求めよ．

【解答】 (1) $\dfrac{dz}{dt} = \dfrac{\partial z}{\partial x}\dfrac{dx}{dt} + \dfrac{\partial z}{\partial y}\dfrac{dy}{dt} = \dfrac{1}{x+y}e^t + \dfrac{1}{x+y}2t \quad \left(= \dfrac{e^t + 2t}{e^t + t^2}\right).$

(2) $z_u = z_x \cdot x_u + z_y \cdot y_u = (3x^2)2 + (-3y^2)1 = 6x^2 - 3y^2,$

$\quad z_v = z_x \cdot x_v + z_y \cdot y_v = (3x^2)(-1) + (-3y^2)2 = -3x^2 - 6y^2.$

これまで扱ってきた関数 $z = f(x,y)$ の偏微分係数は，2 変数のうちの一方だけを変化させたときの f の変化に注目したものであったが，変数 x, y を同時に変化させたときの $f(x,y)$ の変化を考えよう．

関数 $z = f(x,y)$ について，次の式を満たす定数 A, B が存在するとき，関数 $f(x,y)$ は点 (a,b) で**全微分可能**であるという．

$$\Delta z = f(a+h, b+k) - f(a,b) = Ah + Bk + \varepsilon(h,k) \tag{1.5.8}$$

とかけて，$\varepsilon(h,k)$ は $\displaystyle\lim_{(h,k)\to(0,0)} \dfrac{\varepsilon(h,k)}{\sqrt{h^2+k^2}} = 0$ を満たす．

$f(x,y)$ が D の各点で全微分可能のとき，$f(x,y)$ は **D で全微分可能**であるという．

定理 1.5.7

全微分可能性は偏微分と以下の様な関係にある．

(1) f が (a,b) で全微分可能ならば，f は (a,b) で連続である．しかも，$f_x(a,b), f_y(a,b)$ が存在し，それが (1.5.8) の A, B に等しい．すなわち，$A = f_x(a,b), B = f_y(a,b).$

(2) f_x, f_y が D 上で存在し，ともに連続ならば，f は D で全微分可能である．

いま，関数 $z = f(x,y)$ が (a,b) において全微分可能であるとする．x が a から $a + \Delta x$ に，y が b から $b + \Delta y$ に変化したとき，z が Δz だけ変化したとすれば，(1.5.8) によって次のようになる．

$$\Delta z = f_x(a,b)\,\Delta x + f_y(a,b)\,\Delta y + \varepsilon(\Delta x, \Delta y). \tag{1.5.9}$$

注意 1.5.8 (1.5.9) の主要部分 $f_x(a,b)\,\Delta x + f_y(a,b)\,\Delta y$ を，f の (a,b) における**全微分**といい，$df(a,b)$ または dz で表す．すなわち

$$dz = f_x(a,b)\,\Delta x + f_y(a,b)\,\Delta y.$$

特に $f(x,y) = x$ のとき $f_x = 1$ であるから $dx = \Delta x$．また $f(x,y) = y$ のとき $f_y = 1$ であるから $dy = \Delta y$．したがって，点 (a,b) における，増分 $(\Delta x, \Delta y)$ に対する全微分 dz, dx, dy の間の関係は次のように表すことができる．

$$df(a,b) = f_x(a,b)\,dx + f_y(a,b)\,dy. \tag{1.5.10}$$

注意 1.5.9 1 変数関数の微分可能性に相当する概念は，「偏微分可能性」ではなくて，「全微分可能性」である．

関数 $f(x,y)$ が高次偏導関数をもてば，$f(x+h,y+k)$ は 1 変数関数の場合のように，h と k との冪（べき）に展開することができる．はじめに，h,k を定数とするとき，偏微分の記号を含む式をかき表す略記法を次のように約束する．

$$\left(h\frac{\partial}{\partial x} + k\frac{\partial}{\partial y}\right)^0 z = z$$

$$\left(h\frac{\partial}{\partial x} + k\frac{\partial}{\partial y}\right) z = h\frac{\partial z}{\partial x} + k\frac{\partial z}{\partial y}$$

$$\left(h\frac{\partial}{\partial x} + k\frac{\partial}{\partial y}\right)^2 z = h^2\frac{\partial^2 z}{\partial x^2} + 2hk\frac{\partial^2 z}{\partial x \partial y} + k^2\frac{\partial^2 z}{\partial y^2}$$

$$\vdots$$

一般に，2 項定理に従って，演算

$$\left(h\frac{\partial}{\partial x} + k\frac{\partial}{\partial y}\right)^m z$$

は展開されている．次に示すのは 2 変数関数の**テイラーの定理**である．

定理 1.5.10

$z = f(x,y)$ が領域 D で C^n 級の関数で，線分 $\{x = a+ht, y = b+kt;\ 0 \le t \le 1\}$ が D に含まれているとき，

$$f(a+h, b+k)$$
$$= f(a,b) + \left(h\frac{\partial}{\partial x} + k\frac{\partial}{\partial y}\right)f(a,b) + \cdots$$
$$+ \frac{1}{r!}\left(h\frac{\partial}{\partial x} + k\frac{\partial}{\partial y}\right)^r f(a,b) + \cdots + \frac{1}{(n-1)!}\left(h\frac{\partial}{\partial x} + k\frac{\partial}{\partial y}\right)^{n-1} f(a,b)$$
$$+ \frac{1}{n!}\left(h\frac{\partial}{\partial x} + k\frac{\partial}{\partial y}\right)^n f(a+\theta h, b+\theta k)$$

となる θ $(0 < \theta < 1)$ が存在する.

特に $n=1$ の場合は 2 変数関数の**平均値の定理**である.

定理 1.5.11

$z = f(x,y)$ が C^1 級(1 回連続偏微分可能)ならば,
$$f(a+h, b+k) - f(a,b) = hf_x(a+\theta h, b+\theta k) + kf_y(a+\theta h, b+\theta k)$$
となる θ $(0 < \theta < 1)$ が存在する.

テイラーの定理で $a=0, b=0$ とし, h, k をそれぞれ x, y で置き換えれば 2 変数関数の**マクローリンの定理**が得られる. すなわち

$$f(x,y)$$
$$= f(0,0) + \left(x\frac{\partial}{\partial x} + y\frac{\partial}{\partial y}\right)f(0,0) + \cdots$$
$$+ \frac{1}{r!}\left(x\frac{\partial}{\partial x} + y\frac{\partial}{\partial y}\right)^r f(0,0) + \cdots + \frac{1}{(n-1)!}\left(x\frac{\partial}{\partial x} + y\frac{\partial}{\partial y}\right)^{n-1} f(0,0)$$
$$+ \frac{1}{n!}\left(x\frac{\partial}{\partial x} + y\frac{\partial}{\partial y}\right)^n f(\theta x, \theta y)$$

となる θ $(0 < \theta < 1)$ が存在する.

例題 1.5.3 $f(x,y) = px^2 + qxy + ry^2$ のとき, $f(x+1, y+1)$ を点 $(1,1)$ においてテイラーの定理を用いて展開せよ.

【解答】 $f(1,1) = p+q+r$, $f_x(x,y) = 2px + qy$, $f_y(x,y) = qx + 2ry$.
$$f_x(1,1) = 2p+q, \quad f_y(1,1) = q+2r,$$
$$f_{xx}(x,y) = 2p = f_{xx}(1,1), \quad f_{xy}(x,y) = q = f_{xy}(1,1),$$
$$f_{yy}(x,y) = 2r = f_{yy}(1,1).$$

3次以上の高次偏導関数は 0 である．ゆえに，テイラーの定理において $(a,b) = (1,1), (h,k) = (x,y)$ とおくと

$$f(x+1, y+1) = f(1,1) + \frac{1}{1!}\left\{xf_x(1,1) + yf_y(1,1)\right\}$$
$$+ \frac{1}{2!}\left\{x^2 f_{xx}(1,1) + 2xy f_{xy}(1,1) + y^2 f_{yy}(1,1)\right\}$$
$$= (p+q+r) + (2p+q)x + (q+2r)y + (px^2 + qxy + ry^2).$$

問 1.5.3 $f(x,y) = e^{x+y}$ に対して，マクローリンの定理を応用して，3次の項までの展開を求めよ．

【解答】 $f(0,0) = 1$. さらに，$f_x = f_y = e^{x+y}$,

$$f_{xx} = f_{xy} = f_{yy} = e^{x+y}, \quad f_{xxx} = f_{xxy} = f_{xyy} = f_{yyy} = e^{x+y}.$$

これらの点 $(0,0)$ における値は 1．ゆえに，3 次の項までの展開は

$$f(x,y) = 1 + (x+y) + \frac{1}{2!}(x^2 + 2xy + y^2) + \frac{1}{3!}(x^3 + 3x^2y + 3xy^2 + y^3)$$
$$= 1 + (x+y) + \frac{1}{2!}(x+y)^2 + \frac{1}{3!}(x+y)^3.$$

1.6 2 重積分

xy 平面の集合 D が次のように与えられているとする．

$$D: a \le x \le b, \quad \varphi(x) \le y \le \psi(x) \quad (\varphi(x), \psi(x) \text{ は連続関数}).$$

このとき，2 変数関数 $z = f(x,y)$ の D における **2 重積分**は

$$\iint_D f(x,y)\,dx\,dy = \int_a^b \left\{\int_{\varphi(x)}^{\psi(x)} f(x,y)\,dy\right\} dx \tag{1.6.1}$$

と表される．x を固定するごとに，y は $\varphi(x)$ から $\psi(x)$ まで動くから，x を固定して $f(x,y)$ を y に関して $\varphi(x)$ から $\psi(x)$ まで積分する．こうして得られた

$$\int_{\varphi(x)}^{\psi(x)} f(x,y)\,dy$$

は x の関数である．この関数を x について a から b まで積分したのが (1.6.1) である．(1.6.1) の右辺を

$$\int_a^b dx \int_{\varphi(x)}^{\psi(x)} f(x,y)\,dy \quad \text{または} \quad \int_a^b \int_{\varphi(x)}^{\psi(x)} f(x,y)\,dy\,dx \qquad (1.6.2)$$

ともかく．

D が長方形 $K = \{(x,y); a \leq x \leq b, c \leq y \leq d\}$ のとき，K における2重積分では，積分の順を x, y どちらから始めても，積分範囲は x については a から b まで，y については c から d までである．しかし，長方形でない集合 D における2重積分では積分の順序を変えると x, y の動く範囲が変わってくる．すなわち，2重積分は**積分順序の変更**によって，次のように計算できる．

定理 1.6.1

D が次の2通りの方法で表されるとする．

$D: a \leq x \leq b, \quad \varphi(x) \leq y \leq \psi(x) \qquad (\varphi(x), \psi(x)\ は連続関数)$,

$D: c \leq y \leq d, \quad \alpha(y) \leq x \leq \beta(y) \qquad (\alpha(y), \beta(y)\ は連続関数)$.

このとき

$$\iint_D f(x,y)\,dx\,dy = \int_a^b dx \int_{\varphi(x)}^{\psi(x)} f(x,y)\,dy$$
$$= \int_c^d dy \int_{\alpha(y)}^{\beta(y)} f(x,y)\,dx. \qquad (1.6.3)$$

例題 1.6.1 次の2重積分を，積分順序を変更して計算せよ．

$$\iint_D x^3 y\,dx\,dy, \quad D: 0 \leq x \leq 1, \quad x^2 \leq y \leq \sqrt{x}.$$

【解答】 $D: 0 \leq x \leq 1, \quad x^2 \leq y \leq \sqrt{x} \Leftrightarrow D: 0 \leq y \leq 1, \quad y^2 \leq x \leq \sqrt{y}$

$$\iint_D x^3 y\,dx\,dy = \int_0^1 dx \int_{x^2}^{\sqrt{x}} x^3 y\,dy = \int_0^1 \left[\frac{1}{2}x^3 y^2\right]_{x^2}^{\sqrt{x}} dx$$
$$= \frac{1}{2}\int_0^1 (x^4 - x^7)\,dx = \frac{1}{2}\left[\frac{1}{5}x^5 - \frac{1}{8}x^8\right]_0^1 = \frac{3}{80}.$$
$$\iint_D x^3 y\,dx\,dy = \int_0^1 dy \int_{y^2}^{\sqrt{y}} x^3 y\,dx = \int_0^1 \left[\frac{1}{4}x^4 y\right]_{y^2}^{\sqrt{y}} dy$$
$$= \frac{1}{4}\int_0^1 (y^3 - y^9)\,dy = \frac{1}{4}\left[\frac{1}{4}y^4 - \frac{1}{10}y^{10}\right]_0^1 = \frac{3}{80}.$$

問 1.6.1 積分順序を工夫して，次の 2 重積分を計算せよ．
$$\iint_D \sqrt{1+x^2}\,dx\,dy, \quad D: 0 \leq y \leq 1, \quad y \leq x \leq 1$$

【解答】 $D \Leftrightarrow 0 \leq x \leq 1, \quad 0 \leq y \leq x$

$$\iint_D \sqrt{1+x^2}\,dx\,dy = \int_0^1 dx \int_0^x \sqrt{1+x^2}\,dy = \int_0^1 \left[y\sqrt{1+x^2}\right]_0^x dx$$
$$= \int_0^1 x\sqrt{1+x^2}\,dx = \left[\frac{1}{3}(1+x^2)^{\frac{3}{2}}\right]_0^1 = \frac{1}{3}(2\sqrt{2}-1).$$

そのままでは難しい積分も，適当な変数変換を行うことによって簡単にできることがある．たとえば，xy 平面の集合 D 内の点が，**極座標による変換**

$$x = r\cos\theta, \quad y = r\sin\theta \quad (r \geq 0)$$

によって，不等式

$$\varphi(\theta) \leq r \leq \psi(\theta), \quad \alpha \leq \theta \leq \beta$$

で示されるとき，2 重積分は次のように計算される．

定理 1.6.2

$$\iint_D f(x,y)\,dx\,dy = \int_\alpha^\beta \left\{ \int_{\varphi(\theta)}^{\psi(\theta)} f(r\cos\theta, r\sin\theta)\,r\,dr \right\} d\theta. \quad (1.6.4)$$

さらに，xy 平面の集合 D と uv 平面の集合 D' とが

$$x = \varphi(u,v), \quad y = \psi(u,v)$$

によって，1 対 1 に対応し，

$$J = \begin{vmatrix} x_u & x_v \\ y_u & y_v \end{vmatrix} = x_u y_v - x_v y_u \neq 0 \quad \left(x_u = \frac{\partial x}{\partial u}, \quad x_v = \frac{\partial x}{\partial v} \quad \text{など} \right)$$

とする．このとき，$f(x,y)$ が連続ならば，次が成り立つ．

定理 1.6.3

$$\iint_D f(x,y)\,dx\,dy = \iint_{D'} f(\varphi(u,v), \psi(u,v))|J|\,du\,dv. \quad (1.6.5)$$

これは，1 変数の置換積分法に当たるものである．J を**ヤコビアン**，または**関数行列**という．極座標変換では，$J = r$ となっている．

1.7　無限級数

無限に続く数の列 $a_1, a_2, a_3, \ldots$ を加号（+）で連結した式

$$a_1 + a_2 + a_3 + \cdots \tag{1.7.1}$$

を**無限級数**または単に**級数**といい，$a_1, a_2, a_3, \ldots$ を級数の**項**という．上の級数において，初項より第 n 項までの和を $S_n = a_1 + a_2 + a_3 + \cdots + a_n$ で表すとき

$$\lim_{n \to \infty} S_n \tag{1.7.2}$$

が定値をとる場合には，級数 (1.7.1) は**収束**するといい，そうでない場合には**発散**するという．そして，収束する場合には式 (1.7.2) の値を**級数の和**という．級数が発散する場合には，次の3つに区別することができる．

(a) $\lim_{n \to \infty} S_n = \infty$　　(b) $\lim_{n \to \infty} S_n = -\infty$　　(c) $\lim_{n \to \infty} S_n =$ 不定

(c) の場合には**振動**するという．

無限級数 (1.7.1) を

$$S = a_1 + a_2 + a_3 + \cdots \quad \text{または} \quad S = \sum_{n=1}^{\infty} a_n$$

とかく．級数が収束する場合には，S は級数それ自身を表すと同時にその和をも表すものとする．はじめに，収束と発散について注意事項を記しておく．

注意 1.7.1
(1) 収束（発散）級数に有限個の項を付け加えても，または有限個の項を取り去っても，やはり収束（発散）級数を得る．
(2) 収束級数 $S = a_1 + a_2 + \cdots$ においては，$\lim_{n \to \infty} a_n = 0$ である．

注意 1.7.2　$S = 1 + x + x^2 + \cdots$ を**等比級数**という．

$$S_n = 1 + x + x^2 + \cdots + x^{n-1} = \frac{1 - x^n}{1 - x} \quad (x \neq 1)$$

であるから，$\lim_{n \to \infty} S_n = \dfrac{1}{1-x}$　（$|x| < 1$）．等比級数は応用上よく用いられる．

注意 1.7.3　すべての項が正なる級数を**正項級数**という．正項級数は次の性質をもつ．

(1) 正項級数は収束するか，あるいは正の無限大に発散する．
(2) すべての n に対して S_n が一定の正数より小さい場合には，S は収束する．

(3) 正項級数の項をいくつずつか括って得る新しい級数はもとの級数と同じように収束もしくは発散する．そして，収束する場合には，その和はもとの級数の和に等しい．

(4) 正項級数 $S = a_1 + a_2 + a_3 + \cdots$ において，$\rho_n = \dfrac{a_{n+1}}{a_n}$ とおく．このとき，すべての n に対して $\rho_n < r < 1$ となる r がとれる場合には S は収束し，すべての n に対して $\rho_n > 1$ あるいは $\rho_n = 1$ の場合には S は発散する．

次の定理（**ダランベールの判定法**）は注意 1.7.3 (4) より使いやすい．

定理 1.7.4

正項級数 $S = a_1 + a_2 + a_3 + \cdots$ において，$\displaystyle\lim_{n\to\infty} \dfrac{a_{n+1}}{a_n} = \rho$ が存在するとき，もし $\rho < 1$ ならば S は収束し，$\rho > 1$ ならば S は発散する．（$\rho = 1$ となる場合，収束することも発散することもあり，これらの方法では判定できない）

例題 1.7.1 $S = 1 + \dfrac{x}{1!} + \dfrac{x^2}{2!} + \cdots, x > 0$ の収束，発散を調べよ．この級数を**指数級数**という（例題 1.3.2 参照）．

【解答】 $a_n = \dfrac{x^{n-1}}{(n-1)!}, a_{n+1} = \dfrac{x^n}{n!}$ であるから

$$\dfrac{a_{n+1}}{a_n} = \dfrac{x}{n}, \qquad \lim_{n\to\infty} \dfrac{a_{n+1}}{a_n} = 0 < 1.$$

したがって，S は収束する．

問 1.7.1 $S = 1 + \dfrac{x}{1} + \dfrac{x^2}{2} + \cdots, x > 0$ の収束，発散を調べよ．

【解答】 $a_n = \dfrac{x^{n-1}}{(n-1)}, a_{n+1} = \dfrac{x^n}{n}$ であるから

$$\dfrac{a_{n+1}}{a_n} = \dfrac{n-1}{n} x, \qquad \lim_{n\to\infty} \dfrac{a_{n+1}}{a_n} = x.$$

したがって，$x < 1$ ならば S は収束し，$x > 1$ ならば発散する．しかし，$x = 1$ のときは $S = 1 + \dfrac{1}{1} + \dfrac{1}{2} + \cdots$ となり，ダランベールの判定法が使えない．そこで，$T = 1 + \dfrac{1}{2} + \left(\dfrac{1}{3} + \dfrac{1}{4}\right) + \left(\dfrac{1}{5} + \dfrac{1}{6} + \dfrac{1}{7} + \dfrac{1}{8}\right) + \cdots$ とする．このとき

第 3 項は $\left(\dfrac{1}{3} + \dfrac{1}{4}\right) > \left(\dfrac{1}{4} + \dfrac{1}{4}\right) = \dfrac{1}{2},$

第4項は $\left(\dfrac{1}{5}+\dfrac{1}{6}+\dfrac{1}{7}+\dfrac{1}{8}\right) > \left(\dfrac{1}{8}+\dfrac{1}{8}+\dfrac{1}{8}+\dfrac{1}{8}\right) = \dfrac{1}{2}$,

以下同様である．T の第 n 項までの和を T_n とすれば

$$T_n > 1 + \frac{1}{2} + \frac{1}{2} + \cdots + \frac{1}{2} = 1 + \frac{1}{2}(n-1) \Rightarrow \lim_{n\to\infty} T_n = \infty$$

すなわち，T は発散．ゆえに，注意 1.7.3 (3) によって S は発散する．

【$x=1$ のとき，別解】 初項から第 n 項までの和を S_n とすれば

$$|S_{2n} - S_n| = \frac{1}{n+1} + \frac{1}{n+2} + \cdots + \frac{1}{2n} > \frac{1}{2n} + \frac{1}{2n} + \cdots \\ + \frac{1}{2n} = \frac{n}{2n} = \frac{1}{2} > 0.$$

$\{S_n\}$ はコーシー列（1.1 節参照）にならないから収束しない．

1.8 関数項級数

一定の順序に並べられた関数 $f_1, f_2, \ldots, f_n, \ldots$ が共通の区間 I で定義されているとき，これを I における**関数列**といい，$\{f_n\}$ で表す．

I の点 x を固定すれば，関数列 $\{f_n\}$ に対して数列 $\{f_n(x)\}$ が得られるが，I のすべての点に対して極限値

$$f(x) = \lim_{n\to\infty} f_n(x)$$

が存在するとき，関数列 $\{f_n\}$ は区間 I で**収束**する，または**各点収束**するといい，$f_n \to f$ と表し，f を $\{f_n\}$ の**極限関数**という．一般に $f_n \to f$ であっても，収束状態は点によって異なるが，任意に与えられた正数 ε に対して x に無関係な N が存在し，

$n>N$ なるすべての n に対して区間 I で $|f_n(x) - f(x)| < \varepsilon$ (1.8.1)

が成り立つとき，関数列 $\{f_n\}$ は区間 I で f に**一様収束**するという．

関数のグラフについて考えるならば，$f_n(x)$ が $f(x)$ に一様収束とは，任意の ε に対し，ほとんどすべての $f_n(x)$ のグラフが，$f(x)+\varepsilon$ と $f(x)-\varepsilon$ のグラフの間にあることである．

たとえば，$0 \leq x \leq 1$ において $\{x^n\}$ は一様収束しない．実際，$x^n \to 0$ であることは明らかであるが，一定の n に対し，x が 1 に近づけば近づくほど $|x^n - 0|$ は 1 に近づくから，$\varepsilon < 1$ ならば，すべての x に対し $|x^n - 0| < \varepsilon$ となるような n は存在しない．グラフをかいて考えるとわかりやすい．

1.8 関数項級数

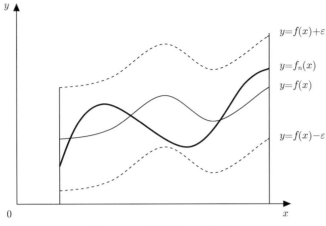

図 **1.8.1** 関数列の一様収束

定理 1.8.1

区間 I における関数列 $\{f_n\}$ が f に一様収束するための必要十分条件は，ある番号以上の n に対し，$M_n = \sup_{x \in I} |f_n(x) - f(x)|$ が存在して，$\lim_{n \to \infty} M_n = 0$ となることである．

次の定理は関数列の一様収束性と連続性との関係を示している．

定理 1.8.2

区間 I で一様収束する連続関数列の極限関数は連続である．

例題 1.8.1 $f_n(x) = \dfrac{nx}{1+n^2x^2}$ のとき，$[0,2]$ において $f_n \to f$ ($f(x) \equiv 0$) であるが，f_n は f に一様収束しないことを，定理 1.8.1 を用いて確かめよ．

【解答】
$$f_n'(x) = \frac{n(1+n^2x^2) - nx(2n^2x)}{(1+n^2x^2)^2} = \frac{n(1-n^2x^2)}{(1+n^2x^2)^2}.$$

したがって，$f_n(x)$ は $x = \dfrac{1}{n}$ で極大値 $\dfrac{1}{2}$ をとり，$\lim_{n \to \infty} M_n = 0$ とはならない．

問 1.8.1 $f_n(x) = x^n$ $(0 \leq x \leq 1)$ のとき，$\{f_n\}$ は一様収束しないことを，定理 1.8.2 を用いて確かめよ．

【解答】 $f_n(x)$ は明らかに連続であるが，その極限関数は

$$f(x) = \begin{cases} 0 & (0 \leq x < 1) \\ 1 & (x = 1) \end{cases}, \quad f(x) \text{ は } x = 1 \text{ で連続ではない}.$$

ゆえに，定理 1.8.2 によって，$\{f_n\}$ は f に一様収束しない．

一様収束する関数列に対しては，積分と極限の順序交換，および微分と極限の順序交換ができる．

定理 1.8.3

閉区間 $[a,b]$ で f に一様収束する関数列 $\{f_n\}$ があり，ある番号以上の n について f_n が積分可能ならば，f も積分可能で，$x \in [a,b]$ のとき $\int_a^x f_n(t)\,dt$ は $\int_a^x f(t)\,dt$ に一様収束する．したがって

$$\lim_{n\to\infty} \int_a^x f_n(t)\,dt = \int_a^x \left(\lim_{n\to\infty} f_n(t)\right) dt$$

が成り立つ（積分と極限の**順序交換**）．

定理 1.8.4

区間 I で f に収束する連続微分可能な関数列 $\{f_n\}$ があり，関数列 $\{f_n'\}$ が極限関数 φ に一様収束するならば，f_n も f に一様収束し，$\varphi(x) = \dfrac{df(x)}{dx}$ が成り立つ．すなわち，f も連続微分可能で

$$\lim_{n\to\infty} \frac{d}{dx} f_n(x) = \frac{d}{dx}\left(\lim_{n\to\infty} f_n(x)\right)$$

が成り立つ（微分と極限の**順序交換**）．

区間 I で定義された関数列 $\{g_n\}$ に対して，その関数を項とする級数

$$\sum g_n = g_1 + g_2 + \cdots + g_n + \cdots$$

が（形式的に）定義される．この**関数項級数**の第 n 項までの和（第 n 部分和）を

$$f_n = g_1 + g_2 + \cdots + g_n$$
$$\text{ただし，} \quad f_n(x) = g_1(x) + g_2(x) + \cdots + g_n(x), \quad x \in I$$

とおけば，区間 I で定義された関数列 $\{f_n\}$ を得る．この関数列が，定数項級数の場合と同様に，収束する（$f_n \to f$）あるいは一様収束するとき，$\sum g_n$ は f に収束するあるいは一様収束するといい，

$$f = g_1 + g_2 + \cdots + g_n + \cdots$$

と表す．関数項級数においても一様収束の概念が重要である．すなわち，定理 1.8.2-1.8.4 から以下の定理が導かれる．

定理 1.8.5

関数項級数 $\sum g_n$ の各項が区間 I での連続関数で，$\sum g_n$ が f に一様収束するならば，f も I で連続である．

定理 1.8.6

関数項級数 $\sum g_n$ の各項が閉区間 $[a, b]$ で積分可能で，$\sum g_n$ が一様収束するならば，$x \in [a, b]$ のとき

$$\int_a^x g_1(t)\,dt + \int_a^x g_2(t)\,dt + \cdots + \int_a^x g_n(t)\,dt + \cdots$$

も一様収束して，

$$\int_a^x \sum_{n=1}^\infty g_n(t)\,dt = \sum_{n=1}^\infty \int_a^x g_n(t)\,dt \quad \text{（項別積分）}$$

定理 1.8.7

関数項級数 $\sum g_n$ の各項が区間 I で連続微分可能で，$\sum g_n$ が収束し，関数項級数 $\sum g_n'$ が一様収束するならば，$\sum g_n$ も一様収束して

$$\frac{d}{dx} \sum_{n=1}^\infty g_n(x) = \sum_{n=1}^\infty \frac{d}{dx} g_n(x) \quad \text{（項別微分）}$$

これらの定理は，一様収束という条件のもとでは，微分や積分を無限級数にほどこす場合，その級数を有限個の和のように取り扱うことができることを示すもので，極めて好都合なことである．

関数項級数 $\sum g_n$ の一様収束性については，次の定理（**ワイエルシュトラスの優級数判定法**）が知られている．

定理 1.8.8

区間 I において $|g_n(x)| \leq c_n \quad (n = 1, 2, \ldots)$ で，正項級数 $\sum c_n$ が収束するならば $\sum g_n$ は I で一様収束する．

例題 1.8.2 $p > 1$ とする．このとき，$\sum_{n=1}^{\infty} \dfrac{1}{n^p}$ は収束すること，また $\sum_{n=1}^{\infty} \dfrac{\sin(nx)}{n^p}$ $(-\infty < x < \infty)$ は一様収束することを確かめよ．

【解答】 $\left|\dfrac{\sin(nx)}{n^p}\right| \leq \dfrac{1}{n^p}$ に注意する．$f(x) = \dfrac{1}{x^p}$ $(x > 0)$ とおく．$f(x)$ は $x \geq 1$ で単調減少，正値，連続である．$p > 1$ のとき，例題 1.4.2 から $\int_1^{\infty} f(x)\,dx = \dfrac{1}{p-1}$. 曲線 $y = f(x)$ と x 軸との間にある部分の面積を考えると

$$\sum_{n=2}^{N} f(n) < \int_1^{N} f(x)\,dx \to \dfrac{1}{p-1} \quad (N \to \infty)$$

であるから，$\sum_{n=1}^{N} f(n)$ は有界となり，$\sum_{n=1}^{\infty} f(n)$ は収束する．ゆえに，ワイエルシュトラスの優級数判定法によって，$\sum_{n=1}^{\infty} \dfrac{\sin(nx)}{n^p}$ は一様収束である．

問 1.8.2 $\sum_{n=1}^{\infty} \dfrac{1}{(x+n)(x+n+1)}$ $(x \geq 0)$ は一様収束することを示せ．

【解答】 $x \geq 0$ であるから，$\dfrac{1}{(x+n)(x+n+1)} \leq \dfrac{1}{n(n+1)} = c_n$. $\sum_{n=1}^{\infty} c_n = \sum_{n=1}^{\infty} \left(\dfrac{1}{n} - \dfrac{1}{n+1}\right) = \lim_{n \to \infty} \left(1 - \dfrac{1}{n+1}\right) = 1$. よって，一様収束．

1.9 常微分方程式

独立変数，その関数およびその導関数の間の関係式を**微分方程式**といい，独立変数がただ 1 つの場合と，2 つ以上の場合によって，それぞれ**常微分方程式**，**偏微分方程式**に大別される．

微分方程式の中に現れる導関数の最高次数をその微分方程式の**階数**という．また，関数およびその導関数について 1 次式になっているものを**線形微分方程式**という．簡単な場合として，1 階常微分方程式

$$\dfrac{dy}{dx} = f(x, y) \tag{1.9.1}$$

について考察する．関数 $f(x, y)$ は xy-平面上の領域 D で定義されているとす

る（大抵の場合，f は連続と仮定されている）．このとき，実数のある区間 I で定義された適当な C^1 級関数（1 回連続微分可能な関数）$y = \varphi(x)$ で，

$$x \in I \quad \text{ならば} \quad (x, \varphi(x)) \in D, \quad \varphi'(x) = f(x, \varphi(x))$$

を満たすものが存在するならば，このような関数 $y = \varphi(x)$ を与えられた微分方程式の区間 I における**解**という．式 (1.9.1) は D の各点 P で，P を通る (1.9.1) の解の表す曲線（これを**積分曲線**という）の P における接線の傾きを与えている．

1 つの積分曲線を決定するためには，その積分曲線が通る点を 1 つ決めなければならない．たとえば，与えられた x の値 $x = x_0$ に対し，y がとるべき値 $y(x_0) = y_0$ を与えなければならない．この値 y_0 のことを $x = x_0$ に対する y の**初期値**という．このように初期値を指定することを**初期条件**を与えるという．

身近な方程式の 1 つに **1 階線形微分方程式**がある．これは名前が示すように，未知関数とその導関数について 1 次式（線形）になるように与えられる．すなわち，x の関数を $y = y(x)$ とするとき

$$\frac{dy}{dx} + P(x) y = Q(x). \tag{1.9.2}$$

ただし，$P(x), Q(x)$ は連続関数とする．そこで，解 y を求めてみよう．まず，$G(x) = \displaystyle\int P(x) \, dx$ とおくと，$\dfrac{d}{dx} e^{G(x)} = e^{G(x)} P(x)$ であるから，

$$\begin{aligned}
\frac{d}{dx}\left(e^{G(x)} y\right) &= \left(e^{G(x)} P(x)\right) y + e^{G(x)} \left(\frac{dy}{dx}\right) \\
&= \left(e^{G(x)} P(x)\right) y + e^{G(x)} \left(-P(x) y + Q(x)\right) \\
&= e^{G(x)} Q(x).
\end{aligned}$$

積分すれば，$e^{G(x)} y = \displaystyle\int e^{G(x)} Q(x) \, dx + C$ となる．ここに C は不定積分の積分定数として現れるものである．したがって

$$y = e^{-G(x)} \left(\int e^{G(x)} Q(x) \, dx + C \right).$$

もしも初期条件「$x = x_0$ のとき $y(x_0) = y_0$」が与えられていれば，解 y は

$$y = e^{-\int_{x_0}^{x} P(t) \, dt} \left(\int_{x_0}^{x} Q(t) e^{\int_{x_0}^{t} P(s) \, ds} \, dt + y_0 \right) \tag{1.9.3}$$

と得られる．

例題 1.9.1 $\dfrac{dy}{dx} - 2y = e^{3x}$ の解で初期条件「$x=0$ のとき $y(0)=2$」を満たすものを求めよ

【解答】 $P(x) = -2, Q(x) = e^{3x}$ とおく．(1.9.3) を用いると

$$y = e^{2x}\left(\int_0^x e^{3t}e^{-2t}\,dt + y(0)\right) = e^{2x}\left(\int_0^x e^t\,dt + 2\right)$$
$$= e^{2x}((e^x - 1) + 2) = e^{3x} + e^{2x}.$$

問 1.9.1 $\dfrac{dy}{dx} - xy = x$ の解で初期条件「$x=0$ のとき $y(0)=0$」を満たすものを求めよ．

【解答】 $P(x) = -x, Q(x) = x$ とおく．(1.9.3) を用いると

$$y = e^{\frac{1}{2}x^2}\left(\int_0^x t e^{-\frac{1}{2}t^2}\,dt + y(0)\right) = e^{\frac{1}{2}x^2}\left(\int_0^x \frac{d}{dt}\left(-e^{-\frac{1}{2}t^2}\right)dt\right)$$
$$= e^{\frac{1}{2}x^2}\left[-e^{-\frac{1}{2}t^2}\right]_0^x = e^{\frac{1}{2}x^2}\left(1 - e^{-\frac{1}{2}x^2}\right) = e^{\frac{1}{2}x^2} - 1.$$

多くの場合，不定積分を有限回行うという**求積法**だけで解が求められるとは限らない．しかし，解の存在が保証されるならば，数値計算などの手法で近似的な解を得ることができる．

ただ 1 つの解の存在を保証するものとして知られるのが，関数のリプシッツ条件である．

定義 1.9.1

$f(x)$ を区間 $[a,b]$（または $\mathbb{R}$）上の関数とする．

$$|f(x) - f(y)| \leq K|x-y|^\alpha, \quad x \in [a,b] \quad (\text{または } x \in \mathbb{R})$$

となるような指数 $0 < \alpha \leq 1$ と定数 $K > 0$ が存在するならば，$f(x)$ は α 位の**ヘルダー条件**を満たすという．$\alpha = 1$ のとき**リプシッツ条件**という．

例題 1.9.2 関数 $f(x)$ が区間 $[a,b]$ で C^1 級（1 回連続微分可能）ならば，リプシッツ条件を満たすことを確かめよ．

【解答】 $f'(x)$ は $[a,b]$ で連続になるから，$f'(x)$ はその区間内で有界，すなわち，$|f'| \leq K$ となる定数 $K > 0$ がとれる．したがって，任意の $x, y \in [a,b]$ に対し

$$|f(x)-f(y)| = \left|\int_x^y f'(t)\,dt\right| \leq \int_x^y |f'(t)|\,dt \leq K|x-y|.$$

問 1.9.2 関数 $f(x) = \sqrt{x}$ $(x \geq 0)$ はリプシッツ条件を満たさないことを確かめよ．$\left(\alpha = \dfrac{1}{2}\text{位のヘルダー条件を満たす関数である}\right)$

【解答】 $\dfrac{|\sqrt{x}-\sqrt{y}|}{|x-y|} = \dfrac{1}{|\sqrt{x}+\sqrt{y}|}$．右辺は x, y が 0 に近づくに従って ∞ となるから，$\dfrac{|\sqrt{x}-\sqrt{y}|}{|x-y|} \leq K$ を満たす定数 $K > 0$ をとることができない．したがって，リプシッツ条件を満たさない．$\alpha = \dfrac{1}{2}$ 位のヘルダー条件は，

$$\frac{|\sqrt{x}-\sqrt{y}|}{\sqrt{|x-y|}} \leq K \qquad \cdots ①$$

を満たす正数 K がとれることからわかる．実際，$y = 0$ のとき①は明らか．$y > 0$ のとき①左辺の分母子を $\sqrt{y}$ で割って $t = \dfrac{x}{y}$ とおく．このとき，ロピタルの定理（例題 1.3.1）を応用して $\displaystyle\lim_{t \to 1} \dfrac{\sqrt{t}-1}{\sqrt{t-1}} = 0$ を導くとよい．

定理 1.9.2

関数 $f(x, y)$ が領域

$$|x-a| \leq A, \quad |y-b| \leq B \qquad (1.9.4)$$

において連続で，しかも y に関してリプシッツ条件

$$|f(x,y) - f(x,z)| \leq K|y-z| \quad (K \text{ は正数}) \qquad (1.9.5)$$

を満たすならば，微分方程式

$$\frac{dy}{dx} = f(x, y)$$

は，初期条件

$$y(a) = b \qquad (1.9.6)$$

を満たす解 $y(x)$ をもつ．$y(x)$ は閉区間

$$|x-a| \leq A, \quad |x-a| \leq \frac{B}{M} \qquad (1.9.7)$$

（M は領域 (1.9.4) における $|f(x,y)|$ の最大値）で定義される．またこの区間で定義され，初期条件 (1.9.6) を満たす解はただ 1 つしか存在しない．

【証明】 証明の方針をピカールの逐次近似法に基づいて記す.

まず,$c = \min\left\{A, \dfrac{B}{M}\right\}$ とおく.このとき (1.9.7) は簡単に $|x-a| \leq c$ とかかれる.

そこで,関数列 $y_0(x), y_1(x), \ldots, y_n(x), \ldots$ を,$|x-a| \leq c$ の範囲で次のように定義する.

(1) $y_0(x) = b$.

(2) $y_n(x)$ が定義されたら,$y_{n+1}(x)$ を次式によって定義する.

$$y_{n+1}(x) = b + \int_a^x f(x, y_n(x))\,dx. \tag{1.9.8}$$

<u>Step 1.</u> (1.9.8) が定義可能であるためには,$f(x, y_n(x))$ が閉区間 $|x-a| \leq c$ で定義され,かつ連続であればよい.このことを示すには,定理の仮定によって

$$|y_n(x) - b| \leq B \quad (|x-a| \leq A) \tag{1.9.9}$$

を,$n = 0, 1, 2, \ldots$ について順に証明すれば十分である.

<u>Step 2.</u> 関数列 $\{y_n(x)\}$ が,n を大きくしたときに,ある 1 つの関数に収束することを示す.このためには,y_0, y_1 の連続性によって,$|y_1 - y_0| \leq N$ となる正数 N が存在することに注意して,

$$|y_{n+1} - y_n| \leq \frac{K^n N |x-a|^n}{n!} \quad (n = 0, 1, 2, \ldots) \tag{1.9.10}$$

が成り立つことを,n についての数学的帰納法で証明すればよい.このとき,式の評価ではリプシッツ条件が効いてくる.(1.9.10) によって

$$y_n = y_0 + (y_1 - y_0) + (y_2 - y_1) + (y_3 - y_2) + \cdots + (y_n - y_{n-1})$$
$$= y_0 + \sum_{k=0}^{n-1}(y_{k+1} - y_k)$$

は一様収束する.なぜならば,例題 1.7.1 によって指数級数は収束し,定理 1.8.8 (ワイエルシュトラスの優級数判定法) によって関数列 $\{y_n(x)\}$ は一様収束するからである.ゆえに,定理 1.8.2 によって一様収束する連続関数列 $\{y_n(x)\}$ の極限 $Y(x) = \lim_{n \to \infty} y_n(x)$ が存在し連続である.

<u>Step 3.</u> また一様収束性によって,(1.9.8) で $n \to \infty$ のとき,定理 1.8.3 から積分と極限の順序が交換できて,

$$Y(x) = b + \int_a^x f(x, Y(x))\,dx \quad (|x-a| \leq c) \tag{1.9.11}$$

が得られる.さらに,定理 1.8.4 から微分と極限の順序が交換できる.すなわ

ち，$|x-a| < c$ のとき，(1.9.11) 両辺を x で微分することができて

$$\frac{dY}{dx} = f(x, Y)$$

となる．この Y は $Y(a) = b$ を満たす．ゆえに，$Y(x)$ は求める解になる．
<u>Step 4.</u> このような解がただ1つであることを示すために，$\overline{Y}$ を初期条件 (1.9.6) を満たす同様な解とする．すなわち

$$\overline{Y}(x) = b + \int_a^x f(x, \overline{Y}(x))\, dx, \qquad \overline{Y}(a) = b.$$

$Y - \overline{Y}$ は閉区間 $|x-a| \leq c$ で連続であるから最大値 G をもつ．このとき

$$|Y - \overline{Y}| \leq K^n G \frac{|x-a|^n}{n!} \qquad (n = 0, 1, 2, \ldots) \tag{1.9.12}$$

が成り立つことを，n についての数学的帰納法で示すことができる．その結果，例題 1.7.1 によって指数級数は収束し，かつ注意 1.7.1 (2) によって，n を大きくすると (1.9.12) の右辺は 0 に近づく．したがって，$Y = \overline{Y}$ でなければならない．このようにして解の一意性が証明される．

注意 1.9.3 リプシッツ条件は，上の定理の証明で構成された関数列（または 2 つの解）に対する「差分」を評価するために，必要な仮定である．また，再帰的な関係式 (1.9.8) は微分方程式 $y' = f(x, y)$ の解を近似する方法を与える．すなわち，積分を n 回反復して得られる y_n は，n を大きくすればいくらでも解に "近く" なる．

1.10 関数の変動と 2 次変分

これまでの積分は，dt に関する定積分 $\int_a^b f(t)\, dt$ であった．第 4 章以降では，ブラウン運動 $B(t)$ が主役になり，積分は，$dB(t)$ に関する "確率積分" とよばれる $\int_a^b f(t)\, dB(t)$ であり，しかも，被積分関数 $f(t)$ は定まった実数値関数ではなく，偶然に変化する確率過程という関数である．本節では，まず実数値関数 $f(t)$ に対して，適当な関数 F に関する積分 $\int_0^T f(t)\, dF(t)$ の定義を考える．

F を区間 $[a,b]$ 上の実数値関数とし（これを，$F:[a,b] \to \mathbb{R}$ とかく），区間 $[a,b]$ の分割を $\pi : a = t_0^n < t_1^n < t_2^n < \cdots < t_n^n = b$ とする．

$$V_F(\pi) = \sum_{i=0}^{n-1} |F(t_{i+1}^n) - F(t_i^n)| \tag{1.10.1}$$

とおく．このとき，あらゆる分割 π に関する $V_F(\pi)$ の上限を区間 $[a,b]$ における F の**変動**といい，$V_F([a,b])$ で表す．すなわち

$$V_F([a,b]) = \sup_{\pi} V_F(\pi).$$

$V_F([a,b])$ は区間 $[a,b]$ における F の**全変動**ともよばれる．

明らかに，分割 π に新しい分割点が加われば，(1.10.1) の和 $\sum$ の値は増加する．したがって，F の変動は次のように表される．

$$V_F([a,b]) = \lim_{\delta_n \to 0} \sum_{i=0}^{n-1} |F(t_{i+1}^n) - F(t_i^n)|. \tag{1.10.2}$$

ただし，$\delta_n = \max_{n=0,\ldots,n-1}(t_{i+1}^n - t_i^n)$．もしも，$V_F([a,b])$ が有限ならば，F は $[a,b]$ 上で**有限変動な関数**とよばれる．また，F が $t \geq 0$ の関数のとき，F の変動は t の関数として

$$V_F(t) = V_F([0,t]) \tag{1.10.3}$$

によって定義される．明らかに，$V_F(t)$ は t に関して単調非減少な関数である．

定義 1.10.1

すべての t に対して $V_F(t) < \infty$ のとき，F は**有限変動**であるとよばれる．さらに，$\sup_{t} V_F(t) < \infty$ のとき，すなわち，すべての t に対して t に無関係な定数 C が存在して $V_F(t) < C$ となるとき，F は**有界変動**であるとよばれる．

例題 1.10.1 $F(t)$ が $t \geq 0$ に関して単調関数ならば，任意の $t > 0$ に対して $V_F(t) = |F(t) - F(0)|$ となることを確かめよ．

【解答】 $\pi: 0 = t_0^n < t_1^n < t_2^n < \cdots < t_n^n = t$ とする．F が単調増加ならば，$F(t_i^n) \leq F(t_{i+1}^n)$，$t_i^n < t_{i+1}^n$ であるから

$$V_F(t) = \sum_{i=0}^{n-1} |F(t_{i+1}^n) - F(t_i^n)| = \sum_{i=0}^{n-1} \left(F(t_{i+1}^n) - F(t_i^n)\right) = F(t_n^n) - F(t_0^n)$$
$$= F(t) - F(0).$$

F が単調減少ならば，$F(t_i^n) \geq F(t_{i+1}^n)$, $t_i^n < t_{i+1}^n$ であるから，同様にして，$V_F(t) = F(0) - F(t)$. したがって，$F(t)$ が単調関数ならば，区間 $[0, t]$ における全変動は $V_F(t) = |F(t) - F(0)|$ となる．

問 1.10.1 $F(t)$ が $t \geq 0$ に関してリプシッツ条件を満たすならば，F は有限変動であることを示せ．

【解答】 $\pi : 0 = t_0^n < t_1^n < t_2^n < \cdots < t_n^n = t$ とし，K をリプシッツ条件（定義 1.9.1）の定数とする．$\sum_{i=0}^{n-1} |F(t_{i+1}^n) - F(t_i^n)| \leq K \sum_{i=0}^{n-1} (t_{i+1}^n - t_i^n) = Kt < \infty$．したがって，$F$ は有限変動．

連続関数が有限変動となるための十分条件は次のように与えられる．

定理 1.10.2
$g(t)$ が連続で，g' が存在して $\int_0^t |g'(s)| ds < \infty$ ならば，g は有限変動である．

定義 1.10.3
区間 $[0, t]$ における実数値関数 F の **2 次変分** は，次のような極限が存在したときの値 $[F](t)$ として定義される．

$$[F](t) = \lim_{\delta_n \to 0} \sum_{i=0}^{n-1} \bigl(F(t_{i+1}^n) - F(t_i^n)\bigr)^2. \tag{1.10.4}$$

ただし，極限は，任意の分割 $0 = t_0^n < t_1^n < \cdots < t_n^n = t$ に対して，$\delta_n = \max_{i=0,\ldots,n-1} (t_{i+1}^n - t_i^n)$ とおいてとられる．

- 次の定理が示すように，滑らかな実数値関数の 2 次変分は 0 である．しかし，第 3 章以降で扱われるブラウン運動 $B(t)$ の 2 次変分は 0 ではない．このことが通常の微分積分に現れる関数との大きな違いである．
- 2 次変分は確率解析において重要な役割を果たすが，初等的な微分積分では，滑らかな関数を扱い，しかも，それらの 2 次変分は 0 になるため，ほとんど表に現れることはなかったのである．

定理 1.10.4
関数 $F(t)$ が連続で有限変動ならば，F の 2 次変分は 0 である．

【証明】
$$[F](t) = \lim_{\delta_n \to 0} \sum_{i=0}^{n-1} \left(F(t_{i+1}^n) - F(t_i^n)\right)^2$$
$$\leq \lim_{\delta_n \to 0} \max_i |F(t_{i+1}^n) - F(t_i^n)| \sum_{i=0}^{n-1} |F(t_{i+1}^n) - F(t_i^n)|$$
$$\leq \lim_{\delta_n \to 0} \max_i |F(t_{i+1}^n) - F(t_i^n)| V_F(t).$$

関数 F は連続であるから,閉区間 $[0,t]$ において一様連続である(定理 1.2.6).したがって,一様連続の性質 (1.2.5) から $\lim_{\delta_n \to 0} \max_i |F(t_{i+1}^n) - F(t_i^n)| = 0$.ゆえに,$[F](t) = 0$.

定義 1.10.5

$f : [a,b] \to \mathbb{R}$ は連続関数,$F : [a,b] \to \mathbb{R}$ は有限変動とし,区間 $[a,b]$ の任意の分割を $\pi : a = t_0^n < t_1^n < t_2^n < \cdots < t_n^n = b$ とする.小区間 $[t_i^n, t_{i+1}^n]$ 内の任意の点を ξ_i とし,それを固定し,次のような和をつくる.

$$S_n = \sum_{i=0}^{n-1} f(\xi_i) \left(F(t_{i+1}^n) - F(t_i^n)\right). \tag{1.10.5}$$

このとき,分割を限りなく細かくする極限 $\delta_n = \max_{i=0,\ldots,n-1} (t_{i+1}^n - t_i^n) \to 0$ において,和 S_n が,分割 π と小区間内の点 ξ_i の選び方に依らず収束するならば,この極限値を,区間 $[a,b]$ における関数 F に関する f のリーマン・スティルチェス積分といい,$\int_a^b f(t)\,dF(t)$ と表す.

リーマン・スティルチェス積分は,$F(t) = t$ に対応する定積分(リーマン積分)の一般化になっている.

特に,$F'(t)$ が存在し,$F(t) = F(0) + \int_0^t F'(s)\,ds$ と表される場合には,
$$\int_a^b f(t)\,dF(t) = \int_a^b f(t) F'(t)\,dt$$
となることが知られている.たとえば,
$$F(t) = 2t^2 \Rightarrow \int_a^b f(t)\,dF(t) = 4 \int_a^b t f(t)\,dt$$

> **注意 1.10.6** 第 3 章で示されるように,ブラウン運動 $B(t)$ は連続ではあるが,微分可能ではない.しかも,有界変動ではない.したがって,$\int_0^T f(t)\,dB(t)$ をリーマン・スティルチェス積分の意味で定義することはできない.

> **定義 1.10.7**
> 関数 f, g の区間 $[0, t]$ における**共変動** $[f, g](t)$ を次の極限によって定義する(極限は存在するとして).
> $$[f, g](t) = \lim_{\delta_n \to 0} \sum_{i=0}^{n-1} \bigl(f(t_{i+1}^n) - f(t_i^n)\bigr)\bigl(g(t_{i+1}^n) - g(t_i^n)\bigr).$$
> ただし,分割 $0 = t_0^n < t_1^n < t_2^n < \cdots < t_n^n = t$ に対して,$\delta_n = \max_{i=0,\ldots,n-1}(t_{i+1}^n - t_i^n)$.

共変動については,次の結果が知られている.

> **定理 1.10.8**
> f が連続で g が有限変動ならば共変動は 0,すなわち,$[f, g](t) = 0$ である.(定理 1.10.4 の証明参照)

> **例題 1.10.2** f, g に対して 2 次変分が定義されているとき,**分極公式**とよばれる次の等式を導け.
> $$[f, g](t) = \frac{1}{2}\Bigl([f+g, f+g](t) - [f, f](t) - [g, g](t)\Bigr).$$

【解答】 $k = f + g,\ a < b$ のとき
$$\bigl(f(b) - f(a)\bigr)\bigl(g(b) - g(a)\bigr)$$
$$= \frac{1}{2}\Bigl(\bigl(k(b) - k(a)\bigr)^2 - \bigl(f(b) - f(a)\bigr)^2 - \bigl(g(b) - g(a)\bigr)^2\Bigr).$$
したがって,$a = t_i^n,\ b = t_{i+1}^n$ として和をとり,$n \to \infty$ の極限をとればよい.

問 1.10.2 f, g, h に対して 2 次変分が定義されているとき,次の等式を導け.
(1) **対称性** $[f, g](t) = [g, f](t)$.
(2) **線形性** α, β が定数のとき,
$$[\alpha f + \beta g, h](t) = \alpha[f, h](t) + \beta[g, h](t), \qquad \cdots ①$$
2 次変分は $[\alpha f + \beta g](t) = \alpha^2 [f](t) + 2\alpha\beta[f, g](t) + \beta^2 [g](t).$ $\cdots ②$

【解答】 (1)と①は定義から明らか. ②は①で $h = \alpha f + \beta g$ とおけばよい.

注意 1.10.9 第3章以降においては，たとえば，$B(t)$ をブラウン運動とするとき，$f(t) = t$，$g(t) = B(t)$ と見なして，2次変分 $[B] = [B, B]$，共変動 $[t, B]$ などが考察の対象となる．

第2章

確率論の基礎概念

2.1 離散型の確率モデル

確率モデルとは，興味の対象となる偶然変量がフィルター付きの**確率空間**で記述される模型のことである．この模型は

- 基本事象から成る標本空間，
- フィールドという集合族で定義される確率，
- 増大情報を表す部分フィールドの列から成るフィルトレーション

という道具を用いてつくられる．はじめに，離散時間で観察される株式の株価を例にとって，離散型の確率モデルを理解してゆきたい．

ある株式の時刻 $t = 1, 2, \ldots, T$ における株価を S_t とする．このとき，株価の値に注目して，T までに起こり得るすべての状態を Ω とおけば

$$\Omega = \{\omega;\ \omega = (S_1, S_2, \ldots, S_T)\}$$

と表すことができる．もしも株価の上昇（$u = \mathrm{up}$）と下落（$d = \mathrm{down}$）だけに注目するならば，T までに起こり得るすべての状態は

$$\Omega = \{\omega;\ \omega = (a_1, a_2, \ldots, a_T)\}, \quad a_t = u \text{ または } d$$

と表すことができる．このような Ω は将来起こり得る株価の状態をリストアップしたものである．未知な将来は Ω のどれかによって表され，時間が経つほどに，実際に起こった状態からたくさんの情報が得られるようになっている．

一般に，実験や観察を**試行**という．試行には起こり得るいくつかの結果があるが，その1つ1つを**基本事象**という．基本事象の全体から成る集合，すなわち，起こり得る結果をリストアップした全体集合を**標本空間**といい，Ω で表す．Ω の部分集合を**事象**といい，アルファベット大文字 $A, B, C, \ldots$ など

で表す．A でない事象は A の**余事象**といい，A^c で表す（上付き添え字 c は complement の頭文字）．特に，Ω 自身と空集合 ϕ はともに Ω の部分集合であり，それぞれ**全事象**，**空事象**とよばれる．

事象は，次のように集合や命題と対応させて理解することができる．

和事象 $A \cup B$ $\cdots$ 合併集合（A または B が起こる）
積（共通）事象 $A \cap B$ $\cdots$ 共通集合（A と B がともに起こる）
余事象 A^c $\cdots$ 補集合（A が起こらない）
空事象 ϕ $\cdots$ 空集合（決して起こらない）

特に，$A \cap B = \phi$ のとき，すなわち，交わっていないとき，A と B は互いに**排反**であるという．

差事象 $A \setminus B$ $\cdots$ 差集合（A は起こるが B は起こらない $\Leftrightarrow A \cap B^c$）
包含 $A \subset B$ $\cdots$ 部分集合（A が起これば B が起こる）
相等 $A = B$ $\cdots$ 等しい集合（$A \subset B$ かつ $B \subset A$）

今後のために，事象の演算で基礎的な関係式を挙げておく．

恒等法則 $A \cup \Omega = \Omega$ $\quad A \cap \Omega = A$ $\quad A \cup \phi = A$ $\quad A \cap \phi = \phi$

分配法則 $A \cup (B \cap C) = (A \cup B) \cap (A \cup C)$
$\qquad\qquad A \cap (B \cup C) = (A \cap B) \cup (A \cap C)$

ド・モルガンの法則
$$\left(\bigcup_{i=1}^{n} A_i\right)^c = \bigcap_{i=1}^{n} A_i^c, \qquad \left(\bigcap_{i=1}^{n} A_i\right)^c = \bigcup_{i=1}^{n} A_i^c$$

ただし，n 個の合併と共通部分の事象は次のように与えられる．

$$\bigcup_{i=1}^{n} A_i = A_1 \cup A_2 \cup \cdots \cup A_n \qquad \text{（少なくとも 1 つの } A_i \text{ が起こる）}$$

$$\bigcap_{i=1}^{n} A_i = A_1 \cap A_2 \cap \cdots \cap A_n \qquad \text{（すべての } A_i \text{ が起こる）}$$

無限個の事象の和事象 $\bigcup_{i=1}^{\infty} A_i$ と積事象 $\bigcap_{i=1}^{\infty} A_i$ も同様に与えられる．

さて，前述の株価の状態に注目し，時刻 t で投資家が利用できる情報を $\mathcal{F}_t$ とおくと，この $\mathcal{F}_t$ は時刻 t とそれ以前の株価の情報から成り立っている．

たとえば，$T = 2$ としよう．このとき，時刻 $t = 0$ では S_1 と S_2 の情報が得られないから，$\mathcal{F}_0 = \{\phi, \Omega\}$．すなわち，$t = 0$ での情報は Ω に含まれているどれかが起こる，ということだけである．また，時刻 $t = 1$ で株価の上昇（u）があったとすれば，実際の状態は

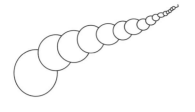 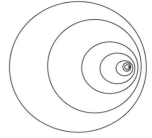

$A_1 \cup A_2 \cup \cdots \cup A_n \cup \cdots$ $\qquad$ $A_1 \cap A_2 \cap \cdots \cap A_n \cap \cdots$

図 **2.1.1** 無限個の和と積の事象

$$A = \{(u, S_2); S_2 = u \text{ または } d\} = \{(u, u), (u, d)\}$$

であって，A の余事象 A^c ではない．したがって，$t = 1$ での情報は

$$\mathcal{F}_1 = \{\phi, \Omega, A, A^c\}$$

と表される．この場合，以前の情報を忘れていないから，$\mathcal{F}_0 \subset \mathcal{F}_1$ となっていることに注意されたい．

このように，時刻 t で，投資家は Ω のどの部分が実際の情報を含んでいるのかを知ることになる．一般に，$\mathcal{F}_t$ は集合の "集まり" で，フィールドとよばれる $\mathcal{F}$ の仲間である．

定義 2.1.1

次の性質を満たす $\mathcal{F}$ をフィールドという．
(1) $\phi, \Omega \in \mathcal{F}$.
(2) $A \in \mathcal{F}, B \in \mathcal{F}$ ならば $A \cup B \in \mathcal{F}, A \cap B \in \mathcal{F}, A \setminus B \in \mathcal{F}$.

例題 2.1.1 次の $\mathcal{F}_0, \mathcal{F}_A, 2^\Omega$ はフィールドの定義を満たすことを確かめよ．
(1) $\{\phi, \Omega\}$ を自明なフィールドといい，$\mathcal{F}_0$ と表す．
(2) $\{\phi, \Omega, A, A^c\}$ を集合 **A** から生成されたフィールドといい，$\mathcal{F}_A$ と表す．
(3) Ω の部分集合から成る全体 $\{A; A \subset \Omega\}$ を 2^Ω あるいは $\mathfrak{p}(\Omega)$ と表す．

【解答】 以下において．事象の順序を入れ換えた 2 項演算の結果は同じフィールドに属するので省略している．
(1) $\phi \cup \Omega = \Omega, \phi \cap \Omega = \phi, \phi \setminus \Omega = \phi \cap \Omega^c = \phi \cap \phi = \phi$.

これらは $\mathcal{F}_0$ に属している．したがって，$\mathcal{F}_0$ はフィールド．
(2) ϕ, Ω については，解答 (1) と同じ関係式が得られる．

ϕ, A については，

$$\phi \cup A = A \in \mathcal{F}_A, \quad \phi \cap A = \phi, \quad \phi \setminus A = \phi \cap A^c = \phi.$$

ϕ, A^c についても同様である．

Ω, A については，

$$\Omega \cup A = \Omega, \quad \Omega \cap A = A, \quad \Omega \setminus A = \Omega \cap A^c = A^c.$$

Ω, A^c についても同様である．

A, A^c については，

$$A \cup A^c = \Omega, \quad A \cap A^c = \phi,$$
$$A \setminus A^c = A \cap (A^c)^c = A \cap A = A.$$

これらは，すべて $\mathcal{F}_A$ に属している．したがって，$\mathcal{F}_A$ はフィールド．
(3) 任意の $A \subset \Omega, B \subset \Omega$ に対して，$A \cup B, A \cap B, A \setminus B$ は Ω の部分集合になっているから，これらは 2^Ω に属している．したがって，2^Ω はフィールド．

定義 2.1.2

Ω が互いに排反な $D_1, D_2, \ldots, D_k$ の和から成るとき，すなわち

$$D_i \cap D_j = \phi \quad (i \neq j), \quad \bigcup_{i=1}^{k} D_i = \Omega$$

であるとき，$\{D_1, D_2, \ldots, D_k\}$ を Ω の**分割**という．

一般に，**分割から生成されたフィールド**は D_i の有限個の和事象とその余事象（補集合）から構成されている．これらはフィールドに対する基礎の組み立てブロックのようなものである．もしも Ω が有限個の集合から成り立っていれば，フィールドは分割によって生成される．

問 2.1.1　例題 2.1.1(2) の $\mathcal{F}_A$ は分割によって生成されていることを確かめよ．

【解答】$A \cup A^c = \Omega, A \cap A^c = \phi$ であるから，$\{A, A^c\}$ は Ω の分割である．明らかに

$$\mathcal{F}_A = \{\phi, \Omega, A, A^c\} = \{A \cap A^c = (A \cup A^c)^c, A \cup A^c, A, A^c\}$$

であるから，$\mathcal{F}_A$ は分割 $\{A, A^c\}$ から生成されている．

次に，フィールド $\mathcal{F}_1$ がフィールド $\mathcal{F}_2$ に含まれる場合を考える．このとき，

$$\mathcal{F}_1 \subset \mathcal{F}_2 \iff \text{任意の } A \text{ に対して，} \quad A \in \mathcal{F}_1 \text{ ならば } A \in \mathcal{F}_2$$

言い換えれば，$\mathcal{F}_1$ の集合は $\mathcal{F}_2$ を生成している分割集合の1つ，あるいは分割集合のいくつかの合併である．この意味で，$\mathcal{F}_2$ を生成する分割は $\mathcal{F}_1$ を生成する分割よりも細かい．（時刻 $t=1,2$ ならば，時間経過で知識や情報は詳細！）

定義 2.1.3

次のようなフィールドの集まり $\mathbb{F}$ を**フィルトレーション**という．

$$\mathbb{F} = \{\mathcal{F}_0, \mathcal{F}_1, \ldots, \mathcal{F}_t, \ldots, \mathcal{F}_T\}, \quad \mathcal{F}_t \subset \mathcal{F}_{t+1}.$$

$\mathbb{F}$ は情報の流れをモデル化するのに用いられる．上式は，観察者にとって，時間が経てば経つほどに，たくさんの詳細な情報を知ることができ，Ω の分割はさらに細かくなっていくということを意味している．株価の推移にたとえれば，$\mathbb{F}$ は投資家に必要な株価の情報を記述している．

例題 2.1.1 において，次の $\mathbb{F}$ はフィルトレーションの例である．

$$\mathcal{F}_1 = \mathcal{F}_A, \quad \mathbb{F} = \{\mathcal{F}_0, \, \mathcal{F}_1, \, 2^\Omega\} \Rightarrow \mathcal{F}_0 \subset \mathcal{F}_1 \subset 2^\Omega$$

定義 2.1.4

標本空間 Ω は有限個の要素から成り，Ω 上の関数 X は値 $x_i, i=1,2,\ldots,k$ をとるとする．もしも事象のフィールド $\mathcal{F}$ が特定されるならば，$\mathcal{F}$ に属する集合は**可測**であるという（たとえば，$\mathcal{F} = 2^\Omega$ のとき，Ω の任意の部分集合 A は $\mathcal{F}$ に属するから可測）．また，Ω 上の関数 X は，すべての集合 $\{\omega; X(\omega) = x_i\}, i=1,2,\ldots,k$ が $\mathcal{F}$ に属するとき，**$\mathcal{F}$-可測**または $(\Omega, \mathcal{F})$ 上の**確率変数**であるという．

言い換えれば，可測であるということは，もしも $\mathcal{F}$ で記述される情報を得たならば，すなわち，$\mathcal{F}$ のどの事象が起こったのかを知ったならば，X のどの値が起こったのかを知ることができる，ということである．

例題 2.1.2 時刻 $t = 1, 2$ で取引され，上昇 (u) あるいは下落 (d) する株価モデルを考える．

$$\Omega = \{\omega_1 = (u,u), \quad \omega_2 = (u,d), \quad \omega_3 = (d,u), \quad \omega_4 = (d,d)\}.$$

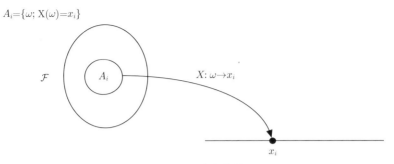

図 **2.1.2** 確率変数

このとき，$t=1$ で株が上昇しているという事象を A とおく．すなわち，$A = \{\omega_1, \omega_2\}$．また，$\mathcal{F}_1 = \{\phi, \Omega, A, A^c\}, \mathcal{F}_2 = 2^\Omega$（$\Omega$ の $2^4 = 16$ 個の部分集合の全体）とおく．さらに，次のような Ω 上の関数 X を考える．

$$X(\omega_1) = X(\omega_2) = 1.5, \quad X(\omega_3) = X(\omega_4) = 0.5.$$

X は $\mathcal{F}_1$-可測，すなわち，$(\Omega, \mathcal{F}_1)$ 上の確率変数であることを確かめよ．

【解答】 $\{\omega; X(\omega) = 1.5\} = \{\omega_1, \omega_2\} = A \in \mathcal{F}_1$, $\{\omega; X(\omega) = 0.5\} = \{\omega_3, \omega_4\} = A^c \in \mathcal{F}_1$．したがって，$X$ は $\mathcal{F}_1$-可測，$(\Omega, \mathcal{F}_1)$ 上の確率変数である．

問 **2.1.2** 例題 2.1.2 において，Ω 上の関数を

$$Y(\omega_1) = 1.5^2, \quad Y(\omega_2) = Y(\omega_3) = 0.75, \quad Y(\omega_4) = 0.5^2$$

とおく．Y は $(\Omega, \mathcal{F}_1)$ 上の確率変数ではない（$\mathcal{F}_1$-可測ではない）ことを示せ．

【解答】 $\{\omega; Y(\omega) = 0.75\} = \{\omega_2, \omega_3\} \notin \mathcal{F}_1$ となるから，$(\Omega, \mathcal{F}_1)$ 上の確率変数ではない（しかし，$\mathcal{F}_2$-可測になっている）．

―定義 **2.1.5**―――

確率変数の集まり $\{X_t; t = 0, 1, \ldots, T\}$ を **確率過程** という．この場合，任意に固定した t に対して，X_t は $(\Omega, \mathcal{F}_T)$ 上の確率変数である．

―定義 **2.1.6**―――

すべての $t = 1, 2, \ldots, T$ に対して，X_t が $(\Omega, \mathcal{F}_t)$ 上の確率変数であるとき，すなわち，X_t が $\mathcal{F}_t$-可測であるとき，確率過程 $\{X_t\}$ はフィルトレーション $\mathbb{F} = \{\mathcal{F}_t; t = 0, 1, \ldots, T\}$ に **適合している** という．

たとえば，X, Y はそれぞれ例題 2.1.2, 問 2.1.2 で与えられたものとして，$X_1 = X$, $X_2 = Y$ とおく．このとき，X_1 は $\mathcal{F}_1$-可測, X_2 は $\mathcal{F}_2$-可測である．したがって，確率過程 $\{X_t; t = 1, 2\} = \{X_1, X_2\}$ は $\mathbb{F} = \{\mathcal{F}_1, \mathcal{F}_2\}$ に適合している．この確率過程は，単位時間で株価が 50％ で値上がりあるいは値下がりすると仮定したときの，時刻 t における株価の上昇率あるいは下落率のモデルを表している．

Ω の部分集合全体から成るフィールド 2^Ω をもつ標本空間を $(\Omega, 2^\Omega)$ とし，そこで定義された確率変数 X のとり得る値を $x_i, i = 1, 2, \ldots, k$ とする．このとき $X = x_i$ となる事象，すなわち，集合

$$A_i = \{\omega; X(\omega) = x_i\} \subset \Omega, \quad i = 1, 2, \ldots, k$$

を考える．$\{A_1, A_2, \ldots, A_k\}$ は Ω の分割になっているが，この分割によって生成されたフィールドは **X から生成されたフィールド**とよばれ，$\mathcal{F}_X$ または $\sigma(X)$ と表される．$\mathcal{F}_X$ は $A_i = \{X = x_i\}$ の形の集合をすべて含むような "最小のフィールド" である．さらに，$\mathcal{F}_X$ は X を観察することによって得られる真の状態 ω に関する情報を表している．

たとえば，例題 2.1.2 においては

$$\{\omega; X(\omega) = 1.5\} = \{\omega_1, \omega_2\} = A, \quad \{\omega; X(\omega) = 0.5\} = \{\omega_3, \omega_4\} = A^c$$

であるから，

$$\mathcal{F}_X = \sigma(X) = \mathcal{F}_1 = \{\phi, \Omega, A, A^c\}.$$

$(\Omega, \mathcal{F})$ と確率過程 $\{X_t\}$ が与えられているとき，確率変数 $X_s, s = 0, 1, \ldots, t$ から生成されたフィールドを $\mathcal{F}_t = \sigma(X_s, 0 \leq s \leq t)$ と表す．これは時刻 t までの観察結果から利用できるすべての情報である．明らかに，$\mathcal{F}_t \subset \mathcal{F}_{t+1}$ であるから，これらの集まりはフィルトレーションとなる．このようなフィルトレーションを $\{X_t\}$ の**自然なフィルトレーション**という．

もしも $A \in \mathcal{F}_t$ ならば，0 から t までの系列を観察することによって，時刻 t では実際の値が A 内に起こっているのかどうかを知ることができる．

注意 2.1.7 Ω が有限個の基本事象 ω から成るとき，各 ω に対して，その起こりやすさの尺度として**確率 $P(\omega)$** を割り当てることができる．このとき，事象 A の確率 $P(A)$ は $\omega \in A$ となる $P(\omega)$ の和．$P(\omega)$ の与え方にはいろいろあるが，どのような場合でも要請されるのが次の 2 点である．

(1) $P(\omega) \geq 0$,
(2) $\sum_\omega P(\omega) = P(\Omega) = 1$. $\left(\sum_\omega \text{は } \Omega \text{ 内の有限個の基本事象 } \omega \text{ に関する和}\right)$

定義 2.1.8

Ω は有限個の基本事象から成るとし，確率変数 X，すなわち，$\omega \in \Omega$ から実数の集まり $\mathbb{R}$ への関数 $X : \omega \to \mathbb{R}$，を考える．$X$ は有限個の値をとり得るので，それらを x_i, $i = 1, 2, \ldots, k$ とし，事象 $\{\omega ; X(\omega) = x_i\}$ を単に $\{X = x_i\}$ と表し，その確率を $p_i = P(X = x_i)$ とかく．すなわち，

$$p_i = P(X = x_i) = \sum_{\omega ; X(\omega) = x_i} P(\omega). \quad \left(X(\omega) = x_i \text{ となる } \omega \text{ に関する和}\right)$$

このような確率の組 $\{p_i\}$ を X の**確率分布**という．

定義 2.1.9

X が $(\Omega, \mathcal{F})$ 上の確率変数で，P が確率のとき，

$$E[X] = \sum_{\omega} X(\omega) P(\omega) \quad \left(\text{基本事象 } \omega \text{ に関する和}\right) \qquad (2.1.1)$$

によって与えられる値 $E[X]$ を X の平均または**期待値**という．X の確率分布を用いてかけば

$$E[X] = \sum_{i=1}^{k} x_i P(X = x_i) \qquad (2.1.2)$$

と表される．

定義 2.1.10

事象 A に対して

$$I_A(\omega) = \begin{cases} 1 & \omega \in A \text{ のとき}, \\ 0 & \omega \notin A \text{ のとき} \end{cases}$$

とおき，確率変数 I_A を事象 A の**インディケータ**という．I_A を $I(A)$ ともかく．このとき A の起こる確率は，$P(A) = P(I_A = 1)$.

I_A の平均は次のように計算されることに注意しよう．

$$E[I_A] = 1 \times P(I_A = 1) + 0 \times P(I_A = 0) = 1 \times P(A) + 0 \times P(A^c) = P(A).$$

以降においては，Ω を有限個の基本事象からなる標本空間とし，$\mathcal{F} = 2^\Omega$，P を Ω 上の確率とする．これら3つの組 $(\Omega, \mathcal{F}, P)$ を **確率空間** という．

定義 2.1.11

A, D を事象とし，$P(D) > 0$ とする．このとき D が起こったという前提のもとに A が起こる **条件付き確率**（D に対する A の条件付き確率）$P(A \mid D)$ を次のように定義する．
$$P(A \mid D) = \frac{P(A \cap D)}{P(D)}. \tag{2.1.3}$$

注意 2.1.12 条件付き確率をかき直すと **乗法公式** が得られる．
$$P(A \cap D) = P(D) P(A \mid D).$$

乗法公式は，n 個の事象 $A_1, A_2, \ldots, A_n$ について次のように拡張される．

$P(A_1 \cap A_2 \cap \cdots \cap A_n)$
$= P(A_1) P(A_2 \mid A_1) P(A_3 \mid A_1 \cap A_2) \cdots P(A_n \mid A_1 \cap A_2 \cap \cdots \cap A_{n-1}).$

定理 2.1.13

$\{D_1, D_2, \ldots, D_k\}$ を定義 2.1.2 で与えられた Ω の分割とし，$P(D_i) > 0$，$i = 1, 2, \ldots, k$ とする．このとき次が成り立つ．

(1) **全確率の公式** $\quad P(A) = \sum_{i=1}^{k} P(D_i) P(A \mid D_i).$

(2) **ベイズの公式** $\quad P(A) > 0$ ならば $P(D_j \mid A) = \dfrac{P(D_j) P(A \mid D_j)}{\displaystyle\sum_{i=1}^{k} P(D_i) P(A \mid D_i)}.$

$P(D_i)$ を **事前確率**，$P(D_j \mid A)$ を **事後確率** という．

定義 2.1.14

$\mathcal{G}$ を定義 2.1.2 で与えられた Ω の分割 $\{D_1, D_2, \ldots, D_k\}$ から生成されたフィールドとし，$P(D_i) > 0$，$i = 1, 2, \ldots, k$ とする．このとき，$\mathcal{G}$ に対する A の条件付き確率は，D_i 上で値 $P(A \mid D_i)$ をとる確率変数のことであり，これを $P(A \mid \mathcal{G})$ とかく．すなわち

$$P(A\,|\,\mathcal{G})(\omega) = \sum_{i=1}^{k} P(A\,|\,D_i) I_{D_i}(\omega). \tag{2.1.4}$$

特に，$\mathcal{G} = \{\phi, \Omega\}$（自明なフィールド）ならば，次のようになる．

$$P(A\,|\,\mathcal{G}) = P(A\,|\,\Omega) I_\Omega = \frac{P(A \cap \Omega)}{P(\Omega)} = P(A). \tag{2.1.5}$$

定義 2.1.15

確率変数 Y の値を $y_1, y_2, \ldots, y_k$ とする．このとき，$D_i = \{\omega;\ Y(\omega) = y_i\}$，$i = 1, 2, \ldots, k$ は Ω の分割になる．そこで，$\mathcal{F}_Y$ を Y から生成されたフィールドとするとき，**$\mathcal{F}_Y$ に対する A の条件付き確率** $P(A\,|\,\mathcal{F}_Y)$ を $P(A\,|\,Y)$ と表す．すなわち

$$P(A\,|\,\mathcal{F}_Y) = P(A\,|\,Y). \tag{2.1.6}$$

さらに，条件付き平均について記したい．

定義 2.1.16

確率変数 X の値を $x_1, x_2, \ldots, x_p$ とするとき，事象を $A_1 = \{X = x_1\}$，$A_2 = \{X = x_2\}, \ldots, A_p = \{X = x_p\}$ とおく．Ω の分割 $\{D_1, D_2, \ldots, D_k\}$ によって生成されたフィールドを $\mathcal{G}$ とする．このとき

$$E[X\,|\,\mathcal{G}] = \sum_{i=1}^{p} x_i P(A_i\,|\,\mathcal{G}) \tag{2.1.7}$$

によって与えられる $E[X\,|\,\mathcal{G}]$ を，**$\mathcal{G}$ に対する X の条件付き平均**という．

$E[X\,|\,\mathcal{G}]$ は確率変数の 1 次結合であるから，$E[X\,|\,\mathcal{G}]$ は確率変数である．これまでの定義から，次の関係式が成り立つのは明らかであろう．

$$P(A\,|\,\mathcal{G}) = E[I_A\,|\,\mathcal{G}], \quad E[X\,|\,\mathcal{F}_0] = E[X] \quad (\mathcal{F}_0 = \{\phi, \Omega\}). \tag{2.1.8}$$

注意 2.1.17 可測性の定義から，次の 2 つは同値である．
(1) X は $\mathcal{G}$-可測である．
(2) 任意の i に対して，事象 $A_i = \{X = x_i\}$ は $\mathcal{G}$ に属する．

上記 (2) は，事象 A_i が分割要素 D_j のどれか 1 つになっているか，あるいは分割要素 D_j のいくつかの和集合になっているかのいずれかであることを意味する．定義 2.1.16 において，$X(\omega) = \sum_{i=1}^{p} x_i I_{A_i}(\omega)$ であるから，$\mathcal{G}$-可測な

X を $X(\omega) = \sum_{j=1}^{k} x_j I_{D_j}(\omega)$ とかき表すこともできる．ただし，和の中でいくつかの x_j は等しくてもよい．したがって

$$E[X\,|\,\mathcal{G}] = \sum_{j=1}^{k} x_j P(D_j\,|\,\mathcal{G}) \qquad \text{（定義 2.1.16 による）}$$

$$= \sum_{j=1}^{k} x_j \left(\sum_{i=1}^{k} P(D_j\,|\,D_i) I_{D_i}(\omega)\right) \qquad \text{（定義 2.1.14 による）}$$

$$= \sum_{j=1}^{k} x_j P(D_j\,|\,D_j) I_{D_j}(\omega) \quad \left(D_i \cap D_j = \phi,\ i \neq j \Rightarrow P(D_j\,|\,D_i) = 0\right)$$

$$= \sum_{j=1}^{k} x_j \frac{P(D_j \cap D_j)}{P(D_j)} I_{D_j}(\omega) = \sum_{j=1}^{k} x_j I_{D_j}(\omega) = X.$$

注意 2.1.18　上式の計算結果から次が成り立つ．

$$X \text{ が } \mathcal{G}\text{-可測ならば,} \quad E[X\,|\,\mathcal{G}] = X. \tag{2.1.9}$$

─ 定義 2.1.19 ─────────────────────────

X, Y が確率変数で，いずれも有限個の値をとるとき，**Y に対する X の条件付き平均** $E[X\,|\,Y]$ は，定義 2.1.16 の $E[X\,|\,\mathcal{G}]$ で，$\mathcal{G} = \mathcal{F}_Y$ とおいて定義される．すなわち

$$E[X\,|\,Y] = E[X\,|\,\mathcal{F}_Y]. \tag{2.1.10}$$

──────────────────────────────

言い換えれば，X のとる値を $x_1, x_2, \ldots, x_p$, Y のとる得る値を $y_1, y_2, \ldots, y_k$ とし，$P(Y = y_i) > 0$, $i = 1, 2, \ldots, k$ とすれば，$E[X\,|\,Y]$ は事象 $\{Y = y_i\}$, $i = 1, 2, \ldots, k$ 上で値 $\sum_{j=1}^{p} x_j P(X = x_j\,|\,Y = y_i)$ をとる確率変数である．これらは $E[X\,|\,Y = y_i]$ と表される．定義から，明らかに $E[X\,|\,Y]$ は Y の関数であり，

$$E[X\,|\,Y](\omega) = E[X\,|\,\mathcal{F}_Y](\omega)$$

$$= \sum_{i=1}^{k} \left(\sum_{j=1}^{p} x_j P(X = x_j\,|\,Y = y_i)\right) I_{\{Y = y_i\}}(\omega)$$

$$= \sum_{i=1}^{k} E[X\,|\,Y = y_i] I_{\{Y = y_i\}}(\omega)$$

と表される．

例題 2.1.3 $\Omega = \{a, b, c\}$, $\mathcal{F} = 2^\Omega$ (Ω の部分集合から成る全体), $P(\omega) = \dfrac{1}{3}$, $\omega \in \Omega$ とする．また，Ω 上の関数を

$$X = \begin{cases} 0 & \omega = a, b \text{ のとき}, \\ 2 & \omega = c \text{ のとき} \end{cases}$$

とし，$\mathcal{G} = \{\phi, \{a\}, \{b, c\}, \Omega\}$ とおく．さらに

$$Y = \begin{cases} 0 & \omega = a \text{ のとき}, \\ 1 & \omega = b, c \text{ のとき} \end{cases}$$

とする．$E[X \mid \mathcal{G}] = Y$，かつ Y は $\mathcal{G}$-可測であることを確かめよ．

【解答】 $\{\omega; X(\omega) = 0\} = \{a, b\} \in \mathcal{F}$, $\{\omega; X(\omega) = 2\} = \{c\} \in \mathcal{F}$ となって，X は $\mathcal{F}$-可測（確率変数）である．定義 2.1.16 によって

$$\begin{aligned}E[X \mid \mathcal{G}] &= 0 \times P(X = 0 \mid \mathcal{G}) + 2 \times P(X = 2 \mid \mathcal{G}) \\ &= 0 \times P(\{a, b\} \mid \mathcal{G}) + 2 \times P(\{c\} \mid \mathcal{G}) = 2 \times P(\{c\} \mid \mathcal{G}).\end{aligned}$$

$\mathcal{G}$ は Ω の分割 $\{\{a\}, \{b, c\}\}$ から生成されているから，$P(\{c\} \mid \mathcal{G})(\omega)$ を定義 2.1.14 に基づいて計算すればよい．

$$P(\{c\} \mid \mathcal{G})(\omega) = P(\{c\} \mid \{a\}) I_{\{a\}}(\omega) + P(\{c\} \mid \{b, c\}) I_{\{b, c\}}(\omega).$$

$\omega = a$ のとき，$I_{\{a\}}(\omega) = 1$, $I_{\{b, c\}}(\omega) = 0$,

$$P(\{c\} \mid \mathcal{G})(\omega) = P(\{c\} \mid \{a\}) = \frac{P(\{c\} \cap \{a\})}{P(\{a\})} = 0.$$

$\omega = b$ のとき，$I_{\{a\}}(\omega) = 0$, $I_{\{b, c\}}(\omega) = 1$,

$$P(\{c\} \mid \mathcal{G})(\omega) = P(\{c\} \mid \{b, c\}) = \frac{P(\{c\} \cap \{b, c\})}{P(\{b, c\})} = \frac{P(\{c\})}{P(\{b, c\})} = \frac{1}{2}.$$

$\omega = c$ のとき，$\omega = b$ とした上式と同様で $P(\{c\} \mid \mathcal{G})(\omega) = \dfrac{1}{2}$．ゆえに

$$E[X \mid \mathcal{G}] = 2 \times P(\{c\} \mid \mathcal{G}) = Y = \begin{cases} 0 & \omega = a \text{ のとき}, \\ 1 & \omega = b, c \text{ のとき} \end{cases}$$

ここで，$\{\omega; Y(\omega) = 0\} = \{a\} \in \mathcal{G}$, $\{\omega; Y(\omega) = 1\} = \{b, c\} \in \mathcal{G}$ となるから，Y は $\mathcal{G}$-可測である．

問 2.1.3　$\Omega = \{a, b, c\}$, $\mathcal{F} = 2^\Omega$, $P(\omega) = \dfrac{1}{3}$, $\omega \in \Omega$ とする．また，Ω 上の関数を

$$X = \begin{cases} 0 & \omega = a \text{ のとき}, \\ -1 & \omega = b \text{ のとき}, \\ 1 & \omega = c \text{ のとき} \end{cases}$$

とし，$\mathcal{G} = \{\phi, \Omega\}$ とおく．さらに，$Z = 0$ とする．このとき $E[X \mid \mathcal{G}] = Z$ で，Z は $\mathcal{G}$-可測であることを示せ．

【解答】　$\{\omega;\ X(\omega) = 0\} = \{a\} \in \mathcal{F}$, $\{\omega;\ X(\omega) = -1\} = \{b\} \in \mathcal{F}$, $\{\omega;\ X(\omega) = 1\} = \{c\} \in \mathcal{F}$. したがって，$X$ は $\mathcal{F}$-可測（確率変数）．また，$A_i = \{X = x_i\}$ のとき，(2.1.5) から，自明なフィールド $\mathcal{G}$ に対する A_i の条件付き確率は $P(A_i \mid \mathcal{G}) = P(A_i)$. ゆえに

$$E[X \mid \mathcal{G}] = \sum_i x_i P(A_i \mid \mathcal{G}) = \sum_i x_i P(A_i)$$
$$= 0 \times \frac{1}{3} + (-1) \times \frac{1}{3} + 1 \times \frac{1}{3} = 0 = Z.$$

明らかに，$\{\omega;\ Z = 0\} = \Omega \in \mathcal{G}$ となり，Z は $\mathcal{G}$-可測である．

2.2　連続型の確率モデル

前節では離散型の確率モデルを扱った．本節では，実数の区間内に連続的に変化する値をとり得る連続型の確率モデルを扱う．そのためには，Ω の可算個の集合の和 $\bigcup$ と積 $\bigcap$ の演算に関して閉じているフィールドが必要になる．

定義 2.2.1

次の性質を満たすフィールド $\mathcal{F}$ を **σ-フィールド**という．
(1) $\phi, \Omega \in \mathcal{F}$.
(2) $A \in \mathcal{F}$ ならば，$A^c \in \mathcal{F}$.
(3) $A_1, A_2, \ldots, A_n, \ldots \in \mathcal{F}$ ならば，$\displaystyle\bigcup_{n=1}^\infty A_n \in \mathcal{F}$.

性質 (3) から，$\displaystyle\bigcap_{n=1}^\infty A_n \in \mathcal{F}$ が得られることに注意する．実際，ド・モルガンの法則と性質 (2) を用いると，$\displaystyle\bigcap_{n=1}^\infty A_n = \left(\bigcup_{n=1}^\infty A_n^c\right)^c \in \mathcal{F}$ となるからである．

Ω の任意の部分集合 B が $\mathcal{F}$ に属するとき,B を**可測集合**という.
$\mathcal{F}$ を Ω 上の σ-フィールドとするとき,組 $(\Omega, \mathcal{F})$ を**可測空間**という.

定義 2.2.2

$(\Omega, \mathcal{F})$ 上で与えられて,次の性質を満たし,非負の値をとる関数 $P: \mathcal{F} \to [0, 1]$ を**確率測度**または単に**確率**という.
(1) $A \in \mathcal{F}$ ならば,$P(A) \geq 0$.
(2) $P(\Omega) = 1$.
(3) $A_1, A_2, \ldots, A_n, \ldots \in \mathcal{F}$ が互いに排反ならば,
$$P\left(\bigcup_{n=1}^{\infty} A_n\right) = \sum_{n=1}^{\infty} P(A_n).$$

性質 (3) は**可算加法性**または **σ-加法性**とよばれる.

$(\Omega, \mathcal{F})$ 上の確率を P とするとき,組 $(\Omega, \mathcal{F}, P)$ を**確率空間**という.

注意 2.2.3 確率 P の定義から次の性質が得られる.図形の面積に関する普遍的な性質に類似していることに注意しよう.

(1) $P(A^c) = 1 - P(A)$.
(2) $P(\phi) = 0$.
(3) $P(A \cup B) = P(A) + P(B) - P(A \cap B)$.
(4) **単調性** $A \subset B \Rightarrow P(A) \leq P(B)$.
(5) **劣加法性** $P\left(\bigcup_{n=1}^{\infty} A_n\right) \leq \sum_{n=1}^{\infty} P(A_n)$.

例題 2.2.1 事象の単調列に対して,次の性質(P の**連続性**)を確かめよ.
(1) $A_1 \subset A_2 \subset \cdots \subset A_n \subset \cdots \Rightarrow P(A_1 \cup A_2 \cup \cdots) = \lim_{n \to \infty} P(A_n)$
(2) $A_1 \supset A_2 \supset \cdots \supset A_n \supset \cdots \Rightarrow P(A_1 \cap A_2 \cap \cdots) = \lim_{n \to \infty} P(A_n)$

【解答】 (1) 事象列 $\{A_n\}$ は単調に拡大していくから

$$A_1 \cup A_2 \cup \cdots = A_1 \cup (A_2 \setminus A_1) \cup (A_3 \setminus A_2) \cup \cdots. \quad \text{(ドーナツ状の和)}$$

ここに，$A_1, (A_2 \setminus A_1), (A_3 \setminus A_2), \cdots$ はペア毎に排反な事象である．よって，確率の定義 2.2.2 (3) から

$$P(A_1 \cup A_2 \cup \cdots) = P\Big(A_1 \cup (A_2 \setminus A_1) \cup (A_3 \setminus A_2) \cup \cdots\Big)$$
$$= P(A_1) + P(A_2 \setminus A_1) + P(A_3 \setminus A_2) + \cdots \overset{①}{=} \lim_{n \to \infty} P(A_n).$$

①の等号は，左辺の第 n 項までの部分和が次を満たすことから得られる．

$$P(A_1) + P(A_2 \setminus A_1) + P(A_3 \setminus A_2) + \cdots + P(A_n \setminus A_{n-1})$$
$$= P(A_1 \cup A_2 \cup \cdots \cup A_n) = P(A_n).$$

(2) 余事象（補集合）$A_n^c, n = 1, 2, \ldots$ を考えると，拡大していく事象列 $A_1^c \subset A_2^c \subset \cdots \subset A_n^c \subset \cdots$ が得られる．したがって，ド・モルガンの法則，確率の性質に関する注意 2.2.3 (1)，および例題 2.2.1 (1) を用いて

$$P(A_1 \cap A_2 \cap \cdots) = P\Big((A_1^c \cup A_2^c \cup \cdots)^c\Big) = 1 - P(A_1^c \cup A_2^c \cup \cdots)$$
$$= 1 - \lim_{n \to \infty} P(A_n^c)$$
$$= 1 - \lim_{n \to \infty} \big(1 - P(A_n)\big) = \lim_{n \to \infty} P(A_n).$$

問 2.2.1 $A_1, A_2, \ldots$ は，$P(A_1) + P(A_2) + \cdots = S < \infty$ を満たすとする．$B_n = A_n \cup A_{n+1} \cup \cdots$ とおく．このとき，次の関係式が成り立つこと（ボレル・カンテリの補題）を示せ．

$$P(B_1 \cap B_2 \cap \cdots) = 0.$$

【解答】 $B_1 \supset B_2 \supset \cdots \supset B_n \supset \cdots$ と縮小していく．例題 2.2.1 (2) と注意 2.2.3 (5) の確率の劣加法性を用いれば

$$P(B_1 \cap B_2 \cap \cdots) = \lim_{n \to \infty} P(B_n) = \lim_{n \to \infty} P(A_n \cup A_{n+1} \cup \cdots)$$
$$\leq \lim_{n \to \infty} \Big(P(A_n) + P(A_{n+1}) + \cdots\Big) \overset{②}{=} 0.$$

②の等号は，$n \to \infty$ のとき，$S_n = \sum_{k=1}^{n} P(A_k) \to S$ によって，$S - S_{n-1} \to 0$ となることから得られる．

一般に，事象列 $\{A_n ; n = 1, 2, \ldots\}$ に対して

$$\limsup_n A_n = \bigcap_{n=1}^{\infty} \bigcup_{i=n}^{\infty} A_i, \qquad \liminf_n A_n = \bigcup_{n=1}^{\infty} \bigcap_{i=n}^{\infty} A_i$$

とおく．$\limsup_n A_n$, $\liminf_n A_n$ を，それぞれ $\{A_n; n = 1, 2, \ldots\}$ の**本質的上限**，**本質的下限**という．たとえば，$A_n = \left[0, \dfrac{n}{n+1}\right)$ のとき，$A_n = \left[0, 1 - \dfrac{1}{n+1}\right)$ と表され，A_n は n とともに拡大していくから，次のようになる．

$$\liminf_n A_n = \limsup_n A_n = [0, 1).$$

注意 2.2.4　もしも n を時間変数と考えると

$$\limsup_n A_n = \{A_n \text{ i.o.}\}, \qquad \liminf_n A_n = \{A_n \text{ a.a.}\}$$

のようにかくことができる．$\{A_n \text{ i.o.}\}$ は，A_n が無限回（infinitely often; i.o.），すなわち，無限に多くの n で起こるということを意味する．一方，$\{A_n \text{ a.a.}\}$ は，A_n がほとんど常に（almost always; a.a.），すなわち，ある有限から先の n で起こるということを意味する．したがって，ボレル・カンテリの補題は次のように表される．

$$\sum_{n=1}^{\infty} P(A_n) < \infty \Rightarrow P\left(\limsup_n A_n\right) = P(A_n \text{ i.o.}) = 0$$

定義 2.2.5

$\mathcal{A}$ を Ω の部分集合の集まりの 1 つとする．このとき，次の性質を満たす $\mathcal{S}$ を $\mathcal{A}$ **から生成された σ-フィールド**といい，$\mathcal{S} = \sigma(\mathcal{A})$ とかく．
(1) $\mathcal{S} \supset \mathcal{A}$.
(2) もしも $\mathcal{S}'$ が $\mathcal{A}$ を含む他の σ-フィールドならば，$\mathcal{S}' \supset \mathcal{S}$.
言い換えれば，$\sigma(\mathcal{A})$ は $\mathcal{A}$ を含む "最小の σ-フィールド" である．

ところで，確率は σ-フィールド $\mathcal{F}$ を定義域として実数区間 $[0, 1]$ の上に値をとる集合関数 $P : \mathcal{F} \to [0, 1]$ であった．それでは，σ-フィールド $\mathcal{F}$ 上に確率をどのように定義すればよいだろうか．$\mathcal{F}$ の中には，あまりにもたくさんの基本事象 ω があって，個々の ω すべてに確率を割り当てることは難しい．また，$\mathcal{F}$ の集合については，一般にそれがどのようになっているかわからないため，$\mathcal{F}$ の集合に確率を直に定義することも難しい．確率の与え方として標準的なのは，まず σ-フィールド $\mathcal{F}$ を生成する 1 つのフィールド上に確率を定義して，それを $\mathcal{F}$ 上に拡張する，という方法である．この方法を保証してくれるのが次に示す**カラテオドリイの拡張定理**である．

┌─ 定理 2.2.6 ─────────────────────────────────
フィールド $\mathcal{A}$ で定義された確率 P は，$\mathcal{A}$ から生成された σ-フィールド $\sigma(\mathcal{A})$ 上の確率になるように，ただ 1 通りに拡張できる．
└───

関数，積分，確率などの理論で最も重要な σ-フィールドの例はボレル σ-フィールド $\mathcal{B}$ である．これは，すべての実数区間および可算個の区間の和集合から成る区間から得られ，無駄のないよう，すべての区間を含む最小の σ-フィールドになっている．

┌─ 定義 2.2.7 ─────────────────────────────────
$\Omega = \mathbb{R}$ と仮定し，$\mathcal{A} = \{(a,b]; -\infty \leq a \leq b < \infty\}$ とする．このとき $\mathcal{A}$ から生成された σ-フィールド $\sigma(\mathcal{A})$ を $\mathcal{B}(\mathbb{R})$ または単に $\mathcal{B}$ で表し，$\mathbb{R}$ の**ボレル σ-フィールド**という．すなわち，$\mathcal{B} = \sigma(\mathcal{A})$．さらに，$B \in \mathcal{B}$ のとき，B を $\mathbb{R}$ の**ボレル集合**という．
└───

たとえば，$a < b$ のとき，以下は $\mathbb{R}$ のボレル集合である．

$(a, \infty) = \mathbb{R} \setminus (-\infty, a]$, $\quad (a, b] = (-\infty, b] \cap (a, \infty)$

$(-\infty, a) = \bigcup_{n=1}^{\infty} \left(-\infty, a - \dfrac{1}{n}\right]$, $\quad [a, \infty) = \mathbb{R} \setminus (-\infty, a)$

$(a, b) = (-\infty, b) \cap (a, \infty)$, $\quad [a, b] = \mathbb{R} \setminus \left((-\infty, a) \cup (b, \infty)\right)$

$\{a\} = [a, a]$,

$\mathbb{N} = \bigcup_{n=0}^{\infty} \{n\}$, $\quad \mathbb{Q} = \bigcup_{\substack{m,n \in \mathbb{Z} \\ n \neq 0}} \left\{\dfrac{m}{n}\right\} \cdots$ 有理数の全体 （$\mathbb{Z}$ は整数の全体）

$\mathbb{Q}^c = \mathbb{R} \setminus \mathbb{Q} \cdots$ 無理数の全体

┌─ 例題 2.2.2 ─────────────────────────────────
$\Omega = [0,1]$ とおく．$[0,1]$ のボレル σ-フィールドを $\mathcal{B} = \mathcal{B}([0,1])$ とし，$\mathcal{A} = \{(a,b]; 0 \leq a \leq b \leq 1\}$ とする．このとき，$\mathcal{A}$ 上の集合関数 $\lambda : \mathcal{A} \to [0,1]$ を
$$\lambda(\phi) = 0, \quad \lambda(a,b] = b - a$$
と定めれば，λ は $\mathcal{B}$ 上の確率に，ただ 1 通りに拡張されることを確かめよ．拡張された確率 P を区間 $[0,1]$ 上の**ルベーグ測度**という．
└───

【解答】 $\mathcal{A}$ がフィールドになることは明らかである．$[0,1]$ の部分区間を A とすれば，線分の長さは非負であるから，$\lambda(A) \geq 0$ となる．また，$\lambda(\Omega) =$

$1 - 0 = 1$. さらに，$(a, b] \in \mathcal{A}$ のとき，区間の分点を

$$a_1 = a, \quad b_k = b, \quad b_i = a_{i+1}, \quad i = 1, \ldots, k-1$$

とすれば

$$(a, b] = \bigcup_{i=1}^{k} (a_i, b_i], \quad \lambda(a, b] = b - a = \sum_{i=1}^{k} (b_i - a_i) = \sum_{i=1}^{k} \lambda(a_i, b_i].$$

$(a, b]$ を可算個の小区間に分割して線分の長さの和をとって考えても同様で，λ が $\mathcal{A}$ 上で σ-加法性を満たすことも示される．すなわち，λ は $\mathcal{A}$ 上の確率になる．$\mathcal{B} = \mathcal{B}([0, 1))$ は $\mathcal{A}$ から生成された σ-フィールドである．したがって，定理 2.2.6 によって λ の拡張となる確率 P が $\mathcal{B}$ 上にただ 1 つ存在する．

問 2.2.2 例題 2.2.2 の区間 $[0, 1]$ において，次を示せ．
(1) 任意の点 x のルベーグ測度は 0．
(2) 任意の可算集合（可算個の要素の集まり）のルベーグ測度は 0．
(3) 有理数から成る集合のルベーグ測度は 0．
(4) 無理数から成る集合のルベーグ測度は 1．

【解答】(1) $x = \bigcap_{n=1}^{\infty} A_n, A_n = \left(x - \dfrac{1}{n}, x + \dfrac{1}{n} \right)$ と表される．A_n は n とともに縮小していくから，例題 2.2.1 (2) によって $P(\{x\}) = \lim_{n \to \infty} P(A_n) = \lim_{n \to \infty} \dfrac{2}{n} = 0$．

(2) 上問 (1) の結果と確率測度の可算加法性による．
(3) 上問 (2) の結果と有理数の集まりは可算集合であることによる．
(4) 無理数の集まりは有理数の集まりの補集合であることによる．

「ほとんど至るところで」(「ほとんどすべての $\boldsymbol{x}$ に対して」) という用語は，ルベーグ測度 0 の集合を除いた「至るところで」(「すべての x に対して」) という意味である．

定義 2.2.8

$\mathcal{F}$ が Ω 上の σ-フィールドのとき，関数 $X : \Omega \to \mathbb{R}$ が，$\mathbb{R}$ の任意のボレル集合 B に対して

$$\{X \in B\} = \{\omega \in \Omega; X(\omega) \in B\} \in \mathcal{F}$$

を満たすならば，X は $\mathcal{F}$-**可測**または単に**可測**であるとよばれる．$(\Omega, \mathcal{F}, P)$ が確率空間のとき，このような X は**確率変数**とよばれる．

X が $\mathcal{F}$-可測（確率変数）であることを確かめるには，任意の実数 x に対し

て，$\{\omega \in \Omega; X(\omega) \leq x\} \in \mathcal{F}$ を確かめれば十分である．$X : \Omega \to \mathbb{R}$ の逆像 X^{-1} でかけば，$X^{-1}((-\infty, x]) \in \mathcal{F}$ を確かめればよい．これによって，$\{X \leq x\}, \{a < X \leq b\}$ などの集合に確率を割り当てることができる．

例題 2.2.3 $(\Omega, \mathcal{F}, P)$ を確率空間とし，$A \in \mathcal{F}$ とする．A のインディケータ $I_A : \Omega \to \mathbb{R}$ は

$$I_A(\omega) = \begin{cases} 1 & \omega \in A \text{ のとき,} \\ 0 & \omega \notin A \text{ のとき} \end{cases}$$

と与えられる．I_A は確率変数であることを確かめよ．

【解答】 任意の $x \in \mathbb{R}$ に対して

$$I_A^{-1}\big((-\infty, x]\big) = \{\omega \in \Omega; I_A(\omega) \leq x\} = \begin{cases} \phi & x < 0 \text{ のとき,} \\ A^c & 0 \leq x < 1 \text{ のとき,} \\ \Omega & x \geq 1 \text{ のとき.} \end{cases}$$

したがって，$I_A^{-1}\big((-\infty, x]\big) \in \mathcal{F}$ となり，I_A は確率変数である．

問 2.2.3 ある工場で生産された自動車のタイヤが取り替えられるまでの寿命 X （単位：時間）は確率変数であることを示せ．

【解答】 $\Omega = \{t; t \geq 0\}$ であるから，σ-フィールドとしては，$\mathbb{R} \cap \Omega$ のボレル集合からなるボレル σ-フィールド $\mathcal{F} = \mathcal{B}(\mathbb{R} \cap \Omega)$ をとる．$X : \Omega \to \mathbb{R}$ を，$X(w) = w$, $w \in \Omega$ によって定義する．このとき

$$X^{-1}\big((-\infty, x]\big) = \begin{cases} \phi & x < 0 \text{ のとき,} \\ (0, x] & x \geq 0 \text{ のとき.} \end{cases}$$

$X^{-1}\big((-\infty, x]\big) \in \mathcal{F}$ となるから，X は確率変数である．

定理 2.2.9

確率変数の定数倍，和，積，商は確率変数になる．また，確率変数の極限および確率変数の合成関数も確率変数になる．すなわち
(1) X_n が $(\Omega, \mathcal{F})$ 上の確率変数で，$X(\omega) = \lim_{n \to \infty} X_n(\omega)$ ならば，$X(\omega)$ は確率変数．
(2) X が $(\Omega, \mathcal{F})$ 上の確率変数で，g が $\mathcal{B}$-可測な関数ならば，$g(X)$ は確率変数．

確率変数 X から生成された σ-フィールドは，任意の実数 $a,b \in \mathbb{R}$ に対して，$\{\omega;\ a \leq X(\omega) \leq b\}$ の形をした集合を含む最小の σ-フィールドであり，これを $\mathcal{F}_X$ または $\sigma(X)$ とかく．

実数値関数を $f: \mathbb{R} \to \mathbb{R}$ とする．$\mathbb{R}$ の任意のボレル集合 B に対して，f の逆像 $f^{-1}(B) = \{x;\ f(x) = y \in B\}$ がボレル集合であるとき，f を**ボレル関数**という．

- 連続な実数値関数 f はボレル関数（$\mathcal{B}$-可測）である．
- 一般に，$\mathcal{F}_X$-可測な確率変数 Y は，あるボレル関数 $f: \mathbb{R} \to \mathbb{R}$ で $Y = f(X)$ と表される．

注意 2.2.10 確率空間 $(\Omega, \mathcal{F}, P)$ 上の確率変数を X とする．このとき，$\mathbb{R}$ のボレル集合 $B \in \mathcal{B} = \mathcal{B}(\mathbb{R})$ に対して，集合 $\{\omega \in \Omega;\ X(\omega) \in B\}$ を $\{X \in B\}$ と表し，確率 $P(\{X \in B\})$ を $P_X(B)$ と表す．

$$P_X(B) = P(\{X \in B\}). \tag{2.2.1}$$

P_X は $(\mathbb{R}, \mathcal{B})$ 上の確率測度になり，**X の確率分布**または単に**分布**とよばれる．

定義 2.2.11

X が確率変数のとき，

$$F(x) = F_X(x) = P_X\big((-\infty, x]\big) = P(X \leq x) \tag{2.2.2}$$

によって定義される $F: \mathbb{R} \to [0,1]$ を **X の分布関数**という．

定理 2.2.12

確率変数 X の分布関数 $F(x)$ は次の性質を満たす．
(1) $a < b$ ならば，$F(b) - F(a) = P_X((a,b])$．
(2) $F(x)$ は右連続で単調非減少．
(3) $\lim_{x \to \infty} F(x) = 1$, $\lim_{x \to -\infty} F(x) = 0$.

定義 2.2.13

確率変数 X の分布関数 $F(x)$ において，

$$F(x) = \int_{-\infty}^{x} f(t)\,dt \tag{2.2.3}$$

を満たす関数 $f(x)$ が存在するとき，$f(x)$ を **X の確率密度関数**または単に**確率密度**という．

微分積分の基本定理（定理 1.4.3）から $\dfrac{dF(x)}{dx} = f(x)$ となる．さらに，$f(x)$ は非負，かつ $\mathbb{R}$ 上での積分は 1 である．

$$\frac{dF(x)}{dx} = f(x), \qquad f(x) \geq 0, \qquad \int_{-\infty}^{\infty} f(x)\,dx = 1. \qquad (2.2.4)$$

定義 2.2.14

X, Y が同じ確率空間 $(\Omega, \mathcal{F}, P)$ における確率変数のとき，$X \leq x$ と $Y \leq y$ $(x, y \in \mathbb{R})$ が同時に起こる事象 $\{X \leq x, Y \leq y\}$ の確率を $P(X \leq x, Y \leq y)$ と表す．これを (x, y) の 2 変数関数と見なして $F(x, y)$ とおき，**X, Y の結合分布関数**という．すなわち

$$F(x, y) = P(X \leq x, Y \leq y). \qquad (2.2.5)$$

$F(x, y)$ が

$$F(x, y) = \int_{-\infty}^{x} \int_{-\infty}^{y} f(u, v)\,du\,dv \qquad (2.2.6)$$

と表されるとき，$f(x, y)$ を **X, Y の結合確率密度**または単に**確率密度**という．

特に，$f(u, v)$ は関係式

$$f(x, y) = \frac{\partial^2 F}{\partial x \partial y}(x, y) \qquad (2.2.7)$$

を満たす．また，X, Y の分布関数をそれぞれ $F_X(x), F_Y(y)$ とおけば，これらは結合分布関数から次のようにして得られる．

$$F_X(x) = F(x, \infty), \quad F_Y(y) = F(\infty, y). \qquad (2.2.8)$$

この意味で，$F_X(x), F_Y(y)$ を**周辺分布関数**という．

n 個の確率変数 $X_1, X_2, \ldots, X_n$ の結合分布関数も同様に定義される．すなわち，$X \leq x_1, X_2 \leq x_2, \ldots, X_n \leq x_n$ が同時に起こる事象の確率を $(x_1, x_2, \ldots, x_n)$ の n 変数関数と見なして

$$F(x_1, x_2, \ldots, x_n) = P(X \leq x_1, X_2 \leq x_2, \ldots, X_n \leq x_n)$$

と定められる．確率変数の集まり $\boldsymbol{X} = (X_1, X_2, \ldots, X_n)$ は n 次元空間 $\mathbb{R}^n$ に値をとる偶然変数のベクトルである．この場合，n 個の $X_1, X_2, \ldots, X_n$ が確率変数であることと，$\boldsymbol{X}$ が $\mathbb{R}^n$ 値の**確率変数ベクトル**であることは同値である．

確率変数ベクトル $\boldsymbol{X} = (X_1, X_2, \ldots, X_n)$ の確率密度も (2.2.6) と同様に定義される．一般には，注意 2.2.10 の (2.2.1) と同様に，$\boldsymbol{X}$ が $\mathbb{R}^n$ のボレル集合

B に値をとる確率分布 $P_{\boldsymbol{X}}(B) = P(\boldsymbol{X} \in B)$ が定まる．$P_{\boldsymbol{X}}$ と $\boldsymbol{X}$ の結合分布関数 $F = F_{\boldsymbol{X}}$ は対応しており，ともに確率密度で表される．ここで，$\Omega = \mathbb{R}^n$ と仮定し，$\mathcal{A}^n = \{(a_i, b_i]; -\infty \le a_i \le b_i < \infty, i = 1, 2, \ldots, n\}$ とするとき，$\mathcal{A}^n$ から生成された σ-フィールド $\sigma(\mathcal{A}^n)$ を $\mathcal{B}(\mathbb{R}^n)$ または単に $\mathcal{B}$ で表し，$\mathbb{R}^n$ のボレル $\boldsymbol{\sigma}$-フィールドという．すなわち，$\mathcal{B} = \sigma(\mathcal{A}^n)$．さらに，$B \in \mathcal{B}$ のとき，B を $\mathbb{R}^n$ のボレル集合という．

定義 2.2.15

$\boldsymbol{X}$ が確率変数ベクトルのとき，$\mathbb{R}^n$ の任意のボレル集合 B に対して，次を満たす関数 $f(\boldsymbol{x}) = f(x_1, x_2, \ldots, x_n)$ を**確率変数ベクトル $\boldsymbol{X}$ の確率密度**という．

$$P_{\boldsymbol{X}}(B) = P(\boldsymbol{X} \in B) = \int_{\boldsymbol{x} \in B} f(\boldsymbol{x}) \, dx_1 \, dx_2 \cdots dx_n. \tag{2.2.9}$$

ただし，積分は $\boldsymbol{x} = (x_1, x_2, \ldots, x_n)$ が B に属するような $\mathbb{R}^n$ の部分領域において重積分をするという意味である．

2.3 確率変数の平均

X を確率空間 $(\Omega, \mathcal{F}, P)$ 上の確率変数とするとき，$\boldsymbol{X}$ の平均（期待値）は，X が離散型の場合

$$E[X] = \sum_{\omega} X(\omega) P(\omega)$$

と定義され，X が連続型の場合

$$E[X] = \int_{\Omega} X(\omega) \, dP(\omega)$$

と定義される．

定義 2.2.11 では，確率 P が与えられたことから出発して，確率変数 X の分布関数 $F(x) = F_X(x)$ が定義され，$F(x)$ は定理 2.2.12 の性質をもつことが示された．逆に，定理 2.2.12 の性質をもつ関数 $F(x)$ が，あらかじめ与えられているとしよう．このとき，$P((a,b]) = F(b) - F(a)$ によって P を定義すれば，定理 2.2.6 から $P(\cdot)$ はボレル σ-フィールド $\mathcal{B}$ 上の確率に，ただ 1 通りに拡張される．

そこで，$(\Omega, \mathcal{F}) = (\mathbb{R}, \mathcal{B})$ とし，分布関数 $F(x)$ によって $\mathcal{B}$ 上に与えられた確率を採択する．この空間上の確率変数は可測な関数であるから，それを

$f(x)$ とする. このとき, $f(x)$ の平均は $\int_{\mathbb{R}} f(x)\, F(dx)$ とかかれることが期待できよう. この積分を F に関する f の**ルベーグ・スティルチェス積分**という.

注意 2.2.10 が示すように, $(\Omega, \mathcal{F})$ 上の確率変数 X の確率分布は, X によって $\mathcal{F}$ から $\mathcal{B}$ に導入された確率 P_X である. すなわち, $P_X(B) = P(X \in B)$, $B \in \mathcal{B}$. このとき, X の分布関数 $F(x)$ は, 関係式 $F(x) = P_X((-\infty, x])$ によって P_X と結びついている. したがって, 集合 A のインディケータを $I = I(A)$ とかけば, I の平均の間には次のような関係がある.

$$\int_\Omega I(X(\omega) \in B)\, dP(\omega) = \int_{-\infty}^\infty I(x \in B)\, P_X(dx). \tag{2.3.1}$$

この結果は拡張されて, 次の定理のように表される.

定理 2.3.1

X を確率変数とし, $F(x)$ を X の分布関数とする. さらに, h を $\mathbb{R}$ 上の可測な関数で $h(X)$ を積分可能とする. このとき

$$\begin{aligned} E[h(X)] &= \int_\Omega h(X(\omega))\, dP(\omega) \\ &= \int_{-\infty}^\infty h(x)\, P_X(dx) = \int_{-\infty}^\infty h(x)\, F(dx). \end{aligned} \tag{2.3.2}$$

したがって, Ω 上の抽象的な $d\omega$ に関する積分は, $\mathbb{R}$ 上の具体的な積分にかき直される. 特に, $F(x) = x$ に関するルベーグ・スティルチェス積分はルベーグ積分として知られている.

例題 2.3.1 $\Omega = [0, 1]$ とする. 確率として例題 2.2.2 のルベーグ測度をとり, 確率変数として $X(\omega) = X(x) = x^2$ を考える. X の平均を求めよ.

【解答】 Ω の要素 ω は実数 x, $\omega = x$. $P_X(dx) = F(dx) = dx = \lambda(dx)$.

$$E[X] = \int_0^1 x^2\, P_X(dx) = \int_0^1 x^2\, \lambda(dx) = \int_0^1 x^2\, dx = \frac{1}{3}\left[x^3\right]_0^1 = \frac{1}{3}.$$

問 2.3.1 例題 2.3.1 と同じ仮定のもとに, $[0,1]$ 上の連続関数 $f(x)$ を考える. 連続関数は可測であることを用いて, f の平均を積分でかけ.

【解答】 $X(\omega) = X(x) = f(x)$ とおく. $f(x)$ は可測であるから, 確率変数である. X の平均は, $P_X(dx) = F(dx) = dx = \lambda(dx)$ で積分して

$$E[X] = E[f] = \int_0^1 f(x)\, dx.$$

> **定理 2.3.2**
>
> X, Y が確率変数のとき,平均は次の性質をもつ.
>
> (1) $P(X \geq 0) = 1$ で $E[X]$ が存在するとき, $E[X] \geq 0$.
>
> $X \geq 0$ のとき, $E[X] = 0$ であるための必要十分条件は
>
> $$P(X = 0) = 1.$$
>
> (2) α が定数のとき, $E[\alpha] = \alpha$.
>
> (3) X が有界,すなわち, $P(|X| \leq M) = 1$ を満たす定数 $M > 0$ が存在するとき, $E[X]$ は存在する.
>
> 一般に, $|X| \leq Y$ かつ $E[Y]$ が存在するとき, $E[X]$ も存在して
>
> $$E[|X|] \leq E[Y].$$
>
> (4) α, β が定数,かつ $E[X]$ と $E[Y]$ が存在するとき
>
> $$E[\alpha X + \beta Y] = \alpha E[X] + \beta E[Y].$$
>
> (5) α, β が定数, g, h が関数,かつ $g(X), h(X)$ が確率変数でそれらの平均が存在するとき
>
> $$E[\alpha g(X) + \beta h(X)] = \alpha E[g(X)] + \beta E[h(X)].$$
>
> (6) g, h が関数で $g(x) \leq h(x)$, $x \in \mathbb{R}$, を満たし,かつ $g(X), h(X)$ が確率変数でそれらの平均が存在するとき
>
> $$E[g(X)] \leq E[h(X)].$$
>
> 特に,不等式 $-|x| \leq x \leq |x|$ に注意すれば, $|E[X]| \leq E[|X|]$.

注意 2.3.3 X が離散型でとり得る値が $x_1, x_2, \ldots$ のときは

$$\sum_{k=1}^{\infty} |x_k| P(X = x_k) < \infty \quad \text{ならば,} \quad E[X] = \sum_{k=1}^{\infty} x_k P(X = x_k).$$

一般の "ボレル集合" B で積分ができるように導入されたのが,ルベーグ・スティルチェス積分としての平均であった(定理 2.3.1).しかし,実務的には,"普通の部分区間" (a, b) で定積分しても不都合はないため, X が連続型で確率密度 f をもつときは,平均の計算式を次のように定義することができる.

$$\int_{-\infty}^{\infty} |x| f(x) \, dx < \infty \quad \text{ならば,} \quad E[X] = \int_{-\infty}^{\infty} x f(x) \, dx. \qquad (2.3.3)$$

さらに，定理 2.3.1 に関して，$h: \mathbb{R} \to \mathbb{R}$ で $Y = h(X)$ が確率変数ならば

$$E[h(X)] = \int_{-\infty}^{\infty} h(x)f(x)\,dx. \quad \text{ただし，積分が存在するとして．} \quad (2.3.4)$$

確率や統計では正規分布，指数分布，一様分布，ガンマ分布，コーシー分布などの確率密度をもつ連続型の確率変数が知られている．

例題 2.3.2 確率変数 X の確率密度 f が次のように与えられているとき，$E[X] = \dfrac{1}{2}$ であることを確かめよ．

$$f(x) = \begin{cases} 2e^{-2x} & x > 0 \text{ のとき}, \\ 0 & x \leq 0 \text{ のとき}. \end{cases} \quad \text{（指数分布）}$$

【解答】 部分積分法（定理 1.4.4 (2)）を用いる．

$$\int_{-\infty}^{\infty} |x|f(x)\,dx \overset{①}{=} \int_{0}^{\infty} 2xe^{-2x}\,dx = \int_{0}^{\infty} x(-e^{-2x})'\,dx$$

$$= \left[x(-e^{-2x})\right]_{0}^{\infty} - \int_{0}^{\infty}(-e^{-2x})\,dx \overset{②}{=} -\lim_{x \to \infty}\frac{x}{e^{2x}} - \left[\frac{1}{2}e^{-2x}\right]_{0}^{\infty} = \frac{1}{2} < \infty.$$

ただし，不定形の極限に関するロピタルの定理（例題 1.3.1）から②右辺の極限の部分は 0 となることを用いた．上式①以降の積分から，$E[X] = \dfrac{1}{2}$．

問 2.3.2 確率変数 X の確率密度 f が次のように与えられているとき，$E[X]$ は存在しないことを示せ．

$$f(x) = \frac{\alpha}{\pi(\alpha^2 + x^2)}, \quad x \in \mathbb{R}. \quad \text{ただし，} \alpha \text{ は正数．} \quad \text{（コーシー分布）}$$

【解答】 $g(x) = |x|f(x) \Rightarrow g(-x) = g(x)$，$g(x)$ は偶関数．置換積分法（定理 1.4.4 (1)）を用いると $\int_{-\infty}^{\infty} g(x)\,dx = 2\int_{0}^{\infty} g(x)\,dx$．次式から判定できる．

$$\int_{-\infty}^{\infty} |x|f(x)\,dx = \frac{2\alpha}{\pi}\int_{0}^{\infty} \frac{x}{\alpha^2 + x^2}\,dx = \frac{\alpha}{\pi}\left[\log(\alpha^2 + x^2)\right]_{0}^{\infty} = \infty.$$

2.4 確率変数の変換と収束

定義 2.4.1

$E[|X|^r] < \infty$ のとき，X^r は**可積分または積分可能**であるとよばれる．$E[X^r]$ を X の r 次**積率**または r 次**モーメント**という．特に $E[|X|^2] < \infty$ のとき，X は **2 乗可積分**であるとよばれる．

第 2 章 確率論の基礎概念

定義 2.4.2

0 の近傍の t に対して e^{tX} が積分可能なとき，

$$m(t) = m_X(t) = E[e^{tX}]$$

によって定められる $m(t)$ を X の**積率母関数**という．

指数級数（例題 1.7.1）

$$e^x = \sum_{n=0}^{\infty} \frac{x^n}{n!}$$

を用いれば，和と平均をとる操作を交換することによって，$m(t)$ を形式的に次のようにかくことができる．

$$m(t) = m_X(t) = E[e^{tX}] = E\left[\sum_{n=0}^{\infty} \frac{t^n X^n}{n!}\right] = \sum_{n=0}^{\infty} \frac{t^n}{n!} E[X^n]. \quad (2.4.1)$$

したがって，$E[X^n]$ は積率母関数の級数展開における係数から得られる．定理 1.3.8（テイラーの定理，マクローリンの定理）を参照されたい．

定理 2.4.3

X の積率母関数 $m_X(t)$ が存在するとき，すべての自然数 r に対して $E[X^r]$ は存在する．さらに，(2.4.1) の級数展開が $t \in (-h, h)$ で成り立つような $h > 0$ が存在し，$E[X^r]$ は次のように与えられる．

$$E[X^r] = \left.\frac{d^r}{dt^r} m_X(t)\right|_{t=0}. \quad (2.4.2)$$

一方，

$$\varphi(t) = \varphi_X(t) = E[e^{itX}] = E[\cos(tX)] + iE[\sin(tX)], \quad i = \sqrt{-1}$$

によって定められる $\varphi(t)$ を X の**特性関数**という．任意の実数 t に対して e^{tx} は有界とならないから，X の積率母関数は必ずしも存在するとは限らない．これに対して，$|\cos(tx)| \leq 1, |\sin(tx)| \leq 1$ であるから，任意の実数 t に対して X の特性関数は存在する．この意味で特性関数は積率母関数よりも扱いが好都合である．しかし，本書では積率母関数だけで間に合うようになっている．

積率母関数（特性関数）は分布を一意的に決定することで知られている．

---**定理 2.4.4**---------------------------------

確率変数 X, Y の積率母関数 $m_X(t), m_Y(t)$ が存在し，すべての t に対して $m_X(t) = m_Y(t)$ とする．このとき，X と Y は同じ分布をもつ．

例題 2.4.1 確率変数 X が正規分布 $N(\mu, \sigma^2)$（μ, σ は定数で $\sigma > 0$）に従うとき，積率母関数は次のように与えられることを確かめよ．
$$m_X(t) = \exp\left[\mu t + \frac{1}{2}\sigma^2 t^2\right].$$
ここで，指数関数の記法 $\exp[\,a\,] = e^a$ を用いた．（2.6 節参照）

【解答】
$$\begin{aligned}
m_X(t) &= \frac{1}{\sqrt{2\pi}\sigma} \int_{-\infty}^{\infty} \exp[tx] \exp\left[-\frac{(x-\mu)^2}{2\sigma^2}\right] dx \\
&= \frac{1}{\sqrt{2\pi}\sigma} \int_{-\infty}^{\infty} \exp\left[-\frac{(x-\mu-\sigma^2 t)^2}{2\sigma^2} + \mu t + \frac{1}{2}\sigma^2 t^2\right] dx \\
&= \frac{1}{\sqrt{2\pi}\sigma} \exp\left[\mu t + \frac{1}{2}\sigma^2 t^2\right] \int_{-\infty}^{\infty} \exp\left[-\frac{(x-\{\mu+\sigma^2 t\})^2}{2\sigma^2}\right] dx \\
&= \exp\left[\mu t + \frac{1}{2}\sigma^2 t^2\right] \frac{1}{\sqrt{2\pi}\sigma} \int_{-\infty}^{\infty} \exp\left[-\frac{u^2}{2\sigma^2}\right] du \qquad \cdots ① \\
&= \exp\left[\mu t + \frac{1}{2}\sigma^2 t^2\right].
\end{aligned}$$

ここで，①は $x - \{\mu + \sigma^2 t\} = u$ とおいて置換積分法（定理 1.4.4 (1)）から得られた．また積分値が 1 であること，(2.2.4) を用いた．

問 2.4.1 例題 2.4.1 において，X の平均 $E[X]$ と 2 次積率 $E[X^2]$ を求めよ．

【解答】 (2.4.2) で，$r = 1, 2$ の場合を計算する．
$$E[X] = [\mu + \sigma^2 t] \exp\left[\mu t + \frac{1}{2}\sigma^2 t^2\right]\bigg|_{t=0} = \mu.$$
$$E[X^2] = \left(\sigma^2 + [\mu + \sigma^2 t]^2\right) \exp\left[\mu t + \frac{1}{2}\sigma^2 t^2\right]\bigg|_{t=0} = \sigma^2 + \mu^2.$$

確率変数列 $\{X_n\}$ の収束に関しては 4 つの概念がある．以下においては，より強い意味の概念から順に定義し，それらの間に成り立つ関係を調べる．

定義 2.4.5

$\{X_n\}$ が X に **分布の意味で収束する** とは，$n \to \infty$ のとき，X_n の分布関数 $F_n(x)$ が X の分布関数 $F(x)$ に，F の任意の連続点において収束すること，すなわち，次が成り立つことである．

$$\lim_{n \to \infty} F_n(x) = F(x).$$

言い換えると，F が連続であるような任意の点 x に対して，

$$\lim_{n \to \infty} P(X_n \leq x) = P(X \leq x).$$

たとえば，$\{X_n\}$ と X が，それぞれ次のように与えられているとする．

$$X_n : \Omega \to \mathbb{R}, \quad X_n(\omega) = \frac{1}{n}. \quad X = 0.$$

また，これらの分布関数は，それぞれ次のように与えられているとする．

$$F_n(x) = \begin{cases} 1 & \left(x \geq \dfrac{1}{n}\right) \\ 0 & (\text{その他}). \end{cases} \quad F(x) = \begin{cases} 1 & (x \geq 0) \\ 0 & (\text{その他}). \end{cases}$$

このとき，各 $x \neq 0$（F の連続点）に対して $\lim_{n \to \infty} F_n(x) = F(x)$ であるから，X_n は $X = 0$ に分布の意味で収束する．

定理 2.4.6

$\{X_n\}$ が X に分布の意味で収束することは，次の (1)，(2) それぞれと同値である．

(1) $\{X_n\}$ の積率母関数（特性関数）が X の積率母関数（特性関数）に収束する．

(2) 任意の有界かつ連続な $\mathbb{R}$ 上の関数 g に対して，

$$E[g(X_n)] \to E[g(X)] \quad (n \to \infty).$$

定義 2.4.7

$\{X_n\}$ が X に **確率収束する** とは，任意の $\varepsilon > 0$ に対して，$P(|X_n - X| > \varepsilon) \to 0 \quad (n \to \infty)$ が成り立つことである．

2.4 確率変数の変換と収束

定義 2.4.8

$\{X_n\}$ が X に**ほとんど確実に収束**するとは，確率 0 の事象に属していない任意の ω に対して，$X_n(\omega) \to X(\omega)$ $(n \to \infty)$ が成り立つことである．すなわち，$P(\lim_{n\to\infty} X_n = X) = 1$．言い換えると

$$A = \{\omega;\, X_n(\omega) \to X(\omega)\} \quad \text{ならば}, \quad P(A) = 1.$$

たとえば，$\{X_n\}$ が次のように与えられているとする．

$$X_n : \Omega \to \mathbb{R}, \quad X_n(\omega) = 1 + \frac{1}{n}.$$

このとき，明らかに，すべての $\omega \in \Omega$ に対して $\lim_{n\to\infty} X_n(\omega) = 1$ であるから

$$P(\{\omega \in \Omega;\, X_n(\omega) \to 1\}) = P(\Omega) = 1.$$

注意 2.4.9 $n \to \infty$ における上記 3 種類の収束を次のように表す．
(1) 分布の意味で収束（converge in distribution） $X_n \xrightarrow{d} X$.
(2) 確率収束（converge in probability） $X_n \xrightarrow{P} X$.
(3) ほとんど確実に収束（converge almost surely） $X_n \xrightarrow{\text{a.s.}} X$.

また，(1), (2), (3) でないときは，それぞれ次のように表す．

$$X_n \xrightarrow{d} \!\!\!\!/\, X, \quad X_n \xrightarrow{P} \!\!\!\!/\, X, \quad X_n \xrightarrow{\text{a.s.}} \!\!\!\!/\, X.$$

定理 2.4.10

確率変数列の収束については，次の関係が成り立つ．
(1) $X_n \xrightarrow{\text{a.s.}} X$ ならば $X_n \xrightarrow{P} X$，$X_n \xrightarrow{P} X$ ならば $X_n \xrightarrow{d} X$．
(2) $X_n \xrightarrow{d} c$（定数）ならば $X_n \xrightarrow{P} c$（定数）．
(3) $X_n \xrightarrow{P} X$ ならば
$\{n_k\} \subset \{n\}$, $n_k \to \infty$ を満たす $\{n\}$ の部分列 $\{n_k\}$ が存在して，
$n_k \to \infty$ のとき $X_{n_k} \xrightarrow{\text{a.s.}} X$.

定義 2.4.11

$\{X_n\}$ が X に $\boldsymbol{L^r}$-**収束**するとは，任意の n に対して

$$E[|X_n|^r] < \infty, \quad \text{かつ} \quad E[|X_n - X|^r] \to 0 \quad (n \to \infty)$$

が成り立つことである．このとき，$X_n \xrightarrow{L^r} X$ と表す．特に $r = 2$ の L^2-収束を **2 乗平均収束**ともいう．L^r-収束しないときは，$X_n \xrightarrow{L^r} \!\!\!\!/\, X$ と表す．

次の定理が示すように，L^2-収束ならば確率収束である．

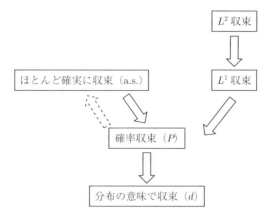

ただし，点線 ⇢ は，「部分列を選んで，ほとんど確実に収束」の意味．

図 2.4.1　収束の関係

定理 2.4.12
$X_n \xrightarrow{L^2} X$ ならば $X_n \xrightarrow{L^1} X$, $X_n \xrightarrow{L^1} X$ ならば $X_n \xrightarrow{P} X$.

定義 2.4.13
確率変数列 $\{X_m\}$ が**一様可積分**であるとは，
$a_{m,n} = E[|X_m| I(|X_m| > n)]$ とおけば，$n \to \infty$ のとき，$a_{m,n}$ が m に関して一様に 0 に収束することである．すなわち
$$\lim_{n\to\infty} \sup_m E[|X_m| I(|X_m| > n)] = 0$$
が成り立つことである．ただし，$I(A)$ は A のインディケータ．

L^r-収束は，一様可積分性を用いて，次のように表される．

定理 2.4.14
$X_n \xrightarrow{L^r} X$ であることは，$X_n \xrightarrow{P} X$ かつ $\{|X_n|^r\}$ が一様可積分であることと同値である．

注意 2.4.15　定義 2.4.1 では，$E[|X|] < \infty$ を満たすとき，確率変数 X は可積分または積分可能であるとよばれた．このとき，X が可積分であることは，次が成り立つことと同値であることが知られている．
$$\lim_{n\to\infty} E[|X| I(|X| > n)] = 0.$$

応用で用いられる"平均に関する収束定理"を以下に記しておく.

定理 2.4.16

(1) $X_n \geq 0$, かつ $n \to \infty$ において X_n が単調に増加して, ある X (∞ の場合も許して) に近づけば,
$$\lim_{n \to \infty} E[X_n] = E[X]. \quad \text{(単調収束定理)}$$

(2) $X_n \geq 0$ (または $X_n \geq c > -\infty$) ならば,
$$E[\liminf_{n \to \infty} X_n] \leq \liminf_{n \to \infty} E[X_n]. \quad \text{(ファトゥの補題)}$$

(3) $X_n \xrightarrow{P} X$, かつすべての n に対して $|X_n| \leq Y$, $E[Y] < \infty$ ならば,
$$\lim_{n \to \infty} E[X_n] = E[X]. \quad \text{(有界収束定理)}$$

例題 2.4.2 $\{X_n\}$ が次のように与えられている.
$$P(X_n = 0) = 1 - \frac{1}{n}, \quad P(X_n = n) = \frac{1}{n}, \quad n = 1, 2, \ldots$$
X_n は 0 に確率収束するが L^1-収束しないことを確かめよ.

【解答】 $\varepsilon > 0$ を任意にとると
$$P(|X_n| > \varepsilon) = \begin{cases} \dfrac{1}{n} & (\varepsilon < n) \\ 0 & (\varepsilon \geq n). \end{cases}$$

したがって, $\lim_{n \to \infty} P(|X_n| > \varepsilon) = 0$. すなわち, $X_n \xrightarrow{P} 0$. 一方,
$$E[|X_n - 0|] = E[X_n] = 0 \times \left(1 - \frac{1}{n}\right) + n \times \frac{1}{n} = 1.$$
したがって, $X_n \xrightarrow{L^1}\!\!\!\!/\ \ 0$.

問 2.4.2 公平な硬貨を投げ続ける. $n = 1, 2, \ldots$ に対して, X_n を
$$X_n = \begin{cases} 1 & (n \text{ 回目が裏のとき}) \\ 0 & (n \text{ 回目が表のとき}) \end{cases} \quad \text{と定義し,} \quad X = \begin{cases} 1 & (\text{表のとき}) \\ 0 & (\text{裏のとき}) \end{cases}$$
とおく. X_n は X に確率収束しないことを示せ.

【解答】 明らかに, $|X_n - X| = 1, n = 1, 2, \ldots$ であるから

$$P\left(|X_n - X| > \frac{1}{2}\right) = 1. \quad \text{したがって,} \quad X_n \xrightarrow{P} X.$$

例題 2.4.3 $\Omega = [0,1]$, $\mathcal{B}$ を $[0,1]$ 上のボレル σ-フィールド, λ を $[0,1]$ 上のルベーグ測度とする. $(\Omega, \mathcal{B}, P)$ における確率変数列を

$$X_n(\omega) = \begin{cases} 2^n & \left(0 < \omega < \dfrac{1}{n}\right) \\ 0 & (\text{その他}), \end{cases} \quad n = 1, 2, \ldots$$

とする. X_n は 0 に確率収束することを確かめよ.

【解答】 任意の $\varepsilon > 0$ に対して

$$P(|X_n| \geq \varepsilon) = P\left(\left(0, \frac{1}{n}\right)\right) = \lambda\left(0, \frac{1}{n}\right) = \frac{1}{n} \to 0 \quad (n \to \infty).$$

よって, $X_n \xrightarrow{P} 0$.

問 2.4.3 例題 2.4.3 において, X_n は 0 に L^r-収束しないことを示せ.

【解答】

$$a_n = E[|X_n|^r] = 2^{nr} \cdot \frac{1}{n} \to \infty \quad (n \to \infty).$$

ここで, 極限を次のように計算した. $\dfrac{\infty}{\infty}$ の不定形の極限に関するロピタルの定理 (例題 1.3.1) を用いると, $\displaystyle\lim_{x \to \infty} \frac{\log x}{x} = \lim_{x \to \infty} \frac{\frac{1}{x}}{1} = 0$. したがって

$$\log a_n = nr \log 2 - \log n = n\left(r \log 2 - \frac{\log n}{n}\right) \to \infty \quad (n \to \infty).$$

また, $\log a_n \to \infty$ と $a_n \to \infty$ は同値である. ゆえに, $X_n \xrightarrow{L^r} 0$.

ほとんど確実に収束することの判定として, 次の定理が知られている.

定理 2.4.17

すべての $\varepsilon > 0$ に対して

$$\sum_{n=1}^{\infty} P(|X_n - X| \geq \varepsilon) < \infty$$

が成り立つならば, X_n は X に, ほとんど確実に収束する. すなわち, $X_n \xrightarrow{\text{a.s.}} X$.

例題 2.4.4 X は区間 $[0,1]$ 上の**一様分布** $f(x)$ に従う確率変数とする.
$$f(x) = \begin{cases} 1 & (0 \leq x \leq 1) \\ 0 & (その他). \end{cases}$$
また,確率変数列 $X_n, n = 1, 2, \ldots$ を次のように定義する.
$$X_n = \begin{cases} 0 & \left(0 \leq X(\omega) \leq \dfrac{1}{n^2}\right) \\ X(\omega) & \left(\dfrac{1}{n^2} < X(\omega) \leq 1\right). \end{cases}$$
$X_n \xrightarrow{\text{a.s.}} X$ となることを定理 2.4.17 を用いて確かめよ.

【解答】 $A_n = \left\{ 0 \leq X(\omega) \leq \dfrac{1}{n^2} \right\}$ とおく.$\varepsilon > 0$ とする.
$$\begin{aligned} \{|X_n - X| \geq \varepsilon\} &= \{|X_n - X| \geq \varepsilon\} \cap \Omega \\ &= \{|X_n - X| \geq \varepsilon\} \cap \{A_n \cup A_n^c\} \\ &= \left\{\{|X_n - X| \geq \varepsilon\} \cap A_n\right\} \cup \left\{\{|X_n - X| \geq \varepsilon\} \cap A_n^c\right\} \\ &= \left\{\{|X_n - X| \geq \varepsilon\} \cap A_n\right\} \cup \left\{\{0 \geq \varepsilon\} \cap A_n^c\right\} \\ &= \left\{\{|X_n - X| \geq \varepsilon\} \cap A_n\right\} \cup \phi \\ &= \{|X_n - X| \geq \varepsilon\} \cap A_n \\ &= \{|X_n - X| \geq \varepsilon\} \cap \left\{0 \leq X \leq \dfrac{1}{n^2}\right\} \subset \left\{0 \leq X \leq \dfrac{1}{n^2}\right\}. \end{aligned}$$
ここで,X は一様分布に従うから,確率の単調性 (注意 2.2.3 (4)) によって
$$P(|X_n - X| \geq \varepsilon) \leq P\left(0 \leq X \leq \dfrac{1}{n^2}\right) = \int_0^{\frac{1}{n^2}} 1 \, dx = \dfrac{1}{n^2}.$$
したがって
$$\sum_{n=1}^{\infty} P(|X_n - X| \geq \varepsilon) \leq \sum_{n=1}^{\infty} \dfrac{1}{n^2} < \infty. \quad (\text{例題 1.8.2 参照})$$
ゆえに,定理 2.4.17 によって $X_n \xrightarrow{\text{a.s.}} X$.

問 2.4.4 例題 2.4.4 において,$X_n \xrightarrow{L^2} X$ となることを示せ.

【解答】 $A_n = \left\{0 \leq X(\omega) \leq \dfrac{1}{n^2}\right\}$ のインディケータを $I(A_n)$ とおく.

$$E[|X_n - X|^2] = E[|X_n - X|^2 \cdot I(A_n)] + E[|X_n - X|^2 \cdot I(A_n^c)]$$
$$= E[|0 - X|^2 \cdot I(A_n)] + E[|X - X|^2 \cdot I(A_n^c)]$$
$$= E[|X|^2 \cdot I(A_n)] = \int_0^{\frac{1}{n^2}} x^2 \, dx = \frac{1}{3n^6} \to 0 \quad (n \to \infty).$$

ゆえに，X_n は X に 2 乗平均収束する．すなわち，$X_n \xrightarrow{L^2} X$.

確率変数列の収束に関しては，次の重要な結果が知られている．

定理 2.4.18

$X_1, X_2, \ldots, X_i, \ldots$ は独立で同じ分布に従い，平均 $\mu = E[X_i]$，分散 $\sigma^2 = V[X_i]$ をもつとする．$S_n = \displaystyle\sum_{i=1}^n X_i$ とおく．このとき，$\dfrac{S_n}{n}$ は μ に，ほとんど確実に (a.s.) 収束する．すなわち

$$\frac{S_n}{n} \xrightarrow{\text{a.s.}} \mu. \qquad \text{(大数の強法則)}$$

定理 2.4.19

前定理の仮定のもとで S_n を同様に定義し，$Z_n = \dfrac{S_n - n\mu}{\sigma\sqrt{n}}$ とおく．また，Z を**標準正規分布** $N(0,1)$ に従う確率変数とする．このとき，Z_n は Z に分布の意味で収束する．すなわち $Z_n \xrightarrow{d} Z$,

$$\lim_{n \to \infty} P\left(\frac{S_n - n\mu}{\sigma\sqrt{n}} \leq x\right) = \frac{1}{\sqrt{2\pi}} \int_{-\infty}^x e^{-\frac{z^2}{2}} \, dz, x \in \mathbb{R}. \qquad \text{(中心極限定理)}$$

ただし，それぞれの事象の起こり方が他に影響を与えないという "独立性" と，散らばりの尺度を表す "分散" については，次節で詳しく説明する．

2.5 独立性と共分散

定義 2.5.1

(1) 事象 A, B が**独立**であるとは，$P(A \cap B) = P(A)P(B)$ が成り立つことである．

(2) 事象 $A_i, i = 1, 2, \ldots, n$ が**独立**であるとは，任意の部分列 $1 \leq i_1 < i_2 < \cdots < i_k \leq n$ に対して，

$$P(A_{i_1} \cap A_{i_2} \cap \cdots \cap A_{i_k}) = P(A_{i_1})P(A_{i_2})\cdots P(A_{i_k})$$

が成り立つことである.

(3) σ-フィールド $\mathcal{F}, \mathcal{G}$ が**独立**であるとは，任意の $A \in \mathcal{F}, B \in \mathcal{G}$ に対して，A, B が独立になることである.

定義 2.5.2

(1) 確率変数 X, Y が**独立**であるとは，X, Y から生成された σ-フィールド $\sigma(X), \sigma(Y)$ が独立になることである. $\{X \le x\} \in \sigma(X)$, $\{Y \le y\} \in \sigma(Y)$ であるから，次が成り立つことと同値である. すなわち，任意の x, y に対して

$$P(X \le x, Y \le y) = P(X \le x)P(Y \le y).$$

(2) n 個の確率変数 $X_1, X_2, \ldots, X_n$ が**独立**であるとは，任意の部分列 $1 \le i_1 < i_2 < \cdots < i_k \le n$ に対して，$X_{i_1}, X_{i_2}, \ldots, X_{i_k}$ から生成された σ-フィールド $\sigma(X_{i_1}), \sigma(X_{i_2}), \ldots, \sigma(X_{i_k})$ が独立になることである. すなわち，任意の $x_1, x_2, \ldots, x_k$ に対して

$$P(X_{i_1} \le x_1, X_{i_2} \le x_2, \ldots, X_{i_k} \le x_k)$$
$$= P(X_{i_1} \le x_1)P(X_{i_2} \le x_2)\cdots P(X_{i_k} \le x_k).$$

分布関数の性質によって，定義 2.5.2 (1) における X, Y の独立性は，次が成り立つことと同値である.

- X, Y が離散型の場合：X, Y のとり得るすべての値 x_i, y_j に対して

$$P(X = x_i, Y = y_j) = P(X = x_i)P(Y = y_j). \quad (2.5.1)$$

- X, Y が連続型の場合：結合確率密度 $f(x, y)$ をもち，X, Y がそれぞれ確率密度 $f_X(x), f_Y(y)$ をもつならば，すべての $x, y \in \mathbb{R}$ に対して

$$f(x, y) = f_X(x)f_Y(y). \quad (2.5.2)$$

定義 2.5.2 (2) における n 個のときの独立性も，2 個のときと同様に確率分布あるいは確率密度の積でかき表すことができる.

定義 2.5.3

可積分（定義 2.4.1）な確率変数 X, Y の平均をそれぞれ $\mu_X = E[X]$, $\mu_Y = E[Y]$ とおく. このとき，積 XY が可積分ならば，次式で与えられ

る $C(X,Y)$ を X と Y の**共分散**という.

$$C(X,Y) = E[(X-\mu_X)(Y-\mu_Y)] = E[XY] - E[X]E[Y]. \quad (2.5.3)$$

特に,X と X 自身の共分散を X の**分散**といい,$V[X]$ で表す.すなわち

$$V[X] = C(X,X) = E[(X-\mu_X)^2] = E[X^2] - (E[X])^2. \quad (2.5.4)$$

また,$V[X] = E[(X-\mu_X)^2] \geq 0$ であるから,定理 2.3.2 (1) に注意すれば

$$V[X] = 0 \Leftrightarrow P(X=\mu_X) = 1. \quad (2.5.5)$$

例題 2.5.1 次の不等式を確かめよ.

$$|E[XY]|^2 \leq E[X^2]E[Y^2]. \quad \text{(シュワルツの不等式)}$$

【解答】 $\alpha = E[Y^2]$, $\beta = -E[XY]$ とおく.明らかに $\alpha \geq 0$ である.$\alpha = 0$ のとき $Y = 0$ a.s. となって不等式は成り立つから,$\alpha > 0$ のときを考える.

$$\begin{aligned}
0 &\leq E[(\alpha X + \beta Y)^2] = E[\alpha^2 X^2 + 2\alpha\beta XY + \beta^2 Y^2] \\
&= \alpha^2 E[X^2] + 2\alpha\beta E[XY] + \beta^2 E[Y^2] \\
&= \alpha^2 E[X^2] + 2\alpha\beta(-\beta) + \beta^2\alpha = \alpha\bigl(\alpha E[X^2] - \beta^2\bigr) \\
&= \alpha\bigl(E[X^2]E[Y^2] - E[XY]E[XY]\bigr).
\end{aligned}$$

ゆえに,$\alpha > 0$ によって,求める不等式が得られる.

問 2.5.1 2 乗可積分な確率変数 X は可積分であることを示せ.また,$X_n \xrightarrow{L^2} X$ ならば $X_n \xrightarrow{L^1} X$ である(定理 2.4.12)ことを示せ.

【解答】 シュワルツの不等式において,X を $|X|$, $Y = 1$ とおく.このとき,

$$(E[|X|])^2 \leq E[X^2] < \infty. \quad \text{よって,} \quad E[|X|] < \infty.$$

上式で特に X を $X_n - X$ と見なせば,$E[|X_n - X|] \leq (E[|X_n - X|^2])^{\frac{1}{2}}$.したがって,$L^2$-収束ならば L^1-収束である.

シュワルツの不等式は,2 乗可積分な確率変数に対して共分散は存在することを保証している.

定理 2.5.4

共分散は次の性質をもつ.
(1) $C(X,Y)$ は X,Y に関して**対称**である. すなわち
$$C(X,Y) = C(Y,X). \tag{2.5.6}$$

(2) $C(X,Z)$ は X,Z に関して**線形**である. たとえば, a,b が定数のとき
$$C(aX+bY,Z) = aC(X,Z) + bC(Y,Z). \tag{2.5.7}$$

例題 2.5.2 分散に関する次の等式を確かめよ.
$$V[X+Y] = V[X] + 2C(X,Y) + V[Y].$$

【解答】 定理 2.5.4 (2) で $a=b=1, Z=X+Y$ とおく.
$$\begin{aligned} V[X+Y] &= C(X+Y,X+Y) = C(X,X+Y) + C(Y,X+Y) \\ &= C(X,X) + C(X,Y) + C(Y,X) + C(Y,Y) \\ &= V[X] + 2C(X,Y) + V[Y]. \quad (対称性を用いた) \end{aligned}$$

問 2.5.2 定理 2.5.4 (2) を用いて, 分散に関する次の性質を示せ.
$$V[aX+b] = a^2 V[X]. \quad ただし, a,b は定数.$$

【解答】 定理 2.5.4 (2) で $Y=1, Z=aX+b$ とおく.
$$\begin{aligned} C(aX+b, aX+b) &= a^2 C(X,X) + 2ab C(X,1) + b^2 C(1,1) \\ &= a^2 C(X,X) = a^2 V[X]. \end{aligned}$$

定義 2.5.5

2 乗可積分な X,Y に対して, $V(X) \neq 0, V(Y) \neq 0$ のとき
$$\rho(X,Y) = \frac{C(X,Y)}{\sqrt{V(X)}\sqrt{V(X)}}$$
によって定められる $\rho(X,Y)$ を, X と Y の**相関係数**という.

注意 2.5.6　相関係数は次の性質をもつ.

(1) $-1 \leq \rho(X,Y) \leq 1$.
(2) $C(X,Y) = 0$ は, $\rho(X,Y) = 0$ と同値である. $C(X,Y) = 0$ のとき, X と Y には**相関がない**という.

上記 (1) の不等式は, シュワルツの不等式 (例題 2.5.1) で X, Y をそれぞれ $X - E[X]$, $Y - E[Y]$ に置き換えてかき直せば得られる.

定理 2.5.7

確率変数 X, Y が独立ならば, 次が成り立つ.

(1) $E[XY] = E[X]E[Y]$.
(2) $C(X,Y) = 0$. すなわち, X と Y には相関がない.
(3) $V[X+Y] = V[X] + V[Y]$.

一般に, 定理 2.5.7 (1) の逆は成り立たない. すなわち, $E[XY] = E[X]E[Y]$ であっても, 確率変数 X, Y が独立とは限らない.

定義 2.5.8

確率変数ベクトル $\boldsymbol{X} = (X_1, X_2, \ldots, X_n)$ の**共分散行列**とは, $C(X_i, X_j)$ を i 行 j 列成分にもつ n 次正方行列のことである.

例題 2.5.3　硬貨を 2 回投げて, 表裏の結果に注目する. X_1 を表の回数, X_2 を裏の回数とする. $\boldsymbol{X} = (X_1, X_2)$ の平均ベクトルと共分散行列を求めよ.

【解答】　X_1, X_2 の結合分布は次のようになる.

	$X_2 = 0$	$X_2 = 1$	$X_2 = 2$	計
$X_1 = 0$	0	0	$\frac{1}{4}$	$\frac{1}{4}$
$X_1 = 1$	0	$\frac{1}{2}$	0	$\frac{1}{2}$
$X_1 = 2$	$\frac{1}{4}$	0	0	$\frac{1}{4}$
計	$\frac{1}{4}$	$\frac{1}{2}$	$\frac{1}{4}$	1

$$E[X_1] = 0 \times \frac{1}{4} + 1 \times \frac{1}{2} + 2 \times \frac{1}{4} = 1 = E[X_2],$$
$$E[X_1^2] = 0^2 \times \frac{1}{4} + 1^2 \times \frac{1}{2} + 2^2 \times \frac{1}{4} = \frac{3}{2} = E[X_2^2],$$
$$C(X_1, X_1) = V[X_1] = E[X_1^2] - (E[X_1])^2 = \frac{1}{2} = V[X_2] = C(X_2, X_2),$$
$$E[X_1 X_2] = 0 \times 2 \times \frac{1}{4} + 1 \times 1 \times \frac{1}{2} + 2 \times 0 \times \frac{1}{4} = \frac{1}{2},$$
$$C(X_1, X_2) = E[X_1 X_2] - E[X_1] E[X_2] = \frac{1}{2} - 1 \times 1 = -\frac{1}{2} = C(X_2, X_1).$$

よって，平均の列ベクトルを $\boldsymbol{\mu}$，共分散行列を $\boldsymbol{\Sigma}$ とすれば

$$\boldsymbol{\mu} = \begin{pmatrix} E[X_1] \\ E[X_2] \end{pmatrix} = \begin{pmatrix} 1 \\ 1 \end{pmatrix}, \quad \boldsymbol{\Sigma} = \begin{pmatrix} C(X_1, X_1) & C(X_1, X_2) \\ C(X_2, X_1) & C(X_2, X_2) \end{pmatrix} = \begin{pmatrix} \frac{1}{2} & -\frac{1}{2} \\ -\frac{1}{2} & \frac{1}{2} \end{pmatrix}.$$

問 2.5.3 例題 2.5.3 において，X_1, X_2 は独立ではないことを示せ．

【解答】 $C(X_1, X_2) = -\frac{1}{2} \neq 0$ であるから，X_1 と X_2 には相関がある．ゆえに，定理 2.5.7 (2) によって X_1, X_2 は独立ではない．

★ これまでは，確率変数に関する r 次積率，L^r-収束，シュワルツの不等式が導入され，L^2-収束と L^1-収束の関係，共分散などが調べられた．しかし，これらを統一的に扱うには，ヘルダーの不等式を応用すると便利である．

定理 2.5.9

正数 p, q と確率変数 X, Y が

$$p > 1, \quad q > 1, \quad \frac{1}{p} + \frac{1}{q} = 1, \quad E[|X|^p] < \infty, \quad E[|X|^q] < \infty$$

を満たすとき，次が成り立つ．

$$|E[XY]| \leq E[|XY|] \leq (E[|X|^p])^{\frac{1}{p}} (E[|Y|^q])^{\frac{1}{q}}. \quad \text{（ヘルダーの不等式）}$$
$$(2.5.8)$$

一般に，$p > 0$ に対して $E[|X|^p] < \infty$ を満たす確率変数 X の集まりを $L^p(\Omega)$ で表す．すなわち，$L^p(\Omega) = \{X; E[|X|^p] < \infty\}$．また，$\|X\|_p = (E[|X|^p])^{\frac{1}{p}}$ とおき，$\|X\|_p$ を X の**ノルム**という．ノルムの記号を用いると，(2.5.8) は

$$p > 1, \quad q > 1, \quad \frac{1}{p} + \frac{1}{q} = 1 \Rightarrow \|XY\|_1 \leq \|X\|_p \|Y\|_q$$

と表される．シュワルツの不等式（例題 2.5.1）は，ヘルダーの不等式で $p = q = 2$ とした特別な場合になっている．

【定理の証明】 $E[|X|^p], E[|Y|^q]$ の一方が 0 のときは明らかであるから（定理 2.3.2 (1) 参照），両方が 0 でないとして不等式を示す．指数関数 $y = \exp[x]$ の単調増加性から，$a > 0, b > 0$ に対して

$$a = \exp[p^{-1}s], \quad b = \exp[q^{-1}t] \quad (\exp[u] = e^u)$$

を満たす $s, t \in \mathbb{R}$ が存在することに注意する．関数 $y = \exp[x]$ は凸関数で，$\frac{1}{p} + \frac{1}{q} = 1$ であるから，凸関数の性質（定義 1.3.7）により次のようになる．

$$\exp[p^{-1}s + q^{-1}t] \leq p^{-1}\exp[s] + q^{-1}\exp[t] \Leftrightarrow ab \leq p^{-1}a^p + q^{-1}b^q$$

ここで，$a = \frac{|X|}{\|X\|_p}, b = \frac{|Y|}{\|Y\|_q}$ とおけば

$$\frac{|XY|}{\|X\|_p \|Y\|_q} \leq p^{-1}\left(\frac{|X|}{\|X\|_p}\right)^p + q^{-1}\left(\frac{|Y|}{\|Y\|_q}\right)^q.$$

したがって，両辺の平均をとれば右辺は 1 となり，(2.5.8) が得られる．

例題 2.5.4 $0 < \alpha < \beta$ とする．次の不等式を確かめよ．

$$\|X\|_\alpha \leq \|X\|_\beta. \quad \text{すなわち} \quad X \in L^\beta(\Omega) \quad \text{ならば} \quad X \in L^\alpha(\Omega).$$

【解答】 $r = \frac{\beta}{\alpha} > 1, s = \frac{\beta}{\beta - \alpha}$ とおく．$\frac{1}{r} + \frac{1}{s} = \frac{\alpha}{\beta} + \frac{\beta - \alpha}{\beta} = \frac{\beta}{\beta} = 1$.
ここで $Z = |X|^\alpha, Y = 1$ とおけば，ヘルダーの不等式から

$$E[|ZY|] \leq \left(E[|Z|^r]^{\frac{1}{r}}\right)\left(E[|Y|^s]^{\frac{1}{s}}\right) \Rightarrow E[|X|^\alpha] \leq \left(E[|X|^{r\alpha}]\right)^{\frac{1}{r}} = \left(E[|X|^\beta]\right)^{\frac{\alpha}{\beta}}$$

最後の不等式をかき直せばよい．

問 2.5.4 $X_n \xrightarrow{L^\beta} X$ $(0 < \alpha < \beta)$ ならば，$X_n \xrightarrow{L^\alpha} X$ となることを示せ．
【解答】 例題 2.5.4 から，$\|X_n - X\|_t = \left(E[|X_n - X|^t]\right)^{\frac{1}{t}}$ は t に関して単調増加となる．したがって，$0 < \alpha < \beta$ ならば $\|X_n - X\|_\alpha \leq \|X_n - X\|_\beta$. $n \to \infty$ のとき，右辺が 0 に近づけば左辺も 0 に近づく．

注意 2.5.10 $\|X\|_p < \infty, p > 0$，すなわち $E[|X|^p] < \infty$ とする．このとき，任意の $\lambda > 0$ に対して次が成り立つ．

$$P(|X| \geq \lambda) \leq \frac{1}{\lambda^p}E[|X|^p]. \quad \text{（チェビシェフの不等式）} \tag{2.5.9}$$

$p = 1$ の場合は**マルコフの不等式**とよばれる．一般に，確率変数 X が平均 $\mu = E[X]$，分散 $\sigma^2 = V[X]$ をもつとき，$Y = |X - \mu|$ に対して (2.5.9) を $p = 2$ として用いれば，よく知られた不等式

$$P(|X - \mu| \geq \lambda) \leq \frac{\sigma^2}{\lambda^2}$$

が得られる．チェビシェフの不等式は，$A = \{\omega; |X| \geq \lambda\}$ のインディケータを I_A として，次の不等式から導かれる：$E[|X|^p] \geq E[|X|^p I_A] \geq \lambda^p P(A)$.

2.6 正規分布

正規分布の確率密度は

$$f(x;\mu,\sigma^2) = \frac{1}{\sqrt{2\pi}\,\sigma} \exp\left[-\frac{(x-\mu)^2}{2\sigma^2}\right], \quad -\infty < \mu < \infty, \quad \sigma > 0$$

で与えられる ($\exp[a] = e^a$). これを**ガウス分布**ともいう. 正規分布は平均 μ と 標準偏差 σ によって完全に決定されるので, f を $N(\mu,\sigma^2)$ と表す. 一般に, 確率変数 X が $N(\mu,\sigma^2)$ に従うとき

$$Z = \frac{X-\mu}{\sigma} \text{ は標準正規分布 } N(0,1) \text{ に従い}, \quad X = \mu + \sigma Z \quad (2.6.1)$$

と表される. さらに, a,b が定数 ($a \neq 0$) のとき,

$$aX + b \text{ は } N(a\mu + b, a^2\sigma^2) \text{ に従う}. \quad (2.6.2)$$

特に重要なのは, 独立で正規分布に従う確率変数の 1 次結合である.

定理 2.6.1

X_1, X_2 が独立で, それぞれ $N(\mu_1, \sigma_1^2), N(\mu_2, \sigma_2^2)$ に従うとき,

$$\alpha X_1 + \beta X_2 \text{ は } N(\alpha\mu_1 + \beta\mu_2, \alpha^2\sigma_1^2 + \beta^2\sigma_2^2) \text{ に従う}.$$

ただし, α, β は同時に 0 とならない定数. n 個の 1 次結合の場合も同様である.

はじめに, 確率変数 $Z_1, Z_2, \ldots, Z_n$ は独立で標準正規分布 $N(0,1)$ に従うとする. $(Z_1, Z_2, \ldots, Z_n)$ が従う確率分布を**標準多変量正規分布**といい, その確率密度を $N(\mathbf{0}, \mathbf{I})$ とかく ($\mathbf{0}$ は零行列, $\mathbf{I}$ は単位行列). (2.5.2) によって独立なときの結合確率密度は $N(0,1)$ の積で表されるから, $N(\mathbf{0}, \mathbf{I})$ は次のようになる.

$$f(z_1, z_2, \ldots, z_n) = \frac{1}{(\sqrt{2\pi})^n} \exp\left[-\sum_{i=1}^n \frac{z_i^2}{2}\right]. \quad (2.6.3)$$

以下においては, n 次元のベクトル $\mathbf{a}$ を列ベクトルとして扱う. また, 一般の $m \times n$ 行列 A に対して, 行と列を入れ替えて並べた転置行列を A^T で表す.

$$\boldsymbol{a} = \begin{pmatrix} a_1 \\ a_2 \\ \vdots \\ a_n \end{pmatrix} \Rightarrow \boldsymbol{a}^T = (a_1, a_2, \ldots, a_n), \quad \boldsymbol{a}^T \boldsymbol{a} = \sum_{i=1}^n a_i^2$$

$$A = \begin{pmatrix} a_{11} & a_{12} & \ldots & a_{1n} \\ a_{21} & a_{22} & \ldots & a_{2n} \\ \vdots & \vdots & \ddots & \vdots \\ a_{m1} & a_{m2} & \ldots & a_{mn} \end{pmatrix} \Rightarrow A^T = \begin{pmatrix} a_{11} & a_{21} & \ldots & a_{m1} \\ a_{12} & a_{22} & \ldots & a_{m2} \\ \vdots & \vdots & \ddots & \vdots \\ a_{1n} & a_{2n} & \ldots & a_{mn} \end{pmatrix}$$

したがって，$\boldsymbol{Z} = (Z_1, Z_2, \ldots, Z_n)^T, \boldsymbol{z} = (z_1, z_2, \ldots, z_n)^T$ とおけば，

$$(2.6.3) \Leftrightarrow f_{\boldsymbol{Z}}(z_1, z_2, \ldots, z_n) = \frac{1}{(\sqrt{2\pi})^n} \exp\left[-\frac{1}{2} \boldsymbol{z}^T \boldsymbol{z}\right]$$

(2.6.1) をベクトルで考えると，n 変量の正規分布が導かれる．

定義 2.6.2

確率変数ベクトル $\boldsymbol{X} = (X_1, X_2, \ldots, X_n)^T$ が平均ベクトル $\boldsymbol{\mu}$，共分散行列 $\boldsymbol{\Sigma}$ をもつ n 変量の正規分布（多変量正規分布）に従うとは，次のような n 次正方行列 A が存在することである．

$$\boldsymbol{X} = \boldsymbol{\mu} + A\boldsymbol{Z}, \quad A \text{ の行列式の値は } 0 \text{ でない } (|A| \neq 0). \tag{2.6.4}$$

$\boldsymbol{Z} = (Z_1, Z_2, \ldots, Z_n)^T, \quad Z_1, Z_2, \ldots, Z_n$ は独立で $N(0, 1)$ に従う．

$$\boldsymbol{\Sigma} = AA^T. \tag{2.6.5}$$

多変量正規分布に従う $\boldsymbol{X}$ の確率密度は次のように与えられる．

$$f_{\boldsymbol{X}}(x_1, x_2, \ldots, x_n) = \frac{1}{(2\pi)^{\frac{n}{2}} |\boldsymbol{\Sigma}|^{\frac{1}{2}}} \exp\left[-\frac{1}{2}(\boldsymbol{x} - \boldsymbol{\mu})^T \boldsymbol{\Sigma}^{-1} (\boldsymbol{x} - \boldsymbol{\mu})\right]. \tag{2.6.6}$$

ただし，$\boldsymbol{x} = (x_1, x_2, \ldots, x_n)^T$，$|\boldsymbol{\Sigma}|$ は $\boldsymbol{\Sigma}$ の行列式，$\boldsymbol{\Sigma}^{-1}$ は $\boldsymbol{\Sigma}$ の逆行列．上式の確率密度を $N(\boldsymbol{\mu}, \boldsymbol{\Sigma})$ で表す．

次の定理から，分布を計算しなくても多変量正規分布性が確かめられる．

定理 2.6.3

$X_j : \Omega \to \mathbb{R}$, $1 \leq j \leq n$, を確率変数とする．このとき，$\boldsymbol{X} = (X_1, X_2, \ldots, X_n)^T$ が多変量正規分布に従うための必要十分条件は，任意の定数 $\lambda_1, \lambda_2, \ldots, \lambda_n$ に対して，1次結合から得られた確率変数

$$Y = \lambda_1 X_1 + \lambda_2 X_2 + \cdots + \lambda_n X_n$$

が（1変量の）正規分布に従うことである．

例題 2.6.1　$\boldsymbol{X} = (X, Y)^T$ は2変量の正規分布 $N(\boldsymbol{\mu}, \boldsymbol{\Sigma})$,

$$\boldsymbol{\mu} = \boldsymbol{0}, \quad \boldsymbol{\Sigma} = \begin{pmatrix} 1 & \rho \\ \rho & 1 \end{pmatrix}, \quad |\rho| < 1,$$

に従うとする．このとき，変換 (2.6.4) は次のように対応している．

$$\boldsymbol{X} = A\boldsymbol{Z}, \quad A = \begin{pmatrix} 1 & 0 \\ \rho & \sqrt{1-\rho^2} \end{pmatrix}, \quad |A| = \sqrt{1-\rho^2} \neq 0.$$

$\boldsymbol{X}$ の確率密度 $f_{\boldsymbol{X}}(x,y)$ は次のように表されることを確かめよ．

$$f_{\boldsymbol{X}}(x,y) = \frac{1}{2\pi\sqrt{1-\rho^2}} \exp\left[-\frac{1}{2(1-\rho^2)}(x^2 - 2\rho xy + y^2)\right].$$

【解答】　任意の定数 λ_x, λ_y に対して $\lambda_x X + \lambda_y Y$ は独立な Z_1, Z_2 の1次式で表され，正規分布に従うから（定理 2.6.1），$\boldsymbol{X}$ は2変量の正規分布に従う（定理 2.6.3）．$\boldsymbol{Z}$ の確率密度を $f_{\boldsymbol{Z}}(z_1, z_2)$ とおく．$\boldsymbol{Z} = A^{-1}\boldsymbol{X}$ であるから

$$\begin{pmatrix} Z_1 \\ Z_2 \end{pmatrix} = \begin{pmatrix} 1 & 0 \\ -\dfrac{\rho}{\sqrt{1-\rho^2}} & \dfrac{1}{\sqrt{1-\rho^2}} \end{pmatrix} \begin{pmatrix} X \\ Y \end{pmatrix} \Leftrightarrow \begin{cases} z_1 = x, \\ z_2 = \dfrac{(y - \rho x)}{\sqrt{1-\rho^2}} \end{cases}$$

確率密度に関する式 (2.2.6) と定義 2.2.15 に注意して，2重積分の変数変換（定理 1.6.3）を用いる．対応 $(z_1, z_2) \to (x, y)$ に関するヤコビアン J を求めると

$$J = \begin{vmatrix} \dfrac{\partial z_1}{\partial x} & \dfrac{\partial z_1}{\partial y} \\ \dfrac{\partial z_2}{\partial x} & \dfrac{\partial z_2}{\partial y} \end{vmatrix} = \begin{vmatrix} 1 & 0 \\ -\dfrac{\rho}{\sqrt{1-\rho^2}} & \dfrac{1}{\sqrt{1-\rho^2}} \end{vmatrix} = \dfrac{1}{\sqrt{1-\rho^2}}.$$

一方, $\boldsymbol{Z}$ の確率密度 $f_{\boldsymbol{Z}}(z_1, z_2)$ は (2.6.3) である ($n=2$). ゆえに,

$$f_{\boldsymbol{X}}(x,y) = f_{\boldsymbol{Z}}(z_1, z_2)|J| = \frac{1}{2\pi\sqrt{1-\rho^2}} \exp\left[-\frac{1}{2}\left(x^2 + \frac{(y-\rho x)^2}{1-\rho^2}\right)\right]$$
$$= \frac{1}{2\pi\sqrt{1-\rho^2}} \exp\left[-\frac{1}{2(1-\rho^2)}(x^2 - 2\rho xy + y^2)\right].$$

問 2.6.1 例題 2.6.1 において, (2.6.6) から確率密度 $f_{\boldsymbol{X}}(x,y)$ を求めよ.
【解答】 $\exp[\cdots]$ における $[\cdots]$ の部分を計算すればよい.

$$(\boldsymbol{x}-\boldsymbol{\mu})^T \boldsymbol{\Sigma}^{-1}(\boldsymbol{x}-\boldsymbol{\mu}) = (x,y)\frac{1}{1-\rho^2}\begin{pmatrix} 1 & -\rho \\ -\rho & 1 \end{pmatrix}\begin{pmatrix} x \\ y \end{pmatrix}$$
$$= \frac{1}{1-\rho^2}(x,y)\begin{pmatrix} x-\rho y \\ -\rho x + y \end{pmatrix} = \frac{1}{1-\rho^2}(x^2 - 2\rho xy + y^2).$$

多変量正規分布に従う確率変数列の独立性は, 次の定理から判定できる.

定理 2.6.4

確率変数ベクトル $\boldsymbol{X} = (X_1, X_2, \ldots, X_n)^T$ が多変量正規分布に従うとき, $\{X_1, X_2, \ldots, X_n\}$ が独立であるための必要十分条件は, $i \neq j$ に対して $C(X_i, X_j) = 0$ となることである (このときの共分散行列は対角行列).

たとえば, $\boldsymbol{Z} = (Z_1, Z_2)^T$ とし, Z_1 と Z_2 は独立な確率変数で共に $N(0,1)$ に従うとする. また, $\boldsymbol{X} = (X_1, X_2)^T$ を

$$X_1 = c^{\frac{1}{2}} Z_1, \quad X_2 = \frac{1}{2}c^{\frac{3}{2}}\left(Z_1 + \frac{1}{\sqrt{3}}Z_2\right), \quad c \text{ は正数}$$

と与える. このとき, $\boldsymbol{X} = \boldsymbol{\mu} + A\boldsymbol{Z}, \boldsymbol{\mu} = \boldsymbol{0}$ と表される. ここで

$$A = \begin{pmatrix} c^{\frac{1}{2}} & 0 \\ \frac{1}{2}c^{\frac{3}{2}} & \frac{1}{2\sqrt{3}}c^{\frac{3}{2}} \end{pmatrix},$$

$$\boldsymbol{\Sigma} = AA^T = \begin{pmatrix} c^{\frac{1}{2}} & 0 \\ \frac{1}{2}c^{\frac{3}{2}} & \frac{1}{2\sqrt{3}}c^{\frac{3}{2}} \end{pmatrix}\begin{pmatrix} c^{\frac{1}{2}} & \frac{1}{2}c^{\frac{3}{2}} \\ 0 & \frac{1}{2\sqrt{3}}c^{\frac{3}{2}} \end{pmatrix} = \begin{pmatrix} c & \frac{1}{2}c^2 \\ \frac{1}{2}c^2 & \frac{1}{3}c^3 \end{pmatrix}.$$

したがって, $\boldsymbol{X}$ は 2 変量の正規分布 $N(\boldsymbol{\mu}, \boldsymbol{\Sigma})$ に従う. $c > 0$ であるから共分散行列は対角行列にならない. ゆえに, $\{X_1, X_2\}$ は独立にならない.

定義 2.1.5 で導入された確率過程は離散時間 t で変化するモデルを示唆している. t が区間 $[0, T]$ を連続的に進む場合には, 連続時間で変化する**確率過程**

$\{X(t); t \in [0,T]\}$ が対象となる．$X(t)$ は，t を固定して考えれば，確率変数になるものとして定義される（詳細は 2.8 節）．

定義 2.6.5

確率過程 $\{X(t); t \in [0,T]\}$ は，任意の整数 $n \geq 1$ と $t_1, t_2, \ldots, t_n \in [0,T]$ に対して，$X(t_1), X(t_2), \ldots, X(t_n)$ の結合分布が正規分布に従うならば，**ガウス過程**とよばれる．言い換えれば，$\boldsymbol{X} = (X(t_1), X(t_2), \ldots, X(t_n))^T$ が多変量正規分布に従うことである．

注意 2.6.6　定理 2.6.3 と定義 2.6.5 によって，$\{X(t); t \in [0,T]\}$ がガウス過程であることは，次が成り立つことと同値である．

任意の整数 $n \geq 1$ と $t_1, t_2, \ldots, t_n \in [0,T]$ および $\lambda_1, \lambda_2, \ldots, \lambda_n \in \mathbb{R}$ に対して，1 次結合の確率変数

$$Y = \lambda_1 X(t_1) + \lambda_2 X(t_2) + \cdots + \lambda_n X(t_n)$$

は（1 変量の）正規分布に従う．

定理 2.6.7

$X(t)$ は独立な**正規増分**をもつとする．すなわち，任意の $s < t$ に対して，s までの確率過程 $\{X(u), u \leq s\}$ から生成された σ-フィールドを $\mathcal{F}_s = \sigma(X(u), u \leq s)$ とおくとき，$X(t) - X(s)$ は正規分布に従い，$\mathcal{F}_s$ と独立であるとする．このとき，$X(t)$ はガウス過程になる．

言い換えれば，時刻 s からの変化の増分が正規分布に従って，s 以前の過去に無関係ならばガウス過程ということである．

2.7　条件付き平均

X, Y が離散型確率変数の場合，定義 2.1.11 に基づいて，$Y = y$ に対する X の条件付き確率分布は次のように定義される．

$$P(X = x \mid Y = y) = \frac{P(X = x, Y = y)}{P(Y = y)}, \quad P(Y = y) > 0.$$

定義 2.7.1

X, Y が連続型確率変数の場合，結合確率密度を $f(x,y)$ とし，X, Y の確率密度をそれぞれ $f_X(x) = \int_{-\infty}^{\infty} f(x,y)\,dy, f_Y(y) = \int_{-\infty}^{\infty} f(x,y)\,dx$ とすれば，$\boldsymbol{Y = y}$ に対する $\boldsymbol{X}$ の条件付き確率密度は次のように定義される．

$$f(x\,|\,y) = \frac{f(x,y)}{f_Y(y)}, \quad f_Y(y) > 0. \tag{2.7.1}$$

定義 2.7.2

定義 2.7.1 の条件付き確率密度に基づいて，$Y = y$ に対する X の条件付き平均は，積分が存在するとき次のように定義される．

$$E[X\,|\,Y=y] = \int_{-\infty}^{\infty} x f(x\,|\,y)\,dx. \tag{2.7.2}$$

注意 2.7.3 条件付き平均 $E[X\,|\,Y=y]$ は y の関数であるから，これを $g(y)$ とおく．すなわち，$g(y) = E[X\,|\,Y=y]$．この y は Y がとり得る偶然の値であるから，y を確率変数 Y に置き換えれば $g(Y)$ を得る．$g(Y) = E[X\,|\,Y]$ を，Y に対する X の**条件付き平均**という．

例題 2.7.1 X, Y は2変量の標準正規分布に従い，相関係数 ρ をもつとする．すなわち，例題 2.6.1 の確率密度に従うとする．このとき，Y に対する X の条件付き平均 $E[X\,|\,Y]$ を求めよ．

【解答】 例題 2.6.1 から，$f(x,y)$ をかき直す．

$$f(x,y) = \frac{1}{\sqrt{2\pi(1-\rho^2)}} \exp\left[-\frac{(x-\rho y)^2}{2(1-\rho^2)}\right] \frac{1}{\sqrt{2\pi}} \exp\left[-\frac{y^2}{2}\right],$$

$$f_Y(y) = \int_{-\infty}^{\infty} f(x,y)\,dx = \frac{1}{\sqrt{2\pi}} \exp\left[-\frac{y^2}{2}\right],$$

$$f(x\,|\,y) = \frac{f(x,y)}{f_Y(y)} = \frac{1}{\sqrt{2\pi(1-\rho^2)}} \exp\left[-\frac{(x-\rho y)^2}{2(1-\rho^2)}\right].$$

最後の式は，平均 ρy，分散 $(1-\rho^2)$ の正規分布 $N(\rho y, 1-\rho^2)$ である．したがって，(2.7.2) から $E[X\,|\,Y=y] = \rho y = g(y)$．ゆえに，$y$ を確率変数 Y に置き換えて，$E[X\,|\,Y] = \rho Y$．

問 2.7.1 X, Y の結合分布は次の確率密度をもつとする．

$$f(x,y) = \begin{cases} \lambda^2 e^{-\lambda y} & (0 < x < y), \ \lambda \text{ は正数}, \\ 0 & (\text{その他}), \end{cases}$$

このとき，条件付き平均 $E[X\,|\,Y]$ を求めよ．
【解答】 $\displaystyle\int_{-\infty}^{\infty}\int_{-\infty}^{\infty} f(x,y)\,dx\,dy = \int_0^{\infty}\int_x^{\infty} \lambda^2 e^{-\lambda y}\,dx\,dy$

$$= \int_0^\infty [-\lambda e^{-\lambda y}]_x^\infty \, dx = \int_0^\infty \lambda e^{-\lambda x} \, dx = [-e^{-\lambda x}]_0^\infty = 1 \Rightarrow f(x,y)$$ は確率密度. Y の周辺分布を求めて, $Y = y$ に対する X の条件付き平均を計算する.

$$f_Y(y) = \int_{-\infty}^\infty f(x,y) \, dx = \int_0^y \lambda^2 e^{-\lambda y} \, dx = y(\lambda^2 e^{-\lambda y}).$$

$$f(x \mid y) = \begin{cases} \dfrac{f(x,y)}{f_Y(y)} = \dfrac{1}{y} & (0 < x < y), \\ 0 & \text{(その他)}. \end{cases}$$

$$E[X \mid Y = y] = \int_{-\infty}^\infty x f(x \mid y) \, dx = \int_0^y \frac{x}{y} \, dx = \left[\frac{x^2}{2y}\right]_0^y = \frac{y}{2} = g(y).$$

ゆえに, y を Y で置き換えて, $E[X \mid Y] = g(Y) = \dfrac{Y}{2}$.

少し一般的な形にした条件付き平均は, 次のように定義される.

定義 2.7.4

X を可積分な確率変数とする. 任意の有界な関数 h に対して, 次の関係式を満たす関数 $G(Y)$ を, **Y に対する X の条件付き平均**といい, $G(Y) = E[X \mid Y]$ とかく:

$$E[Xh(Y)] = E[G(Y)h(Y)]. \quad \text{すなわち} \quad E\big[(X - G(Y))h(Y)\big] = 0. \tag{2.7.3}$$

このような関数がただ 1 つ存在することは関数解析学における**ラドン・ニコディムの定理**から保証されている.

もっと一般な形にした条件付き平均は, 次のように定義される.

定義 2.7.5

X を $(\Omega, \mathcal{F}, P)$ 上の可積分な確率変数とする. $\mathcal{G}$ を, $\mathcal{G} \subset \mathcal{F}$ を満たす σ-フィールドとする. 任意の有界かつ $\mathcal{G}$-可測な確率変数 ξ に対して, 次の関係式を満たす $\mathcal{G}$-可測な確率変数 η を, **$\mathcal{G}$ に対する X の条件付き平均**といい, $\eta = E[X \mid \mathcal{G}]$ とかく:

$$E[X\xi] = E[\eta \xi]. \quad \text{すなわち} \quad E[(X - \eta)\xi] = 0. \tag{2.7.4}$$

特に, $B \in \mathcal{G}$ のインディケータ $\xi = I_B$ を用いれば, 上式は次と同値である.

$$\int_B X \, dP = \int_B E[X \mid \mathcal{G}] \, dP. \quad \text{すなわち} \quad E[X I_B] = E\big[E[X \mid \mathcal{G}] I_B\big]. \tag{2.7.5}$$

- 条件付き平均 $E[X\,|\,Y]$ は，Y から生成された σ-フィールド $\mathcal{G} = \sigma(Y)$ に対する X の条件付き平均 $E[X\,|\,\mathcal{G}]$ である．
- 式 (2.7.4)-(2.7.5) が直接用いられることは少なく，実際の計算は種々の特別な性質を用いて行われる．しかし，これらの式は，以下に挙げる条件付き平均の基本的な性質を導くために，便利なものとして用いられる．
- 条件付き確率密度から与えられた条件付き平均 (2.7.2) は，(2.7.4)-(2.7.5) を満たす．

条件付き平均は確率変数である．それらの性質は 2 つの確率変数の等式によって表される．一般に，同じ確率空間で定義された 2 つの確率変数 X と Y について，$P(X=Y)=1$ ならば，X と Y は等しいといい，$X=Y$ a.s. と表す（"a.s." は，almost surely，ほとんど確実に，の略）．確率変数の等式は，"a.s." の意味で用いられるから，通常は "a.s." を省略して単に $X=Y$ と表す．

定理 2.7.6

条件付き平均は次の性質を満たす．

(1) $\mathcal{G}=\{\phi,\Omega\}$（自明なフィールド）ならば，$E[X\,|\,\mathcal{G}]=E[X]$．

(2) a,b が定数ならば，$E[aX+bY\,|\,\mathcal{G}]=aE[X\,|\,\mathcal{G}]+bE[Y\,|\,\mathcal{G}]$．
（線形法則）

(3) X が $\mathcal{G}$-可測ならば，$E[XY\,|\,\mathcal{G}]=XE[Y\,|\,\mathcal{G}]$．
もしも $\mathcal{G}$ が X に関するあらゆる情報を含んでいれば，$\mathcal{G}$ が与えられたとき X は既知となり，それゆえに X は定数のように扱われる．

(4) $\mathcal{G}_1 \subset \mathcal{G}_2$ ならば，
$E\bigl[E[X\,|\,\mathcal{G}_2]\,\big|\,\mathcal{G}_1\bigr]=E[X\,|\,\mathcal{G}_1]$．（スムージングまたはタワー法則）
特に，$\mathcal{G}_1$ として自明なフィールドをとり，(1) を用いれば，次式が得られる．

(5) $E\bigl[E[X\,|\,\mathcal{G}]\bigr]=E[X]$．（**2 重平均の法則**）

(6) X から生成された σ-フィールド $\sigma(X)$ と $\mathcal{G}$ が独立ならば，
$E[X\,|\,\mathcal{G}]=E[X]$．
既知の情報で X についての手がかりがなければ，条件付き平均は通常の平均と同じである．この性質は次のように一般化される．

(7) $\sigma(X)$ と $\mathcal{G}$ が独立，$\mathcal{F}$ と $\mathcal{G}$ が独立，かつ $\mathcal{F}$ と $\mathcal{G}$ を含む最小の σ-フィールドを $\sigma(\mathcal{F},\mathcal{G})$ とすれば，$E[X\,|\,\sigma(\mathcal{F},\mathcal{G})]=E[X\,|\,\mathcal{F}]$．

(8) $u(x)$ が区間 I 上の凸関数で，X が I を値域とする確率変数ならば，
$$u\bigl(E[X\,|\,\mathcal{G}]\bigr) \le E\bigl[u(X)\,|\,\mathcal{G}\bigr]. \quad \text{（イェンセンの不等式）}$$

(9) $0 \leq X_n$, $n\uparrow$ のとき $X_n \uparrow X$ かつ $E[|X|] < \infty$ ならば,

$$E[X_n \mid \mathcal{G}] \uparrow E[X \mid \mathcal{G}]. \quad \text{(単調収束定理)}$$

(10) $0 \leq X_n$ ならば, $E[\liminf_{n\to\infty} X_n \mid \mathcal{G}] \leq \liminf_{n\to\infty} E[X_n \mid \mathcal{G}]$. （ファトゥの補題）

(11) $X_n \xrightarrow{\text{a.s.}} X$, $|X_n| \leq Y$ かつ $E[Y] < \infty$ ならば,

$$\lim_{n\to\infty} E[X_n \mid \mathcal{G}] = E[X \mid \mathcal{G}]. \quad \text{(有界収束定理)}$$

注意 2.7.7 条件付き平均の性質は式 (2.7.4)-(2.7.5) から確かめることができる.【たとえば，定理 2.7.6 (5), 2重平均の法則の証明】 $\eta = E[X \mid \mathcal{G}]$ とおく. 定義 2.7.5 によって，任意の有界で $\mathcal{G}$-可測な ξ に対して, η は $E[\eta \xi] = E[X\xi]$ を満たす. Ω は任意の σ-フィールドの要素であるから, Ω のインディケータ $\xi = I_\Omega$ は $\mathcal{G}$-可測である. この ξ でかき直せば

$$E[\eta] = E[\eta I_\Omega] = E[X I_\Omega] = E[X]. \quad \text{ゆえに,} \quad E\big[E[X \mid \mathcal{G}]\big] = E[X].$$

条件付き確率 $P(A \mid \mathcal{G})$ は，インディケータの条件付き平均として定義される.

$$P(A \mid \mathcal{G}) = E[I_A \mid \mathcal{G}]. \quad \text{（定義 2.1.16 参照）} \qquad (2.7.6)$$

例題 2.7.2 イェンセンの不等式は，凸関数 $u(x)$ に対する平均 $E[\cdot]$ の性質

$$E[u(X)] \geq u(E[X]) \qquad \cdots \text{①}$$

として知られている. もしも u が凹関数（下に凹）ならば，上式において不等号の向きは逆になる. $E[\cdot]$ を条件付き平均 $E[\cdot \mid \mathcal{G}]$ に置き換えたのが，定理 2.7.6 (8) である. 不等式①を示せ.

【解答】 関数 $y = u(x)$ 上の点を $(c, u(c))$ とし，この点における接線 $l : y = u(c) + \lambda(x - c)$ を考える. ただし, λ は接線 l の傾きを表す. このとき，関数 $y = u(x)$ のグラフは接線 l の上方にあるから（定義 1.3.7 に続く説明参照）

$$u(x) \geq u(c) + \lambda(x - c)$$

となる. ここで $c = E[X]$ とおくと, $u(x) \geq u(E[X]) + \lambda(x - E[X])$.
λ は $c = E[X]$ に依存するが x には依存しないことに注意する. そこで,

$x = X$ を代入すると,次のようになる.

$$u(X) \geq u(E[X]) + \lambda(X - E[X]).$$

最後に,上式両辺の平均をとると①が得られる.

$$E[u(X)] \geq u(E[X]) + \lambda E[X - E[X]] = u(E[X]).$$

問 2.7.2 イェンセンの不等式を応用して次を示せ.

$$|E[X \,|\, \mathcal{G}]| \leq E[|X| \,|\, \mathcal{G}]. \qquad X \text{ の分散 } V[X] = E[X^2] - (E[X])^2 \geq 0.$$

【解答】 例題 2.7.2 で $E[\cdot]$ を $E[\cdot \,|\, \mathcal{G}]$ とし,$u(x) = |x|, u(x) = x^2$ とおく.

応用上,Y を観測することによって X を予測あるいは推定したいということがある.このとき,予測値は Y のある関数になる.2 乗可積分な確率変数 X (すなわち,$E[X^2] < \infty$) に対しては,その**最良な推定値**を,誤差 2 乗の平均を最小にする値として定義するという方法が知られている.

定理 2.7.8

$\widehat{X}$ は,任意の Y-可測な (すなわち,σ-フィールド $\mathcal{F}_Y = \sigma(Y)$ に関して可測な) 確率変数 V に対して,次式を満たすとする

$$E[(X - \widehat{X})^2] \leq E[(X - V)^2]. \tag{2.7.7}$$

このとき,$\widehat{X} = E[X \,|\, Y]$ となる.

定理の結果をベクトルを用いてイメージしてみよう.まず,定義 2.7.5 の後で示したように,$E[X \,|\, Y] = E[X \,|\, \mathcal{F}_Y]$ であることに注意する.次に,

$$L^2(\mathcal{F}_Y) = \{V;\, V \text{ は } \mathcal{F}_Y\text{-可測で 2 乗可積分}\}$$

とおく.このとき,$\widehat{X}$ は,X を $L^2(\mathcal{F}_Y)$ 上へ正射影して得られ,その値は $\mathcal{F}_Y$ に対する X の条件付き平均 $\widehat{X} = E[X \,|\, \mathcal{F}_Y]$ である.実際,$\langle \xi, \eta \rangle = E[\xi\eta]$ と定めれば,$\langle \cdot, \cdot \rangle$ はベクトル演算の内積の性質を満たすから,ベクトルの直交と内積が 0 ということは同値であることを用いる.そのとき,X の正射影を $P_N(X)$ とおけば,ベクトル $X - P_N(X)$ は任意のベクトル $V \in L^2(\mathcal{F}_Y)$ と直交するから,ベクトル $X - V$ の大きさを最小にする.

$$E\big[(X - P_N(X))V\big] = 0, \quad E\big[|X - P_N(X)|^2\big] \leq E\big[|X - V|^2\big],$$
$$V \in L^2(\mathcal{F}_Y).$$

しかし,この関係式は,条件付き平均の定義 2.7.5 によって $P_N(X) =$

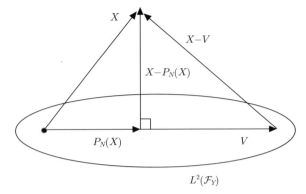

図 **2.7.1** 条件付き平均と正射影のイメージ

$E[X\,|\,\mathcal{F}_Y]$ となることを意味している．

2.8 連続時間の確率過程

$(\Omega, \mathcal{F}, P)$ を確率空間とする．$\mathcal{T}$ を添え字集合とするとき，実数値をとる確率変数 $X(t) = X(t, \omega)$ の集まり $\{X(t, \omega);\, \omega \in \Omega,\, t \in \mathcal{T}\}$ を $(\Omega, \mathcal{F}, P)$ 上の**確率過程**という．言い換えると，確率過程であるとは，t を固定すれば，関数

$$X(t) : (\Omega, \mathcal{F}) \to (\mathbb{R}, \mathcal{B})$$

が確率変数になっていることである．ただし，$\mathcal{B} = \mathcal{B}(\mathbb{R})$ は $\mathbb{R}$ のボレル σ-フィールドである．確率過程は2つの変数 (ω, t) の関数であるが，通常は確率空間の変数 ω を省略して表わされる．さらに，任意の $\omega \in \Omega$ に対して

$$X(\cdot, \omega) : t \in \mathcal{T} \to X(t, \omega) \in \mathbb{R}$$

は，$\mathcal{T}$ 上で定義された実数値関数である．この $X(\cdot, \omega)$ は ω に対応する**見本経路**または**道**とよばれる．

添え字 t を時間変数と見なせば，$X(t)$ は時刻 t における系列の状態を表している．たとえば，$\mathcal{T} = \{0, 1, 2, \ldots, T\}$ の場合は，T 回まで繰り返される硬貨投げのように，離散時間の集まりを表している．$\mathcal{T} = [0, T]$ の場合は，時刻 T まで観察される株価のように，連続な時間区間を表している．

本節では，連続な時間区間で推移する確率過程の基本概念を紹介する．

- 連続な時間区間を $[0, T]$，$T > 0$ とする．ただし，$T = \infty$ の場合も許されるとし，そのときは $[0, \infty)$ の意味とする．
- また，確率過程 $\{X(t);\, t \in [0, T]\}$ を単に X，$X(t)$ などで表す．

一般に，確率過程に対応する確率の与え方は次のように行われる．はじめに，$I_1, I_2, \ldots, I_n$ を数直線上の区間とするとき，任意の時間 $0 \leq t_1 \leq t_2 \leq \cdots \leq t_n \leq T$ に対して，**筒集合**とよばれる集合 $\{X(t_1) \in I_1, X(t_2) \in I_2, \ldots, X(t_n) \in I_n\}$ に確率を与える．次に，筒集合から生成された σ-フィールド（すべての筒集合を含む最小の σ-フィールド）$\mathcal{F}$ 上に，カラテオドリイの定理（定理 2.2.6）によって，ただ 1 通りに拡張される確率を与える．このような確率の構成から，次のことがわかる．

(1) 任意の $0 \leq t_1 \leq t_2 \leq \cdots \leq t_n \leq T$ に対して，$(X(t_1), X(t_2), \ldots, X(t_n))$ は確率ベクトルである．
(2) $X(t)$ は**有限次元分布** $P(X(t_1) \leq x_1, X(t_2) \leq x_2, \ldots, X(t_n) \leq x_n)$, $x_i \in \mathbb{R}$, $i = 1, 2, \ldots, n$ によって決定される．

確率過程の理論は偶然性と見本経路の構造に関わっている．以下においては，見本経路に関わる基本的な定義を記す．

定義 2.8.1

確率過程 $\{X(t) = X(t, \omega); t \in [0, T]\}, \{Y(t) = Y(t, \omega); t \in [0, T]\}$ が次式を満たすとき，X, Y は互いの**バージョン**であるとよばれる．

$$\text{任意の } t \in [0, T] \text{ に対して} \quad P(X(t) = Y(t)) = 1.$$

言い換えると，$t \in [0, T]$ に対して，集合 $N_t = \{\omega; X(t, \omega) \neq Y(t, \omega)\}$ が P-**零集合**であること，すなわち，$P(N_t) = 0$ を満たすことである．

互いのバージョンである確率過程の有限次元分布は等しく，同じ確率法則をもつ．

もしも，確率過程の任意のバージョンから 1 つを選びたいときは，連続なバージョンがあれば，それを取り出すことができる．一般には，（もしも存在すれば）滑らかな見本経路のバージョンを選ぶこともできる．

定義 2.8.2

確率過程 $\{X(t) = X(t, \omega); t \in [0, T]\}, \{Y(t) = Y(t, \omega); t \in [0, T]\}$ の見本経路が確率 1 で等しいとき，すなわち，次式を満たすとき，X, Y は**区別がつかない**または**確率 1 で一致している**とよばれる．

$$P(\text{任意の } t \text{ に対して，} X(t) = Y(t)) = 1.$$

言い換えると，集合 $N = \{\omega; \text{ある } t \in [0, T] \text{ に対して } X(t, \omega) \neq Y(t, \omega)\}$ が P-零集合，すなわち，$P(N) = 0$ を満たすことである．

$N = \bigcup_{t \in [0,T]} N_t$ と表すことができるため，$P(N) = 0$ ならば，各 t に対して $P(N_t) = 0$ であるから，区別のつかない確率過程は互いのバージョンになっている．しかし，一般に各 N_t は異なって，$[0, T]$ は非可算集合である（番号を付けて数え上げることができない）から，各 t で $P(N_t) = 0$ としても，$P(N) = 0$ とはならない．すなわち，2つの確率過程は，互いのバージョンになっているとしても，区別がつかないことにはならない．

たとえば，τ は正の確率変数で連続な確率密度をもつとし，$X(t) \equiv 0$，$Y(t) = 0 \ (t \neq \tau)$，$Y(t) = 1 \ (t = \tau)$ とする．このとき，任意の $t \geq 0$ に対して $P(Y(t) = X(t)) = P(\tau \neq t) = 1$ であるから，Y は X のバージョンである．一方，$P\bigl(任意の\ t \geq 0\ に対して\ Y(t) = X(t)\bigr) = 0$ となっている．

なお，確率 1 で見本経路が t の連続関数になっている場合は，"バージョンである" ことと "区別がつかない" ことは同じ概念になる（定理 2.8.9）．

定義 2.8.3

確率過程 $\{X(t);\ t \in [0, T]\}$ が次式を満たすとき，X は t_0 で**確率連続**であるとよばれる．

$$\text{任意の}\ \varepsilon > 0\ \text{に対して，} \lim_{t \to t_0} P(|X(t) - X(t_0)| > \varepsilon) = 0.$$

もしも，$[0, T]$ の任意の点 t_0 で確率連続になっているときは，**区間 $[0, T]$ で確率連続**であるとよばれる．

定義 2.8.4

確率過程 $\{X(t);\ t \in [0, T]\}$ のほとんどすべての見本経路が $[0, T]$ で連続であるとき，X は**連続**であるとよばれる．すなわち，

$$P(\{\omega;\ X(t, \omega)\ \text{は区間}\ [0, T]\ \text{で連続}\}) = 1.$$

このことを，ほとんど確実に連続 (almost surely continuous) という意味で，"$X(t)$ は a.s. 連続" または "$X(t)$ 連続 a.s." などと表す．

見本経路に関しては，次の**コルモゴロフの連続性判定定理**が知られている．

定理 2.8.5

確率過程 $\{X(t); t \in [0,T]\}$ に対して，次式を満たす正数 α, β, C, h_0 が存在すると仮定する．

任意の $t, t+h \in [0,T]$ と $|h| < h_0$ に対して，
$$E[|X(t+h,\omega) - X(t,\omega)|^\alpha] \leq C|h|^{1+\beta}. \tag{2.8.1}$$

このとき，X は見本経路が連続なバージョンをもつ．

定義 2.8.6

確率過程 $\{X(t,\omega); t \in [0,T]\}$ において，見本経路が，ほとんど確実に右連続ならば**右連続**であるとよばれ，ほとんど確実に左連続ならば**左連続**であるとよばれる（注意 1.2.3 参照）．

確率過程 X が，ほとんど確実に連続（a.s. 連続）

$$\Leftrightarrow \text{ほとんど確実に右連続，かつ，ほとんど確実に左連続}$$

注意 2.8.7 確率過程 $\{X(t,\omega); t \in [0,T]\}$ において，次が成り立つ．

(1) ほとんど確実に連続ならば，確率連続．
(2) L^2-連続ならば，確率連続．

ただし，任意の $t \in [0,T]$ に対して $\lim_{s \to t} E[|X(s) - X(t)|^2] = 0$ を満たすとき，$\boldsymbol{L^2}$**-連続**であるとよばれる．

定義 2.8.8

確率過程 $\{X(t,\omega); t \in [0,T]\}$ は，ほとんど確実に右連続かつ左極限をもつとき，**càdlàg**（カドラグ：continu à droite avec limite à gauche）である，または **RCLL** (right-continuos with left limits) であるとよばれる．

定理 2.8.9

確率過程 $\{X(t,\omega); t \in [0,T]\}$ と $\{Y(t,\omega); t \in [0,T]\}$ が càdlàg (RCLL) であるとき，X と Y について，それらが互いのバージョンであることと区別がつかないことは同値である．

たとえば，$X(t)$ が時刻 t における株価を表す場合，$\{X(u); u \leq t\}$ から生成された σ-フィールド $\mathcal{F}_t = \sigma(X(u), u \leq t)$ が基本的なツールになる．これは，$\{a \leq X(u) \leq b\}$，$0 \leq u \leq t$，$a, b \in \mathbb{R}$ の形の集合を含む最小の σ-フィールドである．すなわち，$\mathcal{F}_t$ は時刻 t まで観察している人が利用できる株価の

情報を表している．もしも $t_1 < t_2$ ならば，時間の経過に応じて利用できる知識情報は増大していく．このツールを一般化してフィルトレーションが導入される．

定義 2.8.10

(1) $\{\mathcal{F}_t\}$ が $(\Omega, \mathcal{F})$ 上の σ-フィールドの増大列であるとき，すなわち

$$\mathcal{F}_t \subset \mathcal{F} \quad \text{かつ} \quad \mathcal{F}_s \subset \mathcal{F}_t, \quad s < t$$

であるとき，$\mathbb{F} = \{\mathcal{F}_t\}$ を **フィルトレーション** という．増大列であるということは，情報が忘れ去られないことを意味している．

(2) 標本空間 Ω において，Ω の部分集合から成る σ-フィールド $\mathcal{F}$，$\mathcal{F}$ の要素に定義される確率 P および

$$\mathcal{F}_0 \subset \mathcal{F}_t \subset \cdots \subset \mathcal{F}_T = \mathcal{F},$$

を満たすフィルトレーション $\mathbb{F}$ を設定するとき，$(\Omega, \mathcal{F}, \mathbb{F}, P)$ を **フィルター付き確率空間** という．

(3) $(\Omega, \mathcal{F}, \mathbb{F}, P)$ 上の確率過程 $\{X(t); 0 \leq t \leq T\}$ は，すべての t に対して $X(t)$ が $\mathcal{F}_t$-可測であるとき，**適合している** または **適合過程** とよばれる．言い換えると，任意の t に対して，$\mathcal{F}_t$ は $X(t)$ に関するあらゆる情報を（臨時の情報も含めて）含んでいるということである．

特に，$\mathcal{F}_t = \sigma(X(u), u \leq t)$ のとき，すなわち，$\{X(u); 0 \leq u \leq t\}$ から生成された σ-フィールドのとき，$\mathbb{F} = \{\mathcal{F}_t\}$ を **自然なフィルトレーション** という．

注意 2.8.11 $\mathcal{F}_{t+} = \bigcap_{s > t} \mathcal{F}_s$ とおく．このとき，$\mathcal{F}_{t+} = \mathcal{F}_t$ ならば，フィルトレーション $\mathbb{F} = \{\mathcal{F}_t\}$ は **右連続** であるとよばれる．$\mathbb{F}$ が右連続という意味は，時刻 t の後で得られるいかなる情報も，時刻 t のときに得ている情報に等しいということである．通常条件として知られる標準的な仮定は，"フィルトレーションは，すべての t で右連続"，すなわち，"すべての t に対して $\mathcal{F}_t = \mathcal{F}_{t+}$ が成り立つ" という仮定である．

- もしも確率過程 $\{X(t); 0 \leq t \leq T\}$ が $\mathbb{F} = \{\mathcal{F}_t\}$ に適合していれば，$\mathcal{G}_t = \mathcal{F}_{t+} = \bigcap_{s > t} \mathcal{F}_s$ とおくことによって，X が適合している右連続なフィルトレーションとすることができる．このとき，$X(t)$ は $\mathcal{G}_t$ に適合している．

- 右連続なフィルトレーションの仮定はいくつかの重要な結果をもたらす．たとえば，以下のマルチンゲール，劣マルチンゲール，優マルチンゲー

ルとよばれる確率過程は càdlàg な（すなわち，右連続で左極限を有する）バージョンをもつ，と仮定することができるようになる（定理 2.8.15）.

- さらに，確率 0 の集合 N の任意の部分集合 N_0 は $\mathcal{F}_0$-可測であるということも仮定される．ただし，$\mathcal{F}_0 = \{\phi, \Omega\}$ は自明なフィールド（例題 2.1.1）．もちろん，$N_0 (\subset N)$ の確率は 0 である．先験的には，必ずしも N_0 は可測である必要はないが，このような集合も含むように σ-フィールドを拡大しておく手続きを，零集合による**完備化**という.

定義 2.8.12

フィルトレーション $\mathbb{F}$ に適合した確率過程 $\{X(t); t \geq 0\}$ は，すべての t に対して可積分 $(E[|X(t)|] < \infty)$ とする．
(1) $E[X(t)|\mathcal{F}_s] \leq X(s), s < t$ を満たす X を**優マルチンゲール**という．
(2) $E[X(t)|\mathcal{F}_s] \geq X(s), s < t$ を満たす X を**劣マルチンゲール**という．
(3) $E[X(t)|\mathcal{F}_s] = X(s), s < t$ を満たす X を**マルチンゲール**という．

マルチンゲールの構成に関しては，次のドゥーブ・レヴィの定理がある．

定理 2.8.13

Y を可積分な確率変数 $(E[|Y|] < \infty)$ とし，
$$M(t) = E[Y|\mathcal{F}_t] \tag{2.8.2}$$
とおく．このとき，$\{M(t); t \geq 0\}$ はマルチンゲールになる．

実際，$s < t$ のとき $\mathcal{F}_s \subset \mathcal{F}_t$ であるから，条件付き平均に関するスムージングの法則（定理 2.7.6 (4)）を用いると

$$E[M(t)|\mathcal{F}_s] = E\big[E[Y|\mathcal{F}_t]\,\big|\,\mathcal{F}_s\big] = E[Y|\mathcal{F}_s] = M(s).$$

例題 2.8.1 $\{X(t); t \geq 0\}$ に対して，$\varphi(t) = E[X(t)]$ とおく．次を確かめよ．
(1) X がマルチンゲールならば，$\varphi(t)$ は t に関わりなく一定値．
(2) X が優マルチンゲールならば，$\varphi(t)$ は t の単調減少な関数．
(3) X が劣マルチンゲールならば，$\varphi(t)$ は t の単調増加な関数．

【解答】 $s < t$ とする．X に対して条件付き平均に関する 2 重平均の法則（定理 2.7.6 (5)）を用いると，$E\big[E[X(t)|\mathcal{F}_s]\big] = E[X(t)]$.
(1) マルチンゲールならば，$E[X(t)|\mathcal{F}_s] = X(s)$ であるから，

$$E\bigl[E[X(t)\,|\,\mathcal{F}_s]\bigr] = E[X(s)] \Rightarrow E[X(t)] = E[X(s)], \quad s < t.$$

したがって，$\varphi(t)$ は t に関して一定値となる．すなわち，$\varphi(t) = E[M(0)]$.
(2) 優マルチンゲールならば，$E[X(t)\,|\,\mathcal{F}_s] \leq X(s)$ であるから，

$$E\bigl[E[X(t)\,|\,\mathcal{F}_s]\bigr] \leq E[X(s)] \Rightarrow E[X(t)] \leq E[X(s)], \quad s < t.$$

したがって，$\varphi(t)$ は t に関して単調減少な関数となる．
(3) 上問 (2) の解答において，不等号を逆向きで考えればよい．

問 2.8.1 $\{X(t);\, t \geq 0\}$ に対して，次を示せ．
(1) X が優マルチンゲールならば，$\{-X(t);\, t \geq 0\}$ は劣マルチンゲール．
(2) X がマルチンゲールならば，$u(x)$ が凸関数のとき，$U = \{u(X(t));\, t \geq 0\}$ は劣マルチンゲール．（たとえば，$u(x) = |x|,\, x^2$）

【解答】 (1) $-X$ に関する条件付き平均の不等号を逆向きで考えればよい．
(2) 条件付き平均に関するイェンセンの不等式（定理 2.7.6 (8)）から，

$$u\bigl(E[X(t)\,|\,\mathcal{F}_s]\bigr) \leq E\bigl[u(X(t))\,|\,\mathcal{F}_s\bigr],\, s<t \Rightarrow u(X(s)) \leq E\bigl[u(X(t))\,|\,\mathcal{F}_s\bigr].$$

ゆえに，U は劣マルチンゲール．

定理 2.8.14

劣マルチンゲールと優マルチンゲールに対しては，次が成り立つ．
(1) $\{Y(t);\, 0 \leq t \leq T\}$ を右連続な劣マルチンゲールとする．このとき，任意の $\varepsilon > 0$ に対して

$$P\left(\sup_{0 \leq t \leq T} Y(t) \geq \varepsilon\right) \leq \frac{1}{\varepsilon} E\bigl[Y(T)^+\bigr]. \tag{2.8.3}$$

ただし，$Y(T)^+$ は $Y(T)$ の正の部分，すなわち，

$$Y(T)^+ = \max\{Y(T), 0\}.$$

(2) $\{Y(t);\, 0 \leq t \leq T\}$ を右連続な劣マルチンゲールとする．このとき，$p > 1$ に対して

$$E\left[\left(\sup_{0 \leq t \leq T} |Y(t)|\right)^p\right] \leq \left(\frac{p}{p-1}\right)^p E[|Y(T)|^p]. \tag{2.8.4}$$

(3) $\{Y(t);\, 0 \leq t \leq T\}$ を正の優マルチンゲールとする．このとき，任意の $\varepsilon > 0,\, p \geq 1$ に対して

$$P\left(\sup_{0 \leq t \leq T} Y(t) \geq \varepsilon\right) \leq \left(\frac{1}{\varepsilon^p}\right) E[|Y(0)|^p]. \tag{2.8.5}$$

特に，(1)-(2) を**ドゥーブの劣マルチンゲール不等式**という．
　次の定理は，優マルチンゲールや劣マルチンゲールは，確率連続の仮定がなくても，右連続なバージョンをもつことを示している．

定理 2.8.15

　フィルトレーション $\mathbb{F} = \{\mathcal{F}_t\}$ は右連続で，各 σ-フィールド $\mathcal{F}_t$ は $\mathcal{F}$ の P-零集合によって完備化されているとする．このとき，優マルチンゲール $X = \{X(t); t \geq 0\}$ が右連続なバージョンをもつための必要十分条件は，平均 $E[X(t)]$ が t の関数として右連続になることである．特に，右連続なフィルトレーションに適合したマルチンゲールは右連続で左極限をもつ，すなわち，càdlàg である．

★ 定理 2.8.15 の観点から，考察の対象となる確率過程のバージョンに対しては，càdlàg であるという仮定がよく用いられる（4 章参照）．
　以下において，確率空間 $(\Omega, \mathcal{F}, P)$ と $\mathcal{F}$ 上のフィルトレーション $\mathbb{F} = \{\mathcal{F}_t\}$ が与えられているとする．

定義 2.8.16

　非負の確率変数 τ は（∞ の値をとることも許して），各 t に対して，事象 $\{\tau \leq t\}$ が $\mathcal{F}_t$ に属すとき，すなわち，

$$\{\tau \leq t\} \in \mathcal{F}_t$$

を満たすとき，$\mathbb{F} = \{\mathcal{F}_t\}$ に関する**停止時間**とよばれる．もしも $X(t)$ が確率過程で，$\mathcal{F}_t = \sigma(X(s), s \leq t)$，すなわち $\{X(s); 0 \leq s \leq t\}$ から生成された σ-フィールドならば，τ は $X(t)$ に関する停止時間とよばれる．

τ が停止時間とは，任意の t に対して，τ が起こったか否かについては，$\{X(s); 0 \leq s \leq t\}$ を観察することによって決定できるということである．
　たとえば，$\tau = c$ がランダム（偶然的）でない定数ならば，τ は停止時間である．形式的には，$\{\tau \leq t\}$ は σ-フィールド $\mathcal{F}_t$ の要素 ϕ あるいは Ω であるから，任意の t に対して $\{\tau \leq t\} \in \mathcal{F}_t$ となるからである．

定理 2.8.17

　フィルトレーション $\mathbb{F} = \{\mathcal{F}_t\}$ が右連続なとき，τ が停止時間であるための必要十分条件は，各 t に対して $\{\tau < t\} \in \mathcal{F}_t$ が成り立つことである．

フィルトレーション $\mathbb{F}$ に対する右連続性の仮定は，確率過程がある集合から脱出する時間，ある集合に到達する時間などについて考察するときに重要と

なる．たとえば，$X(t)$ は $\mathbb{R}$ 上の値をとり，$\mathbb{F} = \{\mathcal{F}_t\}$ に適合した確率過程としよう．このとき，$X(t)$ が集合 $A \subset \mathbb{R}$ に初めて到達する時間 T_A は

$$T_A = \inf\{t \geq 0;\ X(t) \in A\} \tag{2.8.6}$$

と定義される．また，集合 $D \subset \mathbb{R}$ から初めて脱出する時間 τ_D は

$$\tau_D = \inf\{t \geq 0;\ X(t) \notin D\} \tag{2.8.7}$$

と定義される．$\tau_D = T_{\mathbb{R} \setminus D}$ であることに注意されたい（差集合 $\mathbb{R} \setminus D = \mathbb{R} \cap D^c$）．$T_A$ を A への**初到達時間**，τ_D を D からの**初脱出時間**という．これらに関しては次の定理が知られている．

定理 2.8.18

確率過程 $X(t)$ は連続でフィルトレーション $\mathbb{F} = \{\mathcal{F}_t\}$ に適合していると仮定する．このとき D が開区間 (a, b)，あるいは $\mathbb{R}$ の開集合 $G = \bigcup_i (a_i, b_i)$ ならば，τ_D は停止時間となる．また，A が閉区間 $[a, b]$，あるいは $\mathbb{R}$ の閉集合 F（F^c が開集合 G の形になるもの）ならば，T_A は停止時間となる．さらに，$\mathbb{F} = \{\mathcal{F}_t\}$ が右連続ならば，任意の閉集合 D と開集合 A に対しても，τ_D と T_A は停止時間となる．

積分 $\int$（あるいは和 $\sum$）と平均 $E[\cdot]$ を同時に行う場合，操作の順序交換を可能にしてくれるのが**フビニの定理**である．この定理を，以降の章で応用しやすい形で，次のように表しておく．

定理 2.8.19

確率過程 $\{X(t) = X(t, \omega),\ 0 \leq t \leq T\}$ の見本経路は任意の t で右極限と左極限をもつとする．ただし，区間 $[0, T]$ の境界ではどちらか一方の片側極限をもつとする．このとき，

$$\int_0^T E[|X(t)|]\, dt = E\left[\int_0^T |X(t)|\, dt\right]. \tag{2.8.8}$$

さらに，上式の値が有限ならば，

$$E\left[\int_0^T X(t)\, dt\right] = \int_0^T E[X(t)]\, dt. \tag{2.8.9}$$

第3章

ブラウン運動

3.1 ブラウン運動の定義

たとえば，空中に漂う花粉の群れは，次第に大きく拡がって滑らかに変化していくように見える．しかし，個々の粒子を観察すれば，それらの動きは互いの衝突などによって気まぐれなジグザグ模様を描いている．一見滑らかな振る舞いをしている集団であっても，微視レベルで見れば，不規則な花粉の軌跡の状態は，いわゆる拡散の現象を示している．

本章で定義されるブラウン運動 $B(t)$ は，個々の拡散粒子の運動のモデルとしてデザインされた数学的な模型である．特に，その軌跡は実際の花粉粒子に似て，偶然で不規則な道を表している．

一方，確率変数 $B(t)$ の確率密度関数 $f_{B(t)}$ はとても滑らかで，指数関数

$$f_{B(t)}(x) = \frac{1}{\sqrt{2\pi t}} e^{-\frac{x^2}{2t}} \tag{3.1.1}$$

として与えられる．これは**拡散方程式**とよばれる方程式

$$\frac{\partial f}{\partial t} = \frac{1}{2} \frac{\partial^2 f}{\partial x^2}$$

の解になり，時刻 0 で初期状態から出発した花粉粒子の時刻 t における密度を表している．拡散方程式は個体の熱の拡散を表すモデルに用いられ，**熱方程式**ともよばれている（8.4 節参照）．

ブラウン運動という名称は，水中に浮かんで偶然に変化する花粉粒子を観察して，その結果を発表した（1828 年）イギリスの植物学者ブラウンに因んでいる．本章では，主として 1 次元のブラウン運動を学ぶが，それは 3 次元，2 次元などの座標系における花粉の位置を 1 つの座標軸上に射影したものと見なせばよい．

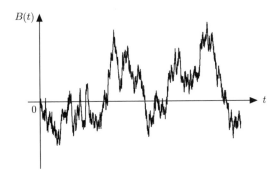

図 **3.1.1** 1次元ブラウン運動

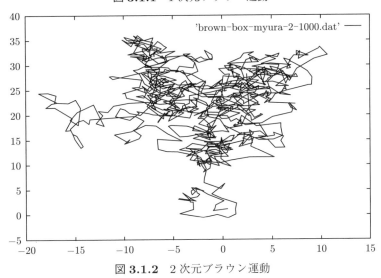

図 **3.1.2** 2次元ブラウン運動

　粒子の拡散の現象とは別に，ブラウン運動は，たとえば，株式市場における株価の変動のように，"揺らぎ"というノイズを伴う多くのシステムの数学的なモデル化のために広く応用されている．システムにおけるノイズがたくさんの独立な偶然変化からもたらされる場合，中心極限定理（定理 2.4.19）は，それらの現象に因る結果は，ブラウン運動の増分 $B(t) - B(s)$ がもつ正規分布の法則に従うということを示唆している．このことが，数学的なモデルとしてブラウン運動が広く使われるようになった主な理由である．

定義 3.1.1

　$t \in [0, \infty)$ に対して $\mathbb{R}$ 上に値をとる確率過程 $B(t)$ が次の性質をもつとき，$B(t)$ を **1次元標準ブラウン運動**または単に**ブラウン運動**という．
(1) $B(0) = 0$ a.s. （a.s. は，ほとんど確実に，確率 1 で，という意味）
(2) $B(t)$ の見本経路（道）は連続 a.s. （定義 2.8.4 参照）

(3) 任意の有限個の時点 $0 < t_1 < t_2 < \cdots < t_n$ と $\mathbb{R}$ のボレル集合 $A_1, A_2, \ldots, A_n$ に対して,

$$P\bigl(B(t_1) \in A_1, B(t_2) \in A_2, \ldots, B(t_n) \in A_n\bigr)$$
$$= \int_{A_1} \int_{A_2} \cdots \int_{A_n} p(t_1, 0, x_1)\, p(t_2 - t_1, x_1, x_2) \cdots$$
$$p(t_n - t_{n-1}, x_{n-1}, x_n)\, dx_1\, dx_2 \cdots dx_n. \tag{3.1.2}$$

ただし, $\int_A$ はボレル集合 A 上での積分を意味し,
$$p(t, x, y) = \frac{1}{\sqrt{2\pi t}} e^{-\frac{(x-y)^2}{2t}}, \quad x, y \in \mathbb{R}, \quad t > 0. \tag{3.1.3}$$

この $p(t, x, y)$ を**推移確率密度関数**または単に**推移確率密度**という.

例題 3.1.1 ブラウン運動 $B(t)$ の確率密度関数は (3.1.1) のように与えられることを, 定義 3.1.1 に基づいて確かめよ.

【解答】 $B(t)$ の分布関数 $F(x) = P\bigl(B(t) \leq x\bigr)$ は, (3.1.2) の積分で $A = (-\infty, x]$ とおいて
$$F(x) = \int_{-\infty}^{x} p(t, 0, x_1)\, dx_1$$
と表される. 分布関数 $F(x)$ と確率密度関数の関係式 (2.2.4) から
$$f_{B(t)}(x) = \frac{d}{dx} F(x) = p(t, 0, x) = \frac{1}{\sqrt{2\pi t}} e^{-\frac{x^2}{2t}}.$$

問 3.1.1 $B(t)$ は平均 $E[B(t)] = 0$, 分散 $V[B(t)] = t$ の正規分布 $N(0, t)$ に従うことを示せ.

【解答】 (3.1.3) から, $p(t, x, y)$ は平均 x, 分散 t の正規分布 $N(x, t)$ である. 一方, (3.1.1) から, $B(t)$ の確率密度は $p(t, 0, x)$, すなわち $N(0, t)$. ゆえに平均 0, 分散 t の正規分布に従う.

例題 3.1.2 $B(s), B(t)$ の結合分布の確率密度 $f_{B(s), B(t)}(x, y)$ を定義 3.1.1 に基づいて求めよ. さらに, その結果を用いて, 次の等式を確かめよ.
$$E[B(t)B(s)] = \min\{s, t\}.$$

【解答】 $s < t$ とする．$B(s), B(t)$ の結合分布関数は，(3.1.2) によって

$$F(x, y) = P(B(s) \leq x, B(t) \leq y)$$
$$= \int_{-\infty}^{x} \int_{-\infty}^{y} p(s, 0, x_1) \, p(t-s, x_1, x_2) \, dx_1 \, dx_2$$

と表わされる．したがって，結合分布関数と確率密度の関係式 (2.2.7) から

$$f_{B(s), B(t)}(x, y)$$
$$= \frac{\partial^2 F}{\partial x \partial y}(x, y) = p(s, 0, x) \, p(t-s, x, y).$$

$s < t$ のとき，結合分布の確率密度で計算すると

$$E[B(s) B(t)] = \int_{-\infty}^{\infty} \int_{-\infty}^{\infty} xy \, p(s, 0, x) p(t-s, x, y) \, dx \, dy$$
$$= \int_{-\infty}^{\infty} x \, p(s, 0, x) \left(\int_{-\infty}^{\infty} y \, p(t-s, x, y) \, dy \right) dx \quad \cdots ①$$
$$= \int_{-\infty}^{\infty} x^2 \, p(s, 0, x) \, dx = s = \min\{s, t\} \quad \cdots ②$$

ただし，①においては，$p(t-s, x, y)$ は正規分布 $N(x, t-s)$ で，その平均は x であること，②においては，$p(s, 0, x)$ は正規分布 $N(0, s)$ で，その分散は s であることを用いた．$s \geq t$ のときも同様である．

問 3.1.2 $E[|B(t) - B(s)|^2] = |t - s|$ となることを示せ．

【解答】 $E[|B(t) - B(s)|^2] = E[B(t)^2] - 2E[B(s)B(t)] + E[B(s)^2]$．
問 3.1.1 と例題 3.1.2 から，

$$\text{上式} = \begin{cases} s < t \Rightarrow & t - 2s + s = t - s = |t - s|, \\ s \geq t \Rightarrow & t - 2t + s = s - t = |t - s|. \end{cases}$$

注意 3.1.2 $B(t)$ は正規分布 $N(0, t)$ に従うから，その積率母関数は $m(\lambda) = E[e^{\lambda B(t)}] = e^{\frac{1}{2} \lambda^2 t}$ である（例題 2.4.1）．したがって，4 次積率 $E[B(t)^4]$ は次のようになる．

$$E[B(t)^4] = 3t^2. \tag{3.1.4}$$

実際，定理 2.4.3 によって $E[B(t)^4] = \dfrac{d^4}{d\lambda^4} m(\lambda) \Big|_{\lambda = 0}$ であるから，順次微分を実行する．まず，$m'(\lambda) = (\lambda t) m(\lambda)$．次に，

$$m''(\lambda) = \left(t + \lambda^2 t^2\right) m(\lambda),$$
$$m^{(3)}(\lambda) = \left(2\lambda t^2 + (t + \lambda^2 t^2)\lambda t\right) m(\lambda) = \left(3\lambda t^2 + \lambda^3 t^3\right) m(\lambda),$$
$$m^{(4)}(\lambda) = \left((3t^2 + 3\lambda^2 t^3) + (3\lambda t^2 + \lambda^3 t^3)\lambda t\right) m(\lambda)$$
$$= \left(3t^2 + 6\lambda^2 t^3 + \lambda^4 t^4\right) m(\lambda).$$

ゆえに，$\lambda = 0$ を代入して，$m(0) = 1$ に注意すれば (3.1.4) が得られる．

―定義 3.1.3―

確率変数ベクトル

$$\boldsymbol{B}(t) = \bigl(B_1(t), B_2(t), \ldots, B_n(t)\bigr)$$

の成分 $B_1(t), B_2(t), \ldots, B_n(t)$ が独立な 1 次元ブラウン運動であるとき，$\boldsymbol{B}(t)$ を **n 次元ブラウン運動**という．

注意 3.1.4 n 次元ブラウン運動 $\boldsymbol{B}(t)$ の確率密度関数は

$$f_{\boldsymbol{B}(t)}(x_1, x_2, \ldots, x_n) = \frac{1}{(\sqrt{2\pi t})^n} \exp\left[-\frac{x_1^2 + x_2^2 + \cdots + x_n^2}{2t}\right] \quad (3.1.5)$$

と与えられる．ここに，$\exp[a] = e^a$．なぜならば，n 個の確率変数 $B_1(t), B_2(t), \ldots, B_n(t)$ は独立（定義 2.5.2）で，結合分布の確率密度はそれぞれの確率密度 $N(0, t)$ の積になるからである（(2.5.2) 参照）．すなわち，(3.1.3) の $p(t, 0, x)$ を用いると

$$f_{\boldsymbol{B}(t)}(x_1, x_2, \ldots, x_n) = p(t, 0, x_1)\, p(t, 0, x_2) \cdots p(t, 0, x_n) \Leftrightarrow (3.1.5)$$

★ (3.1.5) から，よく知られた 2 次元ブラウン運動 $\boldsymbol{B}(t) = \bigl(B_1(t), B_2(t)\bigr)$ の大きさ $|\boldsymbol{B}(t)|$ に関する分布を導くことができる．そのために，極座標 $x = r\cos\theta, y = r\sin\theta$ を用いる．実際，任意の $R > 0$ に対して

$$\left\{(x, y); \sqrt{x^2 + y^2} < R\right\} \Leftrightarrow \left\{(r, \theta); 0 \leq r \leq R, 0 \leq \theta \leq 2\pi\right\},$$
$$dxdy \Leftrightarrow r\, dr d\theta$$

であるから，2 重積分は極座標による変換（定理 1.6.2）を用いて次のようになる．

$$P(|\boldsymbol{B}(t)| < R) = \frac{1}{2\pi t} \iint_{\{\sqrt{x^2+y^2}<R\}} e^{-\frac{x^2+y^2}{2t}} dx dy$$
$$= \frac{1}{2\pi t} \int_0^R \int_0^{2\pi} e^{-\frac{r^2}{2t}} r\, dr\, d\theta$$
$$= \left(-\frac{1}{2\pi} \int_0^R \frac{d}{dr} e^{-\frac{r^2}{2t}}\, dr\right) \left(\int_0^{2\pi} d\theta\right) = 1 - e^{-\frac{R^2}{2t}}.$$
(3.1.6)

3.2 ブラウン運動の増分

ブラウン運動の見本経路が観察区間内の各時点で表す変化の**増分**には特徴的な性質がある．1つは，排反な（共通部分のない）時間区間における変化が事象として独立であるということ，もう1つは，変化の確率分布がその時間区間の幅だけに依存する，ということである．

定義 3.2.1

確率過程 $\xi(t), t \in [0, \infty)$, において，任意の $0 \leq t_0 < t_1 < \cdots < t_n < \infty$ に対し，
$$\xi(t_1) - \xi(t_0),\ \xi(t_2) - \xi(t_1), \ldots, \xi(t_n) - \xi(t_{n-1})$$
が独立であるとき，$\xi(t)$ は**独立増分**（の性質）をもつという．

定義 3.2.2

確率過程 $\xi(t), t \in [0, \infty)$ において，任意の $s, t \in [0, \infty)$ に対し，$s+h, t+h \in [0, \infty)$ を満たすどのような h を選んでも，$\xi(t+h) - \xi(s+h)$ の確率分布が同じであるとき，$\xi(t)$ は**定常増分**（の性質）をもつという．

補題 3.2.3

任意の $0 \leq s < t$ に対して，増分 $B(t) - B(s)$ は平均 0，分散 $t-s$ の正規分布に従う．

【証明】 例題 3.1.2 の解答で示したように，$B(s), B(t)$ の結合分布の確率密度は $f_{B(s), B(t)}(x, y) = p(s, 0, x)\, p(t-s, x, y)$ である．任意の実数 a に対して

$$P\big(B(t) - B(s) \leq a\big) = \iint_{\{(x,y);\, x-y \leq a\}} p(s,0,x)\, p(t-s,x,y)\, dxdy$$

$$= \int_{-\infty}^{\infty} p(s,0,x) \left(\int_{x-a}^{\infty} p(t-s,x,y)\, dy \right) dx$$

$$= \int_{-\infty}^{\infty} p(s,0,x) \left(\int_{a}^{-\infty} p(t-s,x,x-u)\,(-du) \right) dx \quad (\text{置換 } x - y = u)$$

$$= \int_{-\infty}^{\infty} p(s,0,x) \left(\int_{-\infty}^{a} p(t-s,x,x-u)\, du \right) dx$$

$$= \int_{-\infty}^{\infty} p(s,0,x) \left(\int_{-\infty}^{a} p(t-s,0,u)\, du \right) dx \quad \cdots \text{①}$$

$$= \int_{-\infty}^{a} p(t-s,0,u)\, du \int_{-\infty}^{\infty} p(s,0,x)\, dx = \int_{-\infty}^{a} p(t-s,0,u)\, du. \quad \cdots \text{②}$$

①では，(3.1.3) から $p(t-s,x,x-u) = p(t-s,0,u)$ となることを用いた．②では，$p(s,0,x)$ が $B(s)$ の確率密度となって，$(-\infty,\infty)$ 上での積分は 1 となることを用いた．したがって，$B(t) - B(s)$ の分布関数は次を満たす．

$$F(a) = P\big(B(t) - B(s) \leq a\big) = \int_{-\infty}^{a} p(t-s,0,u)\, du, \quad F'(a) = p(t-s,0,a).$$

明らかに，$p(t-s,0,a)$ は平均 0，分散 $t-s$ の正規分布の確率密度である．

補題 3.2.3 から，次の定理が得られる．

定理 3.2.4

ブラウン運動 $B(t)$ は定常増分をもつ．

また，$B(t)$ は次の定理に示すような性質をもつ．

定理 3.2.5

任意の $0 = t_0 < t_1 < t_2 < \cdots < t_n$ に対して，増分

$$B(t_1) - B(t_0),\ B(t_2) - B(t_1),\ \ldots,\ B(t_n) - B(t_{n-1})$$

は独立である．

【証明】補題 3.2.3 から，$B(t)$ の増分は正規分布に従う．また，定理 2.6.4 から，n 個の確率変数が多変量正規分布に従うとき，それらの確率変数が独立であることと互いに相関し合っていないことは同値である．したがって，任意の $0 \leq r < s < t < u$ に対して，増分の共分散が 0，すなわち

$$C\big(B(s) - B(r), B(u) - B(t)\big) = E\big[\big(B(u) - B(t)\big)\big(B(s) - B(r)\big)\big] = 0$$
(3.2.1)

を示せばよい．しかし，(3.2.1) は例題 3.1.2 から次のように確かめられる．

$$E\big[(B(u)-B(t))(B(s)-B(r))\big]$$
$$= E[B(u)B(s)] - E[B(u)B(r)] - E[B(t)B(s)] + E[B(t)B(r)]$$
$$= s - r - s + r = 0.$$

ゆえに，増分は独立である．

さらに，$B(t)$ は次の定理に示すような性質をもつ．

定理 3.2.6

任意の $0 \leq s < t$ に対して，増分 $B(t) - B(s)$ は s までの過去から生成された σ-フィールド

$$\mathcal{F}_s = \sigma(B(r),\, 0 \leq r \leq s)$$

に独立である．

【証明】 定理 3.2.5 によって，$0 \leq r < s < t$ ならば，$B(t) - B(s)$ と $B(r) - B(0) = B(r)$ は独立である．$\mathcal{F}_s$ は，このような $B(r)$ から生成されているので，$B(t) - B(s)$ と $\mathcal{F}_s$ は独立である．

例題 3.2.1 $B(t)$ はフィルトレーション $\{\mathcal{F}_t\}$, $\mathcal{F}_t = \sigma(B(r), 0 \leq r \leq t)$, に関してマルチンゲールであることを確かめよ．

【解答】 $0 \leq s < t$ とする．定理 3.2.6 によって，$B(t) - B(s)$ は $\mathcal{F}_s$ に独立であるから，条件付き平均 $E[\cdot | \mathcal{F}_s]$ は通常の平均 $E[\cdot]$ に等しい．また，$B(s)$ は $\mathcal{F}_s$-可測であるから，$E[\cdot | \mathcal{F}_s]$ は既知情報のくくり出しとして扱われる．

$$E[B(t) - B(s) | \mathcal{F}_s] = E[B(t) - B(s)], \qquad (定理 2.7.6\ (6))$$
$$E[B(s) | \mathcal{F}_s] = B(s). \qquad (定理 2.7.6\ (3))$$

したがって

$$E[B(t) | \mathcal{F}_s] = E[B(t) - B(s) | \mathcal{F}_s] + E[B(s) | \mathcal{F}_s]$$
$$= E[B(t) - B(s)] + B(s) = B(s).$$

最後の等式は $E[B(t)] = E[B(s)] = 0$ による．ゆえに $B(t)$ はマルチンゲール．

問 3.2.1 $B(t)^2 - t$ は，例題 3.2.1 のフィルトレーション $\{\mathcal{F}_t\}$ に関して，マルチンゲールであることを示せ．

【解答】 $0 \leq s < t$ とする．$B(t) - B(s)$ は $\mathcal{F}_s$ と独立で（定理 3.2.6），平均 0,

分散 $t-s$ の正規分布に従う（補題 3.2.3）．また，$B(s)$ は $\mathcal{F}_s$-可測，かつ $B(t)$ はマルチンゲールである（例題 3.2.1）．したがって
$B(t) = \bigl(B(t) - B(s)\bigr) + B(s)$,

$$\begin{aligned}
E[B(t)^2 \,|\, \mathcal{F}_s] &= E\bigl[(B(t)-B(s))^2 \,|\, \mathcal{F}_s\bigr] + E[2B(t)B(s) \,|\, \mathcal{F}_s] - E[B(s)^2 \,|\, \mathcal{F}_s] \\
&= E\bigl[(B(t)-B(s))^2\bigr] + 2B(s)E[B(t) \,|\, \mathcal{F}_s] - B(s)^2 \\
&= t - s + 2B(s)B(s) - B(s)^2 \\
&= t - s + B(s)^2.
\end{aligned}$$

移項すれば
$$E[B(t)^2 - t \,|\, \mathcal{F}_s] = B(s)^2 - s$$

となり，$B(t)^2 - t$ はマルチンゲールである．

これまでの結果から，ブラウン運動の性質を増分の用語で次のように特徴付けることができる（証明は省略）．

定理 3.2.7

確率過程 $B(t), t \geq 0$ がブラウン運動であるための必要十分条件は次の (1)-(4) が成り立つことである．
(1) $B(0) = 0$ a.s.
(2) $B(t)$（の見本経路）は連続 a.s.
(3) $B(t)$ は**定常独立増分**（すなわち，定常増分で独立増分）をもつ．
(4) 任意の $0 \leq s < t$ に対して，増分 $B(t) - B(s)$ は平均 0，分散 $t - s$ の正規分布に従う．

また，ブラウン運動の特性はマルチンゲールの用語で表すこともできる．次の定理は**レヴィのマルチンゲールによる特徴付け**とよばれる（証明は省略）．

定理 3.2.8

$B(t), t \geq 0$ を確率過程とし，$\mathcal{F}_t = \sigma\bigl(B(s), 0 \leq s \leq t\bigr)$ とする．このとき，$B(t)$ がブラウン運動であるための必要十分条件は次の (1)-(4) が成り立つことである．
(1) $B(0) = 0$ a.s.
(2) $B(t)$（の見本経路）は連続 a.s.
(3) $B(t)$ はフィルトレーション $\{\mathcal{F}_t\}$ に関してマルチンゲール．
(4) $B(t)^2 - t$ はフィルトレーション $\{\mathcal{F}_t\}$ に関してマルチンゲール．

> **例題 3.2.2** $B(t)$ がブラウン運動ならば，任意に固定した h に対して，$V(t) = B(t+h) - B(h)$ もまたブラウン運動であることを確かめよ．

【解答】 任意の $0 \leq t_0 < t_1 < \cdots < t_n$ に対して，ブラウン運動 $B(t)$ の増分

$$B(t_n + h) - B(t_{n-1} + h), \ldots, B(t_1 + h) - B(t_0 + h)$$

は独立である．$0 \leq s < t$ に対して，$V(t) - V(s) = B(t+h) - B(s+h)$ であるから，$V(t)$ の増分

$$V(t_n) - V(t_{n-1}), \ldots, V(t_1) - V(t_0)$$

も独立である．また，任意の $0 \leq s < t$ に対して，$B(t+h) - B(s+h)$ は平均 0，分散 $t-s$ の正規分布に従い（補題 3.2.3），定常増分をもつから，増分 $V(t) - V(s)$ も同様である．さらに

$$見本経路 \ t \mapsto V(t) = B(t+h) - B(h) \ は連続,$$
$$かつ \ V(0) = B(h) - B(h) = 0.$$

ゆえに，定理 3.2.7 によって，$V(t)$ はブラウン運動である．

問 3.2.2 $B(t)$ がブラウン運動ならば，$V(t) = \dfrac{1}{c} B(c^2 t)$, $c > 0$ もまたブラウン運動であることを示せ．

【解答】 $V(0) = \dfrac{1}{c} B(0) = 0$, かつ見本経路 $t \mapsto V(t) = \dfrac{1}{c} B(c^2 t)$ は連続である．ここで，$\mathcal{F}_t = \sigma\bigl(B(s), 0 \leq s \leq t\bigr)$, $\mathcal{G}_t = \sigma\bigl(V(s), 0 \leq s \leq t\bigr)$ とおく．このとき

$$\begin{aligned}\mathcal{G}_t = \sigma\bigl(V(s), 0 \leq s \leq t\bigr) &= \sigma\bigl(B(c^2 s), 0 \leq s \leq t\bigr) \\ &= \sigma\bigl(B(s), 0 \leq s \leq c^2 t\bigr) = \mathcal{F}_{c^2 t}.\end{aligned}$$

定理 3.2.8 を応用するために，$V(t)$ と $V(t)^2 - t$ が $\{\mathcal{G}_t\}$ に関してマルチンゲールであることを示す．$s < t$ とする．$c^2 s < c^2 t$ に注意して，$B(t)$ と $B(t)^2 - t$ が $\{\mathcal{F}_t\}$ に関してマルチンゲールであることを用いると，次が成り立つ．

$$E[V(t)\,|\,\mathcal{G}_s] = E\left[\frac{1}{c}B(c^2 t)\,\bigg|\,\mathcal{F}_{c^2 s}\right] = \frac{1}{c}E\left[B(c^2 t)\,|\,\mathcal{F}_{c^2 s}\right]$$
$$= \frac{1}{c}B(c^2 s) = V(s).$$
$$E[V(t)^2 - t\,|\,\mathcal{G}_s] = E\left[\frac{1}{c^2}B(c^2 t)^2 - t\,\bigg|\,\mathcal{F}_{c^2 s}\right] = \frac{1}{c^2}\left(E\left[B(c^2 t)^2 - c^2 t\,\bigg|\,\mathcal{F}_{c^2 s}\right]\right)$$
$$= \frac{1}{c^2}\left(B(c^2 s)^2 - c^2 s\right)$$
$$= V(s)^2 - s.$$

すなわち，$V(t)$ と $V(t)^2 - t$ は $\{\mathcal{G}_t\}$ に関してマルチンゲールである．ゆえに，定理 3.2.8 によって，$V(t)$ はブラウン運動である．

注意 3.2.9 ブラウン運動 $B(t)$ からつくられるマルチンゲールに関しては，例題 3.2.1 と問 3.2.1 以外に，さらに重要な結果がある．すなわち，任意の a に対して，$e^{aB(t) - \frac{1}{2}a^2 t}$ はフィルトレーション $\{\mathcal{F}_t\}$，$\mathcal{F}_t = \sigma\big(B(s), 0 \leq s \leq t\big)$ に関してマルチンゲールになる．これを**指数マルチンゲール**という．

【指数マルチンゲール性の証明】 ブラウン運動 $B(t)$ は正規分布 $N(0,t)$ に従うから，$B(t)$ の積率母関数は例題 2.4.1 によって

$$E[e^{aB(t)}] = e^{\frac{1}{2}a^2 t} < \infty \tag{3.2.2}$$

と与えられる．したがって，$e^{aB(t) - \frac{1}{2}a^2 t}$ は可積分で

$$E[e^{aB(t) - \frac{1}{2}a^2 t}] = 1$$

となる．このとき，マルチンゲール性は以下のようにして確かめられる．

$$E\left[e^{aB(t+s)}\,\bigg|\,\mathcal{F}_t\right] = E\left[e^{aB(t) + a\big(B(t+s) - B(t)\big)}\,\bigg|\,\mathcal{F}_t\right]$$
$$= e^{aB(t)} E\left[e^{a\big(B(t+s) - B(t)\big)}\,\bigg|\,\mathcal{F}_t\right] \quad (B(t) \text{ は } \mathcal{F}_t\text{-可測であるから})$$
$$= e^{aB(t)} E\left[e^{a\big(B(t+s) - B(t)\big)}\right] \quad (\text{増分は } \mathcal{F}_t \text{ と独立であるから})$$
$$= e^{aB(t)} e^{\frac{1}{2}a^2 s}. \quad (B(t+s) - B(t) \text{ は } N(0,s) \text{ に従うから})$$

上式両辺に $e^{-\frac{1}{2}a^2(t+s)}$ を乗じれば

$$E\left[e^{aB(t+s) - \frac{1}{2}a^2(t+s)}\,\bigg|\,\mathcal{F}_t\right] = e^{aB(t) - \frac{1}{2}a^2 t}.$$

注意 3.2.10 t の微小な増分（変化量）Δt に対する $B(t)$ の増分を $\Delta B(t) = B(t + \Delta t) - B(t)$ とする．このとき，$X = \big(\Delta B(t)\big)^2 - \Delta t$ は次を満たす．

$$E[X] = 0, \quad V[X] = 2\big(\Delta t\big)^2 \to 0 \quad (\Delta t \to 0). \tag{3.2.3}$$

X は平均 0 の近傍に集中しているかのようである．この性質は記号的に

$$(\Delta B(t))^2 = \Delta t, \qquad (dB(t))^2 = dt \tag{3.2.4}$$

と表され，伊藤の乗積表（注意 4.6.5）の暗示になっている．(3.2.3) において，$E[X] = 0$ は問 3.1.2 から明らかである．$V[X]$ の評価は，$\Delta B(t)$ が正規分布 $N(0, \Delta t)$ に従うこと（補題 3.2.3），および 4 次積率の評価 (3.1.4) から得られる．

$$V[X] = E[X^2] = E\big[(\Delta B(t))^4\big] - 2E\big[(\Delta B(t))^2\big]\Delta t + (\Delta t)^2$$
$$= 3(\Delta t)^2 - 2(\Delta t)(\Delta t) + (\Delta t)^2 = 2(\Delta t)^2 \to 0 \quad (\Delta t \to 0).$$

3.3 ブラウン運動の見本経路

区間 $[0, T]$ を n 等分する点

$$0 = t_0^n < t_1^n < \cdots < t_n^n = T, \quad t_i^n = \frac{iT}{n}, \quad i = 0, 1, \ldots, n \tag{3.3.1}$$

をとり，それぞれの小区間におけるブラウン運動 $B(t)$ の増分を

$$\Delta_i^n B = B(t_{i+1}^n) - B(t_i^n)$$

とおく．$B(t)$ の見本経路（道）の **2 次変分**（定義 1.10.3）に関しては，次の評価が成り立つ．

補題 3.3.1

$S_n = \sum_{i=0}^{n-1} \left(\Delta_i^n B\right)^2$ とおく．このとき，$S_n \xrightarrow{L^2} T$．すなわち

$$\lim_{n \to \infty} E[(S_n - T)^2] = 0. \tag{3.3.2}$$

【証明】 増分 $\Delta_i^n B$ は独立で（定理 3.2.5），同じ正規分布に従う（補題 3.2.3）．しかも，4 次積率は評価 (3.1.4) を満たす．したがって

$$E[\Delta_i^n B] = 0, \quad E\left[\left(\Delta_i^n B\right)^2\right] = \frac{T}{n}, \quad E\left[\left(\Delta_i^n B\right)^4\right] = \frac{3T^2}{n^2}.$$

$\delta_{n,i} = \left(\Delta_i^n B\right)^2 - \dfrac{T}{n}$ とおく．このとき

$$(S_n - T)^2 = \left(\sum_{i=0}^{n-1} \left\{\left(\Delta_i^n B\right)^2 - \frac{T}{n}\right\}\right)^2 = \sum_{i=0}^{n-1} \delta_{n,i}^2 + 2\sum_{i<j} \delta_{n,i}\delta_{n,j}.$$

また，増分 $\Delta_i^n B$ は独立であるから，定理 2.5.7 (1) によって

$$E[\delta_{n,i}\,\delta_{n,j}] = E[\delta_{n,i}]E[\delta_{n,j}] = 0, \quad i \neq j.$$

さらに

$$\begin{aligned}
E[\delta_{n,i}^2] &= E\Big[\big(\Delta_i^n B\big)^4 - \frac{2T}{n}\big(\Delta_i^n B\big)^2 + \frac{T^2}{n^2}\Big] \\
&= E\Big[\big(\Delta_i^n B\big)^4\Big] - \frac{2T}{n}E\Big[\big(\Delta_i^n B\big)^2\Big] + \frac{T^2}{n^2} \\
&= \frac{3T^2}{n^2} - \frac{2T^2}{n^2} + \frac{T^2}{n^2} = \frac{2T^2}{n^2}.
\end{aligned}$$

ゆえに，i についての和をとれば (3.3.2) が得られる．すなわち

$$E[(S_n - T)^2] = \sum_{i=0}^{n-1} E[\delta_{n,i}^2] = \sum_{i=0}^{n-1} \frac{2T^2}{n^2} = \frac{2T^2}{n} \to 0 \quad (n \to \infty).$$

1 章で扱われた滑らかな曲線（連続微分可能な曲線）の長さは，ジェットコースターや電車が走るレールのように長さは有限である．しかし，ブラウン運動 $B(t)$ の見本経路は，滑らかな曲線とは異なった変動を描く．このことを理解するためには 1 章で導入された関数の変動 (1.10.2) の概念が必要になる．次の定理は，ブラウン運動が有限時間内に辿る微細でジグザグと連続につながった道は無限長であることを示している．

定理 3.3.2

任意の区間 $[0, T]$ におけるブラウン運動 $B(t)$ の見本経路の変動は，ほとんど確実に (a.s.) 無限大である．すなわち，ブラウン運動の見本経路は **有界変動**（定義 1.10.1）にならない．

【証明】 (3.3.1) で与えられた区間 $[0, T]$ の等分割 $t^n = (t_0^n, t_1^n, \ldots, t_n^n)$ を考える．このとき

$$\sum_{i=0}^{n-1} |\Delta_i^n B|^2 \leq \Big(\max_{i=0,\ldots,n-1} |\Delta_i^n B|\Big) \sum_{i=0}^{n-1} |\Delta_i^n B| \tag{3.3.3}$$

となる．ただし，$\max_{i=0,\ldots,n-1} |\Delta_i^n B|$ は，n 個の $|\Delta_i^n B|$ の中で最大なものである．ここで，$B(t)$ は区間 $[0, T]$ で連続 a.s. であるから

$$\lim_{n \to \infty}\Big(\max_{i=0,\ldots,n-1} |\Delta_i^n B|\Big) = 0 \quad \text{a.s.}$$

すなわち，$B(t)$ が描く連続な見本経路の小区間での増分は一様に 0 に近づく（定理 1.2.4, 定理 1.8.1-1.8.2 参照）．一方，補題 3.3.1 の L^2-収束から確率収

束となり（定理 2.4.12），確率収束からは部分列をとっての a.s.（ほとんど確実に）収束となる（定理 2.4.10 (3)）．したがって，分割の適当な部分列 $t^{n_k} = (t_0^{n_k}, t_1^{n_k}, \ldots, t_{n_k}^{n_k})$ に対して

$$\lim_{k \to \infty} \sum_{i=0}^{n_k-1} \left|\Delta_i^{n_k} B\right|^2 = T \quad \text{a.s.}$$

となる．ここで，(3.3.3) の両辺を部分列 t^{n_k} で考えると

$$\lim_{k \to \infty} \sum_{i=0}^{n_k-1} \left|\Delta_i^{n_k} B\right| = \infty \quad \text{a.s.}$$

でなければならない．実際，もしも有限とすれば，$T \leq 0 \times$（有限値）$= 0$ となって矛盾するからである．ゆえに，$B(t)$ の見本経路の変動は無限大である．

注意 3.3.3 (1.10.2) で与えられた関数の変動を形式的に用いれば，定理 3.3.2 は，区間 $[0, T]$ におけるブラウン運動 B の変動は $V_B(T) = V_B([0, T]) = \infty$ であることを示している．$\sup_T V_B(T) = \infty$ となるから，定義 1.10.1 の意味で有界変動にならない．なお，定義 1.10.3 の 2 次変分の記法を形式的に用いれば，補題 3.3.1 は，区間 $[0, T]$ におけるブラウン運動 B の 2 次変分は T の関数として $[B](T) = T$ であることを示している．

次に，t を固定して，平均変化率

$$Y(h; t) = \frac{B(t+h) - B(t)}{h}, \quad h > 0 \tag{3.3.4}$$

の $h \to 0$ における極限を考えてみよう．$B(t+h) - B(t)$ は平均 0, 分散 h の正規分布 $N(0, h)$ に従うから（例題 3.2.2），標準正規分布 $N(0, 1)$ に従う確率変数を Z とすれば，$Y(h; t)$ は分布（確率法則）の意味で $\dfrac{Z}{\sqrt{h}}$ と同じである（(2.6.2) 参照）．したがって，任意の $K > 0$ に対して

$$P(|Y(h;t)| > K) = P\left(\left|\frac{Z}{\sqrt{h}}\right| > K\right)$$
$$= P\left(|Z| > \sqrt{h}K\right) = \frac{2}{\sqrt{2\pi}} \int_{\sqrt{h}K}^{\infty} \exp\left[-\frac{x^2}{2}\right] dx \to 1 \quad (h \to 0).$$

このことは，(3.3.4) の平均変化率が，$h \to 0$ においては，∞ という確率変数に分布の意味で（したがって，確率収束の意味で）収束することを示している．すなわち，各 t を固定して考えると，そこでのブラウン運動の微分係数は存在しない．これに関しては，以下のように，もう少し丁寧に示すことができる．

任意の $t \geq 0$ を固定すれば，ブラウン運動 $B(t)$ は t において almost surely (a.s.) に，すなわち，ほとんど確実に微分可能ではない．言い換えると，

$D_t = \{B(t)$ は，t において微分可能ではない $\}$ とおけば

各 t に対して，$P(D_t) = 1$. (3.3.5)

(3.3.5) は，各 t に対して，確率 1 の事象 D_t は t 毎に異なる，ということを意味している．しかし，次の定理は，確率 1 の事象 D_t は，どの t に対しても同じように選ばれるということ，$P(任意の\,t\,に対して\,D_t) = 1$ となることを示している．定理の結果は，集合 $\{t;\, t \geq 0\}$ が非可算集合であるために，(3.3.5) から無数の t に番号を付けて D_t の和集合をとって扱えば自明に帰結されるというものではない．

定理 3.3.4

確率 1 で，ブラウン運動 $B(t)$ は，任意の t において微分可能ではない．すなわち

$P(ブラウン運動\,B(t)\,は，任意の\,t\,において微分可能ではない) = 1$.

ブラウン運動の見本経路の挙動として，**大数の強法則**または単に**大数の法則**とよばれる定理 3.3.5，**重複大数の法則**とよばれる定理 3.3.6 が知られている．

定理 3.3.5

$$\lim_{t \to \infty} \frac{B(t)}{t} = 0 \quad \text{a.s.} \tag{3.3.6}$$

定理 3.3.6

$$\limsup_{t \to \infty} \frac{B(t)}{\sqrt{2t \log(\log t)}} = 1 \quad \text{a.s.} \qquad \liminf_{t \to \infty} \frac{B(t)}{\sqrt{2t \log(\log t)}} = -1 \quad \text{a.s.} \tag{3.3.7}$$

重複大数の法則は，$t \to \infty$ のときブラウン運動が拡がっていく領域が次のようになることを意味している：任意の $\varepsilon > 0$ に対して，ある $t_0 = t_0(\omega)$ が選ばれて，$t > t_0$ ならば

$$-(1+\varepsilon)\sqrt{2t \log(\log t)} \leq B(t) \leq (1+\varepsilon)\sqrt{2t \log(\log t)} \quad \text{a.s.}$$

時間 $h \to 0$ における挙動は，ブラウン運動の時間反転を通して，次のように表されることも確かめられる（問 3.4.2 参照）．

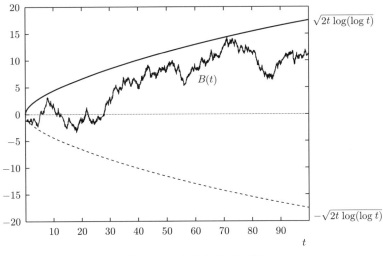

図 **3.3.1** 重複対数の法則

$$\limsup_{h \to 0} \frac{B(h)}{\sqrt{2h \log\left(\log\left(\frac{1}{h}\right)\right)}} = 1 \quad \text{a.s.}$$

$$\liminf_{h \to 0} \frac{B(h)}{\sqrt{2h \log\left(\log\left(\frac{1}{h}\right)\right)}} = -1 \quad \text{a.s.} \quad (3.3.8)$$

任意に固定した t に対して，増分 $B(t+h) - B(t)$ はブラウン運動であること（例題 3.2.2）に注意しよう．このとき (3.3.8) は，ほとんどすべての見本経路と任意の $\varepsilon \in (0, 1)$ に対して，$h \downarrow 0$ のとき次が成り立つことを意味している．

$$\frac{B(t+h) - B(t)}{h} \geq (1-\varepsilon)\sqrt{\left(\frac{1}{h}\right) 2 \log\left(\log\left(\frac{1}{h}\right)\right)} \quad \text{i.o.} \quad (3.3.9)$$

$$\frac{B(t+h) - B(t)}{h} \leq (-1+\varepsilon)\sqrt{\left(\frac{1}{h}\right) 2 \log\left(\log\left(\frac{1}{h}\right)\right)} \quad \text{i.o.} \quad (3.3.10)$$

ここで，i.o. は無限回起こるという意味である（注意 2.2.4 参照）．$h \downarrow 0$ のとき，(3.3.9) の右辺は $+\infty$ に近づき，(3.3.10) の右辺は $-\infty$ に近づく．したがって，比

$$\frac{B(t+h) - B(t)}{h}$$

は，確率 1 で，すべての固定した t に対して，$[-\infty, +\infty]$ を散乱集合とする

ように振る舞う．すなわち，$h \downarrow 0$ において平均変化率は有限確定とはならない．このことは，ブラウン運動が微分係数をもたないことを示している．

3.4 ガウス過程としてのブラウン運動

ブラウン運動がもっている確率過程としての特徴はガウス性とマルコフ性である．この2つの性質は，ブラウン運動の影響を受けて揺らぐ一般の確率過程に引き継がれることが多い．

本節においては，ブラウン運動がガウス性をもつガウス過程であることを示し，次節においては，マルコフ性をもつマルコフ過程であることを示す．

確率過程 $X(t)$ は，任意の n 個の時点 $t_1, t_2, \ldots, t_n$ を選んだとき

$$X(t_1), X(t_2), \ldots, X(t_n) \tag{3.4.1}$$

の結合分布が多変量正規分布に等しいならば，ガウス過程とよばれた（定義2.6.5）．そして，ガウス過程であることは，(3.4.1) の1次結合が（1変量の）正規分布に従うことと同値であった（注意 2.6.6）．

定理 3.4.1

ブラウン運動 $B(t)$ はガウス過程である．

【証明】 $0 < t_1 < t_2 < \cdots < t_n$, $a_1, a_2, \ldots, a_n \in \mathbb{R}$ に対して，1次結合

$$a_1 B(t_1) + a_2 B(t_2) + \cdots + a_n B(t_n) = \sum_{i=1}^{n} a_i B(t_i)$$

が正規分布に従うことを示せばよい．実際，

$$\begin{aligned}
B(t_1) &= \bigl[B(t_1) - B(0)\bigr], \\
B(t_2) &= \Bigl(\bigl[B(t_1) - B(0)\bigr] + \bigl[B(t_2) - B(t_1)\bigr]\Bigr) \\
B(t_3) &= \Bigl(\bigl[B(t_1) - B(0)\bigr] + \bigl[B(t_2) - B(t_1)\bigr] + \bigl[B(t_3) - B(t_2)\bigr]\Bigr) \\
&\vdots \\
B(t_n) &= \Bigl(\bigl[B(t_1) - B(0)\bigr] + \bigl[B(t_2) - B(t_1)\bigr] + \bigl[B(t_3) - B(t_2)\bigr] + \cdots \\
&\qquad + \bigl[B(t_{n-1}) - B(t_{n-2})\bigr] + \bigl[B(t_n) - B(t_{n-1})\bigr]\Bigr).
\end{aligned}$$

よって，（第1式の両辺）$\times a_1 + \cdots +$（第 n 式の両辺）$\times a_n$ を整理すれば

$$\sum_{i=1}^{n} a_i B(t_i) = \left(\sum_{k=1}^{n} a_k\right) [B(t_1) - B(0)]$$
$$+ \left(\sum_{k=2}^{n} a_k\right) [B(t_2) - B(t_1)] + \left(\sum_{k=3}^{n} a_k\right) [B(t_3) - B(t_2)]$$
$$+ \cdots + \left(\sum_{k=n-1}^{n} a_k\right) [B(t_{n-1}) - B(t_{n-2})]$$
$$+ a_n [B(t_n) - B(t_{n-1})].$$

$B(t)$ は独立増分であるから,$B(t_i) - B(t_{i-1})$, $i=1,2,\ldots,n$ ($t_0 = 0$) は独立で正規分布 $N(0, t_i - t_{i-1})$ に従う(補題 3.2.3).したがって,独立で正規分布に従う確率変数 $B(t_i) - B(t_{i-1})$ の 1 次結合 $\sum_{i=1}^{n} a_i B(t_i)$ は正規分布に従う(定理 2.6.1).ゆえに,注意 2.6.6 から $B(t)$ はガウス過程となる.

次に,確率過程 $X(t)$ の平均と共分散から与えられる関数を定義する.

$$m(t) = E[X(t)], \quad \gamma(s,t) = C(X(t), X(s)), \quad s,t \geq 0 \tag{3.4.2}$$

とおく.$m(t)$ と $\gamma(s,t)$ を,それぞれ $X(t)$ の**平均関数**,**共分散関数**という.

定理 3.4.1 は,ブラウン運動 $B(t)$ は平均関数 $m(t) \equiv 0$(問 3.1.1),共分散関数 $\gamma(s,t) = \min\{s,t\}$(例題 3.1.2)をもつガウス過程であることを示している.

一方,定理 3.4.1 の結果とは逆に,ガウス過程がブラウン運動になるための条件を以下の例題と問を通して考えてみよう.

例題 3.4.1 確率過程 $X(t)$ が平均関数 $m(t) \equiv 0$, 共分散関数 $\gamma(s,t) = \min\{s,t\}$ をもつガウス過程ならば,次が成り立つことを確かめよ.
(1) 増分 $X(t+s) - X(t)$ ($t \geq 0, s > 0$) は正規分布 $N(0,s)$ に従う.
(2) $X(t)$ は連続である.

【解答】 (1) ガウス過程の定義(定義 2.6.5)から,$X(t), X(t+s)$ の結合分布は 2 変量の正規分布に従い,それぞれの平均は 0 である.さらに,$X(t)$ と $X(t+s)$ の 1 次結合 $Y = X(t+s) - X(t) = X(t+s) + (-1)X(t)$ は 1 変量の正規分布に従う(注意 2.6.6).明らかに,$E[Y] = m(t+s) - m(t) = 0$. また,和の分散公式(例題 2.5.2)から

$$V[Y] = V[X(t+s)] - 2C(X(t+s), X(t)) + V[X(t)]$$
$$= \gamma(t+s, t+s) - 2\gamma(t+s, t) + \gamma(t, t) = (t+s) - 2t + t = s.$$

すなわち，増分 $X(t+s) - X(t)$ は正規分布 $N(0, s)$ に従う．
(2) 正規分布 $N(0, s)$ に従う $Y = X(t+s) - X(t)$ の母関数を考えれば，注意 3.1.2 の評価 (3.1.4) と同様

$$E[|X(t+s) - X(t)|^4] = 3s^2$$

となることが確かめられる．ゆえに，コルモゴロフの連続性判定定理（定理 2.8.5）によって $X(t)$ の見本経路は連続なバージョンをもつ．

問 3.4.1　例題 3.4.1 の仮定を満たすガウス過程 $X(t)$ は定常独立増分性をもつことを示せ．

【解答】 $t \geq 0, s > 0$ とする．$X(t), X(t+s)$ の結合分布は 2 変量の正規分布に従い，それぞれの平均は 0 であった．したがって，ベクトル $(X(t), X(t+s) - X(t))$ も 2 変量の正規分布に従う．なぜならば，$X(t)$ と $X(t+s) - X(t)$ の 1 次結合の式は正規分布に従う $X(t)$ と $X(t+s)$ の 1 次結合の式で表され，それは正規分布に従うからである（注意 2.6.6）．$u \leq t$ を満たす任意の u に対しても同様に，ベクトル $(X(u), X(t+s) - X(t))$ は 2 変量の正規分布に従う．このとき，$X(u)$ と $X(t+s) - X(t)$ には相関がない．実際，共分散の線形性（定理 2.5.4 (2)）と $C(X(t), X(s)) = \min\{s, t\}$ を用いると

$$C(X(u), X(t+s) - X(t)) = C(X(u), X(t+s)) - C(X(u), X(t))$$
$$= \gamma(u, t+s) - \gamma(u, t) = u - u = 0.$$

2 変量の正規分布に従うベクトルの成分に相関がないから，定理 2.6.4 によって，$X(u)$ と $X(t+s) - X(t)$ は独立である．ゆえに，増分 $X(t+s) - X(t)$ は $X(u)$ ($u \leq t$) と独立で正規分布 $N(0, s)$ に従う．

また，増分 $X(t+s) - X(t)$ が正規分布 $N(0, s)$ に従うことは，同時に，定常増分であることも意味している．このことは，定常増分性の定義にもどって確かめることもできる．

実際，前記と同様にして，任意の t, s と $h \geq 0$ に対して，$X(t+h) - X(s+h)$ は正規分布に従い，平均は 0，分散は

$$\gamma(t+h, t+h) - 2\gamma(t+h, s+h) + \gamma(s+h, s+h)$$
$$= (t+h) - 2\min\{t+h, s+h\} + (s+h) = |t-s|$$

となる．したがって，$X(t+h) - X(s+h)$ の分布は正規分布 $N(0, |t-s|)$ で，

h には無関係である．すなわち，$X(t)$ は定常増分性をもつ．

例題 3.4.1 と問 3.4.1 から，次の定理が導かれる．

定理 3.4.2
　平均関数 $m(t) \equiv 0$，共分散関数 $\gamma(s,t) = \min\{s,t\}$ のガウス過程はブラウン運動である．

【証明】　$X(t)$ に対して，定理 3.2.7 の (1) $X(0) = 0$ a.s., (2) 連続性，(3) 定常独立増分性，(4) 増分の正規分布性，を確かめればよい．(4) と (2) は例題 3.4.1 から，(3) は問 3.4.1 からそれぞれ確認できる．一方，(1) は次のようにして確認できる．$t \geq 0$ に対して $E[X(t)^2] = \gamma(t,t) = t$ であるから，$E[X(0)^2] = 0$．したがって，定理 2.3.2 (1) から $P(X(0) = 0) = 1$ となり，$X(0) = 0$ a.s.．ゆえに，$X(t)$ は定理 3.2.7 の条件を満たすから，ブラウン運動である．

注意 3.4.3　定理 3.4.1 によって，ブラウン運動はガウス過程である．逆に，定理 3.4.2 によって，平均関数 $m(t) \equiv 0$，共分散関数 $\gamma(s,t) = \min\{s,t\}$ のガウス過程はブラウン運動である．結局，ガウス過程はその平均と共分散によって完全に決定されるから，ブラウン運動の定義をかき直すことができる．すなわち，確率過程 $X(t)$ は，次の性質をもてばブラウン運動である．

(1) $X(0) = 0$.
(2) $X(t)$ はガウス過程．
(3) 平均 $E[X(t)] = 0$.
(4) 共分散 $C(X(s), X(t)) = \min\{s, t\}$　$(s, t \geq 0)$．

例題 3.4.2　$B(t)$ をブラウン運動とし，$W(t) = tB\left(\dfrac{1}{t}\right), t > 0;$　$W(0) = 0$ とおく．このとき，$W(t)$ はブラウン運動であることを確かめよ．

【解答】　$B(t)$ は連続であるから，$W(t)$ は $t > 0$ において連続である．$t > 0$ に対して $u = \dfrac{1}{t}$ とおく．このとき，$t \to 0 \Leftrightarrow u \to \infty$ であるから，大数の法則（定理 3.3.5）によって，次の評価が得られる．

$$\lim_{t \to 0} W(t) = \lim_{t \to 0} tB\left(\frac{1}{t}\right) = \lim_{t \to 0} \frac{B\left(\dfrac{1}{t}\right)}{\dfrac{1}{t}} = \lim_{u \to \infty} \frac{B(u)}{u} = 0 = W(0).$$

すなわち，$W(t)$ は $t = 0$ においても連続．結局，$t \geq 0$ において連続である．

また，$W(t)$ は，その定義によって，明らかに平均関数が 0 のガウス過程である．共分散関数は，$E[B(u)B(v)] = \min\{u,v\}$（例題 3.1.2）を用いて

$$\gamma(s,t) = C(W(t), W(s)) = E[W(t)W(s)]$$
$$= tsE\left[B\left(\frac{1}{t}\right)B\left(\frac{1}{s}\right)\right] = ts\left(\frac{1}{t}\right) = s, \quad s < t.$$

したがって，$W(t)$ は注意 3.4.3 の条件を満たし，ブラウン運動になる．

問 3.4.2 例題 3.4.2 の結果を用いて，$t \to \infty$ におけるブラウン運動の重複対数の法則 (3.3.7) は，$h \to 0$ における法則 (3.3.8) にかき直されることを示せ．

【解答】 $W(t)$ に対して $t \to \infty$ に関する重複対数の法則を適用する．

$$1 = \limsup_{t \to \infty} \frac{W(t)}{\sqrt{2t \log(\log t)}} = \limsup_{t \to \infty} \frac{tB\left(\frac{1}{t}\right)}{\sqrt{2t \log(\log t)}}$$
$$= \limsup_{t \to \infty} \frac{B\left(\frac{1}{t}\right)}{\sqrt{2\frac{1}{t} \log(\log t)}}$$
$$= \limsup_{h \to 0} \frac{B(h)}{\sqrt{2h \log\left(\log\left(\frac{1}{h}\right)\right)}}, \quad h = \frac{1}{t}.$$

下極限についても同様である．

3.5 マルコフ過程としてのブラウン運動

確率過程 $X(t)$ において，現在の状態を知ったとき，未来の状態が過去とは無関係に振る舞うならば，$X(t)$ は**マルコフ性**をもつという．そして，マルコフ性をもつ $X(t)$ を**マルコフ過程**という．言い換えれば，与えられた $X(t) = x$ に対する $X(t+s)$ の条件付き確率が（現在の値 x に依存するかもしれないが）過去の値に無関係ならば，$X(t)$ はマルコフ性をもつということである．この意味で，本人 $X(t)$ は，どうして現在の状態になったかについては覚えていない．

本節では，ブラウン運動がこのようなマルコフ性をもつマルコフ過程であることを示す．

はじめに，$B(t)$ をブラウン運動とし，$0 < t_1 < t_2 < \cdots < t_n < t$ とする．任意の $x, y_1, y_2, \ldots, y_n \in \mathbb{R}$ に対して

$$A = \{B(t) \leq x\}, \quad B = \{B(t_1) = y_1, B(t_2) = y_2, \ldots, B(t_n) = y_n\}$$

とおく．このとき，B に対する A の条件付き確率は次のように表される．

$$P(A \mid B) = \frac{P(A \cap B)}{P(B)} = F(x),$$
$$F(x) = P\big(B(t) \leq x \mid B(t_1) = y_1, B(t_2) = y_2, \ldots, B(t_n) = y_n\big). \quad (3.5.1)$$

$F(x)$ は $B(t_1) = y_1, B(t_2) = y_2, \ldots, B(t_n) = y_n$ に対する $B(t)$ の**条件付き分布関数**である．$F(x)$ の計算式を以下で導いてみよう．

$X = \big(B(t), B(t_1), B(t_2), \ldots, B(t_n)\big)$ に対する結合分布の確率密度を

$$f(x, y_1, y_2, \ldots, y_n)$$

とし，$Y = \big(B(t_1), B(t_2), \ldots, B(t_n)\big)$ に対する結合分布の確率密度を

$$f_Y(y_1, y_2, \ldots, y_n) = \int_{-\infty}^{\infty} f(x, y_1, y_2, \ldots, y_n) \, dx \quad \text{(周辺分布)}$$

とする．このとき，定義 2.7.1 と同様に，Y に対する X の条件付き確率密度 $f(x \mid y_1, y_2, \ldots, y_n)$ を次のように表すことができる．

$$f(x \mid y_1, y_2, \ldots, y_n) = \frac{f(x, y_1, y_2, \ldots, y_n)}{f_Y(y_1, y_2, \ldots, y_n)}. \quad (3.5.2)$$

したがって，(3.5.1) の $F(x)$ は，(3.5.2) から次のように表される．

$$F(x) = \int_{-\infty}^{x} f(u \mid y_1, y_2, \ldots, y_n) \, du$$
$$= \frac{1}{f_Y(y_1, y_2, \ldots, y_n)} \int_{-\infty}^{x} f(u, y_1, y_2, \ldots, y_n) \, du. \quad (3.5.3)$$

例題 3.5.1 $B(t)$ をブラウン運動とし，$0 < t_1 < t_2 < \cdots < t_n < t$ とする．次の関係式を確かめよ．

$$P\big(B(t) \leq x \mid B(t_1) = y_1, B(t_2) = y_2, \ldots, B(t_n) = y_n\big)$$
$$= \frac{1}{\sqrt{2\pi(t - t_n)}} \int_{-\infty}^{x} \exp\left[-\frac{(u - y_n)^2}{2(t - t_n)}\right] du.$$

【解答】 定義 3.1.1 の (3.1.2) と (3.1.3) から結合分布関数の形がわかる．

$$P\bigl(B(t) \le x, B(t_1) \le y_1, B(t_2) \le y_2, \ldots, B(t_n) \le y_n\bigr)$$
$$= \int_{-\infty}^{y_1} \cdots \int_{-\infty}^{y_n} \cdot \int_{-\infty}^{x} p(t_1, 0, x_1) p(t_2-t_1, x_1, x_2) \cdots p(t_n-t_{n-1}, x_{n-1}, x_n)$$
$$\times p(t-t_n, x_n, u)\, dx_1\, dx_2 \cdots dx_n \cdot du. \quad \cdots \text{①}$$
$$P\bigl(B(t_1) \le y_1, B(t_2) \le y_2, \ldots, B(t_n) \le y_n\bigr)$$
$$= \int_{-\infty}^{y_1} \cdots \int_{-\infty}^{y_n} p(t_1, 0, x_1) p(t_2-t_1, x_1, x_2) \cdots p(t_n-t_{n-1}, x_{n-1}, x_n)$$
$$\times dx_1\, dx_2 \cdots dx_n. \quad \cdots \text{②}$$

定義 2.2.14 の分布関数と確率密度の関係式 (2.2.7) と同様に，結合分布関数を順次偏微分すれば確率密度が得られる．すなわち

$$f(x, y_1, y_2, \ldots, y_n) = \frac{\partial^{n+1}}{\partial x \partial y_1 \cdots \partial y_n} \{\, \text{①}\, \}$$
$$= p(t_1, 0, y_1) p(t_2-t_1, y_1, y_2) \cdots p(t_n-t_{n-1}, y_{n-1}, y_n) \times p(t-t_n, y_n, x).$$
$$f_Y(y_1, y_2, \ldots, y_n) = \frac{\partial^n}{\partial y_1 \cdots \partial y_n} \{\, \text{②}\, \}$$
$$= p(t_1, 0, y_1) p(t_2-t_1, y_1, y_2) \cdots p(t_n-t_{n-1}, y_{n-1}, y_n).$$

したがって，(3.5.2) から

$$f(x \mid y_1, y_2, \ldots, y_n) = \frac{f(x, y_1, y_2, \ldots, y_n)}{f_Y(y_1, y_2, \ldots, y_n)} = p(t-t_n, y_n, x)$$
$$= \frac{1}{\sqrt{2\pi(t-t_n)}} \exp\left[-\frac{(x-y_n)^2}{2(t-t_n)}\right].$$

ゆえに，(3.5.3) へ代入すれば結果が得られる．

$$P\bigl(B(t) \le x \mid B(t_1) = y_1, B(t_2) = y_2, \ldots, B(t_n) = y_n\bigr)$$
$$= \int_{-\infty}^{x} f(u \mid y_1, y_2, \ldots, y_n)\, du$$
$$= \frac{1}{f_Y(y_1, y_2, \ldots, y_n)} \int_{-\infty}^{x} f(u, y_1, y_2, \ldots, y_n)\, du$$
$$= \frac{1}{\sqrt{2\pi(t-t_n)}} \int_{-\infty}^{x} \exp\left[-\frac{(u-y_n)^2}{2(t-t_n)}\right] du.$$

問 3.5.1 例題 3.5.1 において，$t_n < t$ のとき次の関係式を示せ．

$$P\bigl(B(t) \le x \mid B(t_n) = y_n\bigr) = \frac{1}{\sqrt{2\pi(t-t_n)}} \int_{-\infty}^{x} \exp\left[-\frac{(u-y_n)^2}{2(t-t_n)}\right] du.$$

【解答】 $B(t), B(t_n)$ の結合分布の確率密度 $f(x, y_n)$ は,例題 3.1.2 の解答から $f(x, y_n) = p(t_n, 0, y_n) p(t - t_n, y_n, x)$. 周辺分布としての $B(t_n)$ の確率密度 $f_{B(t_n)}(y_n)$ は,例題 3.1.1 から $f_{B(t_n)}(y_n) = p(t_n, 0, y_n)$. したがって,(3.5.3) から

$$P\bigl(B(t) \leq x \mid B(t_n) = y_n\bigr) = \int_{-\infty}^{x} f(u \mid y_n)\,du = \frac{1}{f_{B(t_n)}(y_n)} \int_{-\infty}^{x} f(u, y_n)\,du$$
$$= \frac{1}{p(t_n, 0, y_n)} \int_{-\infty}^{x} p(t_n, 0, y_n) p(t - t_n, y_n, u)\,du$$
$$= \int_{-\infty}^{x} p(t - t_n, y_n, u)\,du$$
$$= \frac{1}{\sqrt{2\pi(t - t_n)}} \int_{-\infty}^{x} \exp\left[-\frac{(u - y_n)^2}{2(t - t_n)}\right] du.$$

問 3.5.1 によって,例題 3.5.1 で得られた条件付き分布関数は $y_1, y_2, \ldots, y_{n-1}$ に依存しないことがわかった.この結果を定理として記す.

定理 3.5.1

ブラウン運動 $B(t)$ は次の関係式を満たす.
任意の $0 < t_1 < t_2 < \cdots < t_n < t$ および $x, y_1, y_2, \ldots, y_n \in \mathbb{R}$ に対して,
$$P\bigl(B(t) \leq x \mid B(t_1) = y_1, B(t_2) = y_2, \ldots, B(t_n) = y_n\bigr)$$
$$= P\bigl(B(t) \leq x \mid B(t_n) = y_n\bigr). \tag{3.5.4}$$

以下において,$0 < s < t$,$x, y \in \mathbb{R}$ とするとき,$B(s) = x$ に対する $B(t)$ の条件付き分布関数を $P(s, x, t, y)$ で表す.すなわち

$$P(s, x, t, y) = P\bigl(B(t) \leq y \mid B(s) = x\bigr). \tag{3.5.5}$$

$P(s, x, t, y)$ をブラウン運動 $B(t)$ の**推移確率関数**とよぶ.例題 3.5.1 と問 3.5.1 から,$P(s, x, t, y)$ は正規分布 $N(x, t - s)$ の分布関数によって与えられる.

$$P(s, x, t, y) = \int_{-\infty}^{y} \frac{1}{\sqrt{2\pi(t - s)}} \exp\left[-\frac{(u - x)^2}{2(t - s)}\right] du. \tag{3.5.6}$$

したがって,ブラウン運動の推移確率関数は $P(s, x, t, y) = P(0, x, t - s, y)$ を満たす.言い換えれば,次の性質をもつ.

$$P\bigl(B(t) \leq y \mid B(s) = x\bigr) = P\bigl(B(t - s) \leq y \mid B(0) = x\bigr). \tag{3.5.7}$$

固定した x,t に対して，$P(0,x,t,y)$ は (3.1.3) で与えられた確率密度 $p(t,x,y)$ をもつ．また，(3.5.6) は，ブラウン運動は**時間的に一様**であること，すなわち，分布は時間移動で変わらないことを表している．たとえば，$B(s) = x$ が与えられたときの $B(t)$ の分布は，$B(0) = x$ が与えられたときの $B(t-s)$ の分布と同じである．さらに，(3.5.6) と (3.1.2) によって，ブラウン運動のすべての有限次元分布は時間的に一様であることがわかる．

次に，積分表示の (3.5.6) を y で偏微分した式を小文字で $p(s,x,t,y)$ とかく．すなわち

$$p(s,x,t,y) = \frac{\partial}{\partial y} P(s,x,t,y) = \frac{1}{\sqrt{2\pi(t-s)}} e^{-\frac{(y-x)^2}{2(t-s)}}. \qquad (3.5.8)$$

$p(s,x,t,y)$ を $B(t)$ の**推移確率密度**という．

注意 3.5.2 (3.5.5) の推移確率関数 $P(s,x,t,y)$ に対して示されたブラウン運動の性質を，(3.5.8) の推移確率密度 $p(s,x,t,y)$ を用いて言い換えることができる．推移確率密度 p は，もともと s,t,x,y を含んでいた．しかし，(3.5.8) は，p が時間の差 $t-s$ と位置の差 $y-x$ の関数として表されていることを示している．この意味で，$B(t)$ は**時間的な一様性**と**空間的な一様性**をもっている．

$B(t)$ の性質 (3.5.4) は，一般の確率過程に対する重要な概念を暗示している．

まず (3.5.4) の左辺において，$y_1, y_2, \ldots, y_n$ は確率変数 $B(t_1), B(t_2), \ldots, B(t_n)$ の任意の実現値であるから，(3.5.4) は次式と同値であることに注意しよう．

$$P\bigl(B(t) \le x \mid B(t_1), B(t_2), \ldots, B(t_n)\bigr) = P\bigl(B(t) \le x \mid B(t_n)\bigr).$$

定義 3.5.3

確率過程 $\{X(t);\ 0 \le t \le T\}$ が**マルコフ性**をもつとは，次の関係式を満たすことである：任意の $0 \le t_1 < t_2 < \cdots < t_n < t \le T$ に対して

$$P\bigl(X(t) \le x \mid X(t_1), X(t_2), \ldots, X(t_n)\bigr) = P\bigl(X(t) \le x \mid X(t_n)\bigr), \quad x \in \mathbb{R}.$$

すなわち，任意の $y_1, y_2, \ldots, y_n$ に対して

$$\begin{aligned}P\bigl(X(t) \le x \mid X(t_1) &= y_1, X(t_2) = y_2, \ldots, X(t_n) = y_n\bigr) \\ &= P\bigl(X(t) \le x \mid X(t_n) = y_n\bigr), \quad x \in \mathbb{R}. \qquad (3.5.9)\end{aligned}$$

マルコフ性をもつ $\{X(t);\ 0 \le t \le T\}$ を**マルコフ過程**という．

(3.5.9) のマルコフ性は，過去と現在が与えられたとき，未来は現在のみに依存するということを表している．現在の状態が与えられたならば，未来と過去は独立，ということである．

注意 3.5.2 と定義 3.5.3 に基づいて定理 3.5.1 をかき直せば，次のようになる．

定理 3.5.4
ブラウン運動 $B(t)$ は時間的な一様性と空間的な一様性をもつマルコフ過程である．

一方，マルコフ性を，過去から現在までの情報を表す σ-フィールドに関する条件付き平均を用いて特徴付けることもできる．まずは，例題で考えよう．

例題 3.5.2 $B(t)$ をブラウン運動とし，$\mathcal{F}_t = \sigma\big(B(s), s \leq t\big)$ とおく．任意の t と $s > 0$ に対して，次の関係式を確かめよ．
$$E\big[e^{uB(t+s)} \,|\, \mathcal{F}_t\big] = E\big[e^{uB(t+s)} \,|\, B(t)\big], \quad u > 0.$$

【解答】 条件付き平均の性質（定理 2.7.6）を用いて計算すればよい．

$$\begin{aligned}
E\big[e^{uB(t+s)} \,|\, \mathcal{F}_t\big] &= E\big[e^{uB(t)} e^{u\big(B(t+s)-B(t)\big)} \,|\, \mathcal{F}_t\big] \\
&= e^{uB(t)} E\big[e^{u\big(B(t+s)-B(t)\big)} \,|\, \mathcal{F}_t\big] \\
&\qquad (\,e^{uB(t)} \text{ は } \mathcal{F}_t\text{-可測であるから}\,) \\
&= e^{uB(t)} E\big[e^{u\big(B(t+s)-B(t)\big)}\big] \\
&\qquad (\,e^{u\big(B(t+s)-B(t)\big)} \text{ と } \mathcal{F}_t \text{ は独立であるから}\,) \\
&= e^{uB(t)} e^{\frac{1}{2}u^2 s} \\
&\qquad (\,B(t+s)-B(t) \text{ は } N(0,s) \text{ に従うから}\,) \\
&= e^{uB(t)} E\big[e^{u\big(B(t+s)-B(t)\big)} \,|\, B(t)\big] \\
&\qquad (\,e^{u\big(B(t+s)-B(t)\big)} \text{ と } B(t) \text{ は独立であるから}\,) \\
&= E\big[e^{uB(t)} e^{u\big(B(t+s)-B(t)\big)} \,|\, B(t)\big] \\
&= E\big[e^{uB(t+s)} \,|\, B(t)\big].
\end{aligned}$$

問 3.5.2　例題 3.5.2 の関係式から，$\mathcal{F}_t$ に対する $B(t+s)$ の条件付き確率は，$B(t)$ に対する $B(t+s)$ の条件付き確率に等しいことを，すなわち，任意の t と $s > 0$ および $y \in \mathbb{R}$ に対して，次が成り立つことを導け．

$$P\bigl(B(t+s) \leq y \,|\, \mathcal{F}_t\bigr) = P\bigl(B(t+s) \leq y \,|\, B(t)\bigr).$$

【解答】　定理 2.4.4 によれば，積率母関数は分布を一意的に決定する．例題 3.5.2 で得られた"条件付き母関数"の関係でも同様と考えることができる．

一般に，独立増分な確率過程に対する次の定理は応用に便利である（6 章参照）．

定理 3.5.5

$\{X(t);\, 0 \leq t \leq T\}$ は独立増分性をもち，かつ $X(0) = 0$ とする．このとき，$X(t)$ はマルコフ過程である．

【証明】　任意の $t_1 < t_2 < \cdots < t_n < t$ と $x \in \mathbb{R}$ に対して，

$$\begin{aligned}
&P\bigl(X(t) \leq x \,|\, X(t_1), X(t_2), \ldots, X(t_n)\bigr) \\
&= P\Bigl(\bigl(X(t) - X(t_n)\bigr) + X(t_n) \leq x \,|\, X(t_1), X(t_2), \ldots, X(t_n)\Bigr) \\
&= P\Bigl(\bigl(X(t) - X(t_n)\bigr) + X(t_n) \leq x \,|\, X(t_n)\Bigr) \\
&= P\bigl(X(t) \leq x \,|\, X(t_n)\bigr).
\end{aligned}$$

ただし，第 2 の等号では，$X(t)$ の独立増分性および条件付き平均の性質（定理 2.7.6 (3),(6)-(7)）を用いた．ゆえに，$X(t)$ はマルコフ過程である．

注意 3.5.6　定理 3.2.5-3.2.6 によって，ブラウン運動は独立増分であるから，定理 3.5.5 に基づいてマルコフ性を確認することもできる．

また，確率過程に対する次の定理も応用に便利である（6 章参照）．

定理 3.5.7

確率過程 $\{X(t);\, 0 \leq t \leq T\}$ は自然なフィルトレーション $\{\mathcal{F}_t^X\}$，$\mathcal{F}_t^X = \sigma\bigl(X(s), 0 \leq s \leq t\bigr)$，に適合して次の関係式を満たすとする．

$$P\bigl(X(t) \leq x \,|\, \mathcal{F}_s^X\bigr) = P\bigl(X(t) \leq x \,|\, X(s)\bigr), \quad s < t, \quad x \in \mathbb{R}. \tag{3.5.10}$$

このとき，$X(t)$ はマルコフ過程である．

【証明】　$t_1 < t_2 < \cdots < t_n < t,\, x \in \mathbb{R}$ とする．条件付き平均の性質と (3.5.10) から次のようになる．

$$P\bigl(X(t) \le x \,|\, X(t_1), X(t_2), \ldots, X(t_n)\bigr) \qquad ((2.7.6) \text{ 参照})$$

$$= E\Bigl[P\bigl(X(t) \le x \,|\, \mathcal{F}^X_{t_n}\bigr) \,\Big|\, X(t_1), X(t_2), \ldots, X(t_n)\Bigr] \qquad (\text{定理 2.7.6 (4)})$$

$$= E\Bigl[P\bigl(X(t) \le x \,|\, X(t_n)\bigr) \,\Big|\, X(t_1), X(t_2), \ldots, X(t_n)\Bigr] \qquad (\text{条件 (3.5.10)})$$

$$= P\bigl(X(t) \le x \,|\, X(t_n)\bigr). \qquad (\text{定理 2.7.6 (3)})$$

ゆえに，(3.5.9) が成り立ち，$X(t)$ はマルコフ過程になる．

注意 3.5.8 問 3.5.2 によって，ブラウン運動は (3.5.10) を満たす．したがって，定理 3.5.7 に基づいてブラウン運動のマルコフ性を確認することもできる．

定義 2.8.16 では，停止時間 τ が導入された．τ は非負の確率変数で，$\mathcal{F}_t = \sigma\bigl(B(s), s \le t\bigr)$ とおけば，各 t に対して $\{\tau \le t\} \in \mathcal{F}_t$ を満たす．ブラウン運動 $B(t)$ がレベル a にはじめて達する**初到達時間** $\tau_a = \inf\{t > 0;\, B(t) = a\}$ は，停止時間の例である（定理 2.8.18）．

マルコフ性については，与えられた $\mathcal{F}_t$ に対する条件付き平均において，t を停止時間 τ に置き換えて考えることができる．そのために，τ をフィルトレーション $\mathcal{F}_t$ に関する停止時間とするとき，σ-フィールド $\mathcal{F}_\tau$ を次のように導入しておく．

$$\mathcal{F}_\tau = \{A;\, A \cap \{\tau \le t\} \in \mathcal{F}_t,\, 0 \le t \le T\}$$

定義 3.5.9

確率過程 $\{X(t);\, 0 \le t \le T\}$ が**強マルコフ性**をもつとは，次の関係式を満たすことである．

$$P\bigl(X(\tau+v) \le y \,|\, \mathcal{F}_\tau\bigr) = P\bigl(X(\tau+v) \le y \,|\, X(\tau)\bigr), \quad v \ge 0,\quad y \in \mathbb{R}. \tag{3.5.11}$$

ここで，$\tau(\omega) + v \ge T$ ならば，$X\bigl(\tau(\omega) + v\bigr)(\omega) = X_T$ と解釈する．

$\tau = s$，$v = t - s$ のとき，(3.5.11) は (3.5.10) に帰着する．したがって，強マルコフ性は (3.5.10) を導き，定理 3.5.7 によって，マルコフ性をもつことになる．ブラウン運動に対しては次の結果が知られている．

定理 3.5.10

ブラウン運動は強マルコフ性をもつ．さらに，τ を停止時間とするとき

$$\hat{B}(t) = B(\tau+t) - B(\tau), \quad t \ge 0 \tag{3.5.12}$$

とおけば，$\hat{B}(t)$ は $t = 0$ で状態 0 から出発して，$\mathcal{F}_\tau$ とは独立なブラウン運動になる．

なお，マルコフ過程については，6 章でも解説する．

第4章

伊藤の確率積分

4.1 階段過程に対する確率積分

連続な実数値関数 $f(t)$ に対しては定積分 $\int_0^T f(t)\,dt$ が定義できた. 以下においては, $f(t)$ が確率過程のとき, dt の代わりにブラウン運動 $B(t)$ の増分 $dB(t)$ を用いて積分 $\int_0^T f(t)\,dB(t)$ を定義したい. このような積分を "確率積分" という. しかし, 定積分の定義が, そのまま使えるようにはなっていない.

はじめに, 偶然性に影響されない階段状の関数 $f(t)$ を考えよう.

まず, $f(t) = 1$ ならば $\int_0^T 1\,dB(t) = B(T) - B(0)$ という性質を満たし, また, $f(t) = c$ (定数) ならば $\int_0^T c\,dB((t) = c(B(T) - B(0))$ という性質を満たすと考えるのは自然である. さらに, 区間 $[0, T]$ が2つの部分区間 $[0, t_1)$ と $[t_1, T]$ の和からなる場合には, 区間 $[0, T]$ での積分は部分区間における積分の和として計算するのも自然である. したがって, c_0, c_1 を定数として, $f(t) = c_0,\ t \in [0, t_1);\ f(t) = c_1,\ t \in [t_1, T]$ と表されているときの積分は容易に定義することができよう.

一般に, ランダム (偶然的) ではない実数値をとり, ブラウン運動 $B(t)$ には依存しない t の関数 $f(t)$ が, 部分区間に対応した値をとって次のように表されているとき, $f(t)$ を**階段関数**という.

$$0 = t_0 < t_1 < \cdots < t_n = T, \qquad f(t) = \sum_{i=0}^{n-1} c_i I_{[t_i, t_{i+1})}(t). \tag{4.1.1}$$

ただし, $c_0, c_1, \ldots, c_{n-1}$ は定数, $I_{[t_i, t_{i+1})}(t)$ は $[t_i, t_{i+1})$ のインディケータで, $[t_{n-1}, t_n) = [t_{n-1}, T]$ と見なす.

> **定義 4.1.1**
>
> 階段関数 $f(t)$ に対する**確率積分** $\int_0^T f(t)\,dB(t)$ を次のように定める.
> $$\int_0^T f(t)\,dB(t) = \sum_{i=0}^{n-1} c_i\bigl(B(t_{i+1}) - B(t_i)\bigr). \tag{4.1.2}$$

このとき,各増分 $B(t_{i+1})-B(t_i)$ は独立で(定理 3.2.5),平均 0,分散 $t_{i+1}-t_i$ の正規分布 $N(0, t_{i+1}-t_i)$ に従う(補題 3.2.3).したがって,(4.1.2) の平均と分散は次のようになる.

$$\begin{aligned}
E\left[\int_0^T f(t)\,dB(t)\right] &= E\left[\sum_{i=0}^{n-1} c_i\bigl(B(t_{i+1}) - B(t_i)\bigr)\right] \\
&= \sum_{i=0}^{n-1} c_i E\bigl[B(t_{i+1}) - B(t_i)\bigr] = 0. \\
V\left[\int_0^T f(t)\,dB(t)\right] &= V\left[\sum_{i=0}^{n-1} c_i\bigl(B(t_{i+1}) - B(t_i)\bigr)\right] \\
&= \sum_{i=0}^{n-1} V\bigl[c_i\bigl(B(t_{i+1}) - B(t_i)\bigr)\bigr] \\
&= \sum_{i=0}^{n-1} c_i^2 V\bigl[B(t_{i+1}) - B(t_i)\bigr] \quad\text{(定理 2.5.7 (3))} \\
&= \sum_{i=0}^{n-1} c_i^2 \bigl(t_{i+1} - t_i\bigr).
\end{aligned}$$

> **例題 4.1.1** $f(t)$ を次のような階段関数とする.
>
> $f(t) = -1,\quad 0 \leq t < 1;\quad f(t) = 1,\quad 1 \leq t < 2;\quad f(t) = 2,\quad 2 \leq t \leq 3.$
>
> $f(t)$ に対する確率積分を (4.1.2) から求めよ.

【解答】 $f(t)$ を (4.1.1) の形に対応させると
$$t_0 = 0,\quad t_1 = 1,\quad t_2 = 2,\quad t_3 = 3,$$
$$c_i = f(t_i),\quad c_0 = -1,\quad c_1 = 1,\quad c_2 = 2$$
となる.したがって,(4.1.2) から

$$\int_0^3 f(t)\,dB(t) = c_0\bigl(B(1)-B(0)\bigr) + c_1\bigl(B(2)-B(1)\bigr) + c_2\bigl(B(3)-B(2)\bigr)$$
$$= -B(1) + \bigl(B(2)-B(1)\bigr) + 2\bigl(B(3)-B(2)\bigr)$$
$$= 2B(3) - B(2) - 2B(1).$$

問 4.1.1 例題 4.1.1 で得られた確率積分を I とする．I の分布を求めよ．
【解答】 I の平均 $E[I]$ と分散 $V[I]$ は次のようになる．

$$E[I] = 0, \qquad V[I] = c_0^2(1-0) + c_1^2(2-1) + c_2^2(3-2) = 6.$$

ここで，$X_0 = B(1)-B(0), X_1 = B(2)-B(1), X_3 = B(3)-B(2)$ とおく．例題 4.1.1 の解答から，$I = c_0 X_0 + c_1 X_1 + c_2 X_2$ と表される．各 X_i は独立で（定理 3.2.5），正規分布 $N(0,1)$ に従うから（補題 3.2.3），X_i の 1 次結合の I は平均 0，分散 $c_0^2 + c_1^2 + c_2^2 = 6$ の正規分布 $N(0,6)$ に従う（定理 2.6.1）．

注意 4.1.2 定義 4.1.1 を用いると，階段関数列の極限から得られる実数値関数 $f(t)$ に対して，もっと一般には，ランダム（偶然的）でない実数値関数 $f(t)$ に対して，確率積分 $\int_0^T f(t)\,dB(t)$ を定義することができる．その場合，$\int_0^T f(t)^2\,dt < \infty$ ならば，確率積分 (4.1.2) に対する性質と同様に

$$\text{平均}\quad E\left[\int_0^T f(t)\,dB(t)\right] = 0, \quad \text{分散}\ V\left[\int_0^T f(t)\,dB(t)\right] = \int_0^T f(t)^2\,dt$$

が得られ，確率積分は正規分布 $N\left(0, \int_0^T f(t)^2\,dt\right)$ に従うことがわかる．この結果は，例題 6.6.3 において再び確認される．

被積分関数が確率過程 $f(t)$ の場合，定義 4.1.1 における定数 c_i はランダム（偶然的）な確率変数 ξ_i に置き換わることになる．そして，ξ_i は，t_i までのブラウン運動の情報 $\{B(t); t \le t_i\}$ に依存するが，t_i から先のブラウン運動の情報 $\{B(t); t > t_i\}$ には依存しないように選ばれる．

定義 4.1.3

確率過程 $f(t)$ は，区間 $[0,T]$ の分点 $0 = t_0 < t_1 < \cdots < t_n = T$ と以下の条件 (1), (2) を満たす確率変数 $\xi_0, \xi_1, \ldots, \xi_{n-1}$ が存在して，

$$f(t) = \sum_{i=0}^{n-1} \xi_i I_{[t_i, t_{i+1})}(t)$$

と表されるとする．ただし，$[t_{n-1}, t_n) = [t_{n-1}, T]$ と見なす．このような $f(t)$ を**階段過程**という．そして，階段過程の集まりを $\mathcal{M}_{\text{step}}^2$ で表す．

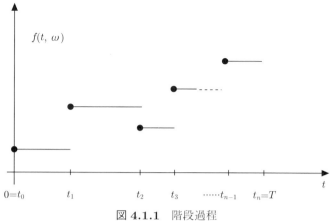

図 **4.1.1** 階段過程

(1) ξ_i は $\mathcal{F}_{t_i}$-可測. ただし, $\mathcal{F}_{t_i}$ は t_i までのブラウン運動から生成された σ-フィールド, すなわち, $\mathcal{F}_{t_i} = \sigma(B(u), u \leq t_i)$.
(2) ξ_i は 2 乗可積分, すなわち, $E[\xi_i^2] < \infty$.

階段過程の定義から

$$f, g \in \mathcal{M}_{\text{step}}^2 \ \ \text{で} \ \alpha, \beta \ \text{が定数ならば,} \quad \alpha f + \beta g \in \mathcal{M}_{\text{step}}^2.$$

したがって, $\mathcal{M}_{\text{step}}^2$ はベクトル空間になっている.

注意 4.1.4 定義 4.1.3 で与えられた条件 (1)-(2) は次のように解釈される.

- 条件 (1) は, ブラウン運動の情報 $\{B(u); 0 \leq u \leq t_i\}$ が与えられていれば, 時刻 t_i における $f(t_i)$ の値 ξ_i を知ることができるということを意味している. すなわち, $f(t)$ はフィルトレーション $\{\mathcal{F}_t\}$ に適合している (定義 2.8.10). また, $B(t_{i+1}) - B(t_i)$ は $\mathcal{F}_{t_i}$ と独立になるから (定理 3.2.6), $\mathcal{F}_{t_i}$-可測な ξ_i とも独立になる. したがって, $u \leq t < s$ ならば未来の情報の増分 $B(s) - B(t)$ は $f(u)$ と独立である.
- 条件 (2) は, 各 t に対して $E[f(t)^2] < \infty$ であることを意味している. 特に, $\int_0^T E[f(t)^2] dt = \sum_{i=0}^{n-1} \int_{t_i}^{t_{i+1}} E[\xi_i^2] dt < \infty$ となっている.

定義 4.1.5

$f \in \mathcal{M}_{\text{step}}^2$ に対して, $I(f)$ を次のように定義する.

$$I(f) = \sum_{i=0}^{n-1} \xi_i (B(t_{i+1}) - B(t_i)). \tag{4.1.3}$$

この $I(f)$ を $I(f) = \int_0^T f(t)\,dB(t)$ とかき，**伊藤の確率積分**，または単に**伊藤積分**，**確率積分**という．

定理 4.1.6

$f, g \in \mathcal{M}_{\text{step}}^2$ とし，α, β は定数とする．このとき，階段過程に対する確率積分は次の性質を満たす．

(1) **線形性** $\int_0^T \bigl(\alpha f(t) + \beta g(t)\bigr)\,dB(t)$

$$= \alpha \int_0^T f(t)\,dB(t) + \beta \int_0^T g(t)\,dB(t).$$

(2) $I_{[a,b)}(t)$ を区間 $[a,b)$ のインディケータとすれば

$$\int_0^T I_{[a,b)}(t)\,dB(t) = B(b) - B(a),$$
$$\int_0^T I_{[a,b)}(t) f(t)\,dB(t) = \int_a^b f(t)\,dB(t).$$

特に，$0 \leq S < T$ ならば，$f(t) = 1_{[0,T)}(t) f(t) = 1_{[0,S)}(t) f(t) + 1_{[S,T)}(t) f(t)$ であるから，(1), (2) によって

$$\int_0^T f(t)\,dB(t) = \int_0^S f(t)\,dB(t) + \int_S^T f(t)\,dB(t).$$

(3) **平均 0 の性質** $E\left[\left(\int_0^T f(t)\,dB(t)\right)\right] = 0.$

(4) **等長性** $E\left[\left(\int_0^T f(t)\,dB(t)\right)^2\right] = \int_0^T E\bigl[f(t)^2\bigr]\,dt.$

【証明】 (1), (2) は定義から直接に確かめられる．積分の線形性は，階段過程の1次結合は階段過程になること，そして，$I_{[a,b)}(t) f(t)$ も階段過程になることから確かめられる．

(3) について：はじめに，$I(f)$ の平均が存在することを確かめておく．ξ_i の2乗可積分性とブラウン運動の性質に注意して，シュワルツの不等式（例題 2.5.1）を用いると

$$E\bigl[|\xi_i (B(t_{i+1}) - B(t_i))|\bigr] \leq \sqrt{E[\xi_i^2] E\bigl[(B(t_{i+1}) - B(t_i))^2\bigr]} < \infty.$$

したがって

$$E\Big[\Big|\sum_{i=0}^{n-1}\xi_i\big(B(t_{i+1})-B(t_i)\big)\Big|\Big] \leq \sum_{i=0}^{n-1} E\big[\big|\xi_i\big(B(t_{i+1})-B(t_i)\big)\big|\big] < \infty.$$

次に，条件付き平均の性質を用いると

$$\begin{aligned}
E\big[\xi_i\big(B(t_{i+1})-B(t_i)\big)\big] & \\
&= E\Big[E\big[\xi_i\big(B(t_{i+1})-B(t_i)\big)\,\big|\,\mathcal{F}_{t_i}\big]\Big] \quad (\text{2 重平均の性質，定理 2.7.6 (5)}) \\
&= E\Big[\xi_i E\big[\big(B(t_{i+1})-B(t_i)\big)\,\big|\,\mathcal{F}_{t_i}\big]\Big] \quad (\xi_i \text{ の } \mathcal{F}_{t_i}\text{-可測性，定理 2.7.6 (3)}) \\
&= E\Big[\xi_i E\big[B(t_{i+1})-B(t_i)\big]\Big] = 0. \qquad (4.1.4)
\end{aligned}$$

(4.1.4) の最後の等式は，増分 $B(t_{i+1})-B(t_i)$ が $\mathcal{F}_{t_i}$ と独立であるから（定理 3.2.6），条件付き平均は通常の平均になって（定理 2.7.6 (6)）

$$E\big[B(t_{i+1})-B(t_i)\,\big|\,\mathcal{F}_{t_i}\big] = E\big[B(t_{i+1})-B(t_i)\big] = 0 \qquad (4.1.5)$$

となることによる．あるいは，ブラウン運動 $B(t)$ のマルチンゲール性（例題 3.2.1, 定理 3.2.8）から，次のようにして (4.1.5) を確認することもできる．

$$E\big[B(t_{i+1})-B(t_i)\,\big|\,\mathcal{F}_{t_i}\big] = E\big[B(t_{i+1})\,\big|\,\mathcal{F}_{t_i}\big] - B(t_i) = B(t_i) - B(t_i) = 0.$$

したがって，(4.1.4) によって

$$E\big[I(f)\big] = E\bigg[\bigg(\int_0^T f(t)\,dB(t)\bigg)\bigg] = \sum_{i=0}^{n-1} E\big[\xi_i\big(B(t_{i+1})-B(t_i)\big)\big] = 0.$$

(4) について：和を 2 乗して平均をとる．

$$I(f)^2 = \sum_{i=0}^{n-1}\sum_{j=0}^{n-1} \xi_i\xi_j\big(B(t_{i+1})-B(t_i)\big)\big(B(t_{j+1})-B(t_j)\big).$$

$i \neq j$ のときを考える．たとえば $i < j$ とする．このとき，条件付き平均の性質から (4.1.4) を導いた方法と同様にして

$$\begin{aligned}
E\big[\xi_i\xi_j\big(B(t_{i+1})-B(t_i)\big)\big(B(t_{j+1})-B(t_j)\big)\big] &= E\Big[E\big[\cdots\cdots\,\big|\,\mathcal{F}_{t_j}\big]\Big] \\
&= E\Big[\xi_i\xi_j\big(B(t_{i+1})-B(t_i)\big)E\big[\big(B(t_{j+1})-B(t_j)\big)\,\big|\,\mathcal{F}_{t_j}\big]\Big] \\
&= 0. \qquad (4.1.6)
\end{aligned}$$

(4.1.6) の最後の等式は，(4.1.5) と同様に

$$E\big[B(t_{j+1}) - B(t_j) \,\big|\, \mathcal{F}_{t_j}\big] = E\big[B(t_{j+1}) - B(t_j)\big] = 0$$

となることによる.一方,$i = j$ のときを考える.条件付き平均の性質から (4.1.4) を導いた方法と同様にして

$$\begin{aligned}
E\big[\xi_i^2 \big(B(t_{i+1}) - B(t_i)\big)^2\big] &= E\Big[E\big[\cdots\cdots \,\big|\, \mathcal{F}_{t_i}\big]\Big] \\
&= E\Big[\xi_i^2 E\big[\big(B(t_{i+1}) - B(t_i)\big)^2 \,\big|\, \mathcal{F}_{t_i}\big]\Big] \\
&= E\big[\xi_i^2 (t_{i+1} - t_i)\big] \\
&= (t_{i+1} - t_i) E\big[\xi_i^2\big]. \qquad (4.1.7)
\end{aligned}$$

(4.1.7) の最後の等式は,増分 $B(t_{i+1}) - B(t_i)$ が $\mathcal{F}_{t_i}$ と独立であることから,$\big(B(t_{i+1}) - B(t_i)\big)^2$ もまた $\mathcal{F}_{t_i}$ と独立になり,定理 2.7.6 (6) によって

$$E\big[\big(B(t_{i+1}) - B(t_i)\big)^2 \,\big|\, \mathcal{F}_{t_i}\big] = E\big[\big(B(t_{i+1}) - B(t_i)\big)^2\big] = t_{i+1} - t_i \quad (4.1.8)$$

となることによる.あるいは,$B(t)$ と $B(t)^2 - t$ のマルチンゲール性(問 3.2.1)から,次のようにして (4.1.8) を確認することもできる.

$$\begin{aligned}
&E\big[\big(B(t_{i+1}) - B(t_i)\big)^2 \,\big|\, \mathcal{F}_{t_i}\big] \\
&= E\big[B(t_{i+1})^2 - 2B(t_i)B(t_{i+1}) + B(t_i)^2 \,\big|\, \mathcal{F}_{t_i}\big] \\
&= E\big[\big(B(t_{i+1})^2 - t_{i+1}\big) - 2B(t_i)B(t_{i+1}) + \big(B(t_i)^2 - t_i\big) + (t_{i+1} + t_i) \,\big|\, \mathcal{F}_{t_i}\big] \\
&= E\big[B(t_{i+1})^2 - t_{i+1} \,\big|\, \mathcal{F}_{t_i}\big] - 2B(t_i) E\big[B(t_{i+1}) \,\big|\, \mathcal{F}_{t_i}\big] \\
&\qquad\qquad + \big(B(t_i)^2 - t_i\big) + (t_{i+1} + t_i) \\
&= \big(B(t_i)^2 - t_i\big) - 2B(t_i)B(t_i) + \big(B(t_i)^2 - t_i\big) + (t_{i+1} + t_i) \\
&= t_{i+1} - t_i.
\end{aligned}$$

ゆえに,(4.1.6) と (4.1.7) から

$$\begin{aligned}
E\big[I(f)^2\big] &= E\left[\left(\int_0^T f(t)\,dB(t)\right)^2\right] \\
&= \sum_{i=0}^{n-1} E\big[\xi_i^2\big](t_{i+1} - t_i) = \int_0^T E\big[f(t)^2\big]\,dt.
\end{aligned}$$

ただし,最後の等式は $f(t) = \xi_i$, $t \in [t_i, t_{i+1})$ による.

> **例題 4.1.2** $f, g \in \mathcal{M}^2_{\text{step}}$ のとき,次の等式を確かめよ.
> $$E\left[\left(\int_0^T f(t)\,dB(t)\right)\left(\int_0^T g(t)\,dB(t)\right)\right] = \int_0^T E[f(t)g(t)]\,dt.$$
> 上式で $f = g$ のときは,定理 4.1.6 (4) の等長性になっている.

【解答】 $h = f + g$ とおく. $h \in \mathcal{M}^2_{\text{step}}$ かつ定理 4.1.6 (1) の線形性によって,$I(h) = I(f) + I(g)$ である. h に対して,定理 4.1.6 (4) の等長性を用いると
$$E[I(h)^2] = \int_0^T E[h(t)^2]\,dt.$$
ここで,左辺は
$$E[I(f)^2] + 2E[I(f)I(g)] + E[I(g)^2],$$
右辺は
$$\int_0^T E[f(t)^2]\,dt + 2\int_0^T E[f(t)g(t)]\,dt + \int_0^T E[g(t)^2]\,dt.$$
したがって,f, g に対する等長性から,求める等式が得られる.

問 4.1.2 $f, g \in \mathcal{M}^2_{\text{step}}$ とする. $0 < T_1, T_2 \leq T$ のとき,次の等式を示せ.
$$E\left[\left(\int_0^{T_1} f(t)\,dB(t)\right)\left(\int_0^{T_2} g(t)\,dB(t)\right)\right] = \int_0^{\min\{T_1, T_2\}} E[f(t)g(t)]\,dt.$$

【解答】 $\tilde{f}(t) = I_{[0,T_1)}(t)f(t), \tilde{g}(t) = I_{[0,T_2)}(t)g(t)$ とおく. $\tilde{f}(t), \tilde{g}(t) \in \mathcal{M}^2_{\text{step}}$ であるから,定理 4.1.6 (2) と例題 4.1.2 を用いればよい.

$$\begin{aligned}
&E\left[\left(\int_0^{T_1} f(t)\,dB(t)\right)\left(\int_0^{T_2} g(t)\,dB(t)\right)\right] \\
&= E\left[\left(\int_0^T \tilde{f}(t)\,dB(t)\right)\left(\int_0^T \tilde{g}(t)\,dB(t)\right)\right] = \int_0^T E[\tilde{f}(t)\tilde{g}(t)]\,dt \\
&= \int_0^T I_{[0,T_1)}(t)I_{[0,T_2)}(t)E[f(t)g(t)]\,dt \\
&= \int_0^{\min\{T_1, T_2\}} E[f(t)g(t)]\,dt.
\end{aligned}$$

4.2 適合過程に対する確率積分

階段過程に対する確率積分の定義をフィルトレーションに適合した確率過程(適合過程:定義 2.8.10)に対して,以下のように拡張することができる.

定義 4.2.1

t までのブラウン運動から生成された σ-フィールドを $\mathcal{F}_t$ とする．すなわち，$\mathcal{F}_t = \sigma(B(s), s \leq t)$．区間 $[0,T]$ 上の確率過程 $f(t)$ はフィルトレーション $\mathbb{F} = \{\mathcal{F}_t; t \geq 0\}$ に適合して，次の条件 (1), (2) を満たすとする．

(1) $E\left[\int_0^T |f(t)|^2 \, dt\right] < \infty$．

(2) $\mathcal{M}_{\text{step}}^2$ に属する階段過程の列 $f_1, \ldots, f_n, \ldots$ が存在して，次の意味で $f(t)$ の良い近似になっている．

$$\lim_{n \to \infty} E\left[\int_0^T |f_n(t) - f(t)|^2 \, dt\right] = 0. \qquad (4.2.1)$$

このような適合過程 $f(t)$ の集まりを $\mathcal{M}_T^2$ で表す．

定義 4.2.2

$f \in \mathcal{M}_T^2$ に対して，(4.2.1) の意味で f を近似する任意の階段過程の列を $f_1, \ldots, f_n, \ldots \in \mathcal{M}_{\text{step}}$ とし f_n の確率積分を $I(f_n)$ とする．このとき

$$\lim_{n \to \infty} E\left[|I(f_n) - I(f)|^2\right] = 0 \qquad (4.2.2)$$

を満たす 2 乗可積分な確率変数 $I(f)$ が存在すれば，この $I(f)$ を

$$I(f) = \int_0^T f(t) \, dB(t)$$

と表し，**伊藤の確率積分**または単に**伊藤積分**，**確率積分**という．

例題 4.2.1 次の等式を確かめよ．

$$\int_0^T B(t) \, dB(t) = \frac{1}{2} B(T)^2 - \frac{1}{2} T.$$

【解答】 定義 4.2.1 の条件 (1) と良い近似 (4.2.1)，そして収束 (4.2.2)，これらを順に確かめてから定義 4.2.2 を用いる．
$f(t) = B(t)$ とおく．$B(t)^2$ は連続で，$\int_0^T E[B(t)^2] \, dt = \int_0^T t \, dt = \frac{1}{2} T^2 < \infty$ となるから，フビニの定理（定理 2.8.19）によって $\int_0^T$ と $E[\cdot]$ は順序交換できる．

$$E\left[\int_0^T B(t)^2\,dt\right] = \int_0^T E[B(t)^2]\,dt = \int_0^T t\,dt = \frac{1}{2}T^2 < \infty.$$

すなわち，$f(t)$ は定義 4.2.1 の条件 (1) を満たす．明らかに，$\mathcal{F}_t = \sigma(B(s), s \leq t)$ のとき，$f(t)$ は $\mathcal{F}_t$-可測である．区間 $[0,T]$ を n 等分して

$$0 = t_0^n < t_1^n < \cdots < t_n^n = T, \quad t_i^n = \frac{iT}{n}$$

とする．また，$1_{[t_i^n, t_{i+1}^n)}(t)$ を区間 $[t_i^n, t_{i+1}^n)$ のインディケータとして

$$f_n(t) = \sum_{i=0}^{n-1} B(t_i^n) 1_{[t_i^n, t_{i+1}^n)}(t) \qquad ([\,t_{n-1}^n, t_n^n\,] = [\,t_{n-1}^n, T\,] \text{ と見なす})$$

とおく．このとき，$\xi_i^n = B(t_i^n)$ とおけば

$$\xi_i^n \text{ は } \mathcal{F}_{t_i^n}\text{-可測}, \quad E[(\xi_i^n)^2] = E[B(t_i^n)^2] = t_i^n < \infty.$$

すなわち，$f_n(t)$ は定義 4.1.3 を満たして $\mathcal{M}_{\text{step}}^2$ に属する階段過程である．$f_n(t)$ に対する確率積分を定義 4.1.5 に基づいて

$$I(f_n) = \int_0^T f_n(t)\,dB(t) = \sum_{i=0}^{n-1} B(t_i^n)\bigl(B(t_{i+1}^n) - B(t_i^n)\bigr)$$

とおく．このとき，$\bigl|f(t) - f_n(t)\bigr|^2$ に対してフビニの定理は適用できて

$$\begin{aligned}
E\left[\int_0^T \bigl|f(t) - f_n(t)\bigr|^2 dt\right] &= \sum_{i=0}^{n-1} \int_{t_i^n}^{t_{i+1}^n} E\bigl[\bigl|B(t) - B(t_i^n)\bigr|^2\bigr]\,dt \\
&= \sum_{i=0}^{n-1} \int_{t_i^n}^{t_{i+1}^n} (t - t_i^n)\,dt \\
&= \frac{1}{2} \sum_{i=0}^{n-1} (t_{i+1}^n - t_i^n)^2 = \frac{1}{2}\frac{T^2}{n} \to 0 \quad (n \to \infty).
\end{aligned}$$

すなわち，$\{f_n\}$ は (4.2.1) を満たす f の近似列になっている．以上から，$f(t)$ は定義 4.2.1 の条件 (2) も満たし，$\mathcal{M}_T^2$ に属している．

一方，$a(b-a) = \frac{1}{2}(b^2 - a^2) - \frac{1}{2}(a-b)^2$ を用いると

$$\begin{aligned}
I(f_n) &= \sum_{i=0}^{n-1} B(t_i^n)\bigl(B(t_{i+1}^n) - B(t_i^n)\bigr) \\
&= \frac{1}{2}\sum_{i=0}^{n-1}\bigl(B(t_{i+1}^n)^2 - B(t_i^n)^2\bigr) - \frac{1}{2}\sum_{i=0}^{n-1}\bigl(B(t_{i+1}^n) - B(t_i^n)\bigr)^2 \\
&= \frac{1}{2}B(T)^2 - \frac{1}{2}S_n, \quad S_n = \sum_{i=0}^{n-1}\bigl(B(t_{i+1}^n) - B(t_i^n)\bigr)^2.
\end{aligned}$$

ここで，補題 3.3.1 によって $E[(S_n - T)^2] \to 0 \ (n \to \infty)$ である．確率変数を $I(f) = \frac{1}{2}B(T)^2 - \frac{1}{2}T$ とおく．評価式 (3.1.4) から $E[|I(f)|^2] < \infty$ を満たすことに注意する．$I(f_n) - I(f) = \frac{1}{2}(T - S_n)$ であるから，

$$\lim_{n\to\infty} E\big[|I(f_n) - I(f)|^2\big] = \frac{1}{4} \lim_{n\to\infty} E\big[(T - S_n)^2\big] = 0.$$

すなわち，(4.2.2) を満たす．したがって，定義 4.2.2 から

$$I(f) = \int_0^T f(t)\,dB(t) = \int_0^T B(t)\,dB(t) = \frac{1}{2}B(T)^2 - \frac{1}{2}T.$$

問 4.2.1 次の等式を確かめよ．

$$\int_0^T t\,dB(t) = TB(T) - \int_0^T B(t)\,dt.$$

ただし，右辺第 2 項の積分 $\int_0^T B(t)\,dt$ は，各 $\omega \in \Omega$ に対する見本経路 $B(t) = B(t,\omega)$ で定義されたリーマン積分である（定積分，定義 1.4.1 参照）．

【解答】 $f(t) = t$ とおく．$f(t)$ は連続な実数値関数であるから，適合過程で

$$E\left[\int_0^T f(t)^2\,dt\right] = \int_0^T t^2\,dt = \frac{1}{3}T^3 < \infty$$

を満たす．すなわち，$f(t)$ は定義 4.2.1 の条件 (1) を満たす．例題 4.2.1 と同様に区間 $[0,T]$ を n 等分する分点 $\{t_i^n\}$ をとり，$f(t)$ の近似として，階段過程

$$f_n(t) = \sum_{i=0}^{n-1} t_i^n\, 1_{[t_i^n, t_{i+1}^n)}(t)$$

を考える．明らかに，$\xi_i^n = t_i^n$ は $\mathcal{F}_{t_i^n}$-可測，$E[(\xi_i^n)^2] = (t_i^n)^2 < \infty$ であるから，f_n は $\mathcal{M}_{\mathrm{step}}^2$ に属する．さらに

$$E\left[\int_0^T |f(t) - f_n(t)|^2\,dt\right] = \sum_{i=0}^{n-1} \int_{t_i^n}^{t_{i+1}^n} |t - t_i^n|^2\,dt$$

$$= \frac{1}{3}\sum_{i=0}^{n-1} (t_{i+1}^n - t_i^n)^3$$

$$= \frac{1}{3}\sum_{i=0}^{n-1} \left(\frac{T}{n}\right)^3 = \frac{1}{3}\frac{T^3}{n^2} \to 0 \ (n \to \infty).$$

すなわち，$f(t) = t$ の近似列 $\{f_n\}$ は (4.2.1) を満たす．したがって，$f(t)$ は定義 4.2.1 の条件 (2) も満たし，$\mathcal{M}_T^2$ に属している．一方，

$$t_i^n\big(B(t_{i+1}^n) - B(t_i^n)\big) = \big(t_{i+1}^n B(t_{i+1}^n) - t_i^n B(t_i^n)\big) - B(t_{i+1}^n)\big(t_{i+1}^n - t_i^n\big)$$

であるから

$$
\begin{aligned}
I(f_n) &= \sum_{i=0}^{n-1} t_i^n \Big(B(t_{i+1}^n) - B(t_i^n) \Big) \\
&= \sum_{i=0}^{n-1} \Big(t_{i+1}^n B(t_{i+1}^n) - t_i^n B(t_i^n) \Big) - \sum_{i=0}^{n-1} B(t_{i+1}^n) \Big(t_{i+1}^n - t_i^n \Big) \\
&= TB(T) - \sum_{i=0}^{n-1} B(t_{i+1}^n) \Big(t_{i+1}^n - t_i^n \Big). \qquad \cdots \text{①}
\end{aligned}
$$

$B(t) = B(t,\omega)$ は ω を固定すれば t の連続関数であるから,$n \to \infty$ のとき,①の右辺の和はリーマン積分 $\int_0^T B(t)\,dt$ にほとんど確実に (a.s.) 収束する.しかし,強い L^2-収束 (2 乗平均収束) を示すことができる.実際,$\left|\sum_{i=1}^n a_i\right|^2 \le n \sum_{i=1}^n a_i^2$ (問 1.4.1),$\left|\int_a^b g(t)\,dt\right|^2 \le (b-a)\int_a^b g(t)^2\,dt$ (例題 1.4.1) を用いると,

$$
\begin{aligned}
&E\left[\left|\sum_{i=0}^{n-1} B(t_{i+1}^n)\Big(t_{i+1}^n - t_i^n\Big) - \int_0^T B(t)\,dt\right|^2\right] \\
&= E\left[\left|\sum_{i=0}^{n-1} \int_{t_i^n}^{t_{i+1}^n} B(t_{i+1}^n)\,dt - \sum_{i=0}^{n-1} \int_{t_i^n}^{t_{i+1}^n} B(t)\,dt\right|^2\right] \\
&= E\left[\left|\sum_{i=0}^{n-1} \left(\int_{t_i^n}^{t_{i+1}^n} \Big(B(t_{i+1}^n) - B(t)\Big)dt\right)\right|^2\right] \\
&\le n \times \frac{T}{n} \sum_{i=0}^{n-1} \int_{t_i^n}^{t_{i+1}^n} E\Big[|B(t_{i+1}^n) - B(t)|^2\Big]\,dt \\
&= T\sum_{i=0}^{n-1} \int_{t_i^n}^{t_{i+1}^n} (t_{i+1}^n - t)\,dt = T\sum_{i=0}^{n-1} \frac{T^2}{2n^2} = \frac{T^3}{2n} \to 0 \quad (n \to \infty). \quad \cdots \text{②}
\end{aligned}
$$

そこで,$I(f) = TB(T) - \int_0^T B(t)\,dt$ とおく.$E[|I(f)|^2] < \infty$ を満たすことは容易に確かめられる.このとき,①と②から

$$
\begin{aligned}
0 &\le \lim_{n\to\infty} E\Big[|I(f_n) - I(f)|^2\Big] \\
&= \lim_{n\to\infty} E\left[\left|\sum_{i=0}^{n-1} B(t_{i+1}^n)\Big(t_{i+1}^n - t_i^n\Big) - \int_0^T B(t)\,dt\right|^2\right] = 0.
\end{aligned}
$$

すなわち,(4.2.2) を満たす.ゆえに,定義 4.2.2 から

$$I(f) = \int_0^T t\, dB(t) = TB(T) - \int_0^T B(t)\, dt.$$

4.3 マルチンゲールをつくるリーマン和

はじめに,定数 $\lambda\,(0 \le \lambda \le 1)$ を用いて

$$M^{(\lambda)}(t) = \frac{1}{2}B(t)^2 + \left(\lambda - \frac{1}{2}\right)t, \quad 0 \le t \le T \tag{4.3.1}$$

とおく.さらに,$f(t) = B(t)$,$t_i^n = \dfrac{iT}{n}$(例題 4.2.1 の解答参照),

$$L_n = \sum_{i=0}^{n-1} B(t_i^n)\Delta_i^n B, \quad \Delta_i^n B = B(t_{i+1}^n) - B(t_i^n)$$

とおく.L_n は,被積分関数 $f(t)$ の区間 $[t_i^n, t_{i+1}^n]$ 上における値として,区間の左端点 t_i^n に対応する $f(t_i^n) = B(t_i^n)$ を選んでつくられている.例題 4.2.1 は

$$E\left[\left|L_n - M^{(0)}(T)\right|^2\right] \to 0 \quad (n \to \infty), \quad M^{(0)}(T) = \frac{1}{2}\left(B(T)^2 - T\right) \tag{4.3.2}$$

となることを示している.これに対して,区間の右端点 t_{i+1}^n に対応する $f(t_{i+1}^n) = B(t_{i+1}^n)$ を選んでつくった和を

$$R_n = \sum_{i=0}^{n-1} B(t_{i+1}^n)\Delta_i^n B$$

とおく.このとき

$$\begin{aligned}
& B(t_{i+1}^n)\Delta_i^n B \\
&= B(t_{i+1}^n)\bigl(B(t_{i+1}^n) - B(t_i^n)\bigr) \\
&= \bigl(B(t_{i+1}^n) - B(t_i^n)\bigr)\bigl(B(t_{i+1}^n) - B(t_i^n)\bigr) + B(t_i^n)\bigl(B(t_{i+1}^n) - B(t_i^n)\bigr) \\
&= \bigl(\Delta_i^n B\bigr)^2 + B(t_i^n)\Delta_i^n B
\end{aligned}$$

であるから

$$R_n = S_n + L_n, \quad S_n = \sum_{i=0}^{n-1}\bigl(\Delta_i^n B\bigr)^2 \tag{4.3.3}$$

と表される.はじめに,分点を細かくしたときの R_n の極限を考えよう.

例題 4.3.1 次の L^2-収束を確かめよ．
$$E\bigl[|R_n - M^{(1)}(T)|^2\bigr] \to 0 \quad (n \to \infty), \quad M^{(1)}(T) = \frac{1}{2}\bigl(B(T)^2 + T\bigr).$$

【解答】 (4.3.1) と (4.3.3) から
$$R_n - M^{(1)}(T) = S_n + L_n - M^{(1)}(T) = (S_n - T) + (L_n - M^{(0)}(T))$$

と表される．不等式 $(a+b)^2 \leq 2(a^2 + b^2)$ を用いる．補題 3.3.1 によって S_n は T に，(4.3.2) によって L_n は $M^{(0)}(T)$ に，それぞれ L^2-収束するから

$$\begin{aligned}
0 &\leq \lim_{n\to\infty} E\bigl[|R_n - M^{(1)}(T)|^2\bigr] \\
&\leq 2\lim_{n\to\infty} E\bigl[|S_n - T|^2\bigr] + 2\lim_{n\to\infty} E\bigl[|L_n - M^{(0)}(T)|^2\bigr] \\
&= 0 + 0 = 0.
\end{aligned}$$

ゆえに，求める L^2-収束が得られる．

次に，例題 4.2.1 の解答と同様の分点 $t_i^n, i = 0, 1, \ldots, n$ を選んで

$$M_n^{(\lambda)} = \sum_{i=0}^{n-1} \bigl[(1-\lambda)B(t_i^n) + \lambda B(t_{i+1}^n)\bigr]\Delta_i^n B, \quad 0 \leq \lambda \leq 1 \qquad (4.3.4)$$

とおく．ただし，$\Delta_i^n B = B(t_{i+1}^n) - B(t_i^n)$．

問 4.3.1 次の L^2-収束を示せ．
$$\lim_{n\to\infty} E\bigl[|M_n^{(\lambda)} - M^{(\lambda)}(T)|^2\bigr] = 0, \quad M^{(\lambda)}(T) = \frac{1}{2}B(T)^2 + \Bigl(\lambda - \frac{1}{2}\Bigr)T.$$

【解答】 $\lambda = 0$ のとき $M_n^{(\lambda)} = L_n$，$\lambda = 1$ のとき $M_n^{(\lambda)} = R_n$ であるから，例題 4.2.1 と例題 4.3.1 は，$\lambda = 0, 1$ それぞれの場合に対する題意の L^2-収束を示している．$0 < \lambda < 1$ とする．このとき

$$\begin{aligned}
M_n^{(\lambda)} &= (1-\lambda)L_n + \lambda R_n, \\
M^{(\lambda)}(T) &= (1-\lambda)M^{(0)}(T) + \lambda M^{(1)}(T), \\
M_n^{(\lambda)} - M^{(\lambda)}(T) &= (1-\lambda)\bigl(L_n - M^{(0)}(T)\bigr) + \lambda\bigl(R_n - M^{(1)}(T)\bigr).
\end{aligned}$$

不等式 $(a+b)^2 \leq 2(a^2 + b^2)$，(4.3.2) および例題 4.3.1 を用いると

$$0 \leq \lim_{n \to \infty} E\big[|M_n^{(\lambda)} - M^{(\lambda)}(T)|^2\big]$$
$$\leq 2(1-\lambda)^2 \lim_{n \to \infty} E\big[|L_n - M^{(0)}(T)|^2\big] + 2\lambda^2 \lim_{n \to \infty} E\big[|R_n - M^{(1)}(T)|^2\big]$$
$$= 0 + 0 = 0.$$

ゆえに，求める L^2-収束が得られる．

注意 4.3.1 ここで，(4.3.1) の $M^{(\lambda)}(t)$ とフィルトレーション $\{\mathcal{F}_t\}$, $\mathcal{F}_t = \sigma\big(B(u), u \leq t\big)$ に関するマルチンゲール性を調べてみよう．$M^{(\lambda)}(t)$ は

$$M^{(\lambda)}(t) = \frac{1}{2}\Big(B(t)^2 - t\Big) + \lambda t$$

とかき直される．$B(t)^2 - t$ はマルチンゲールであるから（問 3.2.1），右辺第 1 項はマルチンゲールになる．したがって

$$M^{(\lambda)}(t) \text{ がマルチンゲール} \iff \lambda = 0$$

注意 4.3.2 さらに，$B(t)$ の近似を与える候補として

$$f_n^{(\lambda)}(t) = (1-\lambda)B(t_i^n) + \lambda B(t_{i+1}^n), \quad t_i^n \leq t < t_{i+1}^n \tag{4.3.5}$$

を考えよう．問 4.3.1 は，

$$\int_0^T f_n^{(\lambda)}(t)\, dB(t) = \sum_{i=0}^{n-1} f_n^{(\lambda)}(t_i^n)\, \Delta_i^n B = M_n^{(\lambda)}$$

は，$n \to \infty$ において λ に依存した "確率積分"

$$\int_0^T B(t)\, dB(t) = \frac{1}{2}B(T)^2 + \Big(\lambda - \frac{1}{2}\Big)T$$

に収束することを示している．どのような λ を選べば目的とする伊藤の確率積分に好都合であるか，ということになる．これについては，マルチンゲールになるものを考えて $\lambda = 0$ とするのである．なお，$\lambda = \dfrac{1}{2}$ の場合は**ストラトノビッチ積分**とよばれ，伊藤の確率積分との関係は 4.10 節で説明される．

注意 4.3.3 (4.3.5) の $f_n^{(\lambda)}(t)$ は一見，良さそうな候補である．しかし，欠点は，$t_i^n \leq t < t_{i+1}^n$ のとき，それが σ-フィールド $\mathcal{F}_{t_i^n} = \sigma\big(B(u), u \leq t_i^n\big)$ に関して可測にならない，すなわち，時刻 t_i^n までのブラウン運動の情報だけでは知ることができない，ということである．可測になるのは，$\lambda = 0$ の場合に限り，そのとき，$f_n^{(\lambda)}(t)$ は増分 $\Delta_i^n B = B(t_{i+1}^n) - B(t_i^n)$ と独立になる．このような理由で 特別な $\lambda = 0$ を考え，区間 $[t_i^n, t_{i+1}^n]$ 上における値としては左端点に対応する $B(t_i^n)$ をとって階段過程

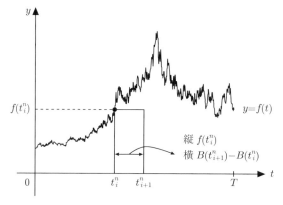

図 4.3.1 確率積分の作り方

$$f_n^{(0)}(t) = B(t_i^n), \quad t_i^n \leq t < t_{i+1}^n$$

をつくると，マルチンゲールになる確率積分

$$\int_0^T B(t)\,dB(t) = \frac{1}{2}B(T)^2 - \frac{1}{2}T$$

が得られる，ということである．

注意 4.3.4 定積分（定義 1.4.1）とリーマン・スティルチェス積分（定義 1.10.5）の近似和では，区間 $[0,T]$ の分割に現れる小区間 $[t_i^n, t_{i+1}^n]$ 上の被積分関数 f の値としては，小区間の任意の内点 $\xi_i = (1-\lambda)t_i^n + \lambda t_{i+1}^n$, $0 \leq \lambda \leq 1$ を選んで $f(\xi_i)$ を考えることができた．しかし，伊藤の確率積分では，上記で示したように，ξ_i としては小区間 $[t_i^n, t_{i+1}^n]$ の "非先行的" な左端点 t_i^n，すなわち，$\lambda = 0$ の場合を選ぶということがキーポイントになっている．

4.4 確率積分の実際

任意の連続関数に対しては定積分（リーマン積分）が存在した（定理 1.4.2）．実は，これと似たような結果が伊藤の確率積分にもある．

以下では，フィルトレーションを $\{\mathcal{F}_t\}$, $\mathcal{F}_t = \sigma\big(B(s), s \leq t\big)$ とする．

定理 4.4.1

$f(t)$ は $\{\mathcal{F}_t\}$ に適合して，連続な見本経路をもつとする．このとき，$f \in \mathcal{M}_T^2$ である．すなわち，$E\left[\int_0^T |f(t)|^2\,dt\right] < \infty$ ならば，確率積分 $I(f)$ が存在する．

たとえば，$f(t) = B(t)$ とする．$f(t)$ は $\{\mathcal{F}_t\}$ に適合して，連続な見本経路をもつ．フビニの定理（定理 2.8.19）が適用できて

$$E\left[\int_0^T |B(t)|^2\right] = \int_0^T E[|B(t)|^2]\,dt = \int_0^T t\,dt = \frac{1}{2}T^2 < \infty$$

となる．したがって，定理 4.4.1 から $B(t) \in \mathcal{M}_T^2$．

また，$f(t) = B(t)^2$ とする．$f(t)$ は $\{\mathcal{F}_t\}$ に適合して，連続な見本経路をもつ．$B(t)$ の 4 次積率評価（注意 3.1.2）を用いると，フビニの定理が適用できて

$$E\left[\int_0^T |B(t)|^4\right] = \int_0^T E[|B(t)|^4]\,dt = \int_0^T 3t^2\,dt = T^3 < \infty$$

となる．したがって，定理 4.4.1 から $B(t)^2 \in \mathcal{M}_T^2$．

★ フィルトレーション $\{\mathcal{F}_t\}$ に適合した $f(t)$ に対する確率積分が目的に適う性質をもつためには，特に，平均 $E[\,\cdot\,]$ と積分 $\int_0^T [\,\cdot\,]\,dt$ の操作がフビニの定理によって交換可能であることが保証されなければならない．しかし，"適合している" という条件だけでは弱すぎる．このため，$f(t)$ に対しては，フィルトレーション $\{\mathcal{F}_t\}$ に関して発展的可測という仮定を設けておくのが通常である．

今後の説明のために，A, B を 2 つの集合とするとき，それらの**直積集合**を $A \times B = \{(a,b); a \in A, b \in B\}$ によって定義する．また，$\mathcal{G}, \mathcal{H}$ を 2 つの σ-フィールドとするとき，あらゆる直積集合 $A \times B$ ($A \in \mathcal{G}, B \in \mathcal{H}$) を含む最小の σ-フィールドを**直積 σ-フィールド**といい，$\mathcal{G} \times \mathcal{H}$ と表す．さらに，任意の $t \in [0, T]$ に対して，$[0, t]$ の部分区間から生成されたボレル σ-フィールド（定義 2.2.7）を $\mathcal{B}([0, t])$ と表す．

定義 4.4.2

確率空間 $(\Omega, \mathcal{F}, P)$ とフィルトレーション $\{\mathcal{F}_t\}$ が与えられているとする．ここでは，$\mathcal{F}_t = \sigma\big(B(s), 0 \leq s \leq t\big)$ としておく．この確率空間上の確率過程を $f(t, \omega), t \in [0, T]$ とする．

(1) (t, ω) を実数値に対応させる関数 $(t, \omega) \in [0, T] \times \Omega \to f(t, \omega) \in \mathbb{R}$ が $\mathcal{B}([0, T]) \times \mathcal{F}$-可測ならば，$f$ は**可測**であるという．

(2) また，任意の $t \geq 0$ に対して，$s \in [0, t], \omega \in \Omega$ のとき，(s, ω) を実数値に対応させる関数 $(s, \omega) \to f(s, \omega) \in \mathbb{R}$ が $\mathcal{B}([0, t]) \times \mathcal{F}_t$-可測ならば，$f$ は**発展的可測**であるという．

明らかに，確率過程は，発展的可測ならば "適合している"．また，発展的可測ならば "可測" である．

連続かつ適合 $\Rightarrow$ $f \in M_T^2$ (定理 4.4.1)

$\Downarrow$

càdlàg かつ適合

$\Downarrow$

発展的可測 $\Longrightarrow$ 適合

$\Downarrow$

(t, w) の関数として可測

$\left(\text{定理 4.4.3} \quad M_T^2 = \left\{ f(t); \text{発展的可測, かつ } E\left[\int_0^T |f(t)|^2 dt\right] < \infty \right\} \right)$

図 4.4.1 被積分関数 $f(t, \omega)$ (確率過程) の性質の関係

次の定理は,確率過程としての被積分関数 $f(t)$ が $\mathcal{M}_T^2$ に属するための必要十分条件を,発展的可測という概念を用いて与えている.

定理 4.4.3

定義 4.2.1 で導入された $\mathcal{M}_T^2$ は
$$E\left[\int_0^T |f(t)|^2 dt\right] < \infty$$
を満たす発展的可測な確率過程 $f(t)$ の全体から成り立っている.

"発展的可測な確率過程" とは,どのような関数であろうか? この問については次の定理が答えている.

定理 4.4.4

$f(t)$ は右連続で左極限をもち (すなわち,càdlàg. 定義 2.8.8),かつ $\{\mathcal{F}_t\}$ に適合しているとする.このとき,$f(t)$ は発展的可測である.

★ 伊藤の確率積分は発展的可測または可測という広い被積分関数 (確率過程) のクラスに対して定義される.そのためには

$$\mathcal{L}_T^2 = \left\{ f(t, \omega); [0, T] \times \Omega \text{上で可測, 適合, かつ } \int_0^T |f(t)|^2 dt < \infty \text{ a.s.} \right\}$$

とおく.このとき,$f(t, \omega)$ が定義 4.2.1 で導入された確率過程の集まり $\mathcal{M}_T^2$ に属していれば,フビニの定理から $E\left[\int_0^T |f(t)|^2 dt\right] = \int_0^T E[|f(t)|^2] dt < \infty$ であるから,$\int_0^T |f(t)|^2 dt < \infty$ a.s. となる.このことから,包含関係

$$\mathcal{M}_T^2 \subset \mathcal{L}_T^2$$

に注意しておきたい.

確率積分の定義の拡張について

$f \in \mathcal{L}_T^2$ に対しては,可測かつ適合した階段過程 $f_n \in \mathcal{M}_T^2$ で,$E\left[\int_0^T |f_n(t)|^2 dt\right] < \infty$,かつ $\int_0^T |f_n(t) - f(t)|^2 dt \to 0 \ (n \to \infty)$(確率収束)を満たすものが選ばれる.そして,$f_n$ に対応する確率積分 $I(f_n)$ は確率収束の意味でコーシー列(1.1 節参照)になり,したがって,$n \to \infty$ において $I(f_n)$ は確率収束することがわかる.その極限の確率変数 $I(f)$ をもって確率積分 $\int_0^T f(t) \, dB(t)$ を定義するのである.しかし,一般に,2 乗可積分なマルチンゲール性が成り立つとは限らない.

上記の説明と定理 4.4.4 によって,発展的可測あるいは (t,ω) に関して可測ということを引用しないで伊藤の確率積分を考えることができる.伊藤の確率積分を中心に行われる確率解析は**伊藤解析**とよばれるが,そこで対象とされる $f(t)$ の実際は,càdlàg で $\{\mathcal{F}_t\}$ に適合した関数であると言ってよい.この関数のクラスで考えていけば理解しやすい.

★ 以下に示す定理 4.4.5 と定理 4.4.6 は $\mathcal{L}_T^2$ に属する被積分関数(確率過程)$f(t)$ に対して成り立つものである.しかし,理解のために,$f(t)$ に対する仮定
$$\left\{\text{可測, 適合,} \int_0^T |f(t)|^2 dt < \infty \quad \text{a.s.} \right\}$$
を
$$\left\{\text{càdlàg, 適合,} \int_0^T |f(t)|^2 dt < \infty \quad \text{a.s.} \right\}$$
に置き換えてまとめておく.

定理 4.4.5

$f(t)$ は右連続で左極限をもち(すなわち càdlàg),$\{\mathcal{F}_t\}$ に適合して,かつ $\int_0^T |f(t)|^2 dt < \infty$ a.s. を満たすとする.このとき,$f(t)$ に対する確率積分 $\int_0^T f(t) \, dB(t)$ は定義できる.また,$g(t)$ は $f(t)$ と同様の条件を満たし,α, β は定数とする.このとき,確率積分は次の性質を満たす.

(1) **線形性**
$$\int_0^T (\alpha f(t) + \beta g(t)) \, dB(t) = \alpha \int_0^T f(t) \, dB(t) + \beta \int_0^T g(t) \, dB(t).$$

(2) 区間 $[a,b)$ のインディケータを $I_{[a,b)}(t)$ とすれば

$$\int_0^T I_{[a,b)}(t)\, dB(t) = B(b) - B(a),$$

$$\int_0^T I_{[a,b)}(t) f(t)\, dB(t) = \int_a^b f(t)\, dB(t).$$

さらに

$$\int_0^T E\big[f(t)^2\big]\, dt < \infty \tag{4.4.1}$$

ならば，次の (3), (4) が成り立つ．

(3) **平均 0 の性質** $\quad E\left[\left(\int_0^T f(t)\, dB(t)\right)\right] = 0.$

(4) **等長性** $\quad E\left[\left(\int_0^T f(t)\, dB(t)\right)^2\right] = \int_0^T E\big[f(t)^2\big]\, dt.$

定理 4.4.6

$f(t)$ が定理 4.4.5 の条件を満たすとき，確率積分 $\int_0^t f(s)\, dB(s)$, $0 \le t \le T$ は $\mathcal{F}_t$-可測，かつ連続なバージョン（定義 2.8.1）をもつ．さらに，

(1) $0 \le s < t < u \le T$ ならば

$$\int_s^u f(r)\, dB(r) = \int_s^t f(r)\, dB(r) + \int_t^u f(r)\, dB(r).$$

(2) $0 \le s < t \le T$ ならば $\quad \int_s^t f(r)\, dB(r)$ は $\mathcal{F}_t$-可測．

(3) 特に，$f(t)$ が条件 (4.4.1) を満たすならば $\quad E\left[\int_s^t f(r)\, dB(r)\right] = 0.$

定理 4.4.5 から得られる次の系は応用で役に立つ．

系 4.4.7

$f(t)$ が連続で $\{\mathcal{F}_t\}$ に適合していれば，確率積分 $\int_0^T f(t)\, dB(t)$ は定義できる．特に，$F(x)$ が $\mathbb{R}$ 上の連続関数ならば，確率積分 $\int_0^T F(B(t))\, dB(t)$ は定義できる．

【証明】 $f(t)$ が連続ならば，càdlàg である．しかも，連続な $f(t)$ に対しては，$\int_0^T |f(t)|^2\, dt < \infty$ である．したがって，定理 4.4.5 から $f(t)$ の確率積分は定

義される．さらに，$B(t)$ は連続で，$F(x)$ は連続な実数値関数であるから，合成関数 $F(B(t))$ は連続，かつ $\int_0^T |F(B(t))|^2 dt < \infty$．また，$B(t)$ は $\mathcal{F}_t$-可測で，しかも，$F(x)$ は連続であるから $F(B(t))$ もまた $\mathcal{F}_t$-可測である（定理 2.2.9 (2) およびボレル関数参照）．すなわち，$F(B(t))$ は $\mathcal{F}_t$ に適合している．したがって，定理 4.4.5 から $\int_0^T F(B(t)) dB(t)$ は定義できる．

注意 4.4.8 定理 4.4.5 の証明のポイントは，はじめに，(4.4.1) を満たす $f(t)$ に対して結果を示すために，$f(t)$ の近似として，フィルトレーション $\{\mathcal{F}_t\}$ に適合した階段過程

$$f_n(t) = \sum_{i=0}^{n-1} f(t_i^n) 1_{[t_i^n, t_{i+1}^n)}(t) \tag{4.4.2}$$

をとることである．$f_n(t)$ に対する確率積分

$$I(f_n) = \int_0^T f_n(t) dB(t) = \sum_{i=0}^{n-1} f(t_i^n)(B(t_{i+1}^n) - B(t_i^n)) \tag{4.4.3}$$

を考えると定理が成り立つから，$n \to \infty$ の極限操作によって $f(t)$ に対しても同様に成り立つということである．注意 4.3.4 で記したように，定積分を近似するリーマン和とは異なって，$[t_i^n, t_{i+1}^n]$ の左端点 t_i^n に対応する関数値 $f(t_i^n)$ を選んでいる．

★ 確率積分は必ずしも平均と分散をもつとは限らない．しかし，もしも平均と分散をもつとすれば，平均は 0，分散は定理 4.4.5 (4) によって与えられる．

例題 4.4.1 確率積分 $I = \int_0^1 e^{B(t)} dB(t)$ が定義できることを系 4.4.7 から確かめよ．さらに，I の平均 $E[I]$ と分散 $V[I]$ を求めよ．

【解答】 $F(x) = e^x$ は x の連続関数である．$B(t)$（の見本経路）は連続であるから，合成関数 $F(B(t))$ も連続になる．また，$B(t)$ はフィルトレーションに適合しているから，$F(B(t))$ も同様である．したがって，系 4.4.7 から I は定義できる．次に，$f(t) = F(B(t))$ が条件 (4.4.1) を満たすことを確かめる．そのためには，$B(t)$ は正規分布 $N(0,t)$ に従うことに注意して，積率母関数 $m_{B(t)}(\theta)$ を用いる．例題 2.4.1 から，$m_{B(t)}(\theta) = E[e^{\theta B(t)}] = e^{\frac{1}{2}t\theta^2}$ である．

$\theta = 2$ とおけば

$$E\left[\int_0^1 e^{2B(t)}\,dt\right] = \int_0^1 E\left[e^{2B(t)}\right]dt = \int_0^1 e^{2t}\,dt = \frac{1}{2}(e^2-1) < \infty.$$

すなわち，条件 (4.4.1) を満たす．ゆえに，定理 4.4.5 (3)-(4) から

$$E[I] = 0, \quad V[I] = \frac{1}{2}(e^2-1).$$

|問 4.4.1| 次の確率積分 I, J が定義できることを確かめ，それぞれの平均と分散を求めよ．

(1) $I = \displaystyle\int_0^1 B(t)\,dB(t)$.

(2) $J = \displaystyle\int_0^1 t\,dB(t)$. （積分の結果は問 4.2.1 に既出）

【解答】 (1) $F(x) = x$ は x の連続関数であるから，$f(t) = F(B(t))$ もまた連続で，フィルトレーションに適合している．したがって，系 4.4.7 から I は定義できる．さらに，$\displaystyle\int_0^1 E\left[B(t)^2\right]dt = \int_0^1 t\,dt = \frac{1}{2} < \infty$ となり，$f(t)$ は (4.4.1) を満たす．ゆえに，定理 4.4.5 (3)-(4) から $E[I] = 0, V[I] = \dfrac{1}{2}$.

(2) $f(t) = t$ はランダムでない連続な実数値関数であるから，$\displaystyle\int_0^1 f(t)^2\,dt = \int_0^1 t^2\,dt = \frac{1}{3} < \infty$．定理 4.4.5 から J は定義できる．明らかに，$f(t)$ は条件 (4.4.1) を満たす．ゆえに，定理 4.4.5 (3)-(4) から $E[J] = 0, V[J] = \dfrac{1}{3}$.

|注意 4.4.9| $F(x) = \exp[x^2]$ ($\exp[a] = e^a$) は x の連続関数であるから，$F(B(t)) = \exp[B(t)^2]$ は連続である．したがって，系 4.4.7 から確率積分 $I = \displaystyle\int_0^1 \exp[B(t)^2]\,dB(t)$ は定義できる．しかし，(4.4.1) を満たさない．

$$E\left[\exp[2B(t)^2]\right] = \int_{-\infty}^\infty \exp[2x^2]\frac{1}{\sqrt{2\pi t}}\exp\left[-\frac{x^2}{2t}\right]dx$$
$$= \frac{1}{\sqrt{2\pi t}}\int_{-\infty}^\infty \exp\left[\frac{1}{2t}(4t-1)x^2\right]dx = \infty, \quad t \geq \frac{1}{4}.$$

したがって，確率積分 I は定義できるが，有限次の積率をもつとは主張できない．実は，$E[I] = \infty$ となることが知られている．

|注意 4.4.10| 確率積分は定積分にあるような単調性をもたない．すなわち，$f(t) \leq g(t)$ であっても，$\displaystyle\int_0^T f(t)\,dB(t) \leq \int_0^T g(t)\,dB(t)$ とはならない．たと

えば，$f(t) \equiv 0 < 1 \equiv g(t)$ のとき，定理 4.4.5 (2) によって

$$\int_0^1 0\, dB(t) = 0, \quad \int_0^1 1\, dB(t) = B(1)$$

となる．しかし，$P(B(1) < 0) = \dfrac{1}{\sqrt{2\pi}} \displaystyle\int_{-\infty}^0 e^{-\frac{x^2}{2}}\, dx = \dfrac{1}{2}$ であるから，必ずしも $0 \leq B(1)$ とはならない．

定理 4.4.5 は càdlàg な $f(t)$ に対して確率積分が定義できるための条件と確率積分の性質を示している．特に，定理 4.4.5 と定理 4.4.6 は確率過程

$$X(t) = \int_0^t f(s)\, dB(s), \quad 0 \leq t \leq T \qquad (4.4.4)$$

が定義できて，$\mathcal{F}_t$-可測になることを示している．

さらに条件 (4.4.1)，すなわち，$\displaystyle\int_0^T E\bigl[f(t)^2\bigr]\, dt < \infty$ を仮定に付け加えておこう（このとき，フビニの定理によって，$\displaystyle\int_0^T f(t)^2\, dt < \infty$ a.s.）．そうすると，$X(t)$ は 1 次と 2 次の積率をもち，平均 0，かつ 2 乗可積分なマルチンゲール（定義 2.8.12）になる．すなわち

$$E\bigl[X(t)\,\big|\, \mathcal{F}_s\bigr] = E\left[\int_0^t f(u)\, dB(u)\,\bigg|\, \mathcal{F}_s\right] = X(s) \text{ a.s.} \quad s < t, \qquad (4.4.5)$$

$$E\bigl[X(t)^2\bigr] = E\left[\left(\int_0^t f(u)\, dB(u)\right)^2\right] = \int_0^t E\bigl[f(u)^2\bigr]\, du. \qquad (4.4.6)$$

定理 4.4.11

$f(t)$ は右連続で左極限をもち (càdlàg)，フィルトレーション $\{\mathcal{F}_t\}$ に適合して，$\displaystyle\int_0^T E\bigl[f(t)^2\bigr]\, dt < \infty$ を満たすとする．このとき，(4.4.4) で与えられた確率過程 $X(t), 0 \leq t \leq T$, は次の性質をもつ．
(1) $\mathcal{F}_t$-可測．
(2) 見本経路は連続．
(3) 平均 0 で 2 乗可積分なマルチンゲール．（注意 4.11.5 参照）

【証明】 $s < t$ とする．(4.4.5) の証明の方針を記す．定理 4.4.6 (1) から

$$X(t) = \int_0^s f(u)\, dB(u) + \int_s^t f(u)\, dB(u) = X(s) + \int_s^t f(u)\, dB(u)$$

と表される．右辺の $X(s)$ は定理 4.4.6 から $\mathcal{F}_s$-可測である．したがって，定理 2.7.6 (3) から $E\bigl[X(s)\,\big|\, \mathcal{F}_s\bigr] = X(s)$. ここで，上式両辺の条件付き平均を

とれば
$$E[X(t)|\mathcal{F}_s] = X(s) + E\left[\int_s^t f(u)\,dB(u) \Big| \mathcal{F}_s\right]. \tag{4.4.7}$$
(4.4.7) において，次式が成り立つことを示せば十分である．
$$E\left[\int_s^t f(u)\,dB(u) \Big| \mathcal{F}_s\right] = 0. \tag{4.4.8}$$
そのためには，定義 4.1.3 を満たす階段過程 $f(t)$ を区間 $[s,t]$ で考えて
$$s = t_0 < t_1 < \cdots < t_m = t, \qquad f(u) = \sum_{i=0}^{m-1} \xi_i I_{[t_i, t_{i+1})}(u)$$
とする．ただし，ξ_i は $\mathcal{F}_{t_i}$-可測で $E[\xi_i^2] < \infty$．このとき，定義 4.1.5 から
$$E\left[\int_s^t f(u)\,dB(u) \Big| \mathcal{F}_s\right] = \sum_{i=0}^{m-1} E\left[E[\xi_i(B(t_{i+1}) - B(t_i))] \Big| \mathcal{F}_s\right]$$
$$= \sum_{i=0}^{m-1} \xi_i E\left[(B(t_{i+1}) - B(t_i)) \Big| \mathcal{F}_s\right] \quad (\xi_i \text{ の } \mathcal{F}_{t_i}\text{-可測性，定理 2.7.6 (4),(3)})$$
$$= 0. \qquad ((4.1.4)\text{-}(4.1.5) \text{ 参照})$$
すなわち，(4.4.8) が成り立つ．したがって，(4.4.7) から $E[X(t)|\mathcal{F}_s] = X(s)$．一般の $f(t)$ に対しては，階段過程による近似を考えればよい．

4.5 確率積分の 2 次変分と共変動

確率積分
$$X(t) = \int_0^t f(s)\,dB(s), \ 0 \le t \le T \tag{4.5.1}$$
は t のランダム（偶然的）な関数で，連続，かつブラウン運動のフィルトレーションに適合していた．実数値関数の場合（定義 1.10.3）と同様に，区間 $[0,t]$ における X の **2 次変分** $[X](t)$ は次のように定義される．
$$[X](t) = [X,X](t) = [X,X]([0,t]) = \lim \sum_{i=0}^{n-1} \bigl(X(t_{i+1}^n) - X(t_i^n)\bigr)^2. \tag{4.5.2}$$
ただし，各 n に対して，$\{t_i^n\}$ は区間 $[0,t]$ の分割で，極限は分割を細かくする $\delta_n = \max_i(t_{i+1}^n - t_i^n) \to 0 \ (n \to \infty)$ における "確率収束" の意味である．

定理 4.5.1

確率積分 (4.5.1) の 2 次変分は次のように与えられる.
$$[X](t) = \int_0^t f(s)^2 \, ds. \tag{4.5.3}$$

【証明】 簡単のために, $f(t)$ は区間 $[0,1]$ 上の階段過程で 2 つの異なった値をとるとし, $\left[0, \frac{1}{2}\right)$ では値 ξ_0, $\left[\frac{1}{2}, 1\right]$ では値 ξ_1, と仮定する. すなわち
$$f(t) = \xi_0 I_{[0, \frac{1}{2})}(t) + \xi_1 I_{[\frac{1}{2}, 1]}(t).$$

このとき
$$X(t) = \int_0^1 f(s) \, dB(s) = \begin{cases} \xi_0 B(t) & \left(t < \frac{1}{2}\right) \\ \xi_0 B\left(\frac{1}{2}\right) + \xi_1 \left(B(t) - B\left(\frac{1}{2}\right)\right) & \left(t \geq \frac{1}{2}\right) \end{cases}.$$

したがって, $[0, t]$ の任意の分割 $\{t_i^n\}$ に対しては
$$X(t_{i+1}^n) - X(t_i^n) = \begin{cases} \xi_0 \left(B(t_{i+1}^n) - B(t_i^n)\right) & \left(t_i^n < t_{i+1}^n \leq \frac{1}{2}\right) \\ \xi_1 \left(B(t_{i+1}^n) - B(t_i^n)\right) & \left(\frac{1}{2} \leq t_i^n < t_{i+1}^n\right) \end{cases}.$$

$\frac{1}{2}$ が分割の中に含まれるとして, 次のように評価される.

$t < \frac{1}{2}$ のときは
$$[X](t) = [X, X](t) = \lim \sum_{i=0}^{n-1} \left(X(t_{i+1}^n) - X(t_i^n)\right)^2$$
$$= \xi_0^2 \lim \sum_{i=0}^{n-1} \left(B(t_{i+1}^n) - B(t_i^n)\right)^2 = \xi_0^2 [B, B](t) = \xi_0^2 t = \int_0^t f(s)^2 \, ds.$$

$t \geq \frac{1}{2}$ のときは
$$[X](t) = [X, X](t) = \lim \sum_{i=0}^{n-1} \left(X(t_{i+1}^n) - X(t_i^n)\right)^2$$
$$= \xi_0^2 \lim \sum_{t_i^n < \frac{1}{2}} \left(B(t_{i+1}^n) - B(t_i^n)\right)^2 + \xi_1^2 \lim \sum_{t_i^n > \frac{1}{2}} \left(B(t_{i+1}^n) - B(t_i^n)\right)^2$$
$$= \xi_0^2 [B, B]\left(\frac{1}{2}\right) + \xi_1^2 [B, B]\left(\left[\frac{1}{2}, t\right]\right) = \int_0^t f(s)^2 \, ds.$$

上式で，極限は $\delta_n = \max_i(t_{i+1}^n - t_i^n) \to 0$ $(n \to \infty)$ における確率収束の意味である．また，$[B,B](t) = [B,B]([0,t]) = t$ は L^2-収束で成り立つ（補題 3.3.1）から，確率収束でも成り立つ（定理 2.4.12）ということを用いた．

たとえば，確率積分 $X(t) = \int_0^t B(s)\,dB(s)$ に対して定理 4.5.1 を用いれば

$$[X](t) = \int_0^t B(s)^2\,ds$$

となる．

系 4.5.2

すべての $t \leq T$ に対して $\int_0^t f(s)^2\,ds > 0$ とする．このとき，区間 $[0,t]$ における確率積分 $X(t) = \int_0^t f(s)\,dB(s)$ の変動（定義 1.10.1 参照）は無限大になる．

【証明】 定理 4.4.11 から $X(t)$ は連続である．仮に $X(t)$ が有限変動ならば，定理 1.10.4 によって連続な $X(t)$ の 2 次変分は 0 になる．しかし，定理 4.5.1 と仮定から $[X](t) > 0$ であるから矛盾する．したがって，変動は無限大になる．

注意 4.5.3 ブラウン運動と同様に，確率積分 $X(t) = \int_0^t f(s)\,dB(s)$ は t の関数として連続であるが，微分可能ではない（定理 3.3.4 参照）．

$$X_1(t) = \int_0^t f_1(s)\,dB(s), \quad X_2(t) = \int_0^t f_2(s)\,dB(s), \quad 0 \leq t \leq T$$

を同じブラウン運動 $B(t)$ に関する確率積分による確率過程とする．このとき，定理 4.4.5 (1) の線形性から，$X_1(t) + X_2(t) = \int_0^t \bigl(f_1(s) + f_2(s)\bigr) dB(s)$ となる．そこで，実数関数に対する例題 1.10.2 の分極公式に類似して，区間 $[0,t]$ における X_1 と X_2 の**共変動** $[X_1, X_2](t)$ を次のように定義する．

$$[X_1, X_2](t) = \frac{1}{2}\Bigl([X_1+X_2, X_1+X_2](t) - [X_1, X_1](t) - [X_2, X_2](t)\Bigr). \tag{4.5.4}$$

例題 4.5.1 次の等式を導け．

$$[X_1, X_2](t) = \int_0^t f_1(s)f_2(s)\,ds.$$

【解答】 定理 4.5.1 を用いると

$$[X_1 + X_2, X_1 + X_2](t) = \int_0^t \big(f_1(s) + f_2(s)\big)^2 ds$$
$$= \int_0^t \big(f_1(s)^2 + 2f_1(s)f_2(s) + f_2(s)^2\big) ds$$
$$= [X_1, X_1](t) + 2\int_0^t f_1(s)f_2(s)\, ds + [X_2, X_2](t).$$

したがって，(4.5.4) から求める等式が得られる．

問 4.5.1　対称性　$[X_1, X_2](t) = [X_2, X_1](t)$ を確かめよ．

【解答】 (4.5.4) の右辺の 2 次変分は X_1 と X_2 を入れ換えても同じ値になる．

定義 4.5.4

式 (4.5.4) の代わりに，実数値関数の場合（定義 1.10.7）と同様にして，区間 $[0,t]$ における確率積分 X_1 と X_2 の共変動 $[X_1, X_2]$ を定義することもできる．すなわち，分割 $\{t_i^n\}$ を細かくするときの "確率収束" の極限

$$[X_1, X_2](t) = \lim \sum_{i=0}^{n-1} \big(X_1(t_{i+1}^n) - X_1(t_i^n)\big)\big(X_2(t_{i+1}^n) - X_2(t_i^n)\big)$$

によって共変動を与えることもできる．

4.6　伊藤過程と確率微分

連続微分可能（微分可能で導関数が連続）な実数値関数 $x(t)$, $0 \leq t \leq T$ に対しては合成関数の微分公式から $\big(x(t)^2\big)' = 2x(t)x'(t)$ となる．この式を $x(0) = 0$ として積分すれば，次のようになる．

$$x(t)^2 = 2\int_0^t x(s)\, dx(s) = 2\int_0^t x(s)x'(s)\, ds$$
$$\iff d\big(x(t)^2\big) = 2x(t)\, dx(t) = 2x(t)x'(t)\, dt$$

しかし，$x(t)$ がブラウン運動 $B(t)$ の場合は同じようにならない．このことは次節の伊藤公式の特別な場合として説明されるものであるが，いわゆる**伊藤の修正項**が入ってくるという点で通常の微分積分とは異なっている．以下は，伊藤の確率積分からつくられる確率過程の集まりに関する考察である．

> **定義 4.6.1**
>
> 次のように表される確率過程 $X(t)$ を **伊藤過程** という．
> $$X(t) = X(0) + \int_0^t a(s)\,dt + \int_0^t b(s)\,dB(s), \quad 0 \le t \le T. \quad (4.6.1)$$
> ここで，$a(t), b(t)$ は $[0,T] \times \Omega$ 上で可測，$\mathcal{F}_t = \sigma(B(s), s \le t)$ に適合して
> $$\int_0^T |a(t)|\,dt < \infty \text{ a.s.}, \quad \int_0^T b(t)^2\,dt < \infty \text{ a.s.}$$
> を満たすとする．

$X(t)$ が (4.6.1) の積分で表されるとき

$$dX(t) = a(t)\,dt + b(t)\,dB(t) \qquad (4.6.2)$$

とかき，$dX(t)$ を $X(t)$ の **確率微分** という．

(4.6.1) における $a(t), b(t)$ は確率過程で，$X(t)$ 自身または $B(t)$，あるいは過去の見本経路 $\{B(s);\, s \le t\}$ に依存することもある．

定理 4.4.11 によって，確率微分で表される $X(t)$ は次の性質を満たす．

- $\mathcal{F}_t$-可測．
- 見本経路は連続．

> **例題 4.6.1** $X(t) = B(t)^2$ の確率微分を (4.6.2) の形でかけ．

【解答】 例題 4.2.1 から

$$B(t)^2 = t + 2\int_0^t B(s)\,dB(s) = \int_0^t ds + 2\int_0^t B(s)\,dB(s)$$
$$\iff d(B(t)^2) = dt + 2B(t)\,dB(t); \quad a(t) = 1, \quad b(t) = 2B(t)$$

問 4.6.1 $X(t) = tB(t)$ の確率微分を (4.6.2) の形でかけ．

【解答】 問 4.2.1 から

$$tB(t) = \int_0^t B(s)\,ds + \int_0^t s\,dB(s).$$
$$\iff d(tB(t)) = B(t)\,dt + t\,dB(t); \quad a(t) = B(t), \quad b(t) = t$$

1.10 節では実数値関数に対する 2 次変分と共変動の性質について考えた．以下においては，それらの性質を (4.6.1) の伊藤過程 $X(t)$ に対して考える．

はじめに，(4.6.1) を次のようにかいておく．

$$X(t) = C + F(t) + G(t),$$
$$C = X(0), \quad F(t) = \int_0^t a(s)\, ds, \quad G(t) = \int_0^t b(s)\, dB(s).$$

このとき，(4.5.2)，定義 4.5.4 から $X(t)$ の 2 次変分 $[X](t)$ を計算してみよう．

明らかに $[C](t) = [C,C](t) = [C,F](t) = [C,G](t) = 0$（定義 1.10.3，定義 1.10.7 参照）．したがって，共変動の線形性（問 1.10.2）を用いると

$$[X](t) = [X,X](t) = [F](t) + 2[F,G](t) + [G](t). \tag{4.6.3}$$

<u>Step 1</u>　$F(t)$ は連続で微分可能，$\int_0^t |F'(t)|\, dt = \int_0^t |a(t)|\, dt < \infty$ であるから，定理 1.10.2 によって F は有限変動である．すなわち，F は連続かつ有限変動．したがって，F の 2 次変分は定理 1.10.4 によって $[F](t) = 0$ となる．

<u>Step 2</u>　$G(t)$ の 2 次変分は，定理 4.5.1 によって $[G](t) = \int_0^t b(s)^2\, ds$ となる．

<u>Step 3</u>　連続な G と有限変動な F の共変動は，定理 1.10.8 によって $[F,G](t) = 0$ となる．

ゆえに，Steps 1-3 の値を (4.6.3) に代入すれば $[X](t) = [G](t)$ となる．

定理 4.6.2

(4.6.1) の伊藤過程 $X(t)$ は次の 2 次変分をもつ．

$$[X](t) = [X,X](t) = \int_0^t b(s)^2\, ds. \tag{4.6.4}$$

もしも，$X(t), Y(t)$ が同じブラウン運動 $B(t)$ に関する確率微分をもつ伊藤過程ならば，$X(t) + Y(t)$ もまた同様である．すなわち

$$dX(t) = a(t)\, dt + b(t)\, dB(t), \quad dY(t) = \alpha(t)\, dt + \beta(t)\, dB(t)$$
$$\Longrightarrow d(X(t) + Y(t)) = \bigl(a(t) + \alpha(t)\bigr) dt + \bigl(b(t) + \beta(t)\bigr) dB(t)$$

さらに，区間 $[0,t]$ における X, Y の 2 次変分は定理 4.6.2 によって存在するから，X と Y の共変動は式 (4.5.4) によって与えられる．すなわち

$$[X,Y](t) = \frac{1}{2}\Bigl([X+Y, X+Y](t) - [X,X](t) - [Y,Y](t)\Bigr). \tag{4.6.5}$$

定理 1.10.8 によって，連続な f と有限変動な g の共変動は 0 である．したがって，伊藤過程は連続であることに注意すると次の結果が得られる．

定理 4.6.3

X, Y が伊藤過程で X が有限変動のとき共変動は 0. すなわち，$[X, Y](t) = 0$.

例題 4.6.2
$X(t) = e^t$, $Y(t) = B(t)$ のとき，$[X, Y](t) = 0$ となることを確かめよ ($e^t = \exp[t] \Rightarrow [\exp, B](t) = 0$).

【解答】 $e^t = \int_0^t e^s \, ds$, $B(t) = \int_0^t 1 \, dB(s)$ と表され，共に連続な伊藤過程である．定理 1.10.2 から $X(t) = e^t$ は有限変動である．$Y(t) = B(t)$ は連続である．ゆえに，定理 4.6.3 から $[X, Y](t) = [\exp, B](t) = 0$.

問 4.6.2　$X(t) = t^2$, $Y(t) = B(t)^2$ のとき，$[X, Y](t) = 0$ となることを示せ．

【解答】 t^2 は連続で $t^2 = \int_0^t 2s \, ds$ と表され，有限変動である．また，例題 4.6.1 から $B(t)^2$ は連続な伊藤過程である．ゆえに，定理 4.6.3 から $[X, Y](t) = 0$.

定義 4.6.4

伊藤過程 $X(t), Y(t)$ に対して，確率微分 $dX(t)$, $dY(t)$ の積 $dX(t) \, dY(t)$ を次のような形式的な操作によって定める．

$$dX(t) \, dY(t) = d[X, Y](t). \quad 特に, \quad (dX(t))^2 = d[X, X](t).$$

既に学んだように，$X(t) = t$ は連続かつ有限変動で，$Y(t) = B(t)$ は連続かつ 2 次変分 t をもっていた．したがって

$$[t, B](t) = 0, \quad [t](t) = [t, t](t) = 0, \quad [B](t) = [B, B](t) = t.$$

これらの演算を定義 4.6.4 に基づいてかけば次のようになる．

$$dB(t) \, dt = d[B, t](t) = 0, \quad (dt)^2 = d[t, t](t) = 0,$$
$$(dB(t))^2 = d[B, B](t) = dt.$$

注意 4.6.5　演算をまとめると**伊藤の乗積表**が得られる．これは，ブラウン運動 $B(t)$ の増分 $\Delta B(t)$ に関する注意 3.2.10 において暗示されている．

×	dt	$dB(t)$
dt	0	0
$dB(t)$	0	dt

伊藤の乗積表は，伊藤過程のクラスを変換するとき簡便的な計算に役立つ．

★ 今後の応用においては，ブラウン運動 $B(t)$ に関する確率積分 $\int (\cdots) \, dB$ を伊藤過程 $X(t)$ に関する確率積分 $\int (\cdots) \, dX$ に拡張する必要が生じてくる（4.8-10 節，7.7 節および 8 章など参照）．はじめに，確率積分による確率過程 $X(t) = \int_0^t f(s) \, dB(s), \, 0 \leq t \leq T$, が定義されているとしよう．ここに，$f(t)$ はフィルトレーション $\{\mathcal{F}_t\}$ に適合して，$\int_0^T f(s)^2 \, ds < \infty$ a.s. を満たすものである．さらに，$h(t)$ は $\{\mathcal{F}_t\}$ に適合して，$\int_0^T h(s)^2 f(s)^2 \, ds < \infty$ a.s. を満たすものとする．このとき確率積分による確率過程 $Z(t) = \int_0^t h(s) f(s) \, dB(s)$, $0 \leq t \leq T$, を定義することができる．そして，$dX(t)$ と $f(t) \, dB(t)$ を同一視して形式的に $dX(t) = f(t) \, dB(t)$ とかけば，$Z(t)$ を $dX(t)$ に関する確率積分として次のように定義することができる．

$$Z(t) = \int_0^t h(s) \, dX(s) \overset{\text{定義}}{=} \int_0^t h(s) f(s) \, dB(s). \tag{4.6.6}$$

もっと一般に，$X(t)$ が伊藤過程で

$$dX(t) = a(t) \, dt + b(t) \, dB(t) \tag{4.6.7}$$

と表され，かつ $\int_0^t h(s)^2 b(s)^2 \, ds < \infty$ a.s., $\int_0^t |h(s) a(s)| \, ds < \infty$ a.s. ならば，$Z(t) = \int_0^t h(s) \, dX(s)$ を次のように定義することができる．

$$Z(t) = \int_0^t h(s) \, dX(s) \overset{\text{定義}}{=} \int_0^t h(s) a(s) \, ds + \int_0^t h(s) b(s) \, dB(s). \tag{4.6.8}$$

注意 4.6.6 たとえば，$v(t)$ を t 時点における株価 $X(t), \, t \in [0, T]$ の株式の保有量とすれば，$\int_0^T v(t) \, dX(t)$ は時間区間 $[0, T]$ における取引から得られる収益を表している．

最後に，同じブラウン運動 $B(t)$ に関する 2 つの伊藤過程 $X(t), Y(t)$ の共変

動を確率積分で表現してみよう．$[X,Y](t)$ は区間 $[0,t]$ の分割を細かくしたときの "確率収束" の極限

$$[X,Y](t) = \lim \sum_{i=0}^{n-1} \bigl(X(t_{i+1}^n) - X(t_i^n)\bigr)\bigl(Y(t_{i+1}^n) - Y(t_i^n)\bigr)$$

であった．ここで，右辺の和をかき直すと次のようになる．

$$\begin{aligned}
&= \sum_{i=0}^{n-1} \Bigl(X(t_{i+1}^n)Y(t_{i+1}^n) - X(t_i^n)Y(t_i^n)\Bigr) \\
&\quad - \sum_{i=0}^{n-1} X(t_i^n)\bigl(Y(t_{i+1}^n) - Y(t_i^n)\bigr) - \sum_{i=0}^{n-1} Y(t_i^n)\bigl(X(t_{i+1}^n) - X(t_i^n)\bigr) \\
&= X(t)Y(t) - X(0)Y(0) \\
&\quad - \sum_{i=0}^{n-1} X(t_i^n)\bigl(Y(t_{i+1}^n) - Y(t_i^n)\bigr) - \sum_{i=0}^{n-1} Y(t_i^n)\bigl(X(t_{i+1}^n) - X(t_i^n)\bigr).
\end{aligned}$$

上式右辺の第 2，第 3 の和はそれぞれ $\int_0^t X(s)\,dY(s)$，$\int_0^t Y(s)\,dX(s)$ に確率収束することがわかる．したがって

$$[X,Y](t) = X(t)Y(t) - X(0)Y(0) - \int_0^t X(s)\,dY(s) - \int_0^t Y(s)\,dX(s). \tag{4.6.9}$$

定理 4.6.7

伊藤過程に対しては**部分積分の公式**が成り立つ．すなわち

$$\begin{aligned}
&X(t)Y(t) - X(0)Y(0) \\
&= \int_0^t X(s)\,dY(s) + \int_0^t Y(s)\,dX(s) + [X,Y](t).
\end{aligned} \tag{4.6.10}$$

上式を微分形式でかくと，次のような**確率積の微分公式**になる．

$$d\bigl(X(t)Y(t)\bigr) = X(t)\,dY(t) + Y(t)\,dX(t) + d[X,Y](t). \tag{4.6.11}$$

理解のために，2 つの伊藤過程

$$dX(t) = a_X(t)\,dt + b_X(t)\,dB(t), \tag{4.6.12}$$
$$dY(t) = a_Y(t)\,dt + b_Y(t)\,dB(t) \tag{4.6.13}$$

に対して，定理 4.6.7 を応用してみよう．

例題 4.6.3 $X(t), Y(t)$ を (4.6.12)-(4.6.13) の伊藤過程とする．伊藤の乗積表（注意 4.6.5）を用いて次の関係式を確かめよ．

$$d(X(t)Y(t)) = X(t)\,dY(t) + Y(t)\,dX(t) + b_X(t)b_Y(t)\,dt. \quad \cdots ①$$

特に X, Y の一方が有限変動ならば，微分積分学における積の微分公式

$$d(X(t)Y(t)) = X(t)\,dY(t) + Y(t)\,dX(t) \quad \cdots ②$$

と同じになる．

【解答】 定義 4.6.4 と伊藤の乗積表から

$$\begin{aligned}
d[X,Y](t) &= dX(t)\,dY(t) \\
&= \bigl(a_X(t)\,dt + b_X(t)\,dB(t)\bigr)\bigl(a_Y(t)\,dt + b_Y(t)\,dB(t)\bigr) \\
&= a_X(t)a_Y(t)\,(dt)^2 + a_X(t)b_Y(t)\,(dt\,dB(t)) \\
&\quad + b_X(t)a_Y(t)\,(dB(t)\,dt) + b_X(t)b_Y(t)\,(dB(t))^2 \\
&= b_X(t)b_Y(t)\,dt.
\end{aligned}$$

したがって，(4.6.11) へ代入すれば①が得られる．

特に伊藤過程は連続であるから，X, Y の一方が有限変動ならば，定理 1.10.8 によって共変動は $[X, Y](t) = 0$ となる．ゆえに，②が得られる．

問 4.6.3 $dX(t) = B(t)\,dt + t\,dB(t), X(0) = 0$ とする．$X(t)$ を求めて，その分布を調べよ．

【解答】 $A = t, B = B(t)$ の共変動は $[A, B](t) = 0$. 例題 4.6.3 から

$$d(tB(t)) = A(t)\,dB(t) + B(t)\,dA(t) = t\,dB(t) + B(t)\,dt.$$

したがって，$X(t) = tB(t)$. これはブラウン運動の 1 次結合の特別な場合であるから，$X(t)$ はガウス過程で正規分布をもつ（注意 2.6.6，定理 3.4.1 参照）．

平均は $E[X(t)] = E[tB(t)] = tE[B(t)] = 0$,

共分散 $C[X(t), X(s)] = E[tB(t)sB(s)] = tsE[B(t)B(s)]$
$= ts \cdot \min\{t, s\}.$

4.7 伊藤の単純公式

$F(x)$ を 2 回連続微分可能な実数値関数とし，$x = x(t)$, $t \leq T$ を微分可能な実数値関数とする．このとき，合成関数の微分法から

$$\frac{d}{dt}F\bigl(x(t)\bigr) = F'\bigl(x(t)\bigr)x'(t), \quad dF\bigl(x(t)\bigr) = F'\bigl(x(t)\bigr)x'(t)\,dt$$

となる．さらに，両辺を 0 から $t \leq T$ まで積分すれば

$$F\bigl(x(t)\bigr) = F\bigl(x(0)\bigr) + \int_0^t F'\bigl(x(s)\bigr)x'(s)\,ds$$

となる．しかし，$x(t)$ がブラウン運動 $B(t)$ の場合，上式は成り立たない．なぜならば，定理 3.3.4 で示したように，$B(t)$ は微分できないため，導関数 $x'(t) = B'(t)$ そのものが無意味となるからである．実際には次の表現が求めるものとなる．

$$F\bigl(B(t)\bigr) = F(0) + \int_0^t F'\bigl(B(s)\bigr)\,dB(s) + \frac{1}{2}\int_0^t F''\bigl(B(s)\bigr)\,ds. \quad (4.7.1)$$

これはブラウン運動 $B(t)$ から伊藤過程を得る変換を表し，**伊藤の単純公式**とよばれる．右辺最後の 2 次微分の項は**伊藤の修正項**とよばれ，ここが微分積分との違いを表している．(4.7.1) を伊藤の確率微分でかくと次のようになる．

$$dF\bigl(B(t)\bigr) = F'\bigl(B(t)\bigr)\,dB(t) + \frac{1}{2}F''\bigl(B(t)\bigr)\,dt. \quad (4.7.2)$$

はじめに，(4.7.2) が導出される "からくり" を以下で説明しよう．

まず，テイラーの定理（定理 1.3.8）によって，$F(x)$ は x_0 の近傍で

$$F(x) = F(x_0) + F'(x_0)(x - x_0) + \frac{1}{2!}F''(x_0)(x - x_0)^2$$
$$+ \frac{1}{3!}F'''(x_0)(x - x_0)^3 + \cdots$$

と展開される．ここで，$\Delta x = x - x_0$ とおく．$F(x) = F(x_0 + \Delta x)$ であるから，Δx が十分小さければ，$(\Delta x)^3$ 以降を無視して近似的に

$$\Delta F(x_0) \stackrel{\text{定義}}{=} F(x_0 + \Delta x) - F(x_0) \approx F'(x_0)(\Delta x) + \frac{1}{2}F''(x_0)(\Delta x)^2$$

とできる．ここで，$x_0 = B(t)$, $\Delta x = \Delta B(t) = B(t + \Delta t) - B(t)$ とおく．このとき Δt が十分小さければ $\Delta B(t) \approx dB(t)$ と見なされる．また，注意 4.6.5 の乗積表から $\bigl(\Delta B(t)\bigr)^2 \approx \bigl(dB(t)\bigr)^2 = dt$ と見なされる．したがって

$$\Delta F(B(t)) \approx F'(B(t))(\Delta B(t)) + \frac{1}{2}F''(B(t))(\Delta B(t))^2$$
$$\approx F'(B(t))\,dB(t) + \frac{1}{2}F''(B(t))(dB(t))^2$$
$$\approx F'(B(t))\,dB(t) + \frac{1}{2}F''(B(t))\,dt \Longrightarrow (4.7.2)$$

ゆえに，上式を積分形に直せば伊藤の単純公式 (4.7.1) が得られる．

定理 4.7.1

$B(t)$ を $[0,T]$ 上のブラウン運動とし，$F(x)$ を $\mathbb{R}$ 上の 2 回連続微分可能な実数値関数とする．このとき，任意の $t \le T$ に対して $F(B(t))$ は伊藤過程になり，(4.7.1) が成り立つ．すなわち，確率微分は (4.7.2) を満たす．

【証明】 はじめに，(4.7.1) の右辺第 1 項の確率積分は系 4.4.7 によって定義され，右辺第 2 項のリーマン積分は被積分関数の連続性によって定義されることに注意する．区間 $[0,t]$ の分割を $0 = t_0^n < t_1^n < \cdots < t_n^n = t$ とする．このとき，明らかに

$$F(B(t)) = F(0) + \sum_{i=0}^{n-1} F(B(t_{i+1}^n)) - F(B(t_i^n)).$$

ここで，テイラーの定理を $F(B(t_{i+1}^n)) - F(B(t_i^n))$ に応用すれば

$$F(B(t_{i+1}^n)) - F(B(t_i^n)) = F'(B(t_i^n))(B(t_{i+1}^n) - B(t_i^n))$$
$$+ \frac{1}{2}F''(\theta_i^n)(B(t_{i+1}^n) - B(t_i^n))^2$$

となる．ただし，$\theta_i^n \in (B(t_i^n), B(t_{i+1}^n))$．$a = B(t_i^n)$ と $b = B(t_{i+1}^n)$ の大小は偶然に影響されるから，θ_i^n は a と b の間の値という意味である．したがって

$$F(B(t)) = F(0) + \sum_{i=0}^{n-1} F'(B(t_i^n))(B(t_{i+1}^n) - B(t_i^n))$$
$$+ \frac{1}{2}\sum_{i=0}^{n-1} F''(\theta_i^n)(B(t_{i+1}^n) - B(t_i^n))^2. \quad (4.7.3)$$

(4.7.3) で $\delta_n = \max_{0 \le i \le n-1}(t_{i+1}^n - t_i^n) \to 0$ のとき，次を示せばよい．

<u>Step 1</u> 右辺第 1 項の和は $\int_0^t F'(B(t))\,dB(t)$ に収束する．

<u>Step 2</u> 右辺第 2 項の和は $\int_0^t F''(B(s))\,ds$ に収束する．

注意 4.4.8 から $f(t) = F'\bigl(B(t)\bigr)$ の確率積分は導出できるので，Step 1 は既知としてよい．Step 2 は下の補題 4.7.2 で $G = F''$ とした結果である．これらによって定理が得られるから，補題 4.7.2 を示しておけばよい．

> **補題 4.7.2**
>
> $G(x)$ が連続関数で，$\{t_i^n\}$ が区間 $[0,t]$ の分割ならば，任意の $\theta_i^n \in \bigl(B(t_i^n), B(t_{i+1}^n)\bigr)$ に対して確率収束（定義 2.4.7）の意味で次が成り立つ．
> $$\lim_{\delta_n \to 0} \sum_{i=0}^{n-1} G(\theta_i^n)\bigl(B(t_{i+1}^n) - B(t_i^n)\bigr)^2 = \int_0^t G\bigl(B(s)\bigr)\,ds. \qquad (4.7.4)$$

【証明】 はじめに，θ_i^n が $\bigl(B(t_i^n), B(t_{i+1}^n)\bigr)$ の左端で $\theta_i^n = B(t_i^n)$ となっている場合を考える．このとき，$\delta_n \to 0$ において，次が成り立つことを示す．

$$\sum_{i=0}^{n-1} G\bigl((B(t_i^n)\bigr)\bigl(B(t_{i+1}^n) - B(t_i^n)\bigr)^2 \to \int_0^t G\bigl(B(s)\bigr)\,ds. \quad \text{（確率収束）} \tag{4.7.5}$$

$G\bigl(B(t)\bigr)$ は連続であるから，定積分の定義から次の収束に注意しておく．

$$\sum_{i=0}^{n-1} G\bigl((B(t_i^n)\bigr)\bigl(t_{i+1}^n - t_i^n\bigr) \to \int_0^t G\bigl(B(s)\bigr)\,ds. \quad \text{（ほとんど確実に，a.s.）} \tag{4.7.6}$$

以下では，(4.7.5) と (4.7.6) の差を考えて，次の収束を示すことになる．

$$\sum_{i=0}^{n-1} G\bigl((B(t_i^n)\bigr)\bigl(B(t_{i+1}^n) - B(t_i^n)\bigr)^2 - \sum_{i=0}^{n-1} G\bigl((B(t_i^n)\bigr)\bigl(t_{i+1}^n - t_i^n\bigr) \to 0.$$
$$\text{（}L^2\text{-収束）} \tag{4.7.7}$$

ここで $\Delta_i^n B = B(t_{i+1}^n) - B(t_i^n)$, $\Delta_i^n t = t_{i+1}^n - t_i^n$ とおく．簡単のために，$G(x)$ は有界，すなわち，$|G(x)| \leq C$ を満たす正数 C があるとする．このとき (4.7.7) の収束は，左辺の 2 乗平均を次のように評価して確かめられる．

$$E\left[\left|\sum_{i=0}^{n-1} G\bigl(B(t_i^n)\bigr)\bigl((\Delta_i^n B)^2 - \Delta_i^n t\bigr)\right|^2\right]$$

$$= \sum_{i,j=0}^{n-1} E\Big[G\big(B(t_i^n)\big)G\big(B(t_j^n)\big)\big((\Delta_i^n B)^2 - \Delta_i^n t\big)\big((\Delta_j^n B)^2 - \Delta_j^n t\big)\Big]$$

$$= \sum_{i=0}^{n-1} E\Big[\big|G\big(B(t_i^n)\big)\big((\Delta_i^n B)^2 - \Delta_i^n t\big)\big|^2\Big] \qquad \cdots ①$$

$$= \sum_{i=0}^{n-1} E\Big[\big|G\big(B(t_i^n)\big)\big|^2\Big] E\Big[\big|(\Delta_i^n B)^2 - \Delta_i^n t\big|^2\Big] \qquad \cdots ②$$

$$\leq C^2 \sum_{i=0}^{n-1} E\Big[\big|(\Delta_i^n B)^2 - \Delta_i^n t\big|^2\Big] = 2C^2 \sum_{i=0}^{n-1} (\Delta_i^n t)^2 \qquad \cdots ③$$

$$\leq \delta_n 2C^2 \sum_{i=0}^{n-1} \Delta_i^n t = \delta_n 2C^2 t \to 0 \quad (\delta_n = \max_{0 \leq i \leq n-1} \Delta_i^n t \to 0) \qquad \cdots ④$$

①の確認.

 $i < j$ ならば, $X = G\big(B(t_i^n)\big)G\big(B(t_j^n)\big)\big((\Delta_i^n B)^2 - \Delta_i^n t\big)$ と $Y = (\Delta_j^n B)^2 - \Delta_j^n t$ は独立である. この場合, 定理 2.5.7 から $E[XY] = E[X]E[Y]$. しかも, 問 3.1.2 から $E[(\Delta_i^n B)^2] = \Delta_i^n t$ であるから $E[Y] = 0$. したがって, $E[XY] = 0$ となる. $i > j$ のときも同様で, 積和において異なる添え字 i, j の項は消えてしまう. 結局, 同じ添え字 $i = j$ の項だけが残り, ①が得られる.

②の確認.

 $G\big(B(t_i^n)\big)$ はブラウン運動のフィルトレーションに適合して $\mathcal{F}_{t_i^n}$-可測, $\big((\Delta_i^n B)^2 - \Delta_i^n t\big)$ は $\mathcal{F}_{t_i^n}$ と独立である. 結局, $G\big(B(t_i^n)\big)$ は $\big((\Delta_i^n B)^2 - \Delta_i^n t\big)$ と独立. 2 つが独立なとき, 積の平均はそれぞれの平均の積になるから, ②が得られる.

③の確認.

 $|G(x)| \leq C$ の仮定から, $E\Big[\big|G\big(B(t_i^n)\big)\big|^2\Big] \leq C^2$. 補題 3.2.3 から, $\Delta_i^n B$ は正規分布 $N(0, \Delta_i^n t)$ に従い, $E\big[(\Delta_i^n B)^2\big] = \Delta_i^n t$. さらに, 注意 3.1.2 のブラウン運動の 4 次積率に対する評価を用いると $E\big[(\Delta_i^n B)^4\big] = 3(\Delta_i^n t)^2$. したがって

$$E\Big[\big|(\Delta_i^n B)^2 - \Delta_i^n t\big|^2\Big] = E\Big[(\Delta_i^n B)^4 - 2(\Delta_i^n B)^2(\Delta_i^n t) + (\Delta_i^n t)^2\Big]$$
$$= 3(\Delta_i^n t)^2 - 2(\Delta_i^n t)^2 + (\Delta_i^n t)^2 = 2(\Delta_i^n t)^2.$$

i についての和をとれば, ③が得られる.

 以上で, ①-③が確認された. したがって, $\delta_n \to 0$ における④の収束から (4.7.7) が L^2-収束(同時に確率収束)であることが示された. このことから, (4.7.6), (4.7.5) それぞれの近似和は同じ極限をもつことになり, 結局 (4.7.5) が得られる.

次に, θ_i^n が任意に選ばれる場合を考える. このとき $\delta_n \to 0$ において

$$\sum_{i=0}^{n-1} \bigl(G(\theta_i^n) - G(B(t_i^n))\bigr)\bigl(B(t_{i+1}^n) - B(t_i^n)\bigr)^2$$
$$\leq \max_{0 \leq i \leq n-1} \Bigl(G(\theta_i^n) - G(B(t_i^n))\Bigr) \sum_{i=0}^{n-1} \Bigl(B(t_{i+1}^n) - B(t_i^n)\Bigr)^2 \to 0. \tag{4.7.8}$$

実際,右辺第 1 項 $\max(\cdots)$ は,G と B の連続性によって,ほとんど確実に (a.s.) 0 に収束する. 右辺第 2 項 $\sum(\cdots)$ は,補題 3.3.1 によって, ブラウン運動の 2 次変分 t に L^2-収束(したがって確率収束)する. 結局, (4.7.8) は確率収束で成り立つ. 以上から, 2 つの和 $\sum_{i=0}^{n-1} G(\theta_i^n)(\Delta_i^n B)^2$ と $\sum_{i=0}^{n-1} G(B(t_i^n))(\Delta_i^n B)^2$ は, 同じ値を確率収束の極限としてもつ. ゆえに, (4.7.5) から (4.7.4) が得られる.

★ 定理 4.7.1 と補題 4.7.2 の証明においては, L^2-収束 $\Rightarrow$ 確率収束(定理 2.4.12), ほとんど確実に (a.s.) 収束 $\Rightarrow$ 確率収束(定理 2.4.10 (1)), に注意されたい. また確率収束ならば, $\{n\}$ の部分列 $\{n_k\}$ で, $n_k \to \infty$ のとき, ほとんど確実に (a.s.) 収束するものが選べる(定理 2.4.10 (3))から, 伊藤の単純公式 (4.7.1) は, この意味で a.s. に成り立つと理解できる.

例題 4.7.1 $m \geq 2$ のとき, 次式を確かめよ.
$$B(t)^m = m \int_0^t B(s)^{m-1} \, dB(s) + \frac{1}{2} m(m-1) \int_0^t B(s)^{m-2} \, ds, \quad t \leq T.$$
すなわち
$$d\bigl(B(t)^m\bigr) = m B(t)^{m-1} \, dB(t) + \frac{1}{2} m(m-1) B(t)^{m-2} \, dt.$$
特に, $m = 2$ の場合は
$$B(t)^2 = 2 \int_0^t B(s) \, dB(s) + t. \quad \text{(かき直せば, 例題 4.2.1 と同じ結果)}$$

【解答】 $F(x) = x^m$ とおく. $F'(x) = m x^{m-1}$, $F''(x) = m(m-1) x^{m-2}$ であるから, $x = B(t)$ として (4.7.1)-(4.7.2) を応用すればよい.

問 4.7.1 次式を示せ.
$$e^{B(t)} = 1 + \int_0^t e^{B(s)} \, dB(s) + \frac{1}{2} \int_0^t e^{B(s)} \, ds.$$

4.7 伊藤の単純公式

【解答】 $F(x) = e^x$ とおく．$F'(x) = F''(x) = e^x$ であるから，$x = B(t)$ として (4.7.1)-(4.7.2) を応用すればよい．

注意 4.7.3 2変数関数 $F(x, y)$ は点 (a, b) の近傍で偏微分可能，かつ x, y に関する偏導関数

$$F'_x = \frac{\partial F}{\partial x}, \ F'_y = \frac{\partial F}{\partial y}, \ F''_{xx} = \frac{\partial^2 F}{\partial x^2}, \ F''_{xy} = \frac{\partial^2 F}{\partial x \partial y}, \ F''_{yy} = \frac{\partial^2 F}{\partial y^2}, \cdots$$

は連続とする．このとき，2変数関数に対するテイラーの定理（定理1.5.10）から F を展開する．もしも h, k が十分小さいとすれば，$h^m k^n$，$m + n \geq 3$ が現れる項を無視して次のような近似式が得られる．

$$\begin{aligned}
F(a+h, b+k) &- F(a, b) \\
&\approx \left(h F'_x(a, b) + k F'_y(a, b) \right) \\
&\quad + \frac{1}{2} \left(h^2 F''_{xx}(a, b) + 2hk F''_{xy}(a, b) + k^2 F''_{yy}(a, b) \right).
\end{aligned}$$

ここで，$(a, b) = (x, y)$，$(h, k) = (\Delta x, \Delta y)$ とおく．ただし，$\Delta x, \Delta y$ はそれぞれ x, y の微小な変化量である．さらに，$\Delta x, \Delta y$ に対応する関数 F の変化量を $\Delta F(x, y)$ とおく．すなわち，$\Delta F(x, y) = F(x + \Delta x, y + \Delta y) - F(x, y)$．

これらの記法で上記の近似式をかき直せば，次のようになる．

$$\begin{aligned}
\Delta F(x, y) &\approx \left(F'_x(x, y)(\Delta x) + F'_y(x, y)(\Delta y) \right) \\
&\quad + \frac{1}{2} \left(F''_{xx}(x, y)(\Delta x)^2 + 2 F''_{xy}(x, y)(\Delta x)(\Delta y) + F''_{yy}(x, y)(\Delta y)^2 \right).
\end{aligned}$$

したがって，微小な変化量を改めて $\Delta F(x, y) = dF(x, y)$，$\Delta x = dx$，$\Delta y = dy$ とかき直せば，次のような近似式が得られる．

$$\begin{aligned}
dF(x, y) &\approx \left(F'_x(x, y)(dx) + F'_y(x, y)(dy) \right) \\
&\quad + \frac{1}{2} \left(F''_{xx}(x, y)(dx)^2 + 2 F''_{xy}(x, y)(dx)(dy) + F''_{yy}(x, y)(dy)^2 \right).
\end{aligned} \tag{4.7.9}$$

近似式 (4.7.9) において，$(x, y) \leftrightarrow (t, x)$ と対応させ，2変数関数 $F(t, x)$ を考え，$x = B(t)$ を代入する．このとき $(dt, dx) \leftrightarrow (dt, dB)$ と対応するから

$$\begin{aligned}
dF(t, B) &\approx \left(F'_t(t, B)(dt) + F'_x(t, B)(dB) \right) \\
&\quad + \left(\frac{1}{2} F''_{tt}(t, B)(dt)^2 + F''_{tx}(t, B)(dt)(dB) + \frac{1}{2} F''_{xx}(t, B)(dB)^2 \right).
\end{aligned} \tag{4.7.10}$$

ここで，伊藤の乗積表（注意 4.6.5）を用いると

$$(dt)^2 = 0, \quad (dt)(dB) = 0, \quad (dB)^2 = dt.$$

ゆえに，(4.7.10) をかき直せば，**伊藤の単純公式**として次の結果が得られる．

定理 4.7.4

$B(t)$ を $[0,T]$ 上のブラウン運動とし，$F(t,x)$ を $t \geq 0$, $x \in \mathbb{R}$ について連続な偏導関数 $F'_t(t,x), F'_x(t,x), F''_{xx}(t,x)$ をもつ関数とする．このとき，$F(t,B(t))$, $t \leq T$ は伊藤過程になり，確率微分は次のように表される．

$$dF(t,B(t)) = \left(F'_t(t,B(t)) + \frac{1}{2} F''_{xx}(t,B(t)) \right) dt + F'_x(t,B(t))\, dB(t). \tag{4.7.11}$$

注意 4.7.5 (4.7.11) は，合成関数の偏微分法（定理 1.5.5）

$$\frac{d}{dt} F(t,x(t)) = F'_t(t,x(t)) + F'_x(t,x(t)) x'(t),$$

において，形式的に $x(t) = B(t)$, $x'(t)\, dt = dB(t)$ と解釈したとき，$\frac{1}{2} F''_{xx}(t,B(t))\, dt$（**伊藤の修正項**）が付加された表現になっている．

例題 4.7.2 $X(t) = e^{B(t) - \frac{1}{2}t}$ とおく．$X(t)$ は次式を満たすことを確かめよ．

$$dX(t) = X(t)\, dB(t).$$

この $X(t)$ は**幾何ブラウン運動**とよばれるものの 1 つである．

【解答】 $F(t,x) = e^{x - \frac{1}{2}t}$ とおく．このとき，$F(t,B(t)) = X(t)$. また，

$$F'_t(t,x) = -\frac{1}{2} F(t,x), \quad F'_x(t,x) = F''_{xx}(t,x) = F(t,x).$$

ゆえに，(4.7.11) に代入して

$$dX(t) = dF(t,B(t))$$
$$= \left(-\frac{1}{2} F(t,B(t)) + \frac{1}{2} F(t,B(t)) \right) dt + X(t)\, dB(t) = X(t)\, dB(t).$$

問 4.7.2 (4.7.11) を用いて, $d\bigl(tB(t)\bigr)$ を確率微分で表せ (問 4.6.1 参照).
【解答】 $F(t,x) = tx$ とおく. このとき, $F\bigl(t,B(t)\bigr) = tB(t)$. また, $F'_t(t,x) = x$, $F'_x(t,x) = t$, $F''_{xx}(t,x) = 0$. したがって, (4.7.11) から

$$d\bigl(tB(t)\bigr) = dF\bigl(t,B(t)\bigr) = B(t)\,dt + t\,dB(t).$$

4.8 伊藤の一般公式

ブラウン運動 $B(t)$ を伊藤の単純公式によって変換すれば新たな伊藤過程を得ることができた. 以下においては, 確率微分が

$$dX(t) = a(t)\,dt + b(t)\,dB(t), \quad 0 \le t \le T \qquad (4.8.1)$$

と表される伊藤過程 $X(t)$ を変換して新たな伊藤過程をつくる一般公式を導出したい. そのために, 2 変数の実数値関数 $F(x,y)$ にテイラーの定理を応用した前節の近似式 (4.7.9) を用いる.

(4.7.9) において, $(x,y) \leftrightarrow (t,x)$ と対応させ, 2 変数関数 $F(t,x)$ を考え, $x = X(t)$ を代入する. このとき $(dt,dx) \leftrightarrow (dt,dX)$ と対応するから

$$\begin{aligned}dF(t,X) \approx &\bigl(F'_t(t,X)\,(dt) + F'_x(t,X)\,(dX)\bigr) \\ &+ \left(\frac{1}{2}F''_{tt}(t,X)\,(dt)^2 + F''_{tx}(t,X)\,(dt)(dX) + \frac{1}{2}F''_{xx}(t,X)\,(dX)^2\right).\end{aligned} \qquad (4.8.2)$$

ここで, (4.8.1) の $X(t)$ に対して, 2 次変分 (定理 4.6.2), 確率微分の積 (定義 4.6.4) および伊藤の乗積表 (注意 4.6.5) を用いると次のようになる.

$$dt\,dX = a\,(dt)^2 + b\,(dt\,dB) = 0,$$
$$(dX)^2 = a^2\,(dt)^2 + 2ab\,(dt\,dB) + b^2\,(dB)^2 = b^2\,dt.$$

これらを (4.8.2) に代入すれば**伊藤の一般公式**が次のように得られる.

定理 4.8.1

$X(t)$ を (4.8.1) で与えられた $[0,T]$ 上の伊藤過程とする. $F(t,x)$ は連続な偏導関数 $F'_t(t,x), F'_x(t,x), F''_{xx}(t,x)$ をもつとする. このとき, $F\bigl(t,X(t)\bigr), t \le T$ は伊藤過程となり, 確率微分は次のように表される.

$$dF(t, X(t)) = F'_t(t, X(t))\, dt + F'_x(t, X(t))\, dX(t) + \frac{1}{2} F''_{xx}(t, X(t)) b(t)^2\, dt$$
$$= \left(F'_t(t, X(t)) + F'_x(t, X(t)) a(t) + \frac{1}{2} F''_{xx}(t, X(t)) b(t)^2 \right) dt$$
$$+ F'_x(t, X(t)) b(t)\, dB(t). \tag{4.8.3}$$

例題 4.8.1 $Y(t) = \sigma e^{-\alpha t} \int_0^t e^{\alpha s}\, dB(s),\ \alpha > 0,\ \sigma > 0$ とする．このとき，$Y(t)$ はランジュバン方程式とよばれる次式を満たすことを確かめよ．
$$dY(t) = -\alpha Y(t)\, dt + \sigma\, dB(t).$$
$Y(t)$ はオルンシュタイン・ウーレンベック過程（OU 過程）とよばれる．

【解答】 $X(t) = \sigma \int_0^t e^{\alpha s}\, dB(s)$ とおく．すなわち，$dX(t) = \sigma e^{\alpha t}\, dB(t)$．
$F(t, x) = e^{-\alpha t} x$ とおく．このとき $Y(t) = e^{-\alpha t} X(t) = F(t, X(t))$．また，
$$F'_t(t, x) = -\alpha e^{-\alpha t} x, \quad F'_x(t, x) = e^{-\alpha t}, \quad F''_{xx}(t, x) = 0.$$
これらを伊藤の一般公式 (4.8.3) に代入すればよい．
$$dY(t) = d(e^{-\alpha t} X(t)) = -\alpha e^{-\alpha t} X(t)\, dt + e^{-\alpha t}(\sigma e^{\alpha t})\, dB(t)$$
$$= -\alpha Y(t)\, dt + \sigma\, dB(t).$$

問 4.8.1 $dX(t) = X(t)\, dB(t) + \frac{1}{2} X(t)\, dt$ とする．$X(0) > 0$ のとき，$X(t) > 0$ となることを示せ．

【解答】 $X(t)$ と $F(x) = \log x$ に伊藤の一般公式 (4.8.3) を応用する．
$F'_x(x) = \frac{1}{x},\ F''_{xx}(x) = -\frac{1}{x^2}$ であるから
$$d \log X(t) = \frac{1}{X(t)} \cdot dX(t) - \frac{1}{2 X(t)^2} \cdot X(t)^2\, dt$$
$$= \frac{1}{X(t)} \left(X(t)\, dB(t) + \frac{1}{2} X(t)\, dt \right) - \frac{1}{2 X(t)^2} \cdot X(t)^2\, dt$$
$$= dB(t) + \frac{1}{2}\, dt - \frac{1}{2}\, dt = dB(t).$$

したがって，$\log X(t) = \log X(0) + \int_0^t dB(s) = \log X(0) + B(t)$．すなわち，$X(t) = X(0) e^{B(t)}$．ゆえに，$X(0) > 0$ ならば，$X(t) > 0$．

次に，$X(t), Y(t)$ が同じブラウン運動 $B(t)$ に関する伊藤過程のとき，ペアの変量 $(X(t), Y(t))$ に対する伊藤の公式を求めてみよう．そのために，$X(t)$, $Y(t)$ を確率微分の形で次のように表しておく．

$$dX(t) = a_X(t)\,dt + b_X(t)\,dB(t), \quad dY(t) = a_Y(t)\,dt + b_Y(t)\,dB(t). \tag{4.8.4}$$

さらに，2変数関数 $F(x, y)$ に関する前節の近似式 (4.7.9) を用いる．

(4.7.9) において，$(x, y) \leftrightarrow (X, Y)$ と対応させる．このとき $(dx, dy) \leftrightarrow (dX, dY)$ と対応するから

$$\begin{aligned}dF(X, Y) &\approx \Big(F'_x(X, Y)(dX) + F'_y(X, Y)(dY)\Big) \\&\quad + \Big(\frac{1}{2}F''_{xx}(X, Y)(dX)^2 + F''_{xy}(X, Y)(dX)(dY) + \frac{1}{2}F''_{yy}(X, Y)(dY)^2\Big).\end{aligned} \tag{4.8.5}$$

ここで，伊藤過程に対する2次変分（定理 4.6.2），確率微分の積（定義 4.6.4）および伊藤の乗積表（注意 4.6.5）を用いると

$$\begin{aligned}(dX)^2 &= dX\,dX = d[X, X](t) = d[X](t) = b_X^2\,dt, \\(dY)^2 &= dY\,dY = d[Y, Y](t) = d[Y](t) = b_Y^2\,dt, \\dX\,dY &= d[X, Y](t) = b_X b_Y\,dt. \quad (\text{例題 4.5.1})\end{aligned}$$

したがって，(4.8.5) からペアに関する**伊藤の一般公式**が次のように得られる．

定理 4.8.2

$X(t), Y(t)$ を (4.8.4) で与えられた $[0, T]$ 上の伊藤過程とし，$F(x, y)$ を $x, y \in \mathbb{R}$ について連続な偏導関数 $F'_x, F'_y, F''_{xx}, F''_{xy}, F''_{yy}$ をもつ関数とする．このとき，$F(X(t), Y(t))$ は伊藤過程となり，確率微分は次のように表される．

$$\begin{aligned}dF(X(t), Y(t)) &= F'_x(X(t), Y(t))\,dX(t) + F'_y(X(t), Y(t))\,dY(t) \\&\quad + \frac{1}{2}F''_{xx}(X(t), Y(t))b_X(t)^2\,dt + F''_{xy}(X(t), Y(t))b_X(t)b_Y(t)\,dt \\&\quad + \frac{1}{2}F''_{yy}(X(t), Y(t))b_Y(t)^2\,dt.\end{aligned} \tag{4.8.6}$$

次の例題は，伊藤過程に関する部分積分の公式（定理 4.6.7）と確率積の微分公式（例題 4.6.3）が，定理 4.8.2 からも導かれることを示している．

例題 4.8.2 $F(x,y) = xy$ に定理 4.8.2 を応用して，$d(X(t)Y(t))$ を求めよ．

【解答】 $F'_x = y$, $F'_y = x$, $F''_{xy} = 1$, $F''_{xx} = F''_{yy} = 0$. したがって，(4.8.6) から

$$d(X(t)Y(t)) = Y(t)\,dX(t) + X(t)\,dY(t) + b_X(t)b_Y(t)\,dt.$$

問 4.8.2 (4.8.4) の $X(t), Y(t)$ において，$Y(t) = t$ とおく．定理 4.8.2 を応用して $X(t)$ に関する伊藤の一般公式 (4.8.3) を導け．

【解答】 $dY(t) = 1\,dt + 0\,dB(t) = dt$; $a_Y(t) = 1$, $b_Y(t) = 0$. (4.8.6) から

$$dF(X(t),t) = F'_x(X(t),t)\,dX(t) + F'_t(X(t),t)\,dt + \frac{1}{2}F''_{xx}(X(t),t)b_X(t)^2\,dt.$$

4.9 多次元の伊藤公式

定理 4.8.2 は多次元ブラウン運動（定義 3.1.3）から導かれる伊藤過程に対する公式に拡張される．

はじめに，$\boldsymbol{B}(t) = (B_1(t), B_2(t), \ldots, B_m(t))$ を m 次元ブラウン運動とする．すなわち，各成分 $B_i(t)$, $i = 1, 2, \ldots, m$ は独立な（1次元）ブラウン運動とする．このとき，$\mathcal{F}_t = \sigma(\boldsymbol{B}(s), s \leq t)$ とおく．そして，任意の $t \in [0, T]$ に対して次のように表される n 個の伊藤過程を考える．

$$X_i(t) = X_i(0) + \int_0^t a_i(s)\,ds + \sum_{j=1}^m \int_0^t b_{ij}(s)\,dB_j(s), \quad 1 \leq i \leq n. \quad (4.9.1)$$

ここで，$a_i(t)$, $b_{ij}(t)$, $1 \leq i \leq n$, $1 \leq j \leq m$ は伊藤過程の定義 4.6.1 における係数の条件を満たすものとする．すなわち，$\mathcal{F}_t$ に適合して

$$\int_0^T |a_i(t)|\,dt < \infty \text{ a.s.}, \int_0^T b_{ij}(t)^2\,dt < \infty \text{ a.s.}$$

ベクトルと行列の積に関する演算を適用する場合には，以下のように表す．

$$\boldsymbol{B}(t) = \begin{pmatrix} B_1(t) \\ \vdots \\ B_m(t) \end{pmatrix}, \quad \boldsymbol{X}(t) = \begin{pmatrix} X_1(t) \\ \vdots \\ X_n(t) \end{pmatrix},$$

$$\boldsymbol{a}(t) = \begin{pmatrix} a_1(t) \\ \vdots \\ a_n(t) \end{pmatrix}, \quad \boldsymbol{b}(t) = \begin{pmatrix} b_{11}(t) & \cdots & b_{1m}(t) \\ \vdots & \ddots & \vdots \\ b_{n1}(t) & \cdots & b_{nm}(t) \end{pmatrix}.$$

このとき，$\boldsymbol{b}(t)\,d\boldsymbol{B}(t)$ は $n \times m$ 型と $m \times 1$ 型の行列積で $n \times 1$ 型，すなわち n 次元列ベクトルになる．したがって，成分表示の (4.9.1) は

$$\boldsymbol{X}(t) = \boldsymbol{X}(0) + \int_0^t \boldsymbol{a}(s)\,ds + \int_0^t \boldsymbol{b}(s)\,d\boldsymbol{B}(s), \quad 0 \leq t \leq T \quad (4.9.1)'$$

と表される．

$[0,T] \times \mathbb{R}^n = \{(t,x); t \in [0,T],\ x = (x_1, \ldots, x_n) \in \mathbb{R}^n\}$ とおく．$[0,T] \times \mathbb{R}^n$ 上の実数値関数 F に対して，偏導関数を

$$F'_t = \frac{\partial F}{\partial t}, \quad F'_{x_i} = \frac{\partial F}{\partial x_i}, \quad F''_{x_i x_j} = \frac{\partial^2 F}{\partial x_i \partial x_j}, \quad 1 \leq i, j \leq n \quad (4.9.2)$$

とかく．このとき，定理 4.8.2 は**多次元の伊藤公式**として次のように拡張される．

定理 4.9.1

$X_i(t),\ 1 \leq i \leq n$ を (4.9.1) で与えられた $[0,T]$ 上の伊藤過程とする．$F(t, x_1, \ldots, x_n)$ を $[0,T] \times \mathbb{R}^n$ 上の関数とし，連続な偏導関数 (4.9.2) をもつとする．このとき，$F(t, X_1(t), \ldots, X_n(t))$ は伊藤過程となり，確率微分は次のように表される．

$$dF(t, X_1(t), \ldots, X_n(t))$$
$$= F'_t(t, X_1(t), \ldots, X_n(t))\,dt + \sum_{i=1}^n F'_{x_i}(t, X_1(t), \ldots, X_n(t))\,dX_i(t)$$
$$+ \frac{1}{2} \sum_{i,j=1}^n F''_{x_i x_j}(t, X_1(t), \ldots, X_n(t))\,dX_i(t)\,dX_j(t). \quad (4.9.3)$$

注意 4.9.2 (4.9.3) の $dX_i(t)\,dX_j(t)$ は伊藤の乗積表を用いて計算される．

×	$dB_j(t)$	dt
$dB_i(t)$	$\delta_{ij}\,dt$	0
dt	0	0

$$\delta_{ij} = \begin{cases} 1 & (i=j) \\ 0 & (i \neq j) \end{cases}$$

したがって，伊藤過程に対する共変動の線形性から次式が成り立つ．

$$dX_i(t)\,dX_j(t) = d[X_i, X_j](t) = Q_{ij}(t)\,dt, \quad Q_{ij}(t) = \sum_{k=1}^{m} b_{ik}(t) b_{jk}(t). \tag{4.9.4}$$

★ 乗積表において，積 $dB_i(t)\,dB_j(t) = 0\ (i \neq j)$ は記号的な表現であるが，これは注意 3.2.10 に類似して，以下の評価から導出される．

$B_1(t)$ と $B_2(t)$ を 2 つの独立なブラウン運動とし，$0 = t_0^n < t_1^n < \cdots < t_n^n = t$ を区間 $[0,t]$ の分割とする．また，

$$T_n = \sum_{i=0}^{n-1} \bigl(B_1(t_{i+1}^n) - B_1(t_i^n)\bigr)\bigl(B_2(t_{i+1}^n) - B_2(t_i^n)\bigr)$$

とおく．このとき，ブラウン運動 B_1, B_2 の独立性から $E[T_n] = 0$．さらに，ブラウン運動の増分の独立性を用いると

$$V[T_n] = E[T_n^2] = \sum_{i=0}^{n-1} E\bigl[\bigl(B_1(t_{i+1}^n) - B_1(t_i^n)\bigr)^2\bigr] E\bigl[\bigl(B_2(t_{i+1}^n) - B_2(t_i^n)\bigr)^2\bigr]$$

$$= \sum_{i=0}^{n-1} (t_{i+1}^n - t_i^n)^2 \leq \delta_n \cdot t \to 0 \quad \bigl(\delta_n = \max_{0 \leq i \leq n-1}(t_{i+1}^n - t_i^n) \to 0\bigr).$$

すなわち，T_n は，$\delta_n \to 0$ のとき，0 に L^2-収束している．L^2-収束ならば確率収束であることに注意すると，B_1, B_2 に対して確率収束で与えられる定義 4.5.4 の共変動は，$[B_1, B_2](t) = 0$ となる．ゆえに，定義 4.6.4 の記法から $dB_1(t)dB_2(t) = d[B_1, B_2](t) = 0$．同様に，$i \neq j$ ならば $[B_i, B_j](t) = 0$ となる．

★ 定理 4.9.1 を (4.8.4) で与えられた伊藤過程 $X(t), Y(t)$ と関数 $F(x,y) = xy$ に応用しよう．$F_x' = y,\ F_y' = x,\ F_{xy} = 1,\ F_{xx}'' = F_{yy}'' = 0$ であるから，(4.9.3) を用いれば次のようになる．

$$d\bigl(X(t)Y(t)\bigr) = Y(t)\,dX(t) + X(t)\,dY(t) + \frac{1}{2}dX(t)\,dY(t) + \frac{1}{2}dY(t)\,dX(t)$$

$$= Y(t)\,dX(t) + X(t)\,dY(t) + dX(t)\,dY(t). \tag{4.9.5}$$

これは，定理 4.6.7 と例題 4.8.2 における**確率積の微分公式**と同じである．

4.9 多次元の伊藤公式

定理 4.9.1 を $m = n$ として n 次元ブラウン運動 $\boldsymbol{B}(t)$ に適用すれば，定理 4.7.1 で示された伊藤の単純公式は n 次元の公式になる．

系 4.9.3

$(B_1(t), B_2(t), \ldots, B_n(t))$ を $[0, T]$ 上の n 次元ブラウン運動とし，$F(x_1, \ldots, x_n)$ を $\mathbb{R}^n$ 上の 2 回連続微分可能な関数とする．このとき，次が成り立つ．

$$dF\big(B_1(t), B_2(t), \ldots, B_n(t)\big)$$
$$= \sum_{i=1}^{n} F'_{x_i}\big(B_1(t), B_2(t), \ldots, B_n(t)\big) dB_i(t)$$
$$+ \frac{1}{2} \sum_{i=1}^{n} F''_{x_i x_i}\big(B_1(t), B_2(t), \ldots, B_n(t)\big) dt. \quad (4.9.6)$$

例題 4.9.1 $X(t) = \cos B(t)$, $Y(t) = \sin B(t)$, $\boldsymbol{V}(t) = \begin{pmatrix} X(t) \\ Y(t) \end{pmatrix}$ とおく．$\boldsymbol{V}(t)$ は時刻 t における単位円上の動点で，その角度はブラウン運動の影響を受けている．$\boldsymbol{V}(t)$ を $(4.9.1)'$ のようにベクトル方程式で表せ．

【解答】 成分 $X(t), Y(t)$ に伊藤の単純公式を用いる．

$$dX(t) = -\sin B(t) \, dB(t) - \frac{1}{2} \cos B(t) \, dt = -Y(t) \, dB(t) - \frac{1}{2} X(t) \, dt,$$
$$dY(t) = \cos B(t) \, dB(t) - \frac{1}{2} \sin B(t) \, dt = X(t) \, dB(t) - \frac{1}{2} Y(t) \, dt.$$

上式をベクトルと行列で表すと次のようになる．

$$d\boldsymbol{V}(t) = d\begin{pmatrix} X(t) \\ Y(t) \end{pmatrix} = \begin{pmatrix} -Y(t) & 0 \\ X(t) & 0 \end{pmatrix} d\begin{pmatrix} B_1(t) \\ B_2(t) \end{pmatrix} - \frac{1}{2} \begin{pmatrix} X(t) \\ Y(t) \end{pmatrix} dt.$$

ただし，$B_1(t) = B(t)$ とし，$B_2(t)$ は $B(t)$ と独立なブラウン運動とする．特に，$\boldsymbol{V}(t)$ の確率微分は**線形な方程式**を満たす．すなわち

$$d\boldsymbol{V}(t) = \begin{pmatrix} 0 & -1 \\ 1 & 0 \end{pmatrix} \boldsymbol{V}(t) \, dB(t) - \frac{1}{2} \boldsymbol{V}(t) \, dt, \quad \boldsymbol{V}(0) = \begin{pmatrix} 1 \\ 0 \end{pmatrix}.$$

上式は，次の積分形が成り立つものとして解釈される．

$$\boldsymbol{V}(t) = \boldsymbol{V}(0) + \int_0^t \begin{pmatrix} 0 & -1 \\ 1 & 0 \end{pmatrix} \boldsymbol{V}(s)\, dB(s) - \frac{1}{2}\int_0^t \boldsymbol{V}(s)\, ds.$$

問 4.9.1 $(B_1(t), B_2(t), \ldots, B_n(t))$ を n 次元ブラウン運動とする $(n \geq 2)$．

$$F(x) = |x| = \Big(\sum_{i=1}^n x_i^2\Big)^{\frac{1}{2}}, \quad x = (x_1, \ldots, x_n) \in \mathbb{R}^n \setminus \{0\}$$

とし，$r(t) = F(B_1(t), B_2(t), \ldots, B_n(t))$ とおく．$r(t)$ はベッセル過程とよばれている．多次元の伊藤公式を用いて，$r(t)$ が満たす方程式をかけ．

【解答】 $F'_{x_i} = \dfrac{x_i}{F}$, $F''_{x_i x_i} = \dfrac{1}{F^2}\Big(F - x_i\dfrac{x_i}{F}\Big)$．これらを (4.9.6) に代入する．

$$dr(t) = \sum_{i=1}^n \frac{B_i(t)}{r(t)}\, dB_i(s) + \frac{1}{2}\sum_{i=1}^n \frac{1}{r^2(t)}\Big(r(t) - \frac{B_i^2(t)}{r(t)}\Big)\, dt$$

$$\Rightarrow dr(t) = \sum_{i=1}^n \frac{1}{r(t)} B_i(t)\, dB_i(s) + \Big(\frac{n-1}{2}\Big)\frac{1}{r(t)}\, dt$$

4.10 ストラトノビッチ積分

たとえば，関数 $F(x) = e^x$ の区間 $[a, b]$ における定積分は次のようになる．

$$\int_a^b e^x\, dx = e^b - e^a. \tag{4.10.1}$$

これに対して，ブラウン運動 $B(t)$ に関する伊藤の確率積分は伊藤の単純公式（定理 4.7.1）と問 4.7.1 から次のようになる．

$$\int_a^b e^{B(s)}\, dB(s) = e^{B(b)} - e^{B(a)} - \frac{1}{2}\int_a^b e^{B(t)}\, dt. \tag{4.10.2}$$

2 式の違いは伊藤の修正項の部分である．これはブラウン運動の 2 次変分が 0 でないことによる．また，確率積分 $\int_a^b f(t)\, dB(t)$ を定義するとき，近似で用いるリーマン和

$$\sum_{i=0}^{n-1} f(t_i^n)\Delta_i^n B, \quad \Delta_i^n B = B(t_{i+1}^n) - B(t_i^n), \quad a = t_0^n < t_1^n < \cdots < t_n^n = b$$

において，被積分関数 $f(t)$ の値は，小区間 $[t_i^n, t_{i+1}^n]$ の左端点 t_i^n に対応する $f(t_i^n)$ が選ばれることにもよる．

しかし，区間 $[t_i^n, t_{i+1}^n]$ の中点 $c_i^n = \dfrac{1}{2}(t_i^n + t_{i+1}^n)$ に対応する関数値 $f(c_i^n)$ が選ばれるときは，伊藤の修正項を含まず，通常の微分積分のように振る舞う

ことが知られている．このようなリーマン和から導かれる確率積分をストラトノビッチ積分という（注意 4.3.2 参照）．以下においては，伊藤過程の集まりの中でストラトノビッチ積分を定義するために，伊藤のアイデアを用いる．

定義 4.10.1

$X(t), Y(t)$ を $[0, T]$ 上の伊藤過程とする．このとき，$X(t)$ の $Y(t)$ に関する**ストラトノビッチ積分**は次のように定義される．

$$\int_0^t X(s) \circ dY(s) = \int_0^t X(s)\, dY(s) + \frac{1}{2}\int_0^t \bigl(dX(s)\bigr)\bigl(dY(s)\bigr), \quad t \leq T. \tag{4.10.3}$$

すなわち，確率微分の形でかけば

$$X(t) \circ dY(t) = X(t)\, dY(t) + \frac{1}{2}\bigl(dX(t)\bigr)\bigl(dY(t)\bigr). \tag{4.10.4}$$

いま，伊藤過程 $X(t), Y(t)$ は次のように与えられているとしよう．

$$dX(t) = a_X(t)\, dt + b_X(t)\, dB(t), \quad 0 \leq t \leq T,$$
$$dY(t) = a_Y(t)\, dt + b_Y(t)\, dB(t), \quad 0 \leq t \leq T.$$

ここで，係数は定義 4.6.1 の条件を満たすものとする．すなわち $\mathcal{F}_t = \sigma\bigl(B(s), s \leq t\bigr)$ に適合して，

$$\int_0^T |a(t)|\, dt < \infty \text{ a.s.} \quad (a = a_X, a_Y), \qquad \int_0^T b(t)^2\, dt < \infty \text{ a.s.} \quad (b = b_X, b_Y).$$

このとき，式 (4.6.8) で示したように，(4.10.3) の確率積分 $\int_0^t X(s)\, dY(s)$ をかき直すことができる．その場合，確率微分の積（定義 4.6.4）と伊藤の乗積表（注意 4.6.5）によって $\bigl(dX(t)\bigr)\bigl(dY(t)\bigr) = dX(t)\, dY(t) = d[X,Y](t) = b_X(t)b_Y(t)\, dt$ であるから，結局，ストラトノビッチ積分 (4.10.3) は次のように表される．

$$\int_0^t X(t) \circ dY(s) = \int_0^t X(s) b_Y(s)\, dB(s)$$
$$+ \int_0^t \Bigl(X(s) a_Y(s) + \frac{1}{2} b_X(s) b_Y(s)\Bigr) ds. \tag{4.10.5}$$

ここで，定理 4.4.11 と注意 4.5.3 で示したように，伊藤過程は（ほとんど確実に，a.s.）連続であるから

$$\int_0^T |X(t)b_Y(t)|^2\, dt \le \sup_{0\le s\le T} |X(s)|^2 \int_0^T |b_Y(t)|^2\, dt < \infty \text{ a.s.}$$

しかも，$X(t)b_Y(t)$ は $\mathcal{F}_t$ に適合している．同様に，

$$\int_0^T |X(t)a_Y(t)|\, dt \le \sup_{0\le s\le T} |X(s)| \int_0^T |a_Y(t)|\, dt < \infty \text{ a.s.}$$

となり，$X(t)a_Y(t)$ は $\mathcal{F}_t$ に適合している．さらに，$b_X(t)b_Y(t)$ は $\mathcal{F}_t$ に適合し，かつシュワルツの不等式（例題 1.4.1）から

$$\int_0^T |b_X(t)b_Y(t)|\, dt \le \left(\int_0^T |b_X(t)|^2\, dt\right)^{\frac{1}{2}} \left(\int_0^T |b_Y(t)|^2\, dt\right)^{\frac{1}{2}} < \infty \text{ a.s.}$$

を満たす．したがって，(4.10.5) で与えられた確率過程 $L_t = \int_0^t X(s)\circ dY(s)$ は伊藤過程としての条件（定義 4.6.1）をすべて満たしている．以上を定理にまとめておこう．

定理 4.10.2

$X(t), Y(t)$ が伊藤過程ならば，定義 4.10.1 で与えられた確率過程

$$L_t = \int_0^t X(s)\circ dY(s), \quad 0 \le t \le T$$

は伊藤過程になる．すなわち，伊藤過程の集まりは，2つの伊藤過程からつくられるストラトノビッチ積分という演算操作に関して閉じている．

例題 4.10.1 定義 4.10.1 を用いて，次の等式を確かめよ．

$$\int_a^b e^{B(t)} \circ dB(t) = e^{B(b)} - e^{B(a)}, \quad 0 \le a < b \le T.$$

すなわち，ストラトノビッチ積分では (4.10.1) に類似した結果が成り立つ．

【解答】 (4.10.4) の確率微分と $de^{B(t)}$ に関する伊藤の単純公式を用いる．

$$e^{B(t)} \circ dB(t) = e^{B(t)}\, dB(t) + \frac{1}{2}(de^{B(t)}\, dB(t))$$
$$= e^{B(t)}\, dB(t) + \frac{1}{2}\left(e^{B(t)}\, dB(t) + \frac{1}{2}e^{B(t)}\, dt\right) dB(t)$$

$$= e^{B(t)} \, dB(t) + \frac{1}{2} e^{B(t)} \, dt.$$
$$\bigl(dB(t) \, dB(t) = dt, \quad dt \, dB(t) = 0\bigr)$$

上式を積分すれば
$$\int_a^b e^{B(t)} \circ dB(t) = \int_a^b e^{B(t)} \, dB(t) + \frac{1}{2} \int_a^b e^{B(t)} \, dt.$$
ゆえに，(4.10.2) から与式が得られる．

問 4.10.1 次の等式を確かめよ．
$$\int_a^b B(t) \circ dB(t) = \frac{1}{2} \bigl(B(b)^2 - B(a)^2\bigr), \quad 0 \leq a < b \leq T.$$

【解答】(4.10.4) の確率微分と $dB(t)^2$ に関する伊藤の単純公式から
$$B(t) \circ dB(t) = B(t) \, dB(t) + \frac{1}{2} \bigl(dB(t) \, dB(t)\bigr)$$
$$= B(t) \, dB(t) + \frac{1}{2} \, dt = \frac{1}{2} d\bigl(B(t)^2\bigr).$$

これを a から b まで積分すればよい．

一般に，$F(t,x)$ が t,x に関して何回か連続微分可能ならば，(4.10.4) と F'_x に関する伊藤の単純公式（定理 4.7.4）から次のようになる．

$$F'_x\bigl(t, B(t)\bigr) \circ dB(t) = F'_x\bigl(t, B(t)\bigr) \, dB(t) + \frac{1}{2} \Bigl(dF'_x\bigl(t, B(t)\bigr)\Bigr)\bigl(dB(t)\bigr)$$
$$= F'_x\bigl(t, B(t)\bigr) \, dB(t)$$
$$+ \frac{1}{2} \Bigl(F''_{xt}\bigl(t, B(t)\bigr) \, dt + F''_{xx}\bigl(t, B(t)\bigr) \, dB(t) + \frac{1}{2} F'''_{xxx}\bigl(t, B(t)\bigr) \, dt\Bigr) dB(t)$$
$$= F'_x\bigl(t, B(t)\bigr) \, dB(t) + \frac{1}{2} F''_{xx}\bigl(t, B(t)\bigr) \, dt. \tag{4.10.6}$$
$$\bigl(dB(t) \, dB(t) = dt, \quad dt \, dB(t) = 0\bigr).$$

一方，F に関する伊藤の単純公式（定理 4.7.4）から次のようになる．
$$dF\bigl(t, B(t)\bigr) = F'_t\bigl(t, B(t)\bigr) \, dt + F'_x\bigl(t, B(t)\bigr) \, dB(t) + \frac{1}{2} F''_{xx}\bigl(t, B(t)\bigr) \, dt. \tag{4.10.7}$$

したがって，(4.10.6)-(4.10.7) から次式が得られる．
$$F'_x\bigl(t, B(t)\bigr) \circ dB(t) = dF\bigl(t, B(t)\bigr) - F'_t\bigl(t, B(t)\bigr) \, dt.$$

ゆえに，a から b まで積分すれば，計算に応用できる定理が得られる．

> **定理 4.10.3**
>
> 連続関数 $f(t,x)$ の x に関する不定積分を $F(t,x)$ とする.F'_t, f'_t, f'_x は連続とする.このとき
> $$\int_a^b f(t, B(t)) \circ dB(t)$$
> $$= \Big[F(t, B(t))\Big]_a^b - \int_a^b F'_t(t, B(t))\, dt, \quad 0 \le a < b \le T. \quad (4.10.8)$$
> 特に f が t に依存しないときは
> $$\int_a^b f(B(t)) \circ dB(t) = \Big[F(B(t))\Big]_a^b, \quad 0 \le a < b \le T. \quad (4.10.9)$$

注意 4.10.4 定理 4.10.3 は,ストラトノビッチ積分が定積分のように振る舞うことを示している.まとめると,伊藤の確率積分を知れば,定義 4.10.1 を用いて,対応するストラトノビッチ積分を評価することができる.逆に,定理 4.10.3 を用いれば,与えられたストラトノビッチ積分を評価することができ,特に (4.10.6) を $F'(x) = f(x)$ として用いれば,対応する伊藤の確率積分を計算することができる.すなわち

$$\int_a^b f(B(t))\, dB(t)$$
$$= \int_a^b f(B(t)) \circ dB(t) - \frac{1}{2}\int_a^b f'(B(t))\, dt, \quad 0 \le a < b \le T. \quad (4.10.10)$$

> **例題 4.10.2** 伊藤の確率積分 $\int_a^b \sin B(t)\, dB(t)$ とストラトノビッチ積分 $\int_a^b \sin B(t) \circ dB(t)$ を計算せよ.

【解答】 $F(x) = \int \sin x\, dx = -\cos x$ に対して (4.10.9) を用いると
$$\int_a^b \sin B(t) \circ dB(t) = \Big[-\cos B(t)\Big]_a^b = -\cos B(b) + \cos B(a).$$
また,$f(x) = \sin x$ に対して (4.10.10) を用いると
$$\int_a^b \sin B(t)\, dB(t) = \int_a^b \sin B(t) \circ dB(t) - \frac{1}{2}\int_a^b \cos B(t)\, dt$$
$$= -\cos B(b) + \cos B(a) - \frac{1}{2}\int_a^b \cos B(t)\, dt.$$

問 4.10.2 (4.10.9) を用いて, $\int_a^b e^{B(t)} \circ dB(t) = e^{B(b)} - e^{B(a)}$ を示せ.

【解答】 $F(x) = \int e^x \, dx = e^x$ に対して (4.10.9) を用いる.

$$\int_a^b e^{B(t)} \circ dB(t) = F(B(b)) - F(B(a)) = e^{B(b)} - e^{B(a)}.$$

注意 4.10.5 問 4.10.2 の結果を確率微分でかけば, $de^{B(t)} = e^{B(t)} \circ dB(t)$ となる. したがって, $X(t) = e^{B(t)}$ は方程式

$$dX(t) = X(t) \circ dB(t), \quad X(0) = 1$$

の解になっている. 一方, 例題 4.7.2 によって $Y(t) = e^{B(t) - \frac{1}{2}t}$ は方程式

$$dY(t) = Y(t) \, dB(t), \quad Y(0) = 1$$

の解になっている. ここで, $B(t)$ の積率母関数（例題 2.4.1) から $E[e^{B(t)}] = e^{\frac{1}{2}t}$ であることに注意すると, $Y(t) = \dfrac{X(t)}{E[X(t)]}$. このように, $X(t)$ をその平均で割った形で表される確率過程 $Y(t)$ は, $X(t)$ の **積型再正規化** とよばれる.

これまでは, 伊藤過程の集まりの中で, 確率積分を用いてストラトノビッチ積分 $\int_a^b f(t) \circ dB(t)$ を定義してきた. しかし, 次のようなことが問題となる.

(1) ストラトノビッチ積分を, リーマン和のような極限として直接に定義できないか？

(2) ストラトノビッチ積分は, どのような確率過程の集まりに属する関数 $f(t)$ に対して定義できるのか？

本節では, (1) に対する解答のみを次の定理で与える.

定理 4.10.6

$f(t, x)$ は連続関数で, 連続な偏導関数 f'_t, f'_x, f''_{xx} をもつとする. このとき, $0 \leq a < b \leq T$ に対して, 確率収束の極限として次が成り立つ.

$$\int_a^b f(t, B(t)) \circ dB(t)$$
$$= \lim_{\delta_n \to 0} \sum_{i=0}^{n-1} f\left(c_i^n, \frac{1}{2}\left(B(t_i^n) + B(t_{i+1}^n)\right)\right) \left(B(t_{i+1}^n) - B(t_i^n)\right)$$
$$\hspace{10em} (4.10.11)$$
$$= \lim_{\delta_n \to 0} \sum_{i=0}^{n-1} f\left(c_i^n, B\left(\frac{t_i^n + t_{i+1}^n}{2}\right)\right) \left(B(t_{i+1}^n) - B(t_i^n)\right). \quad (4.10.12)$$

ただし，
$$a = t_0^n < t_1^n < \cdots < t_n^n = b, \quad t_i^n \leq c_i^n \leq t_{i+1}^n, \quad \delta_n = \max_{0 \leq i \leq n-1}(t_{i+1}^n - t_i^n).$$

【証明】 概略だけを記す．簡単のために，f は t に依存しないものとする．はじめに，(4.10.11) を示す．まず，平均値の定理から以下の近似式に注意する．

$$\begin{aligned}
&\left[f\left(\frac{1}{2}\left(B(t_i^n) + B(t_{i+1}^n)\right)\right) - f\left(B(t_i^n)\right)\right]\left(B(t_{i+1}^n) - B(t_i^n)\right) \\
&\approx \frac{1}{2}f'\left(B(t_i^n)\right)\left(B(t_{i+1}^n) - B(t_i^n)\right)^2 \\
&\approx \frac{1}{2}f'\left(B(t_i^n)\right)(t_{i+1}^n - t_i^n). \qquad \cdots \text{①}
\end{aligned}$$

ただし，①では次の関係式を用いた．

$$(\Delta_i^n B)^2 = \left(B(t_{i+1}^n) - B(t_i^n)\right)^2 \approx (dB)^2 = dt \approx \Delta_i^n = t_{i+1}^n - t_i^n. \quad (4.10.13)$$

したがって，$i = 0, 1, \ldots, n-1$ について加えれば

$$\begin{aligned}
&\sum_{i=0}^{n-1} f\left(\frac{1}{2}\left(B(t_i^n) + B(t_{i+1}^n)\right)\right)\left(B(t_{i+1}^n) - B(t_i^n)\right) \\
&\approx \sum_{i=0}^{n-1} f\left(B(t_i^n)\right)\left(B(t_{i+1}^n) - B(t_i^n)\right) + \frac{1}{2}\sum_{i=0}^{n-1} f'\left(B(t_i^n)\right)(t_{i+1}^n - t_i^n).
\end{aligned}$$

上式右辺の確率収束の極限は

$$\int_a^b f(B(t))\,dB(t) + \frac{1}{2}\int_a^b f'(B(t))\,dt$$

である．これは，(4.10.10) によってストラトノビッチ積分 $\int_a^b f(B(t)) \circ dB(t)$ に等しい．したがって，(4.10.11) が成り立つ．

次に，(4.10.12) を示す．平均値の定理から以下の近似式に注意する．

$$\begin{aligned}
&\left[f\left(B\left(\frac{t_i^n + t_{i+1}^n}{2}\right)\right) - f\left(B(t_i^n)\right)\right]\left(B(t_{i+1}^n) - B(t_i^n)\right) \\
&\approx f'\left(B(t_i^n)\right)\left[B\left(\frac{t_i^n + t_{i+1}^n}{2}\right) - B(t_i^n)\right]\left(B(t_{i+1}^n) - B(t_i^n)\right) \\
&= f'\left(B(t_i^n)\right)\left[B\left(\frac{t_i^n + t_{i+1}^n}{2}\right) - B(t_i^n)\right]^2 \\
&\quad + f'\left(B(t_i^n)\right)\left[B\left(\frac{t_i^n + t_{i+1}^n}{2}\right) - B(t_i^n)\right]\left[B(t_{i+1}^n) - B\left(\frac{t_i^n + t_{i+1}^n}{2}\right)\right] \\
&\approx \frac{1}{2}f'\left(B(t_i^n)\right)(t_{i+1}^n - t_i^n). \qquad \cdots \text{②}
\end{aligned}$$

ただし，②では (4.10.13) と同様の近似および独立な増分の積率評価を用いた．したがって，(4.10.11) の証明と同様にして，(4.10.12) の極限はストラトノビッチ積分 $\int_a^b f(B(t)) \circ dB(t)$ になることが示される．実際，$i = 0, 1, \ldots, n-1$ について和をとれば

$$\sum_{i=0}^{n-1} f\left(B\left(\frac{t_i^n + t_{i+1}^n}{2}\right)\right) \left(B(t_{i+1}^n) - B(t_i^n)\right)$$
$$\approx \sum_{i=0}^{n-1} f\left(B(t_i^n)\right)\left(B(t_{i+1}^n) - B(t_i^n)\right) + \frac{1}{2}\sum_{i=0}^{n-1} f'\left(B(t_i^n)\right)(t_{i+1}^n - t_i^n).$$

この確率収束の極限は

$$\int_a^b f(B(t))\, dB(t) + \frac{1}{2}\int_a^b f'(B(t)) dt$$

である．ゆえに，(4.10.10) によって (4.10.12) が得られる．

4.11 マルチンゲールの表現定理

確率積分 $\int_0^t f(s)\, dB(s)$ は適切な条件を満たす $f(t)$ に対しては 2 乗可積分なマルチンゲールであった（定理 4.4.11，注意 4.11.5）．逆に，マルチンゲールは，ある確率過程 $f(t)$ を用いて確率積分で表現できるか，という問題が考えられる．以下に示す定理はマルチンゲールと $f(t)$ との関係を与えている．

確率空間 $(\Omega, \mathcal{F}, P)$ 上のブラウン運動を $B(t)$, $t \in [0, T]$ とし，フィルトレーションを $\{\mathcal{F}_t\}$，$\mathcal{F}_t = \sigma(B(s), s \leq t)$ とする．また，以下の (1)-(3) を満たす確率過程 $f(t, \omega)$, $0 \leq t \leq T$, $\omega \in \Omega$ の集まりを $L_{\text{ad}}^2([0, T] \times \Omega)$ とおく．
(1) $(t, \omega) \in [0, T] \times \Omega$ 上で可測．
(2) $\mathcal{F}_t$ に適合している（すなわち，adapted）．
(3) $\int_0^T E[|f(t)|^2]\, dt < \infty$.

なお，定義 4.2.1 で $\mathcal{M}_T^2$ が導入されたが，定理 4.4.3 から $\mathcal{M}_T^2 \subset L_{\text{ad}}^2([0, T] \times \Omega)$ と見なすことができる．

次の定理は**マルチンゲールの表現定理**とよばれ，2 乗可積分で $\mathcal{F}_t$ に適合したマルチンゲールが伊藤積分で表されることを示している．

定理 4.11.1

$M(t)$ は 2 乗可積分，かつ $\{\mathcal{F}_t\}$ に関してマルチンゲールとする．このとき，次を満たす $f(t) \in L^2_{\mathrm{ad}}([0,T] \times \Omega)$ がただ 1 つ存在する．

任意の $t \in [0,T]$ に対して， $\quad M(t) = M(0) + \int_0^t f(s)\,dB(s).$
(4.11.1)

さらに，次の定理は**伊藤の表現定理**とよばれ，2 乗可積分な確率変数が確率積分で表されることを示している．

定理 4.11.2

X は 2 乗可積分，かつ $\mathcal{F}_T$-可測な確率変数とする．このとき，次を満たす $f(t) \in L^2_{\mathrm{ad}}([0,T] \times \Omega)$ がただ 1 つ存在する．

$$X = E[X] + \int_0^T f(t)\,dB(t). \tag{4.11.2}$$

【証明】 $h(t)$, $t \in [0,T]$, は実数値関数で $\int_0^T h(t)^2\,dt < \infty$ を満たすとする．はじめに，X は次のような**指数型**の確率変数であると仮定しよう．

$$X = \exp\left[\int_0^T h(t)\,dB(t) - \frac{1}{2}\int_0^T h(t)^2\,dt\right]. \tag{4.11.3}$$

さらに

$$Y(t) = \exp\left[\int_0^t h(s)\,dB(s) - \frac{1}{2}\int_0^t h(s)^2\,ds\right], \quad t \in [0,T]$$

とおく．このとき，伊藤の一般公式（定理 4.8.1）を用いれば

$$\begin{aligned}dY(t) &= Y(t)\left(h(t)\,dB(t) - \frac{1}{2}h(t)^2\,dt\right) + \frac{1}{2}Y(t)h(t)^2\,dt \\ &= Y(t)h(t)\,dB(t).\end{aligned}$$

したがって

$$Y(t) = 1 + \int_0^t Y(s)h(s)\,dB(s), \quad t \in [0,T].$$

特に

$$X = Y(T) = 1 + \int_0^T Y(s)h(s)\,dB(s)$$

であり，両辺の平均をとれば $E[X] = 1$ である．ゆえに，$\mathcal{F}_T$-可測な指数型の

確率変数 X に対して (4.11.2) は成り立つ．一般に，2 乗可積分で $\mathcal{F}_T$-可測な確率変数 X は，指数型 (4.11.3) の確率変数列 $\{X_n, n \geq 1\}$ によって，L^2-収束の意味で近似されることが知られている．このような X_n に対しては，既に示したように

$$X_n = E[X_n] + \int_0^T f_n(t)\,dB(t), \quad f_n \in L_{\mathrm{ad}}^2([0,T] \times \Omega)$$

が成り立っている．この両辺で $n \to \infty$ とすれば，f_n の極限から得られる f が定理を満たすものになる．実際には，$\{f_n\}$ のある部分列 $\{f_{n_k}\}$ をとれば，$k \to \infty$ において，$f_{n_k} \to f$ a.s. となり，$f \in L_{\mathrm{ad}}^2([0,T] \times \Omega)$ となる．

最後に，(4.11.2) の被積分関数 f はただ 1 つであることを示す．仮に，$f^1(t), f^2(t) \in L_{\mathrm{ad}}^2([0,T] \times \Omega)$ が存在して，次式を満たすとしよう．

$$X = E[X] + \int_0^T f^1(t)\,dB(t) = E[X] + \int_0^T f^2(t)\,dB(t).$$

両辺の差をとって 2 乗平均をとれば，確率積分の等長性（定理 4.4.5 (4)）から

$$0 = E\left[\left(\int_0^T (f^1(t) - f^2(t))\,dB(t)\right)^2\right] = \int_0^T E\left[(f^1(t) - f^2(t))^2\right]dt$$

となる．ゆえに，すべての $t \in [0,T]$ に対して $f^1(t) = f^2(t)$ a.s. となり，(4.11.2) を満たす被積分関数はただ 1 つである．

注意 4.11.3 マルチンゲールの表現定理を既知としてそれを用いれば，伊藤の表現定理を示すことができる．実際，Y を 2 乗可積分で $\mathcal{F}_T$-可測な確率変数とする．このとき，$M(t) = E[Y | \mathcal{F}_t]$ とおけば，ドゥーブ・レヴィの定理（定理 2.8.13）によって，$M(t), t \in [0,T]$ はフィルトレーション $\{\mathcal{F}_t\}$ に関するマルチンゲールである．したがって，マルチンゲールの表現定理から，

$$M(t) = M(0) + \int_0^t f(s)\,dB(s), \quad t \in [0,T]$$

を満たす $f \in L_{\mathrm{ad}}^2([0,T] \times \Omega)$ がただ 1 つ存在する．ここで $t = T$ とおけば

$$M(T) = M(0) + \int_0^T f(s)\,dB(s) \Rightarrow Y = E[Y] + \int_0^T f(s)\,dB(s)$$

ただし，Y は $\mathcal{F}_T$-可測であるから $M(T) = E[Y | \mathcal{F}_T] = Y$ となる（定理 2.7.6 (3)）こと，また，自明なフィールド $\mathcal{F}_0 = \{\phi, \Omega\}$ に関しては $M(0) = E[Y | \mathcal{F}_0] = E[Y]$ となる（定理 2.7.6 (1)）ことを用いた．

注意 4.11.4 ブラウン運動の見本経路 $B_{[0,T]} = \{B(t); t \in [0,T]\}$ の汎関数は 1 つの確率変数 Y で，かつ $\mathcal{F}_T$-可測である．定理 4.11.2 はブラウン運動の汎関数が (4.11.2) のように表されることを示している．

例題 4.11.1

(1) $M(t) = B(t)^2 - t$ はマルチンゲールである（問 3.2.1，定理 3.2.8）．$M(t)$ に対して，マルチンゲールの表現定理における $f(t)$ を求めよ．

(2) $\widetilde{M}(t) = E[B(1)^2 | \mathcal{F}_t]$, $t \in [0,1]$ とおく．$\widetilde{M}(t) = B(t)^2 + (1-t)$ と表されることを確かめよ．さらに，確率変数 $X = B(1)^2$ に対して，伊藤の表現定理を当てはめよ．

【解答】 (1) 伊藤の公式から，$dB(t)^2 = 2B(t)\,dB(t) + dt$．すなわち

$$B(t)^2 = \int_0^t 2B(s)\,dB(s) + t \Leftrightarrow B(t)^2 - t = \int_0^t 2B(s)\,dB(s)$$

したがって，表現定理の被積分関数はただ 1 つであるから $f(t) = 2B(t)$．

(2) $B(t)^2 - t$ はマルチンゲールであるから，$t \in [0,1]$ のとき

$$E[B(1)^2 - 1 | \mathcal{F}_t] = B(t)^2 - t \Leftrightarrow E[B(1)^2 | \mathcal{F}_t] - 1 = B(t)^2 - t$$

最後の式を移項してかき直せば，$\widetilde{M}(t) = E[B(1)^2 | \mathcal{F}_t] = B(t)^2 + (1-t)$．さらに，$B(t)^2$ に伊藤の公式を用いれば

$$\widetilde{M}(t) = \int_0^t 2B(s)\,dB(s) + t + (1-t) = \int_0^t 2B(s)\,dB(s) + 1,$$

$$\widetilde{M}(1) = \int_0^1 2B(s)\,dB(s) + 1.$$

しかし，$B(1)^2$ は $\mathcal{F}_1$-可測であるから $\widetilde{M}(1) = E[B(1)^2 | \mathcal{F}_1] = B(1)^2$．また $E[B(1)^2] = 1$．ゆえに，確率変数 $X = B(1)^2$ に対しては

$$X = E[X] + \int_0^1 2B(s)\,dB(s).$$

問 4.11.1

(1) $F(t,x)$ は連続で，連続な偏導関数 F'_t, F'_x, F''_{xx} をもつとする．$M(t) = F(t, B(t))$ がマルチンゲールのとき，マルチンゲールの表現定理における $f(t)$ を求めよ．

(2) 確率変数 $X = \int_0^T B(s)\,ds$ に対して，伊藤の表現定理を当てはめよ．

【解答】 (1) 伊藤の公式から

$$dF(t, B(t)) = F'_x(t, B(t))\,dB(t) + \left\{F'_t + \frac{1}{2}F''_{xx}\right\}(t, B(t))\,dt.$$

仮定から右辺最後の項は 0 でなければならない．したがって

$$M(t) = F(t, B(t)) = \int_0^t F'_x(s, B(s))\, dB(s) \Rightarrow f(t) = F'_x(t, B(t))$$

(2) $d(tB(t)) = t\, dB(t) + B(t)\, dt$ であるから（問 4.2.1, 問 4.6.1, 問 4.7.2 参照）

$$X = \int_0^T B(t)\, dt = TB(T) - \int_0^T t\, dB(t)$$
$$= T\int_0^T dB(t) - \int_0^T t\, dB(t) = \int_0^T (T-t)\, dB(t).$$

注意 4.11.5 一般に，$f(t)$ が $\{\mathcal{F}_t\}$ に適合して，$P\left(\int_0^T f(t)^2 dt < \infty\right) = 1$ のとき，確率積分 $\int_0^t f(s) dB(s), t \leq T$ は $\{\mathcal{F}_t\}$ に関して局所マルチンゲールになるだけである．ただし，$\{\mathcal{F}_t\}$ に適合した確率過程 $X(t), 0 \leq t \leq T$ は，次のような停止時間（定義 2.8.16）の列 $\tau_n, n = 1, 2, \cdots$ が存在するとき，$\{\mathcal{F}_t\}$ に関して**局所マルチンゲール**であると呼ばれる．
(1) τ_n は $n \to \infty$ のとき単調増加して，ほとんど確実 (a.s.) に T に近づく．
(2) 各 n に対して，τ_n で止めた X，すなわち，$t \wedge \tau_n = \min\{t, \tau_n\}$ とおいて考えた $X(t \wedge \tau_n)$ は $\{\mathcal{F}_t\}$ に関してマルチンゲールになる．

明らかに，マルチンゲールは局所マルチンゲールになる（すべての n に対して $\tau_n = T$ と選ぶことができるから）．

第5章

確率微分方程式

5.1 確率微分方程式で表されるモデル

$x(t)$ が t について微分可能な関数で，$f(t,x)$ が t と x の関数であるとき，区間 $0 \leq t \leq T$ において関係式

$$\frac{dx(t)}{dt} = x'(t) = f(t, x(t)), \quad x(0) = x_0 \in \mathbb{R} \tag{5.1.1}$$

が成り立つならば，$x(t)$ を初期条件 x_0 を満たす**常微分方程式**（ODE: Ordinary Differential Equation）の**解**であるという（通常は，$x'(t)$ が連続であるということも要請される）．なお，常微分方程式については，1.9 節を参照されたい．

(5.1.1) は微分の形で

$$dx(t) = f(t, x(t)) \, dt$$

と表され（注意 1.3.3 参照），また（$x'(t)$ の連続性から）積分の形で

$$x(t) = x(0) + \int_0^t f(s, x(s)) \, ds \tag{5.1.2}$$

とも表される．

以下においては，ODE が偶然なノイズ（ランダムな揺らぎ）に影響を受ける場合について考える．一般に，ブラウン運動 $B(t)$ は微分可能ではないが（定理 3.3.4），"形式的に微分" して

$$\xi(t) = \frac{dB(t)}{dt} = \dot{B}(t)$$

とおく．この $\xi(t)$ は**白色雑音**または**ホワイトノイズ**とよばれ，実際には数学的な抽象理論の中で定義されるものである．形式的に言えば，$\xi(t)$ はブラウン運動 $B(t)$ の増分との間に $\xi(t) \times \Delta t = \Delta B(t)$，すなわち，$\xi(t) \, dt = dB(t)$ の

関係を満たすようなものとして扱われている．いま，時刻 t，位置 x におけるノイズの強さを $\sigma(t,x)$ で表し，ノイズに影響を受ける $x(t)$ を改めて $X(t)$ とかこう．このとき，$0 \leq t \leq T$ 全体でのノイズの影響は次のように表される．

$$\int_0^T \sigma(t,X(t))\xi(t)\,dt = \int_0^T \sigma(t,X(t))\dot{B}(t)\,dt = \int_0^T \sigma(t,X(t))\,dB(t).$$

ここに，最後の積分項は伊藤の確率積分である．

この章で学ぶ**確率微分方程式**（SDE: Stochastic Differential Equation）は，常微分方程式の係数がホワイトノイズの影響を受けたものとして記述される数学的なモデルである．以下においては，SDE で表されるモデルを考える．

例題 5.1.1 不確実なリターン率（リスク資産の収益率）で増える銀行預金口座に 1 円預けたとき，時刻 t での価値 $x(t)$ を計算したい．安全な金利を r とすれば，複利計算から $x(t)$ は ODE $\dfrac{dx(t)}{x(t)} = r\,dt$，すなわち，$dx(t) = rx(t)\,dt$ に従う．もしも，金利 r が不確実でノイズ $\xi(t)$ から影響を受けるならば，r は $r + \sigma\xi(t)$ と置き換わる．ただし，σ はノイズの強さを表す正数で，**金融市場**におけるリスクの程度を表している．このとき，**リスク資産**（いわゆる**危険資産**）の現在価値を表す確率過程 $X(t)$ は関係式

$$\frac{dX(t)}{dt} = (r + \sigma\xi(t))X(t), \quad X(0) > 0$$

に従うと見なすことができる．これをかき直せば，SDE

$$dX(t) = rX(t)\,dt + \sigma X(t)\,dB(t), \quad X(0) > 0$$

を得る．$\sigma = 0$ のとき解は $X(t) = X(0)e^{rt}$ である．しかし，$\sigma \neq 0$ のとき

$$X(t) = X(0)e^{\left(r - \frac{1}{2}\sigma^2\right)t + \sigma B(t)}$$

と表されることを確かめよ．$X(t)$ は**幾何ブラウン運動**とよばれ（例題 4.7.2 参照），金融の**ブラック・ショールズモデル**（第 8 章参照）におけるリスク資産として知られている．

【**解答**】 伊藤の一般公式を $dZ(t) = \left(r - \dfrac{1}{2}\sigma^2\right)dt + \sigma\,dB(t)$ と $F(x) = e^x$ に応用する．$X(t) = F(Z(t))$, $F'(x) = F''(x) = F(x)$ であるから

$$dF(Z(t)) = F(Z(t))\sigma dB(t) + F(Z(t))\left(r - \frac{1}{2}\sigma^2\right)dt + \frac{1}{2}F(Z(t))\sigma^2 dt$$
$$= F(Z(t))\sigma dB(t) + rF(Z(t))dt.$$

したがって，$X(t) = F(Z(t))$ は与えられた SDE を満たす．

問 5.1.1 時刻 t における人口密度 $x(t)$ が ODE $\dfrac{dx(t)}{dt} = ax(t)(1-x(t))$ によって表されるような人口モデルを考える．ただし，a は出生率を表す．成長は密度が小さいとき指数的で，密度が増加するとき減速的である．出生率 a が偶然の揺らぎから影響を受けるとき，$x(t)$ に対応する SDE の表現を試みよ．

【解答】 出生率 a がホワイトノイズ $\xi(t)$ とその強さを表す正数 σ によって，$a + \sigma\xi(t)$ と表されるならば，人口密度の確率過程 $X(t)$ は

$$\frac{dX(t)}{dt} = (a + \sigma\xi(t))X(t)(1-X(t))$$

と表される．したがって

$$dX(t) = aX(t)(1-X(t))dt + \sigma X(t)(1-X(t))dB(t).$$

例題 5.1.2 $h(t), t \in [0,T]$ が $\mathcal{F}_t = \sigma(B(s), s \leq t)$ に適合して，$\int_0^T |h(t)|^2 dt < \infty$ a.s. を満たすとき

$$X(t) = \int_0^t h(s)dB(s) - \frac{1}{2}\int_0^t h(s)^2 ds,$$
$$\mathcal{E}_h(t) = e^{X(t)}, \quad 0 \leq t \leq T$$

とおく．このとき，$d\mathcal{E}_h(t) = h(t)\mathcal{E}_h(t)dB(t)$，すなわち

$$\mathcal{E}_h(t) = 1 + \int_0^t h(s)\mathcal{E}_h(s)dB(s), \quad 0 \leq t \leq T$$

となることを確かめよ．$\mathcal{E}_h(t)$ は**指数過程**とよばれている．

【解答】 伊藤の一般公式を $X(t)$ と $F(x) = e^x$ に応用すればよい．実際，

$$d\mathcal{E}_h(t) = dF(X(t)) = e^{X(t)}dX(t) + e^{X(t)}\frac{1}{2}h(t)^2$$
$$= e^{X(t)}h(t)dB(t) = h(t)\mathcal{E}_h(t)dB(t).$$

注意 5.1.1 一般に，$h(t)$ が $\mathcal{F}_t$ に適合して，$\int_0^T h(t)^2 < \infty$ を満たす場合，

$\{\mathcal{E}_h(t); 0 \leq t \leq T\}$ は局所マルチンゲールになるだけである。言い換えれば，$\tau_n \to T$ a.s. $(n \to \infty)$ となる停止時間（定義 2.8.16）の列 $\{\tau_n\}$ に対して，τ_n で止めた $\mathcal{E}_h$，すなわち，$t \wedge \tau_n = \min\{t, \tau_n\}$ とおいて考えた $\mathcal{E}_h(t \wedge \tau_n)$ がマルチンゲールになるだけである（注意 4.11.5 参照）．したがって，マルチンゲールになるための十分条件が大切となる．このことについては，$h(t)$ が

$$E\left[\exp\left[\frac{1}{2}\int_0^T h(t)^2\, dt\right]\right] < \infty \tag{5.1.3}$$

を満たすならば，$E[\mathcal{E}_h(t)] = 1, 0 \leq t \leq T$ となり，$\{\mathcal{E}_h(t); 0 \leq t \leq T\}$ はマルチンゲールになることが知られている．(5.1.3) を**ノビコフ条件**という．

★ $h(t), t \in [0, T]$ は実数値関数で $\int_0^T h(t)^2\, dt < \infty$ を満たすとする．このとき，確率積分 $I(t) = \int_0^t h(s)\, dB(s)$ を**ウィーナー積分**ともいう．注意 4.1.2 で示したように，$I(t)$ は平均 0，分散 $\sigma_t^2 = \int_0^t h(s)^2\, ds$ の正規分布 $N(0, \sigma_t^2)$ に従う．そこで $\widetilde{X}(t) = e^{I(t)}$，$Y(t) = \dfrac{\widetilde{X}(t)}{E[\widetilde{X}(t)]}$ とおく．このように，$\widetilde{X}(t)$ をその平均 $E[\widetilde{X}(t)]$ で割った形で表される $Y(t)$ は，$\widetilde{X}(t)$ の**積型再正規化**とよばれる（$h(t) \equiv 1 \Rightarrow$ 注意 4.10.5）．

|問 5.1.2| 上記の $Y(t)$ は

$$Y(t) = \exp\left[\int_0^t h(s)\, dB(s) - \frac{1}{2}\int_0^t h(s)^2\, ds\right]$$

と表されて，マルチンゲールになることを確かめよ．

【解答】 正規分布に従う確率変数の母関数（例題 2.4.1）から，$E[\widetilde{X}(t)] = E[e^{I(t)}] = e^{\frac{1}{2}\sigma_t^2}$．したがって

$$Y(t) = \frac{\widetilde{X}(t)}{E[\widetilde{X}(t)]} = \frac{e^{\int_0^t h(s)\, dB(s)}}{E\left[e^{\int_0^t h(s)\, dB(s)}\right]} = e^{\int_0^t h(s)\, dB(s) - \frac{1}{2}\int_0^t h(s)^2\, ds}.$$

$h(t)$ が実数値関数で 2 乗可積分ならば，明らかに，ノビコフ条件は満たされる．ゆえに，注意 5.1.1 によって $Y(t)$ はマルチンゲールになる．

例題 5.1.3 SDE $dX(t) = X(t)^2\, dB(t) + X(t)^3\, dt, X(0) = 1$ は**確率積分方程式**（SIE: Stochastic Integral Equation）の形で

$$X(t) = 1 + \int_0^t X(s)^2\, dB(s) + \int_0^t X(s)^3\, ds$$

と表される．この解は次のように与えられることを確かめよ．

$$X(t) = \frac{1}{1 - B(t)}.$$

$X(t)$ は分母が 0 になる t で無限大になる．すなわち，ブラウン運動 $B(t)$ が区間 $(-\infty, 1)$ から初めて脱出する時刻において**爆発する解**になっている．

【解答】 伊藤の一般公式を $F(x) = \dfrac{1}{x}$ に応用する．そのとき

$$d\left(\frac{1}{X(t)}\right) = -\frac{1}{X(t)^2}\, dX(t) + \frac{1}{2}\frac{2}{X(t)^3}\, X(t)^4\, dt$$
$$= -\frac{1}{X(t)^2}\bigl(X(t)^2\, dB(t) + X(t)^3\, dt\bigr) + X(t)\, dt = -dB(t).$$

両辺を積分すれば $\dfrac{1}{X(t)} = -B(t) + C$（$C$ は積分定数）．初期条件 $X(0) = 1$ から $C = 1$ を得る．したがって，$X(t) = \dfrac{1}{1 - B(t)}$．

問 5.1.3 SDE $dX(t) = 3X(t)^{\frac{2}{3}}\, dB(t) + 3X(t)^{\frac{1}{3}}\, dt$, $X(0) = 0$ は確率積分方程式（SIE）の形で

$$X(t) = 3\int_0^t X(s)^{\frac{2}{3}}\, dB(s) + 3\int_0^t X(s)^{\frac{1}{3}}\, ds$$

と表される．任意の $a > 0$ を固定して，$A = \{x;\, x \geq a\}$ のインディケータを $I_A(x)$ とし，$\theta_a(x) = (x - a)^3 I_A(x)$ とおく．このとき，$\theta_a(B(t))$ は与えられた SDE を満たすことを確かめよ．$a > 0$ は任意であるから，SDE は**無数の解**をもつことになる．

【解答】 $x = a$ のとき $\theta_a' = 0$ であるから，xy 平面における曲線 $y = \theta_a(x)$ は $x = a$ で x 軸に接している．$\theta_a(x)$ は微分できて

$$\theta_a'(x) = 3\theta_a(x)^{\frac{2}{3}}, \quad \theta_a''(x) = 6\theta_a(x)^{\frac{1}{3}}.$$

伊藤の単純公式を $B(t)$ と $\theta_a(x)$ に応用すれば

$$d\bigl(\theta_a(B(t))\bigr) = 3\theta_a(B(t))^{\frac{2}{3}}\, dB(t) + 3\theta_a(B(t))^{\frac{1}{3}}\, dt.$$

さらに，$\theta_a(B(0)) = 0$．したがって，$\theta_a(B(t))$ は SDE を満たしている．

注意 5.1.2 例題 5.1.3 と問 5.1.3 は，常微分方程式（ODE）で知られる次のようなモデル (1)–(2) に対して，ランダムな摂動が入った確率バージョンである．

(1) 解が，すべての時間 $t < \infty$ において定義されない．

(2) 解が，一通りに定まらない．
このことから，SDE においては，ODE と同様なことが成り立つのではないかと期待される．したがって，SDE に対しては，解が，すべての時間区間 $t \in [0, \infty)$ で大域的に存在し，かつ，ただ1つ（一意的）であるための十分条件が問題となる．これについては，SDE を記述する係数が**リプシッツ条件**と**増大度条件**を満たせば大丈夫であるということが 5.3 節において示される．

5.2 ドリフトと拡散の係数

はじめに，確率微分方程式（SDE）を記述する係数の意味について考える．

拡散やブラウン運動の数学モデルに関する物理現象は，たとえば水中に漂う粒子の微視的な動きに見られる．速度変化する水中の粒子は，いろいろな方向の粒子と衝突し，一定の衝撃度を引き起こすことによって不規則な動きをするが，この動きは，水中の温度で激しさを増してゆく．そこで，時刻 t における粒子の，初期位置からの一方向における変位を $X(t)$ とする．このとき，時刻 t，位置 x における温度の影響を表す尺度を $\sigma(t,x)$ とすれば，微小な時間区間 $[t, t+\Delta t]$ における衝撃度による変位は，$\sigma(t,x)\bigl(B(t+\Delta t) - B(t)\bigr)$ と表すことができる．もしも，時刻 t，位置 x における水中の速度を $\mu(t,x)$ とすれば，$[t, t+\Delta t]$ における水中の動きによる粒子の変位は $\mu(t,x)\Delta t$ と表すことができる．したがって，時刻 t，位置 x からの全変位は，およそ次のようになる．

$$X(t+\Delta t) - x \approx \mu(t,x)\Delta t + \sigma(t,x)\bigl(B(t+\Delta t) - B(t)\bigr). \tag{5.2.1}$$

上式から，微小な時間 Δt における x からの平均変位は，$X(t) = x$ に対する条件付き平均（注意 2.7.3）をとって

$$E\bigl[X(t+\Delta t) - X(t) \,|\, X(t) = x\bigr] \approx \mu(t,x)\Delta t \tag{5.2.2}$$

と与えられる．同様に，微小な時間 Δt における x からの変位の 2 次積率は

$$E\bigl[(X(t+\Delta t) - X(t))^2 \,|\, X(t) = x\bigr] \approx \sigma^2(t,x)\Delta t \tag{5.2.3}$$

と与えられる．

(5.2.2)-(5.2.3) は，微小な時間区間に対して，時刻 t，位置 x における拡散粒子の変位の平均と 2 次積率（分散）が，それぞれ $\mu(t,x)$ と $\sigma^2(t,x)$ を比例係数として，時間区間の長さに比例することを示している．

$\Delta t \to 0$ における漸近挙動としては，近似記号 $\approx$ を等号 $=$ に見立てて，等式右辺に無限小の項 $o(\Delta t)$（定義 1.2.1）を付け足しておけばよい．すなわち

$$E\bigl[X(t+\Delta t)-X(t)\,|\,X(t)=x\bigr]=\mu(t,x)\Delta t+o(\Delta t), \qquad (5.2.4)$$
$$E\bigl[\bigl(X(t+\Delta t)-X(t)\bigr)^2\,|\,X(t)=x\bigr]=\sigma^2(t,x)\Delta t+o(\Delta t). \qquad (5.2.5)$$

(5.2.4)-(5.2.5) は 6.4 節の**拡散過程**を特徴付ける式になっている．

(5.2.1) は，微小な時間 Δt に対して，拡散は近似的にガウス過程（定義 2.6.5）であることを示唆している．すなわち，$X(t)=x$ が与えらたとき，$X(t+\Delta t)-X(t)$ は近似的に正規分布 $N\bigl(\mu(t,x)\Delta t,\sigma^2(t,x)\Delta t\bigr)$ に従う．もちろん，長い時間区間に対しては，係数が非ランダムでない限り，拡散はガウス過程にはならない．

確率微分方程式（SDE）は，(5.2.1) から技巧的に

$$\Delta t=dt,\quad \Delta B=B(t+\Delta t)-B(t)=dB(t),\quad X(t+\Delta t)-X(t)=dX(t)$$

とおいて得られる．すなわち，$B(t)$ をブラウン運動とするとき，与えられた係数 $\mu(t,x),\sigma(t,x)$ に関する，未知の確率過程 $X(t)$ に対する SDE は

$$dX(t)=\mu\bigl(t,X(t)\bigr)dt+\sigma\bigl(t,X(t)\bigr)dB(t) \qquad (5.2.6)$$

と表される．ここに，$\mu(t,x),\sigma(t,x)$ は，それぞれ**ドリフト係数**（または単に**ドリフト**），**拡散係数**とよばれる（定義 6.4.3 参照）．

詳細な説明は次節でするが，理解のために，次のように定義しておく．

定義 5.2.1

確率過程 $X(t)$ が**確率微分方程式**（SDE）(5.2.6) の解であるとは，すべての $t>0$ に対して，積分 $\int_0^t \mu\bigl(s,X(s)\bigr)ds$ と確率積分 $\int_0^t \sigma\bigl(s,X(s)\bigr)dB(s)$ が存在して，かつ**確率積分方程式**（SIE: Stochastic Integral Equation）

$$X(t)=X(0)+\int_0^t \mu\bigl(s,X(s)\bigr)ds+\int_0^t \sigma\bigl(s,X(s)\bigr)dB(s) \qquad (5.2.7)$$

を満たすことである．

一般に，SDE の解の定義としては，見本経路に注目して定義される**強い意味の解**と確率分布に注目して定義される**弱い意味の解**がある（注意 5.4.5 参照）．用語が示唆するように，強い意味の解ならば弱い意味の解になる．定義 5.2.1 は強い意味の解に関するものである．特にことわらない限り，単に SDE の解というときは，強い意味の解とする．

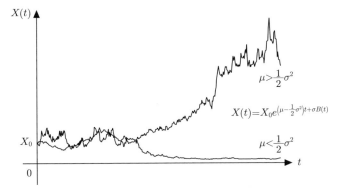

図 **5.2.1** 幾何ブラウン運動 $(X(0) = X_0)$

以下において,伊藤の公式と部分積分の公式から SDE の解を導いてみよう.

> **例題 5.2.1** $-\infty < \mu < \infty$, $\sigma > 0$ を定数として,次の SDE を考える.
> $$dX(t) = \mu X(t)\,dt + \sigma X(t)\,dB(t), \quad X(0) = 1.$$
> $X(t)$ と $F(x) = \log x$ に伊藤の一般公式を応用して解を見い出せ.解 $X(t)$ は**幾何ブラウン運動**とよばれ,金融,通信など,いろいろな現象のモデルに応用されている(例題 5.1.1 参照).

【解答】 $F'(x) = \dfrac{1}{x}$, $F''(x) = -\dfrac{1}{x^2}$. $Y(t) = \log X(t)$ とおく.

$$d(\log X(t)) = \frac{1}{X(t)}\,dX(t) + \frac{1}{2}\left(-\frac{1}{X^2(t)}\right)\sigma^2 X^2(t)\,dt$$
$$= \frac{1}{X(t)}\Big(\mu X(t)\,dt + \sigma X(t)\,dB(t)\Big) - \frac{1}{2}\sigma^2\,dt,$$
$$dY(t) = \left(\mu - \frac{1}{2}\sigma^2\right)dt. + \sigma\,dB(t)$$

積分してかき直せば

$$Y(t) = Y(0) + \left(\mu - \frac{1}{2}\sigma^2\right)t + \sigma B(t), \quad Y(0) = 0.$$

ゆえに

$$X(t) = e^{Y(t)} = e^{\left(\mu - \frac{1}{2}\sigma^2\right)t + \sigma B(t)}.$$

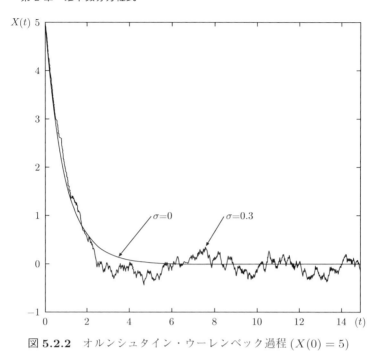

図 **5.2.2** オルンシュタイン・ウーレンベック過程 ($X(0) = 5$)

問 **5.2.1** $\alpha > 0, \sigma > 0$ を定数として，次の SDE を考える．

$$dX(t) = -\alpha X(t)\, dt + \sigma\, dB(t).$$

これは**ランジュバン方程式**とよばれている．$Y(t) = X(t)e^{\alpha t}$ とおき，$dY(t)$ の計算から $X(t)$ を見い出せ．解 $X(t)$ は**オルンシュタイン・ウーレンベック過程**（Ornstein-Uhlenbeck process，略して OU 過程）とよばれている（例題 4.8.1 参照）．$\sigma = 0$ ならば ODE で，そのときの解は $x(t) = x(0)e^{-\alpha t}$ である．SDE の解 $X(t)$ は $x(t)$ の周りを揺らいでいる．

【解答】 $e^{\alpha t}$ は連続微分可能であるから有限変動（定理 1.10.2），かつ連続な $X(t)$ との共変動は 0 である（定理 1.10.8，定理 4.6.3）．したがって，確率積の微分公式（定理 4.6.7，例題 4.6.3）を用いるとよい．実際，$e^{\alpha t}$ を $\exp^{\alpha}[t]$ とかけば $[\exp^{\alpha}, X](t) = 0$，かつ $dY(t) = e^{\alpha t}\, dX(t) + \alpha e^{\alpha t} X(t)\, dt$．右辺の $dX(t)$ に与えられた SDE の表現を代入すれば

$$dY(t) = e^{\alpha t}\Big(-\alpha X(t)\, dt + \sigma\, dB(t)\Big) + \alpha e^{\alpha t} X(t)\, dt = \sigma e^{\alpha t}\, dB(t),$$
$$Y(t) = Y(0) + \int_0^t \sigma e^{\alpha s}\, dB(s).$$

したがって，$X(t) = e^{-\alpha t}Y(t)$，$X(0) = Y(0)$ であるから

$$X(t) = e^{-\alpha t}\left(X(0) + \int_0^t \sigma e^{\alpha s}\,dB(s)\right).$$

注意 5.2.2 問 5.2.1 の定数 $(-\alpha)$ を確率過程に置き換えたランジュバン型の SDE を考える.

$$dX(t) = a(t)X(t)\,dt + \sigma B(t), \quad \sigma \text{ は正数}. \tag{5.2.8}$$

ただし, $a(t)$ は基礎となるフィルトレーション $\{\mathcal{F}_t\}$ に適合した連続な確率過程とする. このとき, (5.2.8) の解 $X(t)$ は次のように表される.

$$X(t) = e^{\int_0^t a(s)\,ds}\left(X(0) + \int_0^t \sigma e^{-\int_0^u a(s)\,ds}\,dB(u)\right). \tag{5.2.9}$$

実際, $e^{-\int_0^t a(s)\,ds}$ は連続微分可能で有限変動, かつ連続な $X(t)$ との共変動は 0 である. 確率積の微分公式 (定理 4.6.7, 例題 4.6.3) を用いると

$$d\left(e^{-\int_0^t a(s)\,ds}X(t)\right) = e^{-\int_0^t a(s)\,ds}\,dX(t) - a(t)e^{-\int_0^t a(s)\,ds}X(t)\,dt$$
$$= \sigma e^{-\int_0^t a(s)\,ds}\,dB(t).$$

上式を積分すれば

$$e^{-\int_0^t a(s)\,ds}X(t) = X(0) + \int_0^t \sigma e^{-\int_0^u a(s)\,ds}\,dB(u)$$

となるから, (5.2.9) が得られる.

注意 5.2.3 (5.2.6) は拡散型の **SDE** とよばれ, 次のような特徴がある.
(1) 解 $X(t)$ は, 時刻 t と, t までのブラウン運動の履歴 $(B(s), s \leq t)$ に依存した関数 (汎関数) $F\bigl(t, (B(s), s \leq t)\bigr)$ として表される.
(2) $\sigma = 0$ のときは, ODE となる.

例題 5.2.2 $a(t)$ を微分可能な実数値関数として, SDE

$$dX(t) = a(t)\,dB(t), \quad X(0) = 1$$

を考える. $X(t)$ は, 時刻 t と, t までのブラウン運動の履歴 $(B(s), s \leq t)$ に依存した関数 (汎関数) で表されることを確かめよ.

【解答】 $a(t)$ と $B(t)$ の共変動は 0 である. 確率積の微分公式を用いる.

$$d\bigl(a(t)B(t)\bigr) = a(t)\,dB(t) + B(t)\,da(t),$$
$$a(t)B(t) = a(0)B(0) + \int_0^t a(s)\,dB(s) + \int_0^t B(s)a'(s)\,ds.$$

右辺第 2 項の確率積分を $X(t)$ の積分表現に代入すれば次のようになる.

$$X(t) = X(0) + \int_0^t a(s)\,dB(s)$$
$$= 1 + a(t)B(t) - \int_0^t B(s)a'(s)\,ds = F\Big(t, \big(B(s), s \le t\big)\Big).$$

問 5.2.2 問 5.2.1 の解である OU 過程 $X(t)$ は,時刻 t と t までのブラウン運動の履歴 $(B(s), s \le t)$ に依存した関数(汎関数)で表されることを確かめよ.

【解答】 $\sigma e^{\alpha s} \cdot B(t)$ に確率積の微分公式を用いる.

$$d\Big(\sigma e^{\alpha t} \cdot B(t)\Big) = \sigma e^{\alpha t}\,dB(t) + B(t)\,d(\sigma e^{\alpha t})$$
$$= \sigma e^{\alpha t}\,dB(t) + B(t)\sigma\alpha e^{\alpha t}\,dt,$$
$$\sigma e^{\alpha t}B(t) = \sigma e^{\alpha 0}B(0) + \int_0^t \sigma e^{\alpha s}\,dB(s) + \int_0^t B(s)\sigma\alpha e^{\alpha s}\,ds.$$

したがって,右辺第 2 項の確率積分を問 5.2.1 の解表現に代入すると

$$X(t) = e^{-\alpha t}X(0) + e^{-\alpha t}\int_0^t \sigma e^{\alpha s}\,dB(s)$$
$$= e^{-\alpha t}X(0) + e^{-\alpha t}\left(\sigma e^{\alpha t}B(t) - \int_0^t B(s)\sigma\alpha e^{\alpha s}\,ds\right)$$
$$= e^{-\alpha t}X(0) + \sigma B(t) - \sigma\alpha \int_0^t e^{-\alpha(t-s)}B(s)\,ds$$
$$= F\Big(t, \big(B(s), s \le t\big)\Big).$$

注意 5.2.4 上記の事柄から,SDE の解 $X(t)$ は,ブラウン運動のフィルトレーションに適合して,時刻 t と,t までのブラウン運動の履歴 $(B(s), s \le t)$ の関数(汎関数)で表されると直感できる.実際には,SDE に対する解の存在と一意性に関する条件が満たされていれば,$X(t) = F\Big(t, \big(B(s), s \le t\big)\Big)$ と表される汎関数 F が存在することは知られている.しかし,一般に F の具体的な形を求めることは難しい.

5.3 確率微分方程式の解の存在と一意性

前節の確率微分方程式(SDE)に対して,時間区間 $[0, T]$ における解の存在と一意性を示すためには,もう少し詳細な記述が必要となる.定義 5.2.1 が示唆するように,解 $X(t)$ は時刻 $t = 0$ における**初期値**の確率変数 $X(0) = X_0$ と時刻 t までのブラウン運動の履歴 $(B(s), s \le t)$ に依存している.したがっ

て，初期値の確率変数 X_0 と $s \leq t$ に対するブラウン運動 $B(s)$ が可測になるように，それらを含む最小の σ-フィールドを用意しておかなければならない．すなわち，基礎となるフィルトレーションとしては，ブラウン運動の履歴だけからなる情報よりも拡大して選んでおくということである．

仮定 5.3.1

確率空間 $(\Omega, \mathcal{F}, P)$ 上のフィルトレーション $\{\mathcal{F}_t; 0 \leq t \leq T\}$ として，$\mathcal{F}_t$ は X_0 と $(B(s), 0 \leq s \leq t)$ から生成された σ-フィールドとする．

$$\mathcal{F}_t = \sigma\Big(X_0, (B(s), 0 \leq s \leq t)\Big).$$

さらに，初期値の確率変数 X_0 は $B(t), t > 0$，と独立とする．

注意 5.3.2 仮定 5.3.1 のもとでは，ブラウン運動 $B(t)$ は $\mathcal{F}_t$-可測，すなわち，$\mathcal{F}_t$ に適合している．さらに

(1) すべての $t \geq 0$ に対して，$\mathcal{F}_t$ は $(B(u) - B(t), u \geq t)$ から生成された σ-フィールド $\sigma(B(u) - B(t), u \geq t)$ と独立になる．

(2) 特に，X_0 がランダム（偶然的）でない定数ならば，X_0 が $B(t)$ と独立になることは明らかである．この場合，$\mathcal{F}_t$ は $(B(s), 0 \leq s \leq t)$ から生成された σ-フィールド $\mathcal{F}_t = \sigma(B(s), 0 \leq s \leq t)$ と同じになる．

確率微分方程式については，もう少し詳細な定義が必要となる．

$\mu(t, x), \sigma(t, x)$ は $t \in [0, T]$ と $x \in \mathbb{R}$ の可測関数すなわち，$\mathcal{B}([0, T]) \times \mathcal{B}(\mathbb{R})$-可測とする．さらに，$X_0$ は実数値をとる確率変数で，$B(t)$ はブラウン運動とし，$\{\mathcal{F}_t; 0 \leq t \leq T\}$ は仮定 5.3.1 のフィルトレーションとする．このとき，各 t に対して $B(t)$ は $\mathcal{F}_t$-可測，すなわち，$\mathcal{F}_t$ に適合し，かつ任意の $s \leq t$ に対して $B(t) - B(s)$ は $\mathcal{F}_s$ と独立であることに注意する．改めて，次の**確率微分方程式**（SDE）を考える．

$$dX(t) = \mu\big(t, X(t)\big)\, dt + \sigma\big(t, X(t)\big)\, dB(t), \quad X(0) = X_0. \tag{5.3.1}$$

SDE (5.3.1) は，次の**確率積分方程式**（SIE）を満たすものとして解釈される．

$$X(t) = X_0 + \int_0^t \mu\big(s, X(s)\big)\, ds + \int_0^t \sigma\big(s, X(s)\big)\, dB(s), \quad 0 \leq t \leq T. \tag{5.3.2}$$

SDE の解 $X(t)$ が初期値 X_0（一般には確率変数）と時刻 t までのブラウン運動の履歴の関数（汎関数）として出力されるイメージは図のようになる．

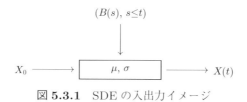

図 5.3.1　SDE の入出力イメージ

定義 5.3.3

仮定 5.3.1 のもとで，以下の性質を満たす確率過程 $f(t,\omega)$ の集まりを $\mathcal{L}_T^2$ で表す（定義 4.4.2 (1) と定理 4.4.4 の後の説明参照）．

(1) 関数 $(t,\omega) \in [0,T] \times \Omega \to f(t,\omega) \in \mathbb{R}$ が $\mathcal{B}([0,T]) \times \mathcal{F}$-可測．

(2) $f(t,\omega)$ は $\mathcal{F}_t$-可測，すなわち，$\mathcal{F}_t = \sigma\big(X_0, (B(s), 0 \leq s \leq t)\big)$ に適合．

(3) $\int_0^T |f(t)|^2\, dt < \infty$ a.s.

（4.4 節の $\mathcal{F}_t$ を仮定 5.3.1 のように考えている）

定義 5.3.4

仮定 5.3.1 のもとで，確率過程 $X(t), 0 \leq t \leq T$ は次の (1)-(4) を満たすとする．このとき，$X(t)$ は，初期値 X_0 をもつ（初期値 X_0 に関する）**確率微分方程式の解**（SDE の解）とよばれる．

(1) $X(t)$ は $\mathcal{F}_t$-可測，すなわち，$\mathcal{F}_t$ に適合．

(2) $\overline{\mu}(t,\omega) = \mu(t, X(t,\omega))$, $\overline{\sigma}(t,\omega) = \sigma(t, X(t,\omega))$ とおくとき，$|\overline{\mu}(t,\omega)|^{\frac{1}{2}} \in \mathcal{L}_T^2$, $\overline{\sigma}(t,\omega) \in \mathcal{L}_T^2$ を満たし，特に，確率積分 $\int_0^t \overline{\sigma}(t,\omega)\, dB(t)$ が定まる．

(3) 各 $t \in [0,T]$ に対して，ほとんど確実に (a.s.) SIE (5.3.2) を満たす．

SDE に対しては，ただ 1 つの解の存在を保証するものとして，ドリフトと拡散の係数に対するリプシッツ条件と線形増大度条件が知られている．

定義 5.3.5

$[0,T] \times \mathbb{R}$ 上の可測な関数 $g(t,x)$ に対して，次のような定数 $K > 0$ が存在するとき，$g(t,x)$ は x に関して**リプシッツ条件**を満たすという（定義 1.9.1 参照）．

$$|g(t,x) - g(t,y)| \leq K|x-y|, \quad 0 \leq t \leq T, \quad x, y \in \mathbb{R}.$$

定義 5.3.6

$[0,T] \times \mathbb{R}$ 上の可測な関数 $g(t,x)$ に対して，次のような定数 $K > 0$ が存在するとき，$g(t,x)$ は x に関して**線形増大度条件**または単に**増大度条件**を満たすという．

$$|g(t,x)| \leq K(1+|x|), \quad 0 \leq t \leq T, \quad x \in \mathbb{R}.$$

すべての $x \geq 0$ に対して，不等式

$$1+x^2 \leq (1+x)^2 \leq 2(1+x^2)$$

が成り立つから，定義 5.3.6 の増大度条件は次のような定数 $C > 0$ が存在することと同値である．

$$|g(t,x)|^2 \leq C(1+x^2), \quad 0 \leq t \leq T, \quad x \in \mathbb{R}.$$

解の存在と一意性を示すために，不等式の評価に関する補題を準備しておく．

補題 5.3.7

$[0,T]$ 上の実数値関数 $\phi(t)$ は $\int_0^T |\phi(t)|\,dt < \infty$ を満たし，非負，かつ次を満たすとする．

$$\phi(t) \leq \alpha(t) + \beta \int_0^t \phi(s)\,ds, \quad 0 \leq t \leq T. \tag{5.3.3}$$

ただし，$\int_0^T |\alpha(t)|\,dt < \infty$ かつ β は正数とする．このとき，次が成り立つ．

$$\phi(t) \leq \alpha(t) + \beta \int_0^t e^{\beta(t-s)} \alpha(s)\,ds.$$

特に，$\alpha(t)$ が定数 α ならば

$$\phi(t) \leq \alpha e^{\beta t}, \quad 0 \leq t \leq T. \tag{5.3.4}$$

上記の補題は**グロンウォールの補題**，その結果は**グロンウォールの不等式**とよばれている．

【証明】 $g(t) = \beta \int_0^t \phi(s)\,ds, 0 \leq t \leq T$ とおく．このとき (5.3.3) から

$$g'(t) = \beta\phi(t) \leq \beta\alpha(t) + \beta g(t),$$
$$g'(t) - \beta g(t) \leq \beta\alpha(t).$$

最後の不等式の両辺に $e^{-\beta t}$ を乗じると

$$\frac{d}{dt}\Bigl(e^{-\beta t}g(t)\Bigr) = e^{-\beta t}\bigl(g'(t) - \beta g(t)\bigr) \leq \beta e^{-\beta t}\alpha(t).$$

この両辺を 0 から t まで積分すれば

$$e^{-\beta t}g(t) \leq \beta \int_0^t e^{-\beta s}\alpha(s)\,ds \Rightarrow g(t) \leq \beta \int_0^t e^{\beta(t-s)}\alpha(s)\,ds$$

ゆえに，(5.3.3) から

$$\phi(t) \leq \alpha(t) + g(t) \leq \alpha(t) + \beta \int_0^t e^{\beta(t-s)}\alpha(s)\,ds.$$

特に，$\alpha(t)$ が定数 α のときは (5.3.4) が得られる．実際，

$$\phi(t) \leq \alpha + \alpha\beta \int_0^t e^{\beta(t-s)}\,ds = \alpha - \alpha\bigl[1 - e^{\beta t}\bigr] = \alpha e^{\beta t}.$$

一般に，常微分方程式（ODE）

$$\frac{d}{dt}x(t) = \mu(t, x(t)), \quad 0 \leq t \leq T, \quad x(0) = x_0 \in \mathbb{R}$$

の解 $x(t)$ をつくるためには，積分方程式に直して**ピカールの逐次近似法**を用いるということが知られている（定理 1.9.2 の証明参照）．SDE の解をつくるためには，ODE の場合と同様にピカールの逐次近似法を用いる．すなわち，確率過程の近似列 $\{X_n(t); t \in [0, T]\}$ に対して，次の事柄を示していくことになる．

(1) $\{X_n\}$ の 2 乗平均（2 次積率）は，区間 $[0, T]$ で一様に有界となる．
(2) $\{X_n\}$ は，区間 $[0, T]$ で一様に 2 乗平均収束（L^2-収束）する．
(3) $\{X_n\}$ は，ほとんど確実に (a.s.) 区間 $[0, T]$ で一様収束する．
(4) $\lim_{n \to \infty} X_n(t) = X(t)$ は SDE (5.3.1) の解になる．
(5) SDE (5.3.1) の任意の解を $X(t), Y(t)$ とすれば，これらはほとんど確実に (a.s.) 一致する．

解のもとになる逐次近似列を評価するために，補題を挙げておきたい．

補題 5.3.8

$[0, T]$ 上の実数値関数の列 $\{\theta_n(t);\ n \geq 1\}$ は $\int_0^T |\theta_n(t)|\,dt < \infty$ を満たし，次の不等式を満たすとする．

$$\theta_{n+1}(t) \leq \alpha(t) + \beta \int_0^t \theta_n(s)\,ds, \quad 0 \leq t \leq T. \tag{5.3.5}$$

ただし，$\int_0^T |\alpha(t)|\,dt < \infty$, かつ β は正数．このとき，任意の $n \geq 1$ に対して，$\theta_{n+1}(t)$ は $\alpha(t)$, β, n, $\theta_1(t)$ を用いて，次のように評価される．

$$\theta_{n+1}(t) \leq \alpha(t) + \beta \int_0^t \alpha(u) e^{\beta(t-u)}\, du + \beta^n \int_0^t \frac{(t-u)^{n-1}}{(n-1)!} \theta_1(u)\, du. \tag{5.3.6}$$

特に $\alpha(t), \theta_1(t)$ が定数で $\alpha(t) \equiv \alpha$, $\theta_1(t) \equiv c$ ならば，任意の $n \geq 1$ に対して，次が成り立つ．

$$\theta_{n+1}(t) \leq \alpha e^{\beta t} + c \frac{\beta^n t^n}{n!}. \tag{5.3.7}$$

【証明】 不等式 (5.3.5) が与えられたとき，$\theta_{n+1}(t)$ を $\alpha(t), \beta, n$ および $\theta_1(t)$ で評価するためには，グロンウォールの補題を証明するときに用いたトリックは使えない．n に関して帰納的に示すことになる．

$n = 1$ のとき．$\theta_2(t) \leq \alpha(t) + \beta \int_0^t \theta_1(s)\, ds$ であるから，(5.3.6) は成り立つ．

$n = 2$ のとき．(5.3.5) から

$$\theta_3(t) \leq \alpha(t) + \beta \int_0^t \theta_2(s)\, ds$$
$$\leq \alpha(t) + \beta \int_0^t \alpha(s)\, ds + \beta^2 \int_0^t \left(\int_0^s \theta_1(u)\, du \right) ds.$$

上式右辺の 2 重積分は，積分の順序を交換して（定理 1.6.1 参照）

$$\int_0^t \left(\int_0^s \theta_1(u)\, du \right) ds = \int_0^t \theta_1(u) \left(\int_u^t ds \right) du = \int_0^t (t-u) \theta_1(u)\, du$$

となる．したがって

$$\theta_3(t) \leq \alpha(t) + \beta \int_0^t \alpha(s)\, ds + \beta^2 \int_0^t (t-u) \theta_1(u)\, du.$$

すなわち，(5.3.6) は成り立つ．同様に，

$$\theta_4(t) \leq \alpha(t) + \beta \int_0^t \alpha(s)\, ds + \beta^2 \int_0^t (t-u) \alpha(u)\, du$$
$$+ \beta^3 \int_0^t \frac{(t-u)^2}{2} \theta_1(u)\, du.$$

一般に，$n \geq 1$ のとき

$$\theta_{n+1}(t) \leq \alpha(t) + \beta \int_0^t \alpha(s)\, ds + \beta^2 \int_0^t (t-u) \alpha(u)\, du + \cdots$$
$$+ \beta^{n-1} \int_0^t \frac{(t-u)^{n-2}}{(n-2)!} \alpha(u)\, du$$
$$+ \beta^n \int_0^t \frac{(t-u)^{n-1}}{(n-1)!} \theta_1(u)\, du. \quad \cdots \text{①}$$

ここで，マクローリンの定理を用いて指数関数を展開すれば（例題 1.3.2 参照）

$$\sum_{k=0}^{n-2} \frac{\beta^k (t-u)^k}{k!} \leq e^{\beta(t-u)}$$

となる．ゆえに，不等式①の右辺において，最初と最後を除いた積分項をまとめれば (5.3.6) を得ることができる．

特に，$\alpha(t) \equiv \alpha$, $\theta_1(t) \equiv c$ ならば，(5.3.6) から次のようにして (5.3.7) を確認することができる．

$$\begin{aligned}
\theta_{n+1} &\leq \alpha + \beta \int_0^t \alpha e^{\beta(t-u)} \, du + \beta^n \int_0^t \frac{(t-u)^{n-1}}{(n-1)!} c \, du \\
&= \alpha + \alpha \left[-e^{\beta(t-u)} \right]_0^t + c\beta^n \left[-\frac{(t-u)^n}{n!} \right]_0^t \\
&= \alpha + \alpha \left[-1 + e^{\beta t} \right] + c\beta^n \frac{t^n}{n!} = \alpha e^{\beta t} + c \frac{\beta^n t^n}{n!}.
\end{aligned}$$

定義 5.3.9

同じ初期値 X_0 に関する SDE (5.3.1) の連続な解 $X(t), Y(t)$, $t \in [0, T]$, に対して，見本経路が区間 $[0, T]$ でほとんど確実に (a.s.) 一致するとき，すなわち，次式を満たすとき，解はただ 1 つ（一意的）であるという．

$$P\left(\sup_{t \in [0,T]} |X(t) - Y(t)| = 0 \right) = 1.$$

補題 5.3.10

$\mu(t, x), \sigma(t, x)$ は x に関してリプシッツ条件を満たし，$E[X_0^2] < \infty$ とする．このとき，初期値 X_0 に関する SDE (5.3.1) において，見本経路の連続な解が存在するならば，それはただ 1 つ（一意的）である．

【証明】 $X(t), Y(t)$ を SDE (5.3.1) の連続な解とし，$Z(t) = X(t) - Y(t)$ とおく．このとき，$Z(t)$ は連続で，SIE (5.3.2) によって次を満たす．

$$\begin{aligned}
Z(t) = &\int_0^t \left[\mu(s, X(s)) - \mu(s, Y(s)) \right] ds \\
&+ \int_0^t \left[\sigma(s, X(s)) - \sigma(s, Y(s)) \right] dB(s).
\end{aligned}$$

ここで，不等式 $(a+b)^2 \leq 2(a^2 + b^2)$ を用いると

$$Z(t)^2 \le 2\left[\left(\int_0^t [\mu(s,X(s))-\mu(s,Y(s))]\,ds\right)^2 \right.$$
$$\left. +\left(\int_0^t [\sigma(s,X(s))-\sigma(s,Y(s))]\,dB(s)\right)^2\right]. \quad (5.3.8)$$

また，積分に対するシュワルツの不等式（例題 1.4.1）と $\mu(t,x)$ のリプシッツ条件を用いると

$$\left(\int_0^t [\mu(s,X(s))-\mu(s,Y(s))]\,ds\right)^2$$
$$\le t \cdot \int_0^t [\mu(s,X(s))-\mu(s,Y(s))]^2\,ds$$
$$\le T \cdot K^2 \int_0^t Z(s)^2\,ds, \quad 0 \le t \le T. \quad (5.3.9)$$

一方，確率積分の等長性（定理 4.4.5 (4)）と $\sigma(t,x)$ のリプシッツ条件を用いると

$$E\left[\left(\int_0^t [\sigma(s,X(s))-\sigma(s,Y(s))]\,dB(s)\right)^2\right]$$
$$= \int_0^t E\left[[\sigma(s,X(s))-\sigma(s,Y(s))]^2\,ds\right]$$
$$\le K^2 \int_0^t E[Z(s)^2]\,ds. \quad (5.3.10)$$

したがって，(5.3.8) の平均をとれば，(5.3.9) と (5.3.10) から次のようになる．

$$E[Z(t)^2] \le 2K^2(T+1)\int_0^t E[Z(s)^2]\,ds, \quad 0 \le t \le T.$$

ゆえに，グロンウォールの不等式によって，すべての $t \in [0,T]$ に対して $E[Z(t)^2] = 0$ となる．このことは，各 t に対して，$P(Z(t)=0)=1$ が成り立つことと同値である（定理 2.3.2 (1) 参照）．すなわち

$$\text{各 } t \text{ に対して，} Z(t) = 0 \quad \text{a.s.}$$

ここで，$\{r_1, r_2, \ldots r_n, \ldots\}$ を区間 $[0,T]$ 内の可算個の有理数列とすれば，上記の結果から，各 r_n に対して，次を満たす事象 Ω_n が存在する．

$$P(\Omega_n) = 1, \quad \text{かつ，すべての } \omega \in \Omega_n \text{ に対して} \quad Z(r_n, \omega) = 0.$$

$\Omega' = \bigcap_{n=1}^{\infty} \Omega_n$ とおく．このとき，Ω' の余事象 $(\Omega')^c$ を考えると，ド・モルガンの法則（2.1 節）と確率の劣加法性（注意 2.2.3 (5)）から

$$0 \leq P((\Omega')^c) = P\left(\bigcup_{n=1}^{\infty} \Omega_n^c\right) \leq \sum_{n=1}^{\infty} P(\Omega_n^c) = 0 \Rightarrow P((\Omega')^c) = 0$$

すなわち

$P(\Omega') = 1$, かつ各 $\omega \in \Omega'$ について,すべての n に対して $Z(r_n, \omega) = 0$.

$Z(t)$ は t の連続な確率過程であるから,次を満たす事象 Ω'' が存在する.

$P(\Omega'') = 1$, かつ各 $\omega \in \Omega''$ について $Z(t, \omega)$ は t の連続関数.

$\Omega_0 = \Omega' \cap \Omega''$ とおく.このとき,$P(\Omega_0^c) = P((\Omega')^c \cup (\Omega'')^c) \leq P((\Omega')^c) + P((\Omega'')^c) = 0$ であるから,結局,次が示された.

$P(\Omega_0) = 1$, かつ各 $\omega \in \Omega_0$ について

$Z(t, \omega)$ は $[0, T]$ 内のすべての有理数において値 0 をとるような t の連続関数.

任意の t は有理数列の極限で表され,$Z(t, \omega)$ は連続であるから,各 $\omega \in \Omega_0$ について,すべての $t \in [0, T]$ に対して $Z(t, \omega) = 0$, すなわち,$|X(t, \omega) - Y(t, \omega)| = 0$ となる.ゆえに

$$P\left(\sup_{t \in [0,T]} |X(t, \omega) - Y(t, \omega)| = 0\right) = 1$$

となって,$X(t)$ と $Y(t)$ は同じ連続な確率過程である.

定理 5.3.11

$[0, T] \times \mathbb{R}$ 上の可測な関数 $\mu(t, x), \sigma(t, x)$ は x に関してリプシッツ条件と増大度条件を満たすとする.X_0 は仮定 3.5.1 を満たす確率変数で,$E[X_0^2] < \infty$ とする.このとき,初期値 X_0 に関する SDE (5.3.1) において,見本経路の連続な解は存在して,ただ 1 つ(一意的)である.

【証明】 解の一意性は既に補題 5.3.10 で示したので,解の存在について証明すればよい.仮定によって,次のような定数 $C > 0$ が存在することに注意する.すべての $t \in [0, T]$, $x, y \in \mathbb{R}$ に対して

$$|\mu(t, x) - \mu(t, y)| \leq C|x - y|, \quad |\sigma(t, x) - \sigma(t, y)| \leq C|x - y|, \quad (5.3.11)$$

$$|\mu(t, x)|^2 \leq C(1 + x^2), \quad |\sigma(t, x)|^2 \leq C(1 + x^2). \quad (5.3.12)$$

1.9 節の ODE の場合と同様に,SIE (5.3.2) に対して逐次近似法を用いる.そのためには,連続な確率過程の列 $\{X^{(n)}(t); n \geq 1\}$ を次のように定義する.

$$X^{(1)}(t) = X_0. \qquad n \geq 1 \text{ に対しては}$$
$$X^{(n+1)}(t) = X_0 + \int_0^t \mu\bigl(s, X^{(n)}(s)\bigr) ds + \int_0^t \sigma\bigl(s, X^{(n)}(s)\bigr) dB(s).$$
$$(5.3.13)$$

以下では，$\mathcal{M}_T^2$ を定義 4.2.1 で与えられた確率過程の集まりとする．包含関係 $\mathcal{M}_T^2 \subset \mathcal{L}_T^2$ および定理 4.4.3, 図 4.4.1 に注意されたい．

<u>Step 1</u> 帰納法を用いて $X^{(n)}(t) \in \mathcal{M}_T^2$ を示す．

明らかに，$X^{(1)}(t) \in \mathcal{M}_T^2$ である．n のとき成り立つとする．すなわち，$X^{(n)}(t) \in \mathcal{M}_T^2$ と仮定する．このとき，積分に対するシュワルツの不等式（例題 1.4.1）と増大度条件 (5.3.12) から次の評価を得る．

$$\int_0^t |\mu(s, X^{(n)}(s))| ds \leq \sqrt{CT} \left(\int_0^T \bigl(1 + |X^{(n)}(t)|^2\bigr) dt \right)^{\frac{1}{2}} < \infty \quad \text{a.s.,}$$
$$E\left[\int_0^T \sigma\bigl(t, X^{(n)}(t)\bigr)^2 dt \right] \leq CT + CE\left[\int_0^T |X^{(n)}(t)|^2 dt \right] < \infty.$$

この評価によって，(5.3.13) の第 1 項の積分は，ほとんどすべての ω に対して t についてのルベーグ積分として定まり，連続である．また，$X^{(n)}(t) \in \mathcal{M}_T^2$ のとき係数の仮定から $\sigma(t, X^{(n)}(t)) \in \mathcal{M}_T^2$ となって，(5.3.13) の第 2 項の積分は伊藤の確率積分として定まり，連続である．したがって，(5.3.13) の右辺は伊藤過程の積分表現になり，フィルトレーション $\{\mathcal{F}_t\}$ に適合した連続な確率過程として $X^{(n+1)}(t)$ を定義している．さらに，和に対するシュワルツの不等式（問 1.4.1）によって，不等式 $|a+b+c|^2 \leq 3(a^2+b^2+c^2)$ が成り立つから，次のようになる．

$$|X^{(n+1)}(t)|^2$$
$$\leq 3\left[X_0^2 + \left(\int_0^t \mu\bigl(s, X^{(n)}(s)\bigr) ds \right)^2 + \left(\int_0^t \sigma\bigl(s, X^{(n)}(s)\bigr) dB(s) \right)^2 \right].$$
$$(5.3.14)$$

上式と増大度条件 (5.3.12) を用いると
$$E\left[\int_0^T |X^{(n+1)}(t)|^2 dt \right] < \infty.$$

これによって $X^{(n+1)}(t) \in \mathcal{M}_T^2$ となる．ゆえに，帰納法の仮定から，連続な確率過程の列 $\{X^{(n)}(t); n \geq 1\}$ は $\mathcal{M}_T^2$ に属する．

Step 2 次に，$E\bigl[|X^{(n+1)}(t) - X^{(n)}(t)|^2\bigr]$ を評価する．そのために，
$$Y^{(n+1)}(t) = \int_0^t \mu\bigl(s, X^{(n)}(s)\bigr)\,ds, \quad Z^{(n+1)}(t) = \int_0^t \sigma\bigl(s, X^{(n)}(s)\bigr)\,dB(s)$$
とおく．このとき，$X^{(n+1)}(t) = X_0 + Y^{(n+1)}(t) + Z^{(n+1)}(t)$ であるから，不等式 $(a+b)^2 \leq 2(a^2+b^2)$ によって次のようになる．

$$\begin{aligned}
&E\bigl[|X^{(n+1)}(t) - X^{(n)}(t)|^2\bigr] \\
&\quad \leq 2\Bigl\{ E\bigl[|Y^{(n+1)}(t) - Y^{(n)}(t)|^2\bigr] + E\bigl[|Z^{(n+1)}(t) - Z^{(n)}(t)|^2\bigr] \Bigr\}.
\end{aligned} \tag{5.3.15}$$

ここで，積分に対するシュワルツの不等式とリプシッツ条件 (5.3.11) から

$$|Y^{(n+1)}(t) - Y^{(n)}(t)|^2 \leq TC^2 \int_0^t |X^{(n)}(s) - X^{(n-1)}(s)|^2\,ds. \tag{5.3.16}$$

また，確率積分の等長性（定理 4.4.5 (4)）とリプシッツ条件 (5.3.11) から

$$\begin{aligned}
E\bigl[|Z^{(n+1)}(t) - Z^{(n)}(t)|^2\bigr] &= \int_0^t E\bigl[|\sigma\bigl(s, X^{(n)}(s)\bigr) - \sigma\bigl(s, X^{(n-1)}(s)\bigr)|^2\bigr]\,ds \\
&\leq C^2 \int_0^t E\bigl[|X^{(n)}(s) - X^{(n-1)}(s)|^2\bigr]\,ds.
\end{aligned} \tag{5.3.17}$$

したがって，式 (5.3.15)-(5.3.17) から，すべての $n \geq 2$ に対して
$$E\bigl[|X^{(n+1)}(t) - X^{(n)}(t)|^2\bigr] \leq 2C^2(1+T) \int_0^t E\bigl[|X^{(n)}(s) - X^{(n-1)}(s)|^2\bigr]\,ds.$$

一方，増大度条件 (5.3.12) から
$$E\bigl[|X^{(2)}(t) - X^{(1)}(t)|^2\bigr] \leq 2C^2(1+T) \int_0^t \bigl(1 + E\bigl[X_0^2\bigr]\bigr)\,ds.$$

ゆえに，$\theta_n = X^{(n)} - X^{(n-1)}$ として補題 5.3.8 を応用すれば

$$E\bigl[|X^{(n+1)}(t) - X^{(n)}(t)|^2\bigr] \leq \rho\,\frac{\beta^n t^n}{n!}, \quad 0 \leq t \leq T. \tag{5.3.18}$$

ただし，$\rho = 1 + E\bigl[X_0^2\bigr]$，$\beta = 2C^2(1+T)$.

Step 3 以下においては，$X^{(n)}(t)$ の収束性を示す．
まず，不等式 $|a+b| \leq |a| + |b|$ によって次式が成り立つ．

$$|X^{(n+1)}(t) - X^{(n)}(t)| \leq |Y^{(n+1)}(t) - Y^{(n)}(t)| + |Z^{(n+1)}(t) - Z^{(n)}(t)|.$$

したがって

$$\sup_{0 \leq t \leq T} |X^{(n+1)}(t) - X^{(n)}(t)|$$
$$\leq \sup_{0 \leq t \leq T} |Y^{(n+1)}(t) - Y^{(n)}(t)| + \sup_{0 \leq t \leq T} |Z^{(n+1)}(t) - Z^{(n)}(t)|. \quad \cdots ①$$

一般に，確率変数 X, Y, Z が $|X| \leq |Y| + |Z|$ を満たすとき，任意の数 $\varepsilon > 0$ に対して，次の包含関係が成り立つ．

$$\left\{|X| > \varepsilon\right\} \subset \left\{|Y| + |Z| > \varepsilon\right\} \subset \left\{|Y| > \frac{1}{2\varepsilon}\right\} \cup \left\{|Z| > \frac{1}{2\varepsilon}\right\}. \quad \cdots ②$$

実際，②の第 1 の ⊂ は明らかである．また，

$$\left\{|Y| \leq \frac{1}{2\varepsilon}\right\} \cap \left\{|Z| \leq \frac{1}{2\varepsilon}\right\} \subset \left\{|Y| + |Z| \leq \varepsilon\right\}$$

となる．これを余事象で考えると，ド・モルガンの法則によって②の第 2 の ⊂ が成り立つ．よって，①と②の評価から次のようになる．

$$P\left(\sup_{0 \leq t \leq T} |X^{(n+1)}(t) - X^{(n)}(t)| > \frac{1}{n^2}\right)$$
$$\leq P\left(\sup_{0 \leq t \leq T} |Y^{(n+1)}(t) - Y^{(n)}(t)| > \frac{1}{2n^2}\right)$$
$$+ P\left(\sup_{0 \leq t \leq T} |Z^{(n+1)}(t) - Z^{(n)}(t)| > \frac{1}{2n^2}\right). \quad (5.3.19)$$

はじめに，(5.3.19) の右辺第 1 項を評価する．積分に対するシュワルツの不等式と $\mu(t, x)$ のリプシッツ条件 (5.3.11) から

$$|Y^{(n+1)}(t) - Y^{(n)}(t)|^2 \leq C^2 T \int_0^t |X^{(n)}(s) - X^{(n-1)}(s)|^2 \, ds$$

となる．したがって

$$\sup_{0 \leq t \leq T} |Y^{(n+1)}(t) - Y^{(n)}(t)|^2 \leq C^2 T \int_0^T |X^{(n)}(t) - X^{(n-1)}(t)|^2 \, dt.$$

上式両辺の平均をとって (5.3.18) を用いれば次のようになる．

$$P\left(\sup_{0 \leq t \leq T} |Y^{(n+1)}(t) - Y^{(n)}(t)| > \frac{1}{2n^2}\right)$$
$$\leq 4n^4 E\left[\left\{\sup_{0 \leq t \leq T} |Y^{(n+1)}(t) - Y^{(n)}(t)|\right\}^2\right] \quad \cdots ③$$
$$\leq 4n^4 C^2 T \int_0^T \rho \frac{\beta^{n-1} t^{n-1}}{(n-1)!} \, dt = 4n^4 C^2 T \rho \frac{\beta^{n-1} T^n}{n!}. \quad (5.3.20)$$

ここで，③はチェビシェフの不等式（注意 2.5.10）による．

一方，$|Z^{(n+1)}(t) - Z^{(n)}(t)|$ は劣マルチンゲールであるから，(5.3.19) の右辺第 2 項にドゥーブの劣マルチンゲール不等式（定理 2.8.14）を応用し，さらに (5.3.17) と (5.3.18) を用いれば次のようになる．

$$P\left(\sup_{0 \leq t \leq T} |Z^{(n+1)}(t) - Z^{(n)}(t)| > \frac{1}{2n^2}\right) \leq 4n^4 E\left[|Z^{(n+1)}(T) - Z^{(n)}(T)|^2\right]$$

$$\leq 4n^4 C^2 \int_0^T E\left[|X^{(n)}(t) - X^{(n-1)}(t)|^2\right] dt$$

$$\leq 4n^4 C^2 \int_0^T \rho \frac{\beta^{n-1} t^{n-1}}{(n-1)!}$$

$$= 4n^4 C^2 \rho \frac{\beta^{n-1} T^n}{n!}. \tag{5.3.21}$$

ゆえに，(5.3.19), (5.3.20), (5.3.21) から

$$P\left(\sup_{0 \leq t \leq T} |X^{(n+1)}(t) - X^{(n)}(t)| > \frac{1}{n^2}\right)$$
$$\leq 4n^4 C^2 \rho (T+1) \frac{\beta^{n-1} T^n}{n!} = 2\rho \frac{n^4 \beta^n T^n}{n!}. \quad (\beta = 2C^2(1+T)) \tag{5.3.22}$$

ここで，正項級数 $\sum_{n=0}^{\infty} \frac{n^4 \beta^n T^n}{n!}$ は収束する．実際，$a_n = \frac{n^4 \beta^n T^n}{n!}$ とおくと

$$\lim_{n \to \infty} \frac{a_{n+1}}{a_n} = \lim_{n \to \infty} \frac{1}{n+1}\left(1 + \frac{1}{n}\right)^4 (\beta T) = 0$$

であるから，ダランベールの判定法（定理 1.7.4）によって正項級数 $\sum_{n=0}^{\infty} a_n$ は収束する．すなわち，(5.3.22) の n に関する無限和は収束する．ゆえに，ボレル・カンテリの補題（問 2.2.1，注意 2.2.4）によって

$$P\left(\sup_{0 \leq t \leq T} |X^{(n+1)}(t) - X^{(n)}(t)| > \frac{1}{n^2} \text{ i.o.}\right) = 0.$$

言い換えれば，確率 1 で次が成り立つ．

十分大きな n に対して， $\sup_{0 \leq t \leq T} |X^{(n+1)}(t) - X^{(n)}(t)| \leq \frac{1}{n^2}$.

ゆえに，ワイエルシュトラスの優級数判定法（定理 1.8.8，例題 1.8.2）によって，級数 $X_0 + \sum_{n=1}^{\infty} \{X^{(n+1)}(t) - X^{(n)}(t)\}$ は，確率 1 で，区間 $[0, T]$ において一様収束する．この極限を $X(t)$ とする．したがって，n 項までの部分和 $X^{(n)}(t) = X_0 + \sum_{j=1}^{n} \{X^{(j+1)}(t) - X^{(j)}(t)\}$ を考えると，確率 1 で (a.s. に) 次

が成り立つ.

$$\lim_{n\to\infty} X^{(n)}(t) = X(t), \quad t \in [0,T] \text{ に関して一様収束}. \tag{5.3.23}$$

特に，$X^{(n)}(t)$ は t の連続関数で，$n \to \infty$ のとき区間 $[0,T]$ で一様収束するから，極限関数 $X(t)$ は連続である（定理 1.8.2）．

<u>Step 4</u>　この $X(t)$ が定義 5.3.4 の条件 (1), (2), (3) を満たせば $X(t)$ は SDE (5.3.1) の解になる．

まず，$X^{(n)}(t)$ は $\mathcal{F}_t$-可測であるから，極限関数 $X(t)$ もまた $\mathcal{F}_t$-可測である（定理 2.2.9）．すなわち，$X(t)$ は定義 5.3.4 の条件 (1) を満たす．明らかに，連続で $\mathcal{F}_t$-可測な $X(t)$ は $\mathcal{L}_T^2$ に属する．

さらに，$[0,T] \times \mathbb{R}$ 上の可測な関数 μ, σ から合成された $\overline{\mu}(t,\omega) = \mu(t, X(t,\omega))$，$\overline{\sigma}(t,\omega) = \sigma(t, X(t,\omega))$ については，係数の増大度条件と $X(t)$ の連続性から

$$|\overline{\mu}(t,\omega)|^{\frac{1}{2}} \in \mathcal{L}_T^2, \quad \overline{\sigma}(t,\omega) \in \mathcal{L}_T^2$$

となって，定義 5.3.4 の条件 (2) を満たすことも確かめられる．

<u>Step 5</u>　最後に，$X(t)$ が定義 5.3.4 の条件 (3) を満たすことを示す．まず，リプシッツ条件 (5.3.11) と $X^{(n)}(t)$ の一様収束性によって，確率 1 で（a.s. に）次の評価が成り立つ．

$$\left| \int_0^t \mu(s, X^{(n)}(s)) \, ds - \int_0^t \mu(s, X(s)) \, ds \right|$$
$$\leq C \int_0^t |X^{(n)}(s) - X(s)| \, ds \to 0 \quad (n \to \infty), \tag{5.3.24}$$

$$\int_0^t |\sigma(s, X^{(n)}(s)) - \sigma(s, X(s))|^2 \, ds$$
$$\leq C^2 \int_0^t |X^{(n)}(s) - X(s)|^2 \, ds \to 0 \quad (n \to \infty). \tag{5.3.25}$$

(5.3.24) では，(5.3.23) の極限を積分記号の内側へ入れて実行（操作を順序交換）することができる．すなわち

$$\lim_{n\to\infty} \int_0^t \mu(s, X^{(n)}(s)) \, ds = \int_0^t \mu(s, X(s)) \, ds \quad \text{a.s.} \quad t \in [0,T] \text{ で一様に収束}.$$

特に，ほとんど確実に (a.s.) 収束ならば確率収束であるから（定理 2.4.10 (1)），

$$\lim_{n\to\infty} \int_0^t \mu(s, X^{(n)}(s)) \, ds = \int_0^t \mu(s, X(s)) \, ds \quad \text{（確率収束）}. \tag{5.3.26}$$

一方，$G \in \mathcal{L}_T^2$, $G_n \in \mathcal{L}_T^2$, $n = 1, 2, \ldots$ とするとき，次の評価が知られている．

---**確率積分の収束性**---

$$\lim_{n\to\infty}\int_0^t |G_n(s)-G(s)|^2\,ds=0 \quad (\text{確率収束})\text{ ならば},$$
$$\lim_{n\to\infty}\int_0^t G_n(s)\,dB(s)=\int_0^t G(s)\,dB(s) \quad (\text{確率収束}). \tag{5.3.27}$$

ここで,ほとんど確実に (a.s.) 収束する (5.3.25) は確率収束になる (定理 2.4.10 (1)).したがって,(5.3.27) から次のようになる.

$$\lim_{n\to\infty}\int_0^t \sigma\bigl(s,X^{(n)}(s)\bigr)\,dB(s)=\int_0^t \sigma\bigl(s,X(s)\bigr)\,dB(s) \quad (\text{確率収束}). \tag{5.3.28}$$

結局,(5.3.26) と (5.3.28) から,近似式の SIE (5.3.13) で $n\to\infty$ とすれば,確率収束する極限値の一意性によって $X(t)$ は,ほとんど確実に (a.s.) SIE (5.3.2) を満たすことがわかる.実際,このことを確認してみよう.そのために,確率過程 $\xi(t)$ に対して $F(\xi(t))$ を

$$F\bigl(\xi(t)\bigr)=X_0+\int_0^t \mu\bigl(s,\xi(s)\bigr)\,ds+\int_0^t \sigma\bigl(s,\xi(s)\bigr)\,dB(s)$$

と定める.このとき,次の関係に注意する.

SIE (5.3.13) $\Leftrightarrow X^{(n+1)}(t)\stackrel{④}{=}F\bigl(X^{(n)}(t)\bigr),\quad$ SIE (5.3.2) $\Leftrightarrow X(t)\stackrel{⑤}{=}F\bigl(X(t)\bigr)$

④は既知,⑤は未知である.また,次の不等式にも注意する.

$$|X(t)-F\bigl(X(t)\bigr)|=|X(t)-X^{(n+1)}(t)+F\bigl(X^n(t)\bigr)-F\bigl(X(t)\bigr)|$$
$$\leq |X(t)-X^{(n+1)}(t)|+|F\bigl(X^n(t)\bigr)-F\bigl(X(t)\bigr)|.$$

したがって,任意の正数 ε に対して

$$P\bigl(|X(t)-F\bigl(X(t)\bigr)|>\varepsilon\bigr)$$
$$\leq P\Bigl(|X(t)-X^{(n+1)}(t)|>\frac{\varepsilon}{2}\Bigr)+P\Bigl(|F\bigl(X^n(t)\bigr)-F\bigl(X(t)\bigr)|>\frac{\varepsilon}{2}\Bigr). \tag{5.3.29}$$

ここで,(5.3.23) から,$n\to\infty$ のとき $X^{(n)}(t)$ は $X(t)$ に a.s. 収束,よって確率収束している.また,(5.3.26) と (5.3.28) から,$n\to\infty$ のとき $F\bigl(X^{(n)}(t)\bigr)$ は $F\bigl(X(t)\bigr)$ に確率収束している.ゆえに,(5.3.29) で $n\to\infty$ とすれば

$$P\bigl(|X(t)-F\bigl(X(t)\bigr)|>\varepsilon\bigr)=0.$$

$\varepsilon > 0$ は任意であるから,結局

$$P\Big(X(t) = F\big(X(t)\big)\Big) = 1$$

となる.確率 1 の事象は,どの t に対しても同じように選ばれる(補題 5.3.10 の証明の後半参照).すなわち,$X(t)$ は,ほとんど確実に (a.s.) SIE (5.3.2) を満たし,定義 5.3.4 の条件 (3) を満たす.

一方,補題 5.3.10 によって解はただ 1 つであった.ゆえに,$X(t)$ は初期値 X_0 に関する SDE (5.3.1) のただ 1 つの連続な解である.

注意 5.3.12

(1) (5.3.18) の評価から

$$\sup_{0 \le t \le T} E\big[|X^{(n+1)}(t) - X^{(n)}(t)|^2\big] \le \rho \frac{(\beta T)^n}{n!}. \tag{5.3.30}$$

(5.3.30) は,$\{X^{(n)}\}$ は区間 $[0, T]$ で一様に 2 乗平均収束(L^2-収束)することを示している.なぜならば,定理 2.5.9 の後の説明で導入した L^2-ノルム $\|\xi\|_2 = (E[|\xi|^2])^{\frac{1}{2}}$ の記号を用いると

$$\|X^{(n+1)}(t) - X^{(n)}(t)\|_2 \le \sqrt{\rho} \frac{(\beta T)^{\frac{n}{2}}}{\sqrt{n!}}$$

となる.この不等式は,各 t に対して級数 $X_0 + \sum_{n=1}^{\infty} \big(X^{(n+1)}(t) - X^{(n)}(t)\big)$ は (5.3.23) の連続な $X(t)$ に L^2-収束し,

$$\|X(t)\|_2 \le \|X_0\|_2 + \sum_{n=1}^{\infty} \sqrt{\rho} \frac{(\beta T)^{\frac{n}{2}}}{\sqrt{n!}}$$

となることを示している.これから $E\left[\int_0^T |X(t)|^2\, dt\right] < \infty$ となること,および $X(t) \in \mathcal{L}_T^2$ となることがわかる.

(2) (5.3.14) の評価から,(5.3.18) を導いた方法と同様にして

$$E[|X^{(n+1)}(t)|^2] \le Me^{Nt}, \quad 0 \le t \le T, \quad M, N \text{ は正数}$$

を得ることができる.したがって

$$\sup_{0 \le t \le T} E[|X^{(n+1)}(t)|^2] \le Me^{NT}, \quad M, N \text{ は正数}. \tag{5.3.31}$$

(5.3.31) で $n \to \infty$ とすれば,ファトゥの補題(定理 2.4.16 (2))によって,(5.3.23) の $X(t)$ に対する評価を次のように得ることができる.

$$\sup_{0 \le t \le T} E[|X(t)|^2] \le Me^{NT}, \quad M, N \text{ は正数}. \tag{5.3.32}$$

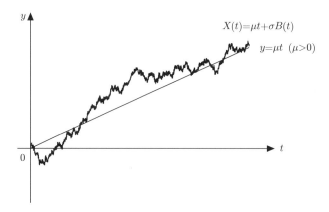

図 5.3.2　ドリフトをもつブラウン運動 $X(t), X(0) = 0$

例題 5.3.1 $\mu \in \mathbb{R}$, かつ σ, a, $b > 0$ とする．次の SDE は，初期値 $X_0 \in \mathbb{R}$ に関して，ただ 1 つの解をもつことを確かめ，その解を表せ．
(1) ドリフトをもつブラウン運動　$dX(t) = \mu\,dt + \sigma\,dB(t)$. 　（図 5.3.2）
(2) 幾何ブラウン運動　$dX(t) = \mu X(t)\,dt + \sigma X(t)\,dB(t)$. 　（図 5.2.1）
(3) 平均回帰のオルンシュタイン・ウーレンベック（**OU**）過程
$\quad dX(t) = (a - bX(t))\,dt + \sigma\,dB(t)$. 　（図 5.3.3-1, 図 5.3.3-2）
(1) は割引債の理論的利回り，(2) は株価のようなリスク資産，(3) は短期利子率などのモデルとして金融市場の解析に用いられている．

【解答】 対応する SDE (5.3.1) の係数は　(1) $\mu(t,x) \equiv \mu$, $\sigma(t,x) \equiv \sigma$,
　　(2) $\mu(t,x) = \mu x$, $\sigma(t,x) = \sigma x$,　(3) $\mu(t,x) = a - bx$, $\sigma(t,x) \equiv \sigma$.
これらはリプシッツ条件と増大度条件を満たす．定理 5.3.11 から解はただ 1 つ定まる．初期値 $X(0) = X_0 \in \mathbb{R}$ に関する解は次のようになる．
(1) 積分して $X(t) = X_0 + \mu t + \sigma B(t)$.

(2) 例題 5.1.1, 例題 5.2.1 から $X(t) = X_0 \exp\left[\left(\mu - \dfrac{1}{2}\sigma^2\right)t + \sigma B(t)\right]$.

(3) 解を見出すために $\phi = \exp[bt]$ とおき，$d(\phi X(t))$ を計算する.
$$d(\phi X(t)) = X(t)\,d\phi + \phi\,dX(t) = \phi(bX(t)\,dt + dX(t))$$
$$= \phi(a\,dt + \sigma\,dB(t)).$$
$$\phi(t)X(t) = \phi(0)X(0) + a\int_0^t \phi(s)\,ds + \sigma\int_0^t \phi(s)\,dB(s)$$
$$= X_0 + \frac{a}{b}\left(\exp[bt] - 1\right) + \sigma\int_0^t \exp[bs]\,dB(s).$$

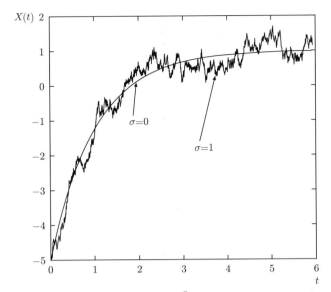

図 **5.3.3-1** 平均回帰の OU 過程, $\dfrac{a}{b} > X_0$ ($a = b = \sigma = 1$, $X_0 = -5$)

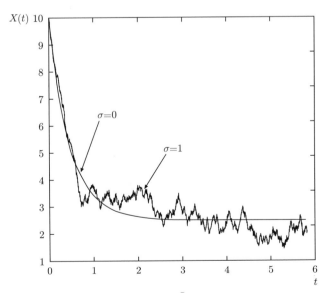

図 **5.3.3-2** 平均回帰の OU 過程, $\dfrac{a}{b} < X_0$ ($a = 5, b = 2, \sigma = 1$, $X_0 = 10$)

ゆえに，$\quad X(t) = \dfrac{a}{b} + \left(X_0 - \dfrac{a}{b}\right)\exp[-bt] + \sigma \displaystyle\int_0^t \exp[-b(t-s)]\,dB(s).$

問 5.3.1 例題 5.3.1 の各 $X(t)$ に対して平均 $E[X(t)]$ と分散 $V[X(t)]$ を計算せよ．また (3) の OU 過程に対しては，$t \to \infty$ における極限も求めよ．

【解答】 (1) $E[X(t)] = X_0 + \mu t, \quad V[X(t)] = \sigma^2 t.$

(2) $B(t)$ の積率母関数（例題 2.4.1）から，$E[\exp[aB(t)]] = \exp\left[\dfrac{1}{2}a^2 t\right]$．

$$E[X(t)] = X_0 \exp\left[\left(\mu - \dfrac{1}{2}\sigma^2\right)t\right]E[\exp[\sigma B(t)]] = X_0 \exp[\mu t].$$

$$\begin{aligned}E[X(t)^2] &= X_0^2 \exp[(2\mu - \sigma^2)t]E[\exp[2\sigma B(t)]]\\ &= X_0^2 \exp[(2\mu - \sigma^2)t]\exp[2\sigma^2 t] = X_0^2 \exp[(2\mu + \sigma^2)t],\end{aligned}$$

$$\begin{aligned}V[X(t)] &= E[X(t)^2] - (E[X(t)])^2\\ &= X_0^2 \exp[(2\mu + \sigma^2)t] - X_0^2 \exp[2\mu t]\\ &= X_0^2 \exp[2\mu t]\big(\exp[\sigma^2 t] - 1\big).\end{aligned}$$

(3) $E[X(t)] = \dfrac{a}{b} + \left(X_0 - \dfrac{a}{b}\right)\exp[-bt] \to \dfrac{a}{b} \quad (t \to \infty).$

$$\begin{aligned}V[X(t)] &= E\left[\left(\sigma \int_0^t \exp[-b(t-s)]\,dB(s)\right)^2\right] = \sigma^2 \int_0^t \exp[-2b(t-s)]\,ds\\ &= \dfrac{\sigma^2}{2b}\Big[\exp[-2b(t-s)]\Big]_0^t = \dfrac{\sigma^2}{2b}\big(1 - \exp[-2bt]\big) \to \dfrac{\sigma^2}{2b} \quad (t \to \infty).\end{aligned}$$

5.4 リプシッツ条件と線形増大度条件の役割

SDE (5.3.1) の解の存在と一意性に関する定理 5.3.11 において，リプシッツ条件は，$\mu(t,x)$ と $\sigma(t,x)$ は変数 x についての変化が関数 $f(x) = x$ に比べて速くないことを意味している．特に，すべての $t \in [0,T]$ に対して $\mu(t,\cdot)$，$\sigma(t,\cdot)$ は連続であることを示している．したがって，$f(t,x) = |x|^\alpha$，$0 < \alpha < 1$ の形の係数は除かれることになる．これに関して，古典的な常微分方程式（ODE）

$$X(t) = \int_0^t |X(s)|^\alpha \,ds$$

は，次のような解の集まりをもつことが知られている．

$$\tau > 0 \text{ に対して} \quad X(t) = \begin{cases} 0 & (0 \le t \le \tau), \\ [(1-\alpha)(t-\tau)]^{(1-\alpha)^{-1}} & (t > \tau). \end{cases}$$

また，確率微分方程式（SDE）

$$X(t) = \int_0^t |X(s)|^\alpha \, dB(s)$$

は，$\alpha \geq \frac{1}{2}$ ならばただ 1 つの解をもち，$0 < \alpha < \frac{1}{2}$ ならば無数の解をもつ．これは**ギルサノフの例**として知られている．

★ 定理 5.3.11 のリプシッツ条件は次のように弱めることができる．

$[0, T] \times \mathbb{R}$ で可測な関数を $g(t, x)$ とする．任意の $N > 0$ に対して，次を満たす N に依存した定数 $K_N > 0$ が存在するとき，$g(t, x)$ は（x に関して）**局所リプシッツ条件**を満たすという．

$$|g(t, x) - g(t, y)| \leq K_N |x - y|, \quad 0 \leq t \leq T, \quad |x| \leq N, \quad |y| \leq N. \tag{5.4.1}$$

定理 5.4.1

定理 5.3.11 において，リプシッツ条件を局所リプシッツ条件 (5.4.1) に置き換えても，定理 5.3.11 の結果はそのまま成り立つ．

ここで，微分可能な関数 $g(x)$ に対する平均値の定理（定理 1.3.5）に注意すると

$$g(b) - g(a) = g'(c)(b - a), \quad a < c < b$$

を満たす c が存在する．したがって，$\sup_{x \in \mathbb{R}} |g'(x)| \leq K$ となる正数 K がとれれば

$$|g(x) - g(y)| \leq K|x - y|, \quad x, y \in \mathbb{R}$$

となる．これを係数 $\mu(t, x), \sigma(t, x)$ に応用して，次のように注意しておく．

注意 5.4.2 解の存在と一意性に係るリプシッツ条件（または (5.4.1) の局所リプシッツ条件）が満たされるためには，すべての $t \in [0, T]$ に対して，$\mu(t, x), \sigma(t, x)$ が x に関して連続な偏導関数をもち，これらが $[0, T] \times \mathbb{R}$（または $[0, T] \times \{|x| \leq N\}$）で有界であれば十分である．

次に，定理 5.3.11 で仮定された定義 5.3.6 の線形増大度条件の意味を考えよう．この条件は μ, σ が $t \in [0, T]$ に関して一様に有界で，x に関しては x の 1 次式を超えない程度で増加することを許している．この条件が満たされないとき，解の爆発が起こり得る．ODE の例で確かめてみよう．

例題 5.4.1 ODE $dX(t) = X(t)^2 dt$, $X(0) = c \in \mathbb{R}$ は次のような解をもつことを確かめよ.

$$X(t) = \begin{cases} 0 & (c = 0), \\ (c^{-1} - t)^{-1} & (c \neq 0). \end{cases}$$

したがって, $X(t)$ は, $c > 0$ に対して区間 $\left[0, \dfrac{1}{c}\right)$ だけで定義されるが, $\eta = \dfrac{1}{c}$ で**爆発**する解になる. すなわち, $\lim_{t\uparrow\eta} X(t) = \infty$. 与えられた区間 $[0, T]$ に対しては, $c \geq \dfrac{1}{T}$ を満たす初期値を選ぶと, $X(t)$ は全区間 $[0, T]$ で定義されない.

【解答】 $c = 0$ ならば, 明らかに $X(t) \equiv 0$ である. $c \neq 0$ とする.

$$\frac{dX(t)}{X(t)^2} = dt \quad \text{を積分して} \quad -\frac{1}{X(t)} = t + A', \quad A' \text{ は積分定数}.$$

$A = -A'$ とおけば, $X(t) = (A - t)^{-1}$. $X(0) = c$ であるから $A = c^{-1}$. したがって, $X(t) = (c^{-1} - t)^{-1}$.

問 5.4.1 SDE $dX(t) = -\dfrac{1}{2}\exp[-2X(t)]\,dt + \exp[-X(t)]\,dB(t)$, $X(0) = c \in \mathbb{R}$, の係数は $x < 0$ においてリプシッツ条件と線形増大度条件を満たさない. このとき, ある**爆発時間** η までの区間 $[0, \eta)$ では解が存在することを示せ. このように, 区間全体に延長可能でないものを**局所解**という.

【解答】 $X(t) = \log(B(t) + e^c)$ は解である. 実際, 伊藤の単純公式を $\log(x + e^c)$ に応用すれば

$$dX(t) = \frac{1}{B(t) + e^c} dB(t) - \frac{1}{2} \frac{1}{(B(t) + e^c)^2} dt$$
$$= \exp[-X(t)]\,dB(t) - \frac{1}{2}\exp[-2X(t)]\,dt.$$

$X(t)$ は, 爆発時間 $\eta = \inf\{t; B(t) = -e^c\} > 0$ の直前までは一意的に定まる.

注意 5.4.3 係数 μ, σ が $[0, \infty) \times \mathbb{R}$ で定義され, 解の存在と一意性に関する定理 5.3.11 の仮定が任意の部分区間 $[0, T] \subset [0, \infty)$ で満たされるとする. このとき, SDE (5.3.1) に対応する SIE

$$X(t) = X_0 + \int_0^t \mu(s, X(s))\,ds + \int_0^t \sigma(s, X(s))\,dB(s), \quad t \geq 0$$

は, $[0, \infty)$ で定義されたただ1つの (一意的な) 解をもつ. このような解を**大域解**という.

係数 μ, σ が時間変数 t に依存しない場合, すなわち, $\mu(t,x) \equiv \mu(x)$, $\sigma(t,x) \equiv \sigma(x)$ ならば, 大域解に関しては次のように示される.

系 5.4.4

SDE $\quad dX(t) = \mu\bigl(X(t)\bigr) dt + \sigma\bigl(X(t)\bigr) dB(t),$ (5.4.2)

において, 次のような定数 $K > 0$ が存在すると仮定する.

$$|\mu(x) - \mu(y)| + |\sigma(x) - \sigma(y)| \leq K|x - y|, \quad x, y \in \mathbb{R}. \quad (5.4.3)$$

このとき SDE (5.4.2) は, ブラウン運動 $B(t)$ とは独立な任意の初期値 $X_0 (E[X_0^2] < \infty)$ に対して, 区間 $[0, \infty)$ 上で, ただ 1 つの連続な大域解 $X(t)$ をもつ.

★ (5.4.3) を**大域リプシッツ条件**という. 線形増大度条件は大域リプシッツ条件から ($y = y_0$ と固定して) 導かれることに注意されたい.

注意 5.4.5 これまでの解は強い意味の解(定義 5.2.1, 定義 5.3.4)であった. これに対して, あるフィルトレーション $\{\mathcal{H}_t\}$ が備わった確率空間 $(\Omega, \mathcal{H}, P)$ 上に, あるブラウン運動 $\widetilde{B}(t)$ とフィルトレーションに適合した確率過程 $\widetilde{X}(t)$ が存在して, $\widetilde{X}(0)$ は与えられた分布をもち, すべての t に対して次式の積分が定義でき, かつ $\widetilde{X}(t)$ が SIE

$$\widetilde{X}(t) = \widetilde{X}(0) + \int_0^t \mu(s, \widetilde{X}(s)) ds + \int_0^t \sigma(s, \widetilde{X}(s)) d\widetilde{B}(s), \quad 0 \leq t \leq T$$
(5.4.4)

を満たすならば, $\widetilde{X}(t)$ は SDE

$$dX(t) = \mu\bigl(t, X(t)\bigr) dt + \sigma\bigl(t, X(t)\bigr) dB(t) \quad (5.4.5)$$

の**弱い意味の解**であるという. また, 任意の弱い意味の解 2 つ(それらは異なった確率空間で与えられることもある)が同じ確率法則, すなわち同じ有限次元分布をもつならば, それらは**弱い意味で一意的**とよばれる.

明らかに, 強い意味の解は弱い意味の解になる. また, 強い意味で一意的(見本経路ごとに一意的)ならば, 弱い意味で一意的であることが知られている.

★ 上記に関して, SDE

$$dX(t) = \text{sign}\bigl(X(t)\bigr) dB(t), \quad \text{sign}(x) = \begin{cases} 1 & (x \geq 0), \\ -1 & (x < 0) \end{cases} \quad (5.4.6)$$

を考えよう．$\sigma(x) = \text{sign}(x)$ は不連続でリプシッツ条件を満たさないから，強い意味の解が存在する条件は満たされない．実際，強い意味の解は存在しない．しかし，あるブラウン運動をとると，それは弱い意味で一意的な解になることが知られている．(5.4.6) は**田中の方程式**とよばれている．

5.5 多次元の確率微分方程式

$B_1(t), \ldots, B_m(t)$ は m 個の独立なブラウン運動とする．$1 \leq i \leq n$, $1 \leq j \leq m$ に対して，$\mu_i(t,x), \sigma_{ij}(t,x)$ は $t \in [0,T]$, $x \in \mathbb{R}^n$ の関数とする．各 $1 \leq i \leq n$ に対して，初期値 $X_{0,i}$ に関する次のような確率微分方程式 (SDE) を考える．

$$dX_i(t) = \mu_i\bigl(t, X_1(t), \ldots, X_n(t)\bigr) dt + \sum_{j=1}^m \sigma_{ij}\bigl(t, X_1(t), \ldots, X_n(t)\bigr) dB_j(t). \tag{5.5.1}$$

$\bigl(B_1(t), \ldots, B_m(t)\bigr)$ は m 次元ブラウン運動であることに注意する．ここで

$$\boldsymbol{X}(t) = \begin{pmatrix} X_1(t) \\ \vdots \\ X_n(t) \end{pmatrix}, \quad \boldsymbol{B}(t) = \begin{pmatrix} B_1(t) \\ \vdots \\ B_m(t) \end{pmatrix},$$

$$\mu = \begin{pmatrix} \mu_1 \\ \vdots \\ \mu_n \end{pmatrix}, \quad \sigma = \begin{pmatrix} \sigma_{11} & \ldots & \sigma_{1m} \\ \vdots & \ddots & \vdots \\ \sigma_{n1} & \ldots & \sigma_{nm} \end{pmatrix}, \quad \boldsymbol{X_0} = \begin{pmatrix} X_{0,1} \\ \vdots \\ X_{0,n} \end{pmatrix},$$

とおく．$\sigma\, d\boldsymbol{B}(t)$ は $n \times m$ 型と $m \times 1$ 型の行列積で $n \times 1$ 型，すなわち n 次元列ベクトルになる．したがって，成分表示の SDE (5.5.1) はベクトルと行列を用いて次のように表される．

$$d\boldsymbol{X}(t) = \mu\bigl(t, \boldsymbol{X}(t)\bigr) dt + \sigma\bigl(t, \boldsymbol{X}(t)\bigr) d\boldsymbol{B}(t), \quad \boldsymbol{X}(0) = \boldsymbol{X_0}. \tag{5.5.2}$$

n 次元列ベクトル $v = \begin{pmatrix} v_1 \\ \vdots \\ v_n \end{pmatrix}$ のユークリッドノルム（ベクトルの大きさ）を $|v| = \left(\sum_{i=1}^n v_i^2\right)^{\frac{1}{2}}$ と表す．また，$n \times m$ 行列 σ の行列ノルムを

$$\|\sigma\| = \left(\sum_{i=1}^{n}\sum_{j=1}^{m}\sigma_{ij}^2\right)^{\frac{1}{2}} \tag{5.5.3}$$

と表す．このとき，多次元の SDE に対して定理 5.3.11 と同様な結果が成り立つ．

定理 5.5.1

$\mu(t,x), \sigma(t,x)$ は $[0,T] \times \mathbb{R}^n$ 上の可測な関数で，すべての $t \in [0,T]$, $x \in \mathbb{R}^n$ に対して，次のような定数 $K > 0$ が存在すると仮定する．

(1) リプシッツ条件

$$|\mu(t,x) - \mu(t,y)| \leq K|x-y|, \quad \|\sigma(t,x) - \sigma(t,y)\| \leq K|x-y|.$$

(2) 線形増大度条件

$$|\mu(t,x)|^2 \leq K(1+|x|^2), \quad \|\sigma(t,x)\|^2 \leq K(1+|x|^2).$$

仮定 5.3.1 の X_0 と $B(t)$ をそれぞれ $\boldsymbol{X_0}, \boldsymbol{B}(t)$ に置き換えて同様に仮定し，$E[|\boldsymbol{X_0}|^2] < \infty$ とする．このとき，初期値 $\boldsymbol{X_0}$ に関する SDE (5.5.1) に対して，すなわち，確率積分方程式 (SIE)

$$\boldsymbol{X}(t) = \boldsymbol{X_0} + \int_0^t \mu(s, \boldsymbol{X}(s))\,ds + \int_0^t \sigma(s, \boldsymbol{X}(s))\,d\boldsymbol{B}(s), \quad 0 \leq t \leq T \tag{5.5.4}$$

に対して，見本経路の連続な解は存在して，ただ 1 つ（一意的）である．

例題 5.5.1 xy 平面の原点を中心とする単位円を考える．点 $(1,0)$ から出て円周上を 1 次元ブラウン運動 $W(t)$ の角度で移動する動点の，時刻 t における座標 $(X_1(t), X_2(t)) = (\cos W(t), \sin W(t))$ を，列ベクトルで $\boldsymbol{X}(t) = \begin{pmatrix} \cos W(t) \\ \sin W(t) \end{pmatrix}$ と表す．$\boldsymbol{X}(t)$ の SDE をベクトルと行列を用いて表せ．

【解答】 伊藤の単純公式を $\{X_1(t), F(x) = \cos x\}$, $\{X_2(t), G(x) = \sin x\}$ に応用する．例題 4.9.1 の解答で $B(t) = W(t)$, $\boldsymbol{V}(t) = \boldsymbol{X}(t)$ とかき直せば

$$d\boldsymbol{X}(t) = \begin{pmatrix} 0 & -1 \\ 1 & 0 \end{pmatrix} \boldsymbol{X}(t)\,dW(t) - \frac{1}{2}\boldsymbol{X}(t)\,dt, \quad \boldsymbol{X}(0) = \begin{pmatrix} 1 \\ 0 \end{pmatrix}.$$

$B_1(t) = W(t)$ とおき，$B_2(t)$ を $W(t)$ とは独立なブラウン運動とする．このとき，$\bigl(B_1(t), B_2(t)\bigr)$ は 2 次元ブラウン運動である．さらに

$$x = \begin{pmatrix} x_1 \\ x_2 \end{pmatrix}, \quad \mu(t,x) = -\frac{1}{2}\begin{pmatrix} x_1 \\ x_2 \end{pmatrix}, \quad \sigma(t,x) = \begin{pmatrix} -x_2 & 0 \\ x_1 & 0 \end{pmatrix},$$

$$\boldsymbol{B}(t) = \begin{pmatrix} B_1(t) \\ B_2(t) \end{pmatrix}$$

とおく．これらを用いれば 2 次元の SDE として次のように表される．

$$d\boldsymbol{X}(t) = \mu\bigl(t, \boldsymbol{X}(t)\bigr) dt + \sigma\bigl(t, \boldsymbol{X}(t)\bigr) d\boldsymbol{B}(t), \quad \boldsymbol{X}(0) = \boldsymbol{X}_0.$$

上式は，対応する SIE (5.5.4) を意味するものとして解釈される．

問 5.5.1 xyz 空間の柱面座標を考える．$W(t)$ を 1 次元ブラウン運動とし，$X_1(t) = \cos W(t)$, $X_2(t) = \sin W(t)$, $X_3(t) = W(t)$ とおく．$\boldsymbol{X}(t) = \begin{pmatrix} X_1(t) \\ X_2(t) \\ X_3(t) \end{pmatrix}$ は，回転しながら回転面に垂直な方向へ動く**螺旋**ブラウン運動の時刻 t における位置を表している．$\boldsymbol{X}(t)$ の SDE をベクトルと行列を用いて表せ．

【解答】 成分 $X_1(t), X_2(t)$ は例題 5.5.1 の解答から得られるから

$$dX_1(t) = -X_2(t) \, dW(t) - \frac{1}{2}X_1(t) \, dt,$$

$$dX_2(t) = X_1(t) \, dW(t) - \frac{1}{2}X_2(t) \, dt,$$

$$dX_3(t) = dW(t).$$

したがって，次のような線形な方程式になる．

$$d\boldsymbol{X}(t) = \bigl(K\boldsymbol{X}(t) + q\bigr) dW(t) + L\boldsymbol{X}(t) \, dt, \quad \boldsymbol{X}(0) = \boldsymbol{X}_0.$$

$$K = \begin{pmatrix} 0 & -1 & 0 \\ 1 & 0 & 0 \\ 0 & 0 & 0 \end{pmatrix}, \quad q = \begin{pmatrix} 0 \\ 0 \\ 1 \end{pmatrix}, \quad L = \begin{pmatrix} -\frac{1}{2} & 0 & 0 \\ 0 & -\frac{1}{2} & 0 \\ 0 & 0 & 0 \end{pmatrix}, \quad \boldsymbol{X}_0 = \begin{pmatrix} 1 \\ 0 \\ 0 \end{pmatrix}$$

$B_1(t) = W(t)$ とおき，$\{B_1(t), B_2(t), B_3(t)\}$ を独立なブラウン運動とする．

$$x = \begin{pmatrix} x_1 \\ x_2 \\ x_3 \end{pmatrix}, \mu(t,x) = -\frac{1}{2}\begin{pmatrix} x_1 \\ x_2 \\ 0 \end{pmatrix}, \sigma(t,x) = \begin{pmatrix} -x_2 & 0 & 0 \\ x_1 & 0 & 0 \\ 1 & 0 & 0 \end{pmatrix},$$

$$\boldsymbol{B}(t) = \begin{pmatrix} B_1(t) \\ B_2(t) \\ B_3(t) \end{pmatrix}$$

とおく．これらを用いれば3次元のSDEとして次のように表される．

$$d\boldsymbol{X}(t) = \mu(t, \boldsymbol{X}(t))\,dt + \sigma(t, \boldsymbol{X}(t))\,d\boldsymbol{B}(t), \quad \boldsymbol{X}(0) = \boldsymbol{X}_0.$$

上式は，対応するSIE (5.5.4) を意味するものとして解釈される．

注意 5.5.2 多次元のSDE (5.5.2) に対しても，大域解に関する1次元の系 5.4.4 と同様な結果が成り立つ．線形増大度条件がなくても大域解をもつ場合がある．たとえば，$\lambda, \mu, \sigma, \gamma, c$ を正数として1次元のSDE

$$dR(t) = \lambda(\mu - R(t))dt + \sigma R(t)^{\gamma} dB(t), \quad R(0) = c$$

を考えよう．ただし，$\gamma > 1$．このとき，拡散係数は線形増大度条件を満たしていない．しかし，すべての $t \geq 0$ に対して $R(t) > 0$ a.s. となるようなただ1つの大域解が存在して次を満たすことが知られている．

$$E[R(t)] \leq c + \mu \quad (t \geq 0), \quad \limsup_{t \to \infty} E[R(t)] \leq \mu.$$

この $R(t)$ は金融市場の高感度 ($\gamma > 1$) なボラティリティを許す短期利子率の平均回帰モデルになっている（例題 5.3.1 (3)，8.1節参照）．

第6章

確率微分方程式の解の性質

6.1 マルコフ過程としての解

はじめに，2.7節の条件付き平均について補足しよう．X を $(\Omega, \mathcal{F}, P)$ 上の可積分な確率変数とし，$\mathcal{G}$ を $\mathcal{G} \subset \mathcal{F}$ を満たす σ-フィールドとする．このとき，$\mathcal{G}$ に対する X の条件付き平均は，次の条件 (1),(2) を満たすような，確率 1 でただ 1 つ定まる確率変数 Y である．

(1) Y は $\mathcal{G}$-可測，
(2) 任意の $A \in \mathcal{G}$ に対して，$\int_A X\, dP = \int_A Y\, dP$．すなわち，$1_A$ を A のインディケータとすれば，$E[1_A X] = E[1_A Y]$．

$\mathcal{G}$ に対する X の条件付き平均 Y を $E[X\,|\,\mathcal{G}]$ と表す．ここで，条件 (1) が本質的である．条件 (2) を満たすようにするだけならば，たとえば $Y = X$ ととることができるが，これでは意味がない．$E[X\,|\,\mathcal{G}]$ は，$\mathcal{G}$ の情報に基づいたときに，X の値の最良な推定値を表していると解釈される（定理 2.7.8 参照）．

条件付き平均 $E[X\,|\,\mathcal{G}]$ は確率変数であること，しかし，平均 $E[X]$ は実数であることに注意されたい．

特に，σ-フィールド $\mathcal{G}$ に対する事象 A の条件付き確率は

$$P(A\,|\,\mathcal{G}) = E[1_A\,|\,\mathcal{G}]$$

によって定められる（(2.7.6) 参照）．

また，$X, Y_1, Y_2, \ldots, Y_n$ を確率変数とし，$\sigma(Y_1, Y_2, \ldots, Y_n)$ を $Y_1, Y_2, \ldots, Y_n$ から生成された σ-フィールドとするとき，$\sigma(Y_1, Y_2, \ldots, Y_n)$ に対する X の条件付き平均は $E[X\,|\,Y_1, Y_2, \ldots, Y_n]$ と表される．すなわち

$$E[X\,|\,Y_1, Y_2, \ldots, Y_n] = E[X\,|\,\sigma(Y_1, Y_2, \ldots, Y_n)].$$

6.1 マルコフ過程としての解　229

- このとき，次の関係式に注意されたい．

$$P(X \le x \,|\, Y_1, Y_2, \ldots, Y_n) = E[1_{\{X \le x\}} \,|\, Y_1, Y_2, \ldots, Y_n], \quad (6.1.1)$$

$$P(X \le x \,|\, Y_1 = y_1, \ldots, Y_n = y_n) = E[1_{\{X \le x\}} \,|\, Y_1 = y_1, \ldots, Y_n = y_n].$$

- さらに，$f(x, y_1, y_2, \ldots, y_n)$ を $X, Y_1, Y_2, \ldots, Y_n$ の結合分布の確率密度とするとき，条件付き確率の定義から次のように表される ((3.5.1)-(3.5.3) 参照).

$$P(X \le x \,|\, Y_1 = y_1, Y_2 = y_2, \ldots, Y_n = y_n)$$
$$= \frac{1}{f_{Y_1, Y_2, \ldots, Y_n}(y_1, y_2, \ldots, y_n)} \int_{-\infty}^{x} f(u, y_1, y_2, \ldots, y_n) \, du. \quad (6.1.2)$$

ただし，$f_{Y_1, Y_2, \ldots, Y_n}$ は $Y_1, Y_2, \ldots, Y_n$ の結合分布（周辺分布）の確率密度.

- 定義 3.5.3 で示したように，確率過程 $X(t), 0 \le t \le T$ が**マルコフ性**をもつとは，次の関係式を満たすことである．

任意の $0 \le t_1 < t_2 < \cdots < t_n < t \le T$ と $x \in \mathbb{R}$ に対して

$$P\big(X(t) \le x \,|\, X(t_1), X(t_2), \ldots, X(t_n)\big) = P\big(X(t) \le x \,|\, X(t_n)\big).$$

すなわち，任意の $x, y_1, y_2, \ldots, y_n$ に対して

$$P\big(X(t) \le x \,|\, X(t_i) = y_i, i = 1, 2, \ldots, n\big) = P\big(X(t) \le x \,|\, X(t_n) = y_n\big).$$
$$(6.1.3)$$

- また，マルコフ性をもつ確率過程 $X(t), 0 \le t \le T$ を**マルコフ過程**という．

マルコフ過程は，過去と現在の情報が与えられたとき，未来は現在の情報だけに依存して決まる．未来は過去と独立という性質をもつ．

マルコフ過程 $X(t)$ では，与えられた $X(s) = x, s < t$ に対する条件付き分布関数 $P\big(X(t) \le y \,|\, X(s) = x\big)$ が特徴的な量になっている（3.5 節参照）．

定義 6.1.1

$P\big(X(t) \le y \,|\, X(s) = x\big), s < t$ を**推移確率関数**または単に**推移確率**といい，$P(s, x, t, y)$ とかく．$P(s, x, t, y)$ を $P_{s,x}(t, y)$ ともかく．

$$P(s, x, t, y) = P_{s,x}(t, y) = P\big(X(t) \le y \,|\, X(s) = x\big), \quad s < t. \quad (6.1.4)$$

このとき，時刻 $s(\le t)$ で x を出た X が時刻 t で $B \in \mathcal{B}(\mathbb{R})$ に入る条件付き確率は

$$P(s, x, t, B) = P_{s,x}(t, B) = P\big(X(t) \in B \,|\, X(s) = x\big).$$

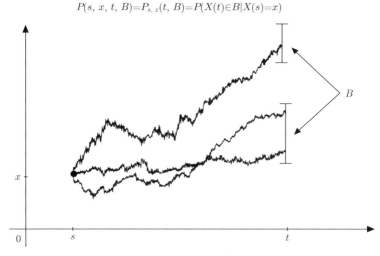

図 **6.1.1** 推移確率

注意 6.1.2 マルコフ性の判定には，次の事柄も用いられる．
(1) $\{X(t); 0 \leq t \leq T\}$ は独立増分性をもち，かつ $X(0) = 0$ とする．このとき，$X(t)$ はマルコフ過程である（定理 3.5.5）．
(2) $\{X(t); 0 \leq t \leq T\}$ は自然なフィルトレーション $\{\mathcal{F}_t^X\}$，すなわち $\mathcal{F}_t^X = \sigma\bigl(X(s), s \leq t\bigr)$ に適合して次の関係式を満たすとする．

$$P\bigl(X(t) \leq x \,|\, \mathcal{F}_s^X\bigr) = P\bigl(X(t) \leq x \,|\, X(s)\bigr), \quad s < t, \quad x \in \mathbb{R}.$$

このとき，$X(t)$ はマルコフ過程である（定理 3.5.7）．

定理 3.5.1 と定理 3.5.4 で示したように，ブラウン運動 $B(t)$ はマルコフ過程である．また，例題 3.5.1，問 3.5.1 および等式 (3.5.6) から，その推移確率は正規分布 $N(x, t-s)$ の分布関数によって与えられる．

$$\begin{aligned}
P(s, x, t, y) = P_{s,x}(t, y) &= P\bigl(B(t) \leq y \,|\, B(s) = x\bigr) \\
&= \int_{-\infty}^{y} \frac{1}{\sqrt{2\pi(t-s)}} \exp\left[-\frac{(u-x)^2}{2(t-s)}\right] du.
\end{aligned} \tag{6.1.5}$$

以下においては，(5.3.1) と同じ確率微分方程式（SDE）

$$dX(t) = \mu\bigl(t, X(t)\bigr) dt + \sigma\bigl(t, X(t)\bigr) dB(t), \quad X(0) = X_0$$

の解を考える．この $X(t)$ は確率積分方程式（SIE）

$$X(t) = X_0 + \int_0^t \mu(s, X(s)) \, ds + \int_0^t \sigma(s, X(s)) \, dB(s) \tag{6.1.6}$$

を満たすものとして解釈される.

定理 6.1.3

定理 5.3.11（または定理 5.4.1）の条件のもとに一意的に存在した SIE (6.1.6) の解 $X(t)$ はマルコフ過程である.

【証明】 $s \in [0, T]$, $x \in \mathbb{R}$ を固定して，$X(s) = x$ を初期値にもつ区間 $[s, T]$ 上の SIE の解を考える.

$$X(t) = x + \int_s^t \mu(u, X(u)) \, du + \int_s^t \sigma(u, X(u)) \, dB(u). \tag{6.1.7}$$

(6.1.6) の $X(t)$ と混同しないように，(6.1.7) の解を $X(t; s, x)$ で表す. $(\Omega, \mathcal{F}, P)$ は確率空間，$\mathcal{F}_t = \sigma\big(X_0, (B(s), 0 \leq s \leq t)\big)$ は X_0 と $(B(s), 0 \leq s \leq t)$ から生成された σ-フィールド（仮定 5.3.1）であった. $(B(u) - B(t), u \geq t)$ から生成された σ-フィールドを $\mathcal{G}_t^+ = \sigma\big(B(u) - B(t), u \geq t\big)$ と表す. このとき，$\mathcal{F}_t$ は $\mathcal{G}_t^+$ と独立である. また，$(X(s), 0 \leq s \leq t)$ から生成された σ-フィールドを $\mathcal{F}_t^X = \sigma\big(X(s), 0 \leq s \leq t\big)$ と表す. $X(t)$ のマルコフ性を確かめるためには，注意 6.1.2 (2) によって次の関係式を示す必要がある.

$$P\big(X(t) \leq x \,|\, \mathcal{F}_s^X\big) = P\big(X(t) \leq x \,|\, X(s)\big), \quad s < t, \quad x \in \mathbb{R}. \tag{6.1.8}$$

上式は (6.1.1) の記法で $E\big[I_{\{X(t) \leq x\}} \,|\, \mathcal{F}_s^X\big] = E\big[I_{\{X(t) \leq x\}} \,|\, X(s)\big]$ と表される.

はじめに，$X(t)$ は $\mathcal{F}_t$-可測であるから

$$\mathcal{F}_t^X \subset \mathcal{F}_t$$

となることに注意しておく. そこで，(6.1.8) の代わりにより強い条件

$$P\big(X(t) \leq x \,|\, \mathcal{F}_s\big) = P\big(X(t) \leq x \,|\, X(s)\big), \quad s < t, \quad x \in \mathbb{R} \tag{6.1.9}$$

が成り立ったと仮定する. すなわち，$E\big[I_{\{X(t) \leq x\}} \,|\, \mathcal{F}_s\big] = E\big[I_{\{X(t) \leq x\}} \,|\, X(s)\big]$ が成り立ったと仮定する. この両辺について $E[\,\cdot\, |\, \mathcal{F}_s^X]$ をとれば，条件付き平均のスムージング性と $X(s)$ の $\mathcal{F}_s^X$-可測性（定理 2.7.6 の (4) と (3)）を用いて (6.1.8) が得られる. 実際，

$$E\big[I_{\{X(t) \leq x\}} \,|\, \mathcal{F}_s^X\big] = E\Big[E\big[I_{\{X(t) \leq x\}} \,|\, \mathcal{F}_s\big] \,\Big|\, \mathcal{F}_s^X\Big]$$
$$= E\Big[E\big[I_{\{X(t) \leq x\}} \,|\, X(s)\big] \,\Big|\, \mathcal{F}_s^X\Big] = E\big[I_{\{X(t) \leq x\}} \,|\, X(s)\big]$$

となり，これは (6.1.8) に他ならない. したがって，(6.1.9) を示せばよい.

(6.1.7) の初期値 x は定数であることに注意しよう．このとき，定理 5.3.11 における解の逐次近似の手続きによって，任意の $t \in [s, T]$ に対して，$X(t; s, x)$ は $B(u) - B(s), u \geq s$, によって完全に決定されて $\mathcal{G}_s^+$-可測である．一方，元の $X(t)$ は SIE (6.1.6) の解であり，SIE (6.1.6) は次式と同値である．

$$X(t) = X(s) + \int_s^t \mu(u, X(u))\, du + \int_s^t \sigma(u, X(u))\, dB(u), \quad X(0) = X_0.$$

しかし，$X(t; s, X(s))$ もまた SIE (6.1.6) の解である．解の一意性から，$X(t) = X(t; 0, X_0) = X(t; s, X(s; 0, X_0)) = X(t; s, X(s))$ でなければならない．ゆえに，$X(t) = h(X(s), \omega)$ と表される．ここに，$h(x, \omega)$ は $\mathbb{R} \times \Omega$ 上で定義され，$h(x, \cdot)$ は固定した各 x に対して $\mathcal{F}_s$ とは独立な確率変数である．

さらに，(6.1.9) の代わりに次の関係式を示せば十分である．

$$E[h(X(s), \omega) \mid \mathcal{F}_s] = E[h(X(s), \omega) \mid X(s)] = H(X(s)). \quad (6.1.10)$$

ただし，$H(x) = E[h(x, \omega)]$．仮に (6.1.10) が成り立ったとする．このとき，SIE (6.1.7) の解を $X(t; s, x, \omega) = X(t; s, x)$, I_B を $B = (-\infty, x]$ のインディケータとして，(6.1.10) で特に

$$h(x, \omega) = I_B(X(t; s, x, \omega))$$

と選べば，時刻 s における初期値 x は定数であること，および $X(t; s, x)$ は $\mathcal{G}_s^+$-可測であることによって，$h(x, \cdot)$ は $\mathcal{F}_s$ と独立になる．しかも $X(t) = X(t; s, X(s))$ によって，$h(X(s), \omega) = I_B(X(t))$ である．したがって，(6.1.10) から

$$P(X(t) \in B \mid \mathcal{F}_s) = P(X(t) \in B \mid X(s)) = P(X(t; s, x) \in B)\big|_{x=X(s)}.$$

ゆえに，(6.1.9) が得られ，マルコフ性の関係式 (6.1.8) だけでなく推移確率の形

$$P(s, x, t, B) = P_{s,x}(t, B) = P(X(t; s, x) \in B)$$

も得られることになる．

以上から，関係式 (6.1.10) を示すことだけが残っている．(6.1.10) については，次のような形の，$\mathbb{R} \times \Omega$ で定義された有界可測な関数 $h(x, \omega)$ に対して示せばよい（一般の h の場合は，このような形の関数で近似できる）．

$$h(x, \omega) = \sum_{i=1}^n Y_i(x) Z_i(\omega), \quad Z_i \text{ は } \mathcal{F}_s \text{ と独立な確率変数}.$$

$X(s)$ は $\mathcal{F}_s$-可測で,各 Z_i は $\mathcal{F}_s$ と独立であるから,条件付き平均の性質(定理 2.7.6 の (3) と (6))によって

$$E\big[h(X(s),\omega)\,|\,\mathcal{F}_s\big] = \sum_{i=1}^n Y_i\big(X(s)\big)E[Z_i]$$
$$= H\big(X(s)\big), \quad H(x) = E[h(x,\omega)]. \tag{6.1.11}$$

また,$X(s)$ は $\mathcal{F}_s^X$-可測で,各 Z_i は $X(s)$ と独立であるから,条件付き平均の性質(定理 2.7.6 の (3) と (6))を再び用いると

$$\sum_{i=1}^n Y_i\big(X(s)\big)E[Z_i] = E\big[h(X(s),\omega)\,|\,X(s)\big]. \tag{6.1.12}$$

ゆえに,(6.1.11) と (6.1.12) から関係式 (6.1.10) の成り立つことが示された.

> **例題 6.1.1** SDE $dX(t) = \mu X(t)\,dt + \sigma X(t)\,dB(t)$ ($-\infty < \mu < \infty$, $\sigma > 0$ は定数)の解(幾何ブラウン運動)$X(t)$ はマルコフ過程で,推移確率は次のように与えられることを確かめよ.
>
> $$P(s,x,t,y) = P_{s,x}(t,y) = \Phi\left(\frac{\log\left(\dfrac{y}{x}\right) - \left(\mu - \dfrac{1}{2}\sigma^2\right)(t-s)}{\sigma\sqrt{t-s}}\right), \quad x > 0.$$
>
> ただし,$\Phi(w)$ は標準正規分布 $N(0,1)$ の分布関数.すなわち
>
> $$\Phi(w) = \frac{1}{\sqrt{2\pi}}\int_{-\infty}^w \exp\left[-\frac{z^2}{2}\right]dz.$$

【解答】 定理 6.1.3 によって解 $X(t)$ はマルコフ過程である.例題 5.2.1 から $X(t) = X(0)\exp\left[\left(\mu - \dfrac{1}{2}\sigma^2\right)t + \sigma B(t)\right]$ と表される.$s < t$ として,$X(t)$ を指数法則でかき直せば

$$X(t) = X(s)\exp\left[\left(\mu - \frac{1}{2}\sigma^2\right)(t-s) + \sigma\big(B(t)-B(s)\big)\right].$$

推移確率関数は次のように計算される.

$$P(s,x,t,y) = P_{s,x}(t,y) = P\bigl(X(t) \leq y \mid X(s) = x\bigr)$$
$$= P\left(X(s)\exp\left[\left(\mu - \frac{1}{2}\sigma^2\right)(t-s) + \sigma\bigl(B(t) - B(s)\bigr)\right] \leq y \;\Big|\; X(s) = x\right)$$
$$= P\left(x\exp\left[\left(\mu - \frac{1}{2}\sigma^2\right)(t-s) + \sigma\bigl(B(t) - B(s)\bigr)\right] \leq y \;\Big|\; X(s) = x\right)$$

$X(s)$ は $\bigl(B(u); u \leq s\bigr)$ から生成された σ-フィールド $\sigma(B(u); u \leq s)$ に適合している．また，$B(t) - B(s)$ は $\sigma(B(u); u \leq s)$ と独立である．したがって，条件付きの確率分布関数は，条件付けを外して次のように評価される．

$$P\left(x\exp\left[\left(\mu - \frac{1}{2}\sigma^2\right)(t-s) + \sigma\bigl(B(t) - B(s)\bigr)\right] \leq y\right)$$
$$= P\left(\exp\left[\left(\mu - \frac{1}{2}\sigma^2\right)(t-s) + \sigma\bigl(B(t) - B(s)\bigr)\right] \leq \frac{y}{x}\right)$$
$$= P\left(\left(\mu - \frac{1}{2}\sigma^2\right)(t-s) + \sigma\bigl(B(t) - B(s)\bigr) \leq \log\left(\frac{y}{x}\right)\right)$$
$$= P\left(\sigma\bigl(B(t) - B(s)\bigr) \leq \log\left(\frac{y}{x}\right) - \left(\mu - \frac{1}{2}\sigma^2\right)(t-s)\right).$$

ここで，$\sigma\bigl(B(t) - B(s)\bigr)$ は平均 0，分散 $\sigma^2(t-s)$ の正規分布 $N\bigl(0, \sigma^2(t-s)\bigr)$ に従う．$\eta = \log\left(\frac{y}{x}\right) - \left(\mu - \frac{1}{2}\sigma^2\right)(t-s)$ とおいて上式最後の部分をかき直せば

$$= P\bigl(\sigma\bigl(B(t) - B(s)\bigr) \leq \eta\bigr)$$
$$= \frac{1}{\sqrt{2\pi(t-s)}\,\sigma} \int_{-\infty}^{\eta} \exp\left[-\frac{u^2}{2\sigma^2(t-s)}\right] du$$
$$= \frac{1}{\sqrt{2\pi}} \int_{-\infty}^{\frac{\eta}{\sigma\sqrt{t-s}}} \exp\left[-\frac{z^2}{2}\right] dz \qquad (u = (\sigma\sqrt{t-s})z \text{ とおいて置換積分})$$
$$= \Phi\left(\frac{\log\left(\frac{y}{x}\right) - \left(\mu - \frac{1}{2}\sigma^2\right)(t-s)}{\sigma\sqrt{t-s}}\right).$$

問 6.1.1 φ を $\mathbb{R}$ 上の増加関数とし，$X(t) = \varphi\bigl(B(t)\bigr)$ とおく．このとき，$X(t)$ はマルコフ過程であることを示して，推移確率をかけ．

【解答】 任意の $t_1 < t_2 < \cdots < t_n < t$ と $y \in \mathbb{R}$ に対して

$$
\begin{aligned}
&P\bigl(X(t) \le y \mid X(t_i) = x_i, i = 1, 2, \ldots, n\bigr) \\
&= P\bigl(B(t) \le \varphi^{-1}(y) \mid B(t_i) = \varphi^{-1}(x_i), i = 1, 2, \ldots, n\bigr) \\
&= P\bigl(B(t) \le \varphi^{-1}(y) \mid B(t_n) = \varphi^{-1}(x_n)\bigr) \quad (B(t) \text{のマルコフ性による}) \\
&= P\bigl(X(t) \le y \mid X(t_n) = x_n\bigr).
\end{aligned}
$$

すなわち，(6.1.3) を満たす．ただし，φ^{-1} は φ の逆関数．φ が増加関数ならば関数の定義域と値域は 1 対 1 の対応が付いているから，逆関数は存在して $\varphi^{-1}(y) = z \Leftrightarrow y = \varphi(z)$ の関係がある．ゆえに，$X(t) = \varphi\bigl(B(t)\bigr)$ はマルコフ過程である．推移確率は

$$
\begin{aligned}
P(s, x, t, y) &= P\bigl(X(t) \le y \mid X(s) = x\bigr) \\
&= P\bigl(B(t) \le \varphi^{-1}(y) \mid B(s) = \varphi^{-1}(x)\bigr).
\end{aligned}
$$

したがって，(6.1.5) で x, y をそれぞれ $\varphi^{-1}(x), \varphi^{-1}(y)$ に置き換えればよい．

6.2　チャップマン・コルモゴロフ方程式

以下において，マルコフ性はマルコフ過程の周辺分布で表されることを示す．はじめに，条件付き確率の準備をしておく．確率変数 X_1, X_2 の結合分布の確率密度を $f(x_1, x_2)$，X_1 に対する X_2 の条件付き確率密度（定義 2.7.1）を $f(x_2 \mid x_1)$，X_1 の確率密度（周辺分布）を $f_{X_1}(x_1)$ とする．このとき，事象 A, B に対する確率の乗法公式 $P(A \cap B) = P(B \mid A)P(A)$（注意 2.1.12）から次式が得られる．

$$f(x_1, x_2) = f(x_2 \mid x_1) f_{X_1}(x_1). \tag{6.2.1}$$

同様に，確率変数 X_1, X_2, X_3 の結合分布の確率密度を $f(x_1, x_2, x_3)$，X_1, X_2 に対する X_3 の条件付き確率密度を $f(x_3 \mid x_1, x_2)$ とする．このとき，事象 A, B, C に対する確率の乗法公式 $P(A \cap B \cap C) = P(C \mid A \cap B)P(B \mid A)P(A)$ から次式が得られる．

$$f(x_1, x_2, x_3) = f(x_3 \mid x_1, x_2) f(x_1, x_2) = f(x_3 \mid x_1, x_2) f(x_2 \mid x_1) f_{X_1}(x_1). \tag{6.2.2}$$

$X(t), 0 \le t \le T$ をマルコフ過程とする．また，確率変数 X の分布を P_X で表す．特に，マルコフ過程 $X(t)$ の出発確率を確率変数 $X(0)$ の分布で与え，ν とかくことにする．すなわち，$\nu = P_{X(0)}$（注意 2.2.10 参照）．この ν をマ

ルコフ過程 $X(t)$ の**初期分布**という．次の例題のように，条件付き確率と初期分布を用いればマルコフ過程の分布を計算することができる．

> **例題 6.2.1** $X(t)$ をマルコフ過程とし，$0 = t_1 < t_2$, $c_1, c_2 \in \mathbb{R}$ とする．条件付き確率を用いて次の関係式を導け．
> $$P\bigl(X(t_1) \leq c_1, X(t_2) \leq c_2\bigr)$$
> $$= \int_{-\infty}^{c_1} \int_{-\infty}^{c_2} P\bigl(X(t_2) \in dx_2 \mid X(t_1) = x_1\bigr) \nu(dx_1).$$

【解答】 $X_1 = X(t_1), X_2 = X(t_2)$ とおく．X_1, X_2 の結合分布の確率密度を $f(x_1, x_2)$，X_1 に対する X_2 の条件付き確率密度を $f(x_2|x_1)$，X_1 の確率密度を $f_{X_1}(x_1)$ とおく．X_1, X_2 の結合分布は (6.2.1) から以下のように計算される．

$$\begin{aligned}
P\bigl(X(t_1) \leq c_1, X(t_2) \leq c_2\bigr) &= \int_{-\infty}^{c_1} \int_{-\infty}^{c_2} f(x_1, x_2) \, dx_1 \, dx_2 \\
&= \int_{-\infty}^{c_1} \left(\int_{-\infty}^{c_2} f(x_2 \mid x_1) \, dx_2 \right) f_{X_1}(x_1) \, dx_1 \\
&= \int_{-\infty}^{c_1} P\bigl(X(t_2) \leq c_2 \mid X(t_1) = x_1\bigr) P_{X(t_1)}(dx_1) \\
&= \int_{-\infty}^{c_1} \int_{-\infty}^{c_2} P\bigl(X(t_2) \in dx_2 \mid X(t_1) = x_1\bigr) \nu(dx_1).
\end{aligned}$$

問 6.2.1 $X(t)$ をマルコフ過程とし，$0 = t_1 < t_2 < t_3$, $c_1, c_2, c_3 \in \mathbb{R}$ とする．次の関係式を導け．

$$P\bigl(X(t_1) \leq c_1, X(t_2) \leq c_2, X(t_3) \leq c_3\bigr)$$
$$= \int_{-\infty}^{c_1} \int_{-\infty}^{c_2} \int_{-\infty}^{c_3} P\bigl(X(t_3) \in dx_3 \mid X(t_2) = x_2\bigr)$$
$$\times P\bigl(X(t_2) \in dx_2 \mid X(t_1) = x_1\bigr) \nu(dx_1).$$

【解答】 $X_1 = X(t_1), X_2 = X(t_2), X_3 = X(t_3)$ とおく．X_1, X_2, X_3 の結合分布は，(6.2.2) と $X(t)$ のマルコフ性から以下のように計算される．

$$P(X(t_1) \leq c_1, X(t_2) \leq c_2, X(t_3) \leq c_3)$$
$$= \int_{-\infty}^{c_1}\int_{-\infty}^{c_2}\int_{-\infty}^{c_3} f(x_1,x_2,x_3)\,dx_1\,dx_2\,dx_3$$
$$= \int_{-\infty}^{c_1}\int_{-\infty}^{c_2} \left(\int_{-\infty}^{c_3} f(x_3|x_1,x_2)\,dx_3\right) f(x_1,x_2)\,dx_1\,dx_2$$
$$= \int_{-\infty}^{c_1}\int_{-\infty}^{c_2} P(X(t_3)\leq c_3\,|\,X(t_1)=x_1,X(t_2)=x_2)f(x_1,x_2)\,dx_1\,dx_2$$
$$= \int_{-\infty}^{c_1}\int_{-\infty}^{c_2} P(X(t_3)\leq c_3\,|\,X(t_2)=x_2)f(x_1,x_2)\,dx_1\,dx_2 \quad (\text{マルコフ性})$$
$$= \int_{-\infty}^{c_1}\int_{-\infty}^{c_2} P(X(t_3)\leq c_3\,|\,X(t_2)=x_2)f(x_2|x_1)f_{X_1}(x_1)\,dx_1\,dx_2$$
$$= \int_{-\infty}^{c_1}\int_{-\infty}^{c_2} P(X(t_3)\leq c_3\,|\,X(t_2)=x_2)P_{X_1,X_2}(dx_1,dx_2)$$
$$= \int_{-\infty}^{c_1}\int_{-\infty}^{c_2}\int_{-\infty}^{c_3} P(X(t_3)\in dx_3\,|\,X(t_2)=x_2)$$
$$\times P(X(t_2)\in dx_2\,|\,X(t_1)=x_1)\,\nu(dx_1).$$

ただし，$P_{X,Y}$ は X,Y の結合分布，ν はマルコフ過程 $X(t)$ の初期分布を表す．

例題 6.2.1 と問 6.2.1 からわかるように，定義 6.1.1 の推移確率

$$P(s,x,t,dy) = P_{s,x}(t,dy) = P(X(t)\in dy\,|\,X(s)=x), \quad s<t$$

はマルコフ過程 $X(t)$ を特徴付けている．これは，時刻 s のとき x から出た X が，時刻 t のとき dy に入る確率と解釈される．

★ 今後，推移確率としては $P_{s,x}(t,dy)$ を用いる．

このとき，例題 6.2.1 と問 6.2.1 の結果は次のように表される．

$$P(X(t_1)\leq c_1, X(t_2)\leq c_2) = \int_{-\infty}^{c_1}\int_{-\infty}^{c_2} P_{t_1,x_1}(t_2,dx_2)\,\nu(dx_1),$$

$$P(X(t_1)\leq c_1, X(t_2)\leq c_2, X(t_3)\leq c_3)$$
$$= \int_{-\infty}^{c_1}\int_{-\infty}^{c_2}\int_{-\infty}^{c_3} P_{t_2,x_2}(t_3,dx_3)P_{t_1,x_1}(t_2,dx_2)\,\nu(dx_1).$$

一般に，$0 = t_1 < t_2 < \cdots < t_n$ とする．マルコフ過程 $X(t)$ に対して上記と同様の議論をすれば，次の関係式が導かれる．

$$P(X(t_1) \le c_1, X(t_2) \le c_2, \ldots, X(t_n) \le c_n)$$
$$= \int_{-\infty}^{c_1} \int_{-\infty}^{c_2} \cdots \int_{-\infty}^{c_n} P_{t_{n-1},x_{n-1}}(t_n, dx_n)$$
$$\times P_{t_{n-2},x_{n-2}}(t_{n-1}, dx_{n-1}) \cdots P_{t_1,x_1}(t_2, dx_2)\, \nu(dx_1). \quad (6.2.3)$$

逆に，$\{P_{s,x}(t, \cdot);\ 0 \le s < t \le T,\ x \in \mathbb{R}\}$ を確率測度の集まりとし，ν を 1 つの確率測度とする．このような確率測度を推移確率にもち，ν を初期分布とするマルコフ過程は存在するであろうか？

まず第一に，与えられた確率測度の集まり P はある条件を満たさなければならない．任意の $s < u < t$ に対して，$\{-\infty < X(u) < \infty\} = \Omega$ であるから

$$P(X(s) \le \alpha, X(t) \le \beta) = P(X(s) \le \alpha, -\infty < X(u) < \infty, X(t) \le \beta)$$

となり，(6.2.3) を用いてかくと次のようになる．

$$\int_{-\infty}^{\alpha} \int_{-\infty}^{\beta} P_{s,x}(t, dy) P_{X(s)}(dx)$$
$$= \int_{-\infty}^{\alpha} \int_{-\infty}^{\infty} \int_{-\infty}^{\beta} P_{u,z}(t, dy) P_{s,x}(u, dz)\, P_{X(s)}(dx).$$

これは次の関係式が成り立つことを意味している．

$$P_{s,x}(t, A) = \int_{-\infty}^{\infty} P_{u,z}(t, A) P_{s,x}(u, dz), \quad s < u < t,\ x \in \mathbb{R},\ A \in \mathcal{B}(\mathbb{R}).$$
(6.2.4)

ただし，$\mathcal{B}(\mathbb{R})$ は $\mathbb{R}$ のボレル σ-フィールド（定義 2.2.7）である．

(6.2.4) を言い換えると，時刻 s のとき x から出た X が，時刻 t のとき A に入る確率は，途中の時刻 u で通過する状態 z のあらゆる可能性のもとに時刻 t で A に入る確率に等しい，ということである．

定義 6.2.1

関係式 (6.2.4) を**チャップマン・コルモゴロフ方程式**という．

Step 1　一般に，$X(t), t \ge 0$ を確率過程とし，任意の $0 \le t_1 < t_2 < \cdots < t_n$ に対して，$\mathbb{R}^n$ 上の確率測度を

$$\mu_{t_1,t_2,\ldots,t_n}(A) = P\{(X(t_1), X(t_2), \ldots, X(t_n)) \in A\}, \quad A \in \mathcal{B}(\mathbb{R}^n)$$

によって定義する．$\mu_{t_1,t_2,\ldots,t_n}$ は確率過程 $X(t)$ の**周辺分布**とよばれる．このとき，任意の $i\ (1 \le i \le n)$ 番目の成分に注目すれば

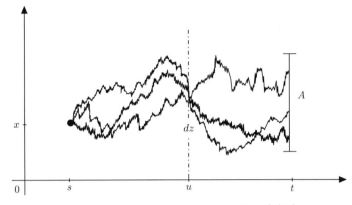

図 **6.2.1** チャップマン・コルモゴロフ方程式

$$P\{(X(t_1),\ldots,X(t_{i-1}),X(t_{i+1}),\ldots,X(t_n)) \in A_1 \times A_2\}$$
$$= P\{(X(t_1),\ldots,X(t_n)) \in A_1 \times \mathbb{R} \times A_2\},$$

$A_1 \in \mathcal{B}(\mathbb{R}^{i-1})$, $A_2 \in \mathcal{B}(\mathbb{R}^{n-i})$ となっている.ただし,$\mathcal{B}(\mathbb{R}^k)$ は $\mathbb{R}^k$ のボレル σ-フィールド(直積集合は定理 4.4.1 の後を参照).すなわち

$$\mu_{t_1,\ldots,\widehat{t_i},t_{i+1},\ldots,t_n}(A_1 \times A_2) = \mu_{t_1,\ldots,t_n}(A_1 \times \mathbb{R} \times A_2). \tag{6.2.5}$$

ここで,$\widehat{t_i}$ は t_i が除かれていることを意味している.したがって,確率過程 $X(t)$ の周辺分布は関係式 (6.2.5) を満たす.

<u>Step 2</u> 逆に,任意の $0 \leq t_1 < t_2 < \cdots < t_n$ に対して,$\mathbb{R}^n$ 上の確率測度 $\mu_{t_1,t_2,\ldots,t_n}$ があると仮定しよう.このとき,確率測度の族

$$\{\mu_{t_1,t_2,\ldots,t_n}; 0 \leq t_1 < t_2 < \cdots < t_n, \quad n = 1, 2, \ldots\}$$

は,任意の $0 \leq t_1 < t_2 < \cdots < t_n$ と $A_1 \in \mathcal{B}(\mathbb{R}^{i-1})$, $A_2 \in \mathcal{B}(\mathbb{R}^{n-i})$, $1 \leq i \leq n$, $n \geq 1$ に対して関係式 (6.2.5) が成り立つならば,**整合性条件**を満たすとよばれる.それでは,整合性条件を満たす確率測度の族があるとき,周辺分布がその確率測度の族から与えられるような確率過程は存在するであろうか?

これに対する解答は「Yes」で,**コルモゴロフの拡張定理**として知られている.

> **コルモゴロフの拡張定理**
>
> $0 \leq t_1 < t_2 < \cdots < t_n,\ n \geq 1$ に対応した $\mathbb{R}^n$ 上の確率測度 $\mu_{t_1,t_2,\ldots,t_n}$ が存在して,
>
> $$\{\mu_{t_1,t_2,\ldots,t_n}; 0 \leq t_1 < t_2 < \cdots < t_n,\quad n = 1, 2, \ldots\} \qquad (6.2.6)$$
>
> は整合性条件 (6.2.5) を満たすと仮定する. $[0, \infty)$ から $\mathbb{R}$ への関数 $\omega : [0, \infty) \to \mathbb{R}$ の全体を $\mathbb{R}^{[0,\infty)}$ と表す. また, 筒集合 (2.8 節参照)
>
> $$\{\omega \in \mathbb{R}^{[0,\infty)}; \big(\omega(t_1), \omega(t_2), \ldots, \omega(t_n)\big) \in A\},$$
> $$0 \leq t_1 < t_2 < \cdots < t_n,\quad A \in \mathcal{B}(\mathbb{R}^n)$$
>
> から生成された σ-フィールドを $\mathcal{F}$ とする. このとき, 可測空間 $(\mathbb{R}^{[0,\infty)}, \mathcal{F})$ 上に
>
> $$P\big\{\omega \in \mathbb{R}^{[0,\infty)}; \big(\omega(t_1), \omega(t_2), \ldots, \omega(t_n)\big) \in A\big\} = \mu_{t_1,t_2,\ldots,t_n}(A),$$
> $$0 \leq t_1 < t_2 < \cdots < t_n,\quad A \in \mathcal{B}(\mathbb{R}^n),\quad n \geq 1$$
>
> となるような確率測度 P がただ 1 つ存在する.

<u>Step 3</u> したがって, 確率空間 $(\mathbb{R}^{[0,\infty)}, \mathcal{F}, P)$ 上に確率過程 $X(t)$ を

$$X(t, \omega) = \omega(t),\quad t \geq 0,\quad \omega \in \mathbb{R}^{[0,\infty)}$$

と定義する. このとき, $X(t)$ は (6.2.6) で与えられた周辺分布によって特徴付けられた確率過程である. すなわち

$$P\big\{\big(X(t_1), X(t_2), \ldots, X(t_n)\big) \in A\big\} = \mu_{t_1,t_2,\ldots,t_n}(A).$$

<u>Step 4</u> さて, $\{P_{s,x}(t, \cdot)\}$ と ν が与えられたとき, (6.2.3) の右辺を用いてコルモゴロフの拡張定理に対する確率測度の族を定義することができる. さらに, チャップマン・コルモゴロフ方程式を用いて整合性条件の満たされることも確かめられる. ゆえに, コルモゴロフの拡張定理によって, 次のような確率過程 $X(t)$ が存在する:任意の $0 \leq s < t \leq T$ に対して

$$P\big(X(t) \in A \mid X(s) = x\big) = P_{s,x}(t, A),\quad x \in \mathbb{R},\quad A \in \mathcal{B}(\mathbb{R}).$$

この $X(t)$ がマルコフ過程になることは以下のようにして確かめられる.

まず, 条件付き確率と (6.2.3) から

$$P\bigl(X(t) \leq x, X(t_1) \leq c_1, X(t_2) \leq c_2, \ldots, X(t_n) \leq c_n\bigr)$$
$$= \int_{-\infty}^{c_1} \cdots \int_{-\infty}^{c_n} P\bigl(X(t) \leq x \mid X(t_1) = x_1, \ldots, X(t_n) = x_n\bigr)$$
$$\times P_{X(t_1),\ldots,X(t_n)}(dx_1, \ldots, dx_n) \qquad ((6.1.2) \text{ 参照})$$
$$= \int_{-\infty}^{c_1} \cdots \int_{-\infty}^{c_n} P\bigl(X(t) \leq x \mid X(t_1) = x_1, \ldots, X(t_n) = x_n\bigr)$$
$$\times P_{t_{n-1},x_{n-1}}(t_n, dx_n) \cdots P_{t_1,x_1}(t_2, dx_2)\, \nu(dx_1). \qquad (6.2.7)$$

一方，(6.2.3) から

$$P\bigl(X(t) \leq x, X(t_1) \leq c_1, X(t_2) \leq c_2, \ldots, X(t_n) \leq c_n\bigr)$$
$$= \int_{-\infty}^{c_1} \cdots \int_{-\infty}^{c_n} \int_{-\infty}^{x} P_{t_n,x_n}(t, dy)$$
$$\times P_{t_{n-1},x_{n-1}}(t_n, dx_n) \cdots P_{t_1,x_1}(t_2, dx_2)\, \nu(dx_1). \qquad (6.2.8)$$

(6.2.7) と (6.2.8) を比べて，次が得られる．

$$P\bigl(X(t) \leq x \mid X(t_1) = x_1, \ldots, X(t_n) = x_n\bigr) = \int_{-\infty}^{x} P_{t_n,x_n}(t, dy).$$

明らかに，この式は $X(t)$ のマルコフ性を示している．すなわち

$$P\bigl(X(t) \leq x \mid X(t_1) = x_1, \ldots, X(t_n) = x_n\bigr) = P\bigl(X(t) \leq x \mid X(t_n) = x_n\bigr).$$

ゆえに，$X(t)$ はマルコフ過程である．以上から次の定理が示された．

定理 6.2.2

$X(t), 0 \leq t \leq T$ がマルコフ過程ならば，その推移確率

$$P_{s,x}(t, \cdot) = P\bigl(X(t) \in (\,\cdot\,) \mid X(s) = x\bigr), \quad 0 \leq s < t \leq T, \; x \in \mathbb{R}, \qquad (6.2.9)$$

はチャップマン・コルモゴロフ方程式を満たす．逆に，ν が $\mathbb{R}$ 上の確率測度で，$\{P_{s,x}(t,\cdot);\, 0 \leq s < t \leq T,\, x \in \mathbb{R}\}$ がチャップマン・コルモゴロフ方程式を満たす $\mathbb{R}$ 上の確率測度の族ならば，ν を初期分布として (6.2.9) が成り立つようなマルコフ過程 $X(t)$ が存在する．

この定理から，マルコフ過程は，初期分布とチャップマン・コルモゴロフ方程式を満たす推移確率によって決定される，ということがわかる．

定義 6.2.3

$X(t), t \geq 0$ をマルコフ過程とする．$X(t)$ の推移確率 $P_{s,x}(t, \cdot)$ が x と t と s の差 $t-s$ だけに依存するならば，$P_{s,x}(t, \cdot)$ を**定常な推移確率**という．定常な推移確率をもつマルコフ過程を**時間的に一様なマルコフ過程**あるいは**定常なマルコフ過程**という．

推移確率が定常とは，$P_{h,x}(t+h, \cdot)$ が h に依存しないことである．この場合

$$P_t(x, A) = P_{h,x}(t+h, A), \quad t > 0, \quad x \in \mathbb{R}, \quad A \in \mathcal{B}(\mathbb{R})$$

とかくことにすれば，チャップマン・コルモゴロフ方程式は次のように表される．

$$P_{s+t}(x, A) = \int_{-\infty}^{\infty} P_t(z, A) P_s(x, dz), \quad s, t > 0, x \in \mathbb{R}, A \in \mathcal{B}(\mathbb{R}).$$
(6.2.10)

例題 6.2.2
ブラウン運動 $B(t)$ と幾何ブラウン運動 $X(t)$ は定常な推移確率をもち，時間的に一様なマルコフ過程であることを確かめよ．

【解答】 $B(t)$ と $X(t)$ の推移確率 $P_{s,x}(t,y)$ は，それぞれ (6.1.5) と例題 6.1.1 から x と $t-s$ の関数である．したがって，これらは定常な推移確率をもち，時間的に一様なマルコフ過程である（$B(t)$ については (3.5.6) も参照）．

問 6.2.2 $\int_0^t \frac{1}{1+u^2} \, dB(u)$ は時間的に一様なマルコフ過程ではないことを示せ．

【解答】 $f(t) = \dfrac{1}{1+t^2}$ とおく．$\int_0^\infty f(t)^2 \, dt \leq \int_0^\infty f(t) \, dt = \left[\tan^{-1}(t)\right]_0^\infty = \dfrac{\pi}{2} < \infty$．したがって，注意 4.1.2 から，$X(t) = \int_0^t f(u) \, dB(u)$ は平均 0，分散 $v(t) = \int_0^t f(u)^2 \, du$ の正規分布に従う．さらに，$s < t$ のとき，$X(t) = X(s) + \int_s^t f(u) \, dB(u)$ と表される．この場合，$X(s) = x$ から出発した $X(t)$ の分布が $t-s$ の関数でかけないことは，$v(t) - v(s)$ の積分表示から推察できよう．

時間変数に依存しない係数をもつ SDE の解は時間的に一様なマルコフ過程であることが知られている．

6.3 解の積率評価

定理 6.2.4

解の存在と一意性に関する定理 5.3.11 または定理 5.4.1 の条件のもとに，係数 $\mu(t,x)$ と $\sigma(t,x)$ は変数 t に依存しないとする．すなわち，$\mu(t,x) = \mu(x)$, $\sigma(t,x) = \sigma(x)$．このとき，SDE

$$dX(t) = \mu\bigl(X(t)\bigr)\,dt + \sigma\bigl(X(t)\bigr)\,dB(t) \tag{6.2.11}$$

の解 $X(t)$ は，任意の初期値 X_0 に対して時間的に一様なマルコフ過程である．

6.3 解の積率評価

はじめに，確率微分方程式（SDE）の解に対して初期値に関する依存性を示す．

定理 6.3.1

係数 μ と σ は x に関してリプシッツ条件を満たすとする．すなわち，次のような定数 $K > 0$ が存在する．

$$|\mu(t,x) - \mu(t,y)| \leq K|x-y|, \quad |\sigma(t,x) - \sigma(t,y)| \leq K|x-y|,$$
$$0 \leq t \leq T, \quad x,y \in \mathbb{R}.$$

ξ, η は確率変数で，それぞれ $X_0 = \xi, X_0 = \eta$ としての仮定 5.3.1 を満たして，$E[\xi^2] < \infty, E[\eta^2] < \infty$ とする．さらに，$X^\xi(t), X^\eta(t)$ を，それぞれ初期値 ξ, η に関する SDE

$$dX(t) = \mu\bigl(t,X(t)\bigr)\,dt + \sigma\bigl(t,X(t)\bigr)\,dB(t), \quad 0 \leq t \leq T$$

の解とする．このとき，次の評価が成り立つ．

$$E\bigl[|X^\xi(t) - X^\eta(t)|^2\bigr] \leq 3E\bigl[|\xi-\eta|^2\bigr] e^{3K^2(T+1)t}, \quad 0 \leq t \leq T. \tag{6.3.1}$$

【証明】 仮定によって

$$X^\xi(t) = \xi + \int_0^t \mu\bigl(s, X^\xi(s)\bigr)\,ds + \int_0^t \sigma\bigl(s, X^\xi(s)\bigr)\,dB(s),$$
$$X^\eta(t) = \eta + \int_0^t \mu\bigl(s, X^\eta(s)\bigr)\,ds + \int_0^t \sigma\bigl(s, X^\eta(s)\bigr)\,dB(s).$$

したがって

$$|X^\xi(t) - X^\eta(t)| \leq |\xi - \eta| + \left|\int_0^t \bigl(\mu(s, X^\xi(s)) - \mu(s, X^\eta(s))\bigr) ds\right|$$
$$+ \left|\int_0^t \bigl(\sigma(s, X^\xi(s)) - \sigma(s, X^\eta(s))\bigr) dB(s)\right|.$$

不等式 $(|a| + |b| + |c|)^2 \leq 3(a^2 + b^2 + c^2)$ と積分に関するシュワルツの不等式（問 1.4.1 と例題 1.4.1）から，次のように評価される．

$$|X^\xi(t) - X^\eta(t)|^2 \leq 3\biggl\{|\xi - \eta|^2 + \left|\int_0^t \bigl(\mu(s, X^\xi(s)) - \mu(s, X^\eta(s))\bigr) ds\right|^2$$
$$+ \left|\int_0^t \bigl(\sigma(s, X^\xi(s)) - \sigma(s, X^\eta(s))\bigr) dB(s)\right|^2\biggr\}$$
$$\leq 3\biggl\{|\xi - \eta|^2 + T\int_0^t |\mu(s, X^\xi(s)) - \mu(s, X^\eta(s))|^2 ds$$
$$+ \left|\int_0^t \bigl(\sigma(s, X^\xi(s)) - \sigma(s, X^\eta(s))\bigr) dB(s)\right|^2\biggr\}.$$

ここで，確率積分の等長性（定理 4.4.5 (4)）と係数のリプシッツ条件を用いると

$$E\bigl[|X^\xi(t) - X^\eta(t)|^2\bigr]$$
$$\leq 3\biggl\{E\bigl[|\xi - \eta|^2\bigr] + TE\left[\int_0^t |\mu(s, X^\xi(s)) - \mu(s, X^\eta(s))|^2 ds\right]$$
$$+ E\left[\int_0^t |\sigma(s, X^\xi(s)) - \sigma(s, X^\eta(s))|^2 ds\right]\biggr\}$$
$$\leq 3E\bigl[|\xi - \eta|^2\bigr] + 3K^2(T+1)\int_0^t E\bigl[|X^\xi(t) - X^\eta(t)|^2\bigr] ds.$$

ゆえに，グロンウォールの補題（補題 5.3.7）から (6.3.1) が得られる．

注意 6.3.2 定理 2.8.14 (2) で劣マルチンゲール $Y(t)$ に対して示されたドゥーブの劣マルチンゲール不等式を $p = 2$ でかき直せば

$$E\left[\left(\sup_{0 \leq t \leq T} |Y(t)|\right)^2\right] \leq 4E[|Y(T)|^2]$$

となる．この不等式を確率積分の項に適用して，定理 6.3.1 の証明と同様に行えば，(6.3.1) よりも強い次の評価を得ることができる．

$$E\left[\left(\sup_{0 \leq s \leq t} |X^\xi(s) - X^\eta(s)|\right)^2\right] \leq 3E[|\xi - \eta|^2]e^{3K^2(T+4)t}, \quad 0 \leq t \leq T.$$
(6.3.2)

6.3 解の積率評価

さらに，解の積率評価を続ける．特に，後の定理 6.3.4 は次節で応用される．

補題 6.3.3

$h(t)$ は $\mathcal{F}_t$ に適合した確率過程で $\int_0^T E[|h(s)|^4]\,ds < \infty$ とする．$Y(t) = \int_0^t h(s)\,dB(s)$ とおく．このとき
$$E[|Y(t)|^4] \leq 2(17 + 4\sqrt{17})t \int_0^t E[|h(s)|^4]\,ds, \quad 0 \leq t \leq T. \quad (6.3.3)$$

【証明】 伊藤の一般公式を用いると
$$Y(t)^2 = 2\int_0^t Y(s)h(s)\,dB(s) + \int_0^t h(s)^2\,ds.$$

$h(t)$ に対する仮定から，$Y(t)h(t)$ に関する確率積分は定まることが分かる．ここで不等式 $(a+b)^2 \leq 2(a^2+b^2)$ を用いると
$$Y(t)^4 \leq 8\left(\int_0^t Y(s)h(s)\,dB(s)\right)^2 + 2\left(\int_0^t h(s)^2\,ds\right)^2.$$

両辺の平均をとって，確率積分の等長性（定理 4.4.5 (4)），ヘルダーの不等式（定理 2.5.9）および積分に関するシュワルツの不等式（例題 1.4.1）を用いると次のように評価される．

$$\begin{aligned}
E[Y(t)^4] &\leq 8\int_0^t E[Y(s)^2 h(s)^2]\,ds + 2E\left[\left(\int_0^t h(s)^2\,ds\right)^2\right] \\
&\leq 8\int_0^t \left(E[Y(s)^4]\right)^{\frac{1}{2}} \left(E[h(s)^4]\right)^{\frac{1}{2}}\,ds + 2E\left[\left(t\int_0^t h(s)^4\,ds\right)\right] \\
&\leq 8\left(\int_0^t E[Y(s)^4]\,ds\right)^{\frac{1}{2}} \left(\int_0^t E[h(s)^4]\,ds\right)^{\frac{1}{2}} + 2t\int_0^t E[h(s)^4]\,ds.
\end{aligned}$$
$$(6.3.4)$$

さらに，(6.3.4) の両辺を積分し，積分に関するシュワルツの不等式を用いる．
$$\begin{aligned}
\int_0^t E[Y(s)^4]\,ds &\leq 8\left(\int_0^t \int_0^s E[Y(u)^4]\,du\,ds\right)^{\frac{1}{2}} \left(\int_0^t \int_0^s E[h(u)^4]\,du\,ds\right)^{\frac{1}{2}} \\
&\quad + 2\int_0^t s\int_0^s E[h(u)^4]\,du\,ds. \quad (6.3.5)
\end{aligned}$$

(6.3.5) の 2 重積分における不等式領域は

$$\{(s,u); u \leq s,\ 0 \leq s \leq t\} = \{(s,u);\ u \leq s \leq t,\ 0 \leq u \leq t\}$$

と表されることに注意して，積分順序を変更する（定理1.6.1）．すなわち，$\int_0^t \left\{ \int_0^s \cdots\cdots du \right\} ds = \int_0^t \left\{ \int_u^t \cdots\cdots ds \right\} du$．このとき

$$\int_0^t \int_0^s E[Y(u)^4]\,du\,ds = \int_0^t \left\{ \int_0^s E[Y(u)^4]\,du \right\} ds$$
$$= \int_0^t \left\{ \int_u^t ds \right\} E[Y(u)^4]\,du$$
$$= \int_0^t (t-u) E[Y(u)^4]\,du \leq t \int_0^t E[Y(u)^4]\,du. \qquad (6.3.6)$$

同様に

$$\int_0^t \int_0^s E[h(u)^4]\,du\,ds = \int_0^t \left\{ \int_0^s E[h(u)^4]\,du \right\} ds$$
$$= \int_0^t \left\{ \int_u^t ds \right\} E[h(u)^4]\,du$$
$$= \int_0^t (t-u) E[h(u)^4]\,du \leq t \int_0^t E[h(u)^4]\,du. \qquad (6.3.7)$$

$$\int_0^t s \int_0^s E[h(u)^4]\,du\,ds = \int_0^t s \left\{ \int_0^s E[h(u)^4]\,du \right\} ds$$
$$= \int_0^t \left\{ \int_u^t s\,ds \right\} E[h(u)^4]\,du$$
$$= \int_0^t \frac{1}{2}(t^2 - u^2) E[h(u)^4]\,du \leq \frac{1}{2} t^2 \int_0^t E[h(u)^4]\,du. \qquad (6.3.8)$$

最後に，(6.3.6)-(6.3.8) を (6.3.5) へ代入して，変数 u を s におき換える．

$$\int_0^t E[Y(s)^4]\,ds \leq 8t \left(\int_0^t E[Y(s)^4]\,ds \right)^{\frac{1}{2}} \left(\int_0^t E[h(s)^4]\,ds \right)^{\frac{1}{2}}$$
$$+ t^2 \int_0^t E[h(s)^4]\,ds. \qquad (6.3.9)$$

ここで，$x = \int_0^t E[Y(s)^4]\,ds,\ y = \int_0^t E[h(s)^4]\,ds$ とおく．もし $y = 0$ ならば，(6.3.3) は証明するまでもないから，$y \neq 0$ と仮定する．そして，$w = \dfrac{\sqrt{x}}{\sqrt{y}}$ とおく．このとき，(6.3.9) は $w^2 \leq 8tw + t^2$ と表される．w に関するこの不等式は容易に解けて，$w \leq (4 + \sqrt{17})t$ となる．したがって

$$\int_0^t E[Y(s)^4]\,ds \leq (4 + \sqrt{17})^2 t^2 \int_0^t E[h(s)^4]\,ds. \qquad (6.3.10)$$

ゆえに，(6.3.10) を (6.3.4) へ代入すれば，求める評価式 (6.3.3) が得られる．

定理 6.3.4

$\mu(t,x), \sigma(t,x)$ は x に関してリプシッツ条件を満たし，かつ次の増大度条件を満たすとする．

$$|\mu(t,x)|^2 \leq C(1+x^2), \quad |\sigma(t,x)|^2| \leq C(1+x^2). \quad (6.3.11)$$

X_0 は確率変数で仮定 5.3.1 を満たし，$E[X_0^4] < \infty$ とする．このとき，SIE

$$X(t) = X_0 + \int_0^t \mu(s, X(s))\,ds + \int_0^t \sigma(s, X(s))\,dB(s), \quad 0 \leq t \leq T$$

の解 $X(t)$ は次の評価式を満たす．

$$E[|X(t)|^4] \leq \{27E[X_0^4] + C_1 T\}e^{C_1 t}, \quad (6.3.12)$$
$$E[|X(t) - X_0|^4] \leq C_2\{1 + 27E[X_0^4] + C_1 T\}t^2\, e^{C_1 t}. \quad (6.3.13)$$

ここで，C_1, C_2 は次のように与えられた定数である．

$$C_1 = 54\{2(17 + 4\sqrt{17}) + T^2\}TC^2,$$
$$C_2 = 16\{2(17 + 4\sqrt{17}) + T^2\}C^2.$$

【証明】 不等式 $(a+b+c)^4 \leq 27(a^4 + b^4 + c^4)$ を用いる．これは，たとえば，$xy + yz + zx \leq x^2 + y^2 + z^2$ から次のようにして導かれる．

$$\begin{aligned}
(a+b+c)^4 &= \{(a^2+b^2+c^2) + 2(ab+bc+ca)\}^2 \\
&= (a^2+b^2+c^2)^2 + 4(a^2+b^2+c^2)(ab+bc+ca) \\
&\quad + 4(ab+bc+ca)^2. \\
&\leq (a^2+b^2+c^2)^2 + 4(a^2+b^2+c^2)^2 + 4(a^2+b^2+c^2)^2 \\
&= 9(a^2+b^2+c^2)^2 \\
&= 9(a^4+b^4+c^4) + 18(a^2b^2+b^2c^2+c^2a^2) \\
&\leq 9(a^4+b^4+c^4) + 18(a^4+b^4+c^4) \\
&= 27(a^4+b^4+c^4). \qquad \text{（別解：問 1.4.1 の応用）}
\end{aligned}$$

さらに，シュワルツの不等式 $\left(\int_0^t f(s)\,ds\right)^2 \leq t\left(\int_0^t f(s)^2\,ds\right)$ による評価

$$\left(\int_0^t f(s)\,ds\right)^4 \leq t^2 \left(\int_0^t f(s)^2\,ds\right)^2 \leq t^3 \left(\int_0^t f(s)^4\,ds\right)$$

を用いる．このとき，補題 6.3.3 によって次のようになる．

$$E\bigl[|X(t)|^4\bigr] \leq 27E\bigl[X_0^4\bigr] + 27t^3 \int_0^t E\bigl[\mu\bigl(s,X(s)\bigr)^4\bigr]ds$$
$$+ 27\widetilde{C}t \int_0^t E\bigl[\sigma\bigl(s,X(s)\bigr)^4\bigr]ds$$
$$\leq 27E\bigl[X_0^4\bigr] + 27T^3 \int_0^t E\bigl[\mu\bigl(s,X(s)\bigr)^4\bigr]ds$$
$$+ 27\widetilde{C}T \int_0^t E\bigl[\sigma\bigl(s,X(s)\bigr)^4\bigr]ds, \quad 0 \leq t \leq T. \quad (6.3.14)$$

ここで，$\widetilde{C} = 2(17 + 4\sqrt{17})$ は (6.3.3) に現れた定数である．増大度条件 (6.3.11) と不等式 $(1+x^2)^2 \leq 2(1+x^4)$ を用いると

$$E\bigl[|X(t)|^4\bigr] \leq 27E\bigl[X_0^4\bigr] + C_1 \int_0^t \bigl(1 + E\bigl[|X(s)|^4\bigr]\bigr)ds.$$

ただし，$C_1 = 54\{\widetilde{C} + T^2\}TC^2$．したがって

$$E\bigl[|X(t)|^4\bigr] \leq 27E\bigl[X_0^4\bigr] + C_1 T + C_1 \int_0^t E\bigl[|X(s)|^4\bigr])ds.$$

ゆえに，グロンウォールの補題（補題5.3.7）によって (6.3.12) が得られる．

次に，不等式 $(a+b)^4 \leq 8(a^4 + b^4)$ を用いる．これは

$$(a+b)^4 = \{(a+b)^2\}^2 \leq \{2(a^2+b^2)\}^2 = 4(a^2+b^2)^2 \leq 8(a^4+b^4)$$

から導かれる．さらに，前出の評価 $\left(\int_0^t f(s)\,ds\right)^4 \leq t^3 \left(\int_0^t f(s)^4\,ds\right)$ を再び用いる．このとき，補題6.3.3によって次のようになる．

$$E\bigl[|X(t)-X_0|^4\bigr] \leq 8t^3 \int_0^t E\bigl[\mu\bigl(s,X(s)\bigr)^4\bigr]ds + 8\widetilde{C}t \int_0^t E\bigl[\sigma\bigl(s,X(s)\bigr)^4\bigr]ds$$
$$\leq 8t\left(T^2 \int_0^t E\bigl[\mu\bigl(s,X(s)\bigr)^4\bigr]ds\right.$$
$$\left.+\widetilde{C}\int_0^t E\bigl[\sigma\bigl(s,X(s)\bigr)^4\bigr]ds\right).$$

増大度条件 (6.3.11) と不等式 $(1+x^2)^2 \leq 2(1+x^4)$ を用いると

$$E\bigl[|X(t)-X_0|^4\bigr] \leq 16\{\widetilde{C}+T^2\}C^2 t \int_0^t \bigl(1+E\bigl[|X(s)|^4\bigr]\bigr)ds. \quad (6.3.15)$$

さらに，(6.3.12) と不等式 $e^x - 1 \leq xe^x\ (x \geq 0)$ を用いる．このとき

$$\int_0^t E[|X(s)|^4]\,ds$$
$$\leq D\int_0^t e^{C_1 s}\,ds = \frac{D}{C_1}(e^{C_1 t}-1), \quad D = 27E[X_0^4] + C_1 T$$
$$\leq \frac{D}{C_1}(C_1 t)e^{C_1 t} = \{27E[X_0^4] + C_1 T\}t\,e^{C_1 t}. \tag{6.3.16}$$

最後に，(6.3.16) を (6.3.15) に代入すれば，求める評価式 (6.3.13) が得られる．

【補足】 $f(x) = xe^x - e^x + 1\ (x\geq 0), f'(x) = xe^x > 0\ (x>0)$ であるから，$f(x)$ は $x>0$ で単調増加．$f(0)=0$ によって $f(x)>0\ (x>0)$．

> **例題 6.3.1** 定理 6.3.4 の仮定のもとに次を確かめよ．
> $$\lim_{t\to s} E[|X(t)-X(s)|^2] = 0.\ \text{すなわち，}X(t) \text{ は 2 乗平均の意味で連続．}$$

【解答】 $0<s<t$ とする．$X(t)$ は部分区間 $[s,T]$ 上で $X(s)$ から出発する SDE の解になるから，(6.3.13) の評価において，初期状態 $(0, X_0)$ を $(s, X(s))$ に，時間差 $t-0$ を $t-s$ に置き換えることができる．したがって
$$E[|X(t)-X(s)|^4] \leq D|t-s|^2.$$
ただし，D は $C, T, E[X_0^4]$ に依存した正数である．特に，ヘルダーの不等式 (定理 2.5.9，例題 2.5.4) を用いれば
$$E[|X(t)-X(s)|^2] \leq \left(E[|X(t)-X(s)|^4]\right)^{\frac{1}{2}} \leq \sqrt{D}|t-s| \to 0\quad (t\to s).$$

問 6.3.1 $X(t) = e^{B(t)}$ に対して，$E[|X(t)-X(s)|^2] \to 0\ (t\to s)$ を示せ．

【解答】 伊藤の単純公式から，$X(t)$ は SDE $dX(t) = \frac{1}{2}X(t)\,dt + X(t)\,dB(t)$ の一意的な解になる．したがって，例題 6.3.1 が適用できる．

注意 6.3.5 多次元の確率微分方程式 (5.5 節) に対しても，1 次元の定理 6.1.3 (マルコフ性)，定理 6.2.4 (時間的に一様なマルコフ性)，定理 6.3.4 (積率評価) と同様な結果が成り立つ．

6.4 拡散過程としての解

$x = (x_1, x_2, \ldots, x_n), y = (y_1, y_2, \ldots, y_n)$ を $\mathbb{R}^n$ のベクトルとする.以下において,記号 "$y \leq x$" は,すべての $1 \leq i \leq n$ に対して,$y_i \leq x_i$ であることを意味する.$\mathbb{R}^n$-値の n 次元確率過程 $\boldsymbol{X}(t), 0 \leq t \leq T$ のマルコフ性とマルコフ過程については,1 次元の場合(6.1 節)と同様に定義する.さらに,$\mathbb{R}^n$-値のマルコフ過程の推移確率 $P_{s,x}(t, \cdot)$ も 1 次元の場合(定義 6.1.1)と同様に定義する.すなわち

$$P_{s,x}(t, A) = P\big(\boldsymbol{X}(t) \in A \mid \boldsymbol{X}(s) = x\big), \quad A \in \mathcal{B}(\mathbb{R}^n).$$

ただし,$0 \leq s \leq t \leq T, x \in \mathbb{R}^n$,かつ $\mathcal{B}(\mathbb{R}^n)$ は $\mathbb{R}^n$ のボレル σ-フィールド.このとき,チャップマン・コルモゴロフ方程式は次のように表される.

$$P_{s,x}(t, A) = \int_{\mathbb{R}^n} P_{u,z}(t, A) P_{s,x}(u, dz), \quad s < u < t, \, x \in \mathbb{R}^n, \, A \in \mathcal{B}(\mathbb{R}^n). \tag{6.4.1}$$

たとえば,$B_i(t), i = 1, 2, \ldots, n$ が独立な 1 次元ブラウン運動のとき,確率過程 $\boldsymbol{B}(t) = \big(B_1(t), B_2(t), \ldots, B_n(t)\big)$ は n 次元ブラウン運動(定義 3.1.3)で,次のような推移確率をもつマルコフ過程である.

$$P_{s,x}(t, A) = \big(2\pi(t-s)\big)^{-\frac{n}{2}} \int_A \exp\left[-\frac{|y-x|^2}{2(t-s)}\right] dy. \quad ((6.1.5) \text{ 参照})$$

ここで,$s < t, x \in \mathbb{R}^n, A \in \mathcal{B}(\mathbb{R}^n)$,かつベクトル $x = (x_1, x_2, \ldots, x_n)$ のノルム(大きさ)は $|x| = (x_1^2 + x_2^2 + \cdots + x_n^2)^{\frac{1}{2}}$ である.

また,1 次元オルンシュタイン・ウーレンベック過程(OU 過程)はランジュバン方程式の解として与えられるから(例題 4.8.1,問 5.2.1),マルコフ過程である(定理 6.1.3).さらに,1 次元の場合と同様に n 次元 SDE

$$d\boldsymbol{X}(t) = -\alpha \boldsymbol{X}(t) \, dt + \sigma \, d\boldsymbol{B}(t), \quad \alpha, \sigma \text{ は正数}$$

を考えることができる.簡単のために,$\alpha = \sigma = 1$ とし

$$P_{s,x}(t, A) = \{\pi(1 - e^{-2(t-s)})\}^{-\frac{n}{2}} \int_A \exp\left[-\frac{|y - e^{-(t-s)}x|^2}{1 - e^{-2(t-s)}}\right] dy$$

とおく.1 次元 OU 過程はマルコフ過程であるから,上記の $\{P_{s,x}(t, \cdot)\}$ はチャップマン・コルモゴロフ方程式 (6.4.1) を満たすことが分かる.したがって,n 次元の $\boldsymbol{X}(t)$ はマルコフ過程になる(定理 6.2.2,注意 6.3.5).この $\boldsymbol{X}(t)$ は $\boldsymbol{n}$ 次元オルンシュタイン・ウーレンベック過程(n 次元 OU 過程)とよばれる.

マルコフ過程の特別なものとして，以下に示す拡散過程がある．

定義 6.4.1

$\mathbb{R}^n$-値の n 次元マルコフ過程 $\boldsymbol{X}(t), 0 \leq t \leq T$ はその推移確率 $\{P_{s,x}(t, \cdot)\}$ が次の条件を満たすとき，**拡散過程**とよばれる．

任意の $t \in [0, T]$，$x \in \mathbb{R}^n$ と $c > 0$ に対して

(1) $\displaystyle\lim_{\varepsilon \downarrow 0} \frac{1}{\varepsilon} \int_{|y-x| \geq c} P_{t,x}(t+\varepsilon, dy) = 0.$

(2) $\displaystyle\lim_{\varepsilon \downarrow 0} \frac{1}{\varepsilon} \int_{|y-x| < c} (y_i - x_i) P_{t,x}(t+\varepsilon, dy) = \rho_i(t, x)$ が存在する．

(3) $\displaystyle\lim_{\varepsilon \downarrow 0} \frac{1}{\varepsilon} \int_{|y-x| < c} (y_i - x_i)(y_j - x_j) P_{t,x}(t+\varepsilon, dy) = Q_{ij}(t, x)$ が存在する．

注意 6.4.2 条件 (1) は，確率過程 $\boldsymbol{X}(t)$ が瞬間的な飛躍をもたないことを表している．さらに，任意の $c_2 > c_1 > 0$ に対して

$$\frac{1}{\varepsilon} \int_{c_1 \leq |y-x| < c_2} |y_i - x_i| P_{t,x}(t+\varepsilon, dy) \leq c_2 \frac{1}{\varepsilon} \int_{|y-x| \geq c_1} P_{t,x}(t+\varepsilon, dy)$$

であるが，右辺は，条件 (1) によって，$\varepsilon \to 0$ のとき 0 に近づく．したがって，条件 (2) の極限は定数 c に依存しない．同様に，条件 (3) の極限も定数 c に依存しない．このことから，$\rho_i(t, x)$ と $Q_{ij}(t, x)$ は次のように与えられる．

$$\rho_i(t, x) = \lim_{\varepsilon \downarrow 0} \int_{\mathbb{R}^n} (y_i - x_i) P_{t,x}(t+\varepsilon, dy),$$
$$Q_{ij}(t, x) = \lim_{\varepsilon \downarrow 0} \int_{\mathbb{R}^n} (y_i - x_i)(y_j - x_j) P_{t,x}(t+\varepsilon, dy).$$

定義 6.4.3

ベクトル $\rho(t, x) = (\rho_1(t, x), \rho_2(t, x), \ldots, \rho_n(t, x))$ と行列 $Q(t, x) = (Q_{ij}(t, x))_{i,j=1,\ldots,n}$ は，それぞれ拡散過程 $\boldsymbol{X}(t)$ の**ドリフト係数**（または単に**ドリフト**），**拡散係数**とよばれる．

今後，点 $x \in \mathbb{R}^n$ を表すのに

$$x = (x_1, x_2, \ldots, x_n), \qquad x = \begin{pmatrix} x_1 \\ x_2 \\ \vdots \\ x_n \end{pmatrix}$$

のいずれかを用いる．いま，x を列ベクトルとして，x の**転置**を行ベクトルで

$x^T = (x_1, x_2, \ldots, x_n)$ と表す．このとき，ドリフト $\rho(t,x)$ と拡散係数 $Q(t,x)$ は次のように与えられる．

$$\rho(t,x) = \lim_{\varepsilon \downarrow 0} \frac{1}{\varepsilon} E[\boldsymbol{X}(t+\varepsilon) - x \mid \boldsymbol{X}(t) = x], \tag{6.4.2}$$

$$Q(t,x) = \lim_{\varepsilon \downarrow 0} \frac{1}{\varepsilon} E[(\boldsymbol{X}(t+\varepsilon) - x)(\boldsymbol{X}(t+\varepsilon) - x)^T \mid \boldsymbol{X}(t) = x]. \tag{6.4.3}$$

拡散過程の定義 6.4.1 における条件 (1), (2), (3) の意味を説明しよう．まず，無限小の記号（定義 1.2.1）$\lim_{h \to 0} \dfrac{f(h)}{h} = 0 \Leftrightarrow f(h) = o(h)$ に注意しておく．

条件 (1) は，時間区間 $[t, t+\varepsilon]$ における $\boldsymbol{X}$ の推移が任意の c を超える確率が $o(\varepsilon)$ であることを意味している．すなわち

$$P(|\boldsymbol{X}(t+\varepsilon) - x| \leq c \mid \boldsymbol{X}(t) = x) = 1 - o(\varepsilon). \tag{6.4.4}$$

条件 (2) と (3) は，$\boldsymbol{X}(t) = x$ の条件のもとでは，増分 $\boldsymbol{X}(t+\varepsilon) - x$ の 1 次と 2 次の積率が，$\varepsilon \to 0$ において次のようになることを意味している．

$$E[(\boldsymbol{X}(t+\varepsilon) - x) \mid \boldsymbol{X}(t) = x] = \rho(t,x)\varepsilon + o(\varepsilon), \tag{6.4.5}$$

$$E[(\boldsymbol{X}(t+\varepsilon) - x)(\boldsymbol{X}(t+\varepsilon) - x)^T \mid \boldsymbol{X}(t) = x] = Q(t,x)\varepsilon + o(\varepsilon). \tag{6.4.6}$$

このとき，(6.4.2) のドリフトは，増分の条件付き平均の時間に関する変化率を表している．また，(6.4.5) から形式的に計算すれば

$$E[(\boldsymbol{X}(t+\varepsilon) - x) \mid \boldsymbol{X}(t) = x] \cdot E[(\boldsymbol{X}(t+\varepsilon) - x)^T \mid \boldsymbol{X}(t) = x]$$
$$= (\rho(t,x)\varepsilon + o(\varepsilon)) \cdot (\rho(t,x)\varepsilon + o(\varepsilon)) = o(\varepsilon)$$

となる．したがって，(6.4.3) の拡散係数は，増分の条件付き共分散の時間に関する変化率を表している．

これらのことから，$\rho(t,x)$ は，$\boldsymbol{X}(t) = x$ という条件のもとでは，$\boldsymbol{X}(t+\varepsilon)$ によって記述されるランダム（偶然的）な動きの平均的な速度を表している．一方，$Q(t,x)$ は，平均値の近くにおける $\boldsymbol{X}(t+\varepsilon) - x$ の揺らぎの局所的な大きさを測る尺度を表している．無限小の $o(\varepsilon)$ を無視すれば，$\boldsymbol{X}(t) = x$ という条件のもとでは次のようにかくことができる．

$$\boldsymbol{X}(t+\varepsilon) - x \approx \rho(t,x)\varepsilon + \sigma(t,x)\xi. \tag{6.4.7}$$

ここで，ξ は，$\boldsymbol{X}(t) = x$ という条件のもとで平均が 0，共分散が εI（I は単位行列）となる確率変数である．また，$\sigma(t,x)$ は $\sigma(t,x)\sigma(t,x)^T = Q(t,x)$ と

なる行列関数である．次に，多次元ブラウン運動の増分 $\boldsymbol{B}(t+\varepsilon) - \boldsymbol{B}(t)$ は正規分布 $N(0, \varepsilon I)$ に従うことに注意する．そして，$\varepsilon = \Delta t$, $\Delta \boldsymbol{B} = \boldsymbol{B}(t+\Delta t) - \boldsymbol{B}(t)$ とおく．このとき，$\boldsymbol{X}(t) = x$ という条件のもとでは，近似式 (6.4.7) を

$$\boldsymbol{X}(t+\Delta t) - x \approx \rho(t,x)\Delta t + \sigma(t,x)\Delta \boldsymbol{B} \tag{6.4.8}$$

とかくことができる．$\rho(t,x) = \mu(t,x)$ とおき，$\Delta t \to 0$ における微分形式をとれば，結局 (5.5.2) の確率微分方程式（SDE）

$$d\boldsymbol{X}(t) = \mu(t, \boldsymbol{X}(t))\, dt + \sigma(t, \boldsymbol{X}(t))\, d\boldsymbol{B}(t) \tag{6.4.9}$$

を導出することができる．

$\boldsymbol{B}(t)$ を m 次元ブラウン運動とし，(5.5.2) で与えられた $\mathbb{R}^n$-値の n 次元確率微分方程式（SDE），すなわち，次の確率積分方程式（SIE）を考える．

$$\boldsymbol{X}(t) = \boldsymbol{X}_0 + \int_0^t \mu(s, \boldsymbol{X}(s))\, ds + \int_0^t \sigma(s, \boldsymbol{X}(s))\, d\boldsymbol{B}(t), \quad 0 \le t \le T. \tag{6.4.10}$$

定理 6.4.4

$\mu(t,x), \sigma(t,x)$ は多次元 SDE に対する解の存在と一意性に関する定理 5.5.1 で与えられたベクトル関数，行列関数とする．さらに $\mu(t,x), \sigma(t,x)$ は $[0,T] \times \mathbb{R}^n$ で連続とする．このとき，SIE (6.4.10) の解 $\boldsymbol{X}(t)$ は，次のようなドリフト $\rho(t,x)$ と拡散係数 $Q(t,x)$ をもつ拡散過程である．

$$\rho(t,x) = \mu(t,x), \qquad Q(t,x) = \sigma(t,x)\sigma(t,x)^T. \tag{6.4.11}$$

ただし，A^T は行列 A の転置行列（行と列を入れ替えて配置した行列）を表す．

簡単な例を挙げよう．

(1) 1次元の速度 v の等速運動は $\mu(t,x) \equiv v$, $Q(t,x) \equiv 0$ となる拡散過程．

(2) n 次元ブラウン運動 $\boldsymbol{B}(t)$ は $\mu(t,x) \equiv 0$（零ベクトル），$Q(t,x) \equiv I$（単位行列）となる拡散過程．

(3) n 次元 SDE $d\boldsymbol{X}(t) = -\boldsymbol{X}(t)\, dt + d\boldsymbol{B}(t)$ の解（n 次元 OU 過程）は $\mu(t,x) = -x$（ベクトル），$Q(t,x) = I$ となる拡散過程．

例題 6.4.1 簡単のために，1次元 SIE (6.4.10) の解 $X(t)$ を考える．$\mu(t,x), \sigma(t,x)$ はリプシッツ条件と線形増大度条件を満たすとする．このとき，定理 6.1.3 から $X(t)$ はマルコフ過程になるから，その推移確率

を $\{P_{s,x}(t,\cdot)\}$ とする. $X(t)$ は定義 6.4.1 の条件 (1) を満たすことを確かめよ. したがって, もしも $\mu(t,x)$ と $\sigma(t,x)$ が t,x の連続関数ならば, 定理 6.4.4 によって $X(t)$ は拡散過程となる.

【解答】
$$\int_{|y-x|\geq c} P_{t,x}(t+\varepsilon, dy) = P\big(|X(t+\varepsilon) - x| \geq c \,|\, X(t) = x\big)$$
$$= P\big(|X(t+\varepsilon; t, x) - x| \geq c\big) = P\big(|X(t+\varepsilon; t, x) - x|^4 \geq c^4\big).$$

ただし, $X(t; s, x)$ は初期値 $X(s) = x$ に関する 1 次元 SIE の解 ((6.1.7) 参照). 上式右辺にチェビシェフの不等式 (注意 2.5.10) を応用し, 次に定理 6.3.4 の評価 (6.3.13) を用いる. このとき, 任意の $0 \leq t \leq T$ に対して
$$\int_{|y-x|\geq c} P_{t,x}(t+\varepsilon, dy) \leq \frac{1}{c^4} E[X(t+\varepsilon; t, x) - x|^4] \leq \frac{1}{c^4} L\varepsilon^2 e^{C_1 \varepsilon}. \quad \cdots \text{①}$$

ただし, $L = C_2(1 + 27x^4 + C_1)$, C_1, C_2 は定理 6.3.4 で与えられた定数である. $\varepsilon \to 0$ とすれば定義 6.4.1 の条件 (1) が確かめられる. 実際, 定理 6.3.4 で ε は十分小さい ($\varepsilon \ll 1$) として, 区間 $[t, t+1]$ 上で $X(t) = x$ から出発する解 $X(t+\varepsilon)$ を考える. この場合, 区間を $[0, T] \leftrightarrow [0, 1]$, 出発を $X_0 \leftrightarrow x$, 到着を $X(t) \leftrightarrow X(t+\varepsilon)$, 時間差を $t-0 \leftrightarrow (t+\varepsilon)-t = \varepsilon$ と見なせば, (6.3.13) で $t = \varepsilon, T = 1$ とおいた同様の不等式が得られて, ①のように評価される.

問 6.4.1 $B(t)$ を 1 次元ブラウン運動とする. 次の SDE の解 $X(t)$ は拡散過程であるか, 確かめよ.
(1) $dX(t) = g(t)X(t)\,dt + h(t)X(t)\,dB(t), X(0) = 1.$
(2) $dX(t) = \cos X(t)\,dt + \sin X(t)\,dB(t), X(0) = 1.$

【解答】 (1) $g(t), h(t)$ が連続関数ならば, ドリフト $\mu(t,x) = g(t)x$, 拡散係数 $Q(t,x) = h(t)^2 x^2$ をもつ拡散過程である.
(2) $\mu(x) = \cos x, \sigma(x) = \sin x$ は x に関して連続である. これらの導関数は有界であるからリプシッツ条件を満たし, したがって, 線形増大度条件も満たす. 定理 6.4.4 から, ドリフト $\mu(t,x) = \cos x$, 拡散係数 $Q(t,x) = \sin^2 x$ をもつ拡散過程である.

6.5 コルモゴロフの前向きと後ろ向きの方程式

$X(t), 0 \leq t \leq T$ を拡散過程とするとき，その推移確率が満たす偏微分方程式を形式的な方法で求めよう．簡単のために，1次元の場合を考える．$X(t)$ の推移確率を $\{P_{s,x}(t,\cdot); 0 \leq s < t \leq T, x \in \mathbb{R}\}$ とし，ドリフトを $\rho(t,x)$，拡散係数を $Q(t,x)$ とする．

★ 推移確率を $X(s) = x$ に対する $X(t)$ の条件付き分布関数として，"分布関数" F の記号を用いて $F_{s,x}(t,y)$ とかくことにする．すなわち

$$F_{s,x}(t,y) = P_{s,x}\bigl(t, (-\infty, y]\bigr) = P\bigl(X(t) \leq y \mid X(s) = x\bigr).$$

このとき，チャップマン・コルモゴロフの方程式 (6.2.4) は次のように表される．

$$F_{s,x}(t,y) = \int_{\mathbb{R}} F_{u,z}(t,y) \, dF_{s,x}(u,z). \tag{6.5.1}$$

$t_0 \in (0, T]$, $y_0 \in \mathbb{R}$ を固定し，$F_{s,x}(t_0, y_0)$ を $s \in [0, t_0)$ と $x \in \mathbb{R}$ の関数と見なす．$t = t_0$, $y = y_0$, 小さな $\varepsilon > 0$ に対して $u = s + \varepsilon$ とした (6.5.1) を考える．このとき

$$F_{s,x}(t_0, y_0) = \int_{\mathbb{R}} F_{s+\varepsilon,z}(t_0, y_0) \, dF_{s,x}(s+\varepsilon, z).$$

ここで，被積分関数 $F_{s+\varepsilon,z}(t_0, y_0)$ は z の関数であるから，これをテイラーの定理（定理 1.3.8）によって展開し，2次の項までとって近似する．

$$\begin{aligned} F_{s+\varepsilon,z}(t_0, y_0) &\approx F_{s+\varepsilon,x}(t_0, y_0) + \left(\frac{\partial}{\partial x} F_{s+\varepsilon,x}(t_0, y_0)\right)(z-x) \\ &\quad + \frac{1}{2}\left(\frac{\partial^2}{\partial x^2} F_{s+\varepsilon,x}(t_0, y_0)\right)(z-x)^2. \end{aligned}$$

したがって，$dF_{s,x}(s+\varepsilon, z)$ で積分して，ドリフトと拡散係数の性質 (6.4.5)-(6.4.6) を用いれば，次のようになる．

$$\begin{aligned} F_{s,x}(t_0, y_0) &\approx F_{s+\varepsilon,x}(t_0, y_0) + \left(\frac{\partial}{\partial x} F_{s+\varepsilon,x}(t_0, y_0)\right) \varepsilon \rho(s, x) \\ &\quad + \frac{1}{2}\left(\frac{\partial^2}{\partial x^2} F_{s+\varepsilon,x}(t_0, y_0)\right) \varepsilon Q(s, x). \end{aligned}$$

右辺第1項を左辺に移項し，両辺を ε で割って $\varepsilon \to 0$ とする．このとき，平均変化率の極限から，次の偏微分方程式を得ることができる．

$$-\frac{\partial}{\partial s} F_{s,x}(t_0, y_0) = \rho(s, x) \frac{\partial}{\partial x} F_{s,x}(t_0, y_0) + \frac{1}{2} Q(s, x) \frac{\partial^2}{\partial x^2} F_{s,x}(t_0, y_0). \tag{6.5.2}$$

この方程式の終端条件は

$$\lim_{s \uparrow t_0} F_{s,x}(t_0, y_0) = \begin{cases} 1 & (x < y_0), \\ 0 & (x > y_0) \end{cases} \qquad (6.5.3)$$

である．(6.5.2) は**コルモゴロフの後ろ向き方程式**とよばれている．"後ろ向き"というのは，(s, x) に注目したとき，時間変数 s が t_0 から後方に動くことによる．

定理 6.5.1

$\rho(t, x), Q(t, x)$ は t と x の連続関数で，x に関してリプシッツ条件と線形増大度条件を満たすとする．さらに，次のような定数 $c > 0$ が存在すると仮定する．

$$Q(t, x) \geq c, \quad 0 \leq t \leq T, \quad x \in \mathbb{R}. \qquad (6.5.4)$$

このとき，終端条件 (6.5.3) を満たすコルモゴロフの後ろ向き方程式 (6.5.2) はただ 1 つの解をもつ．さらに，$P_{s,x}(t_0, dy_0) = dF_{s,x}(t_0, y_0)$ によって与えられる推移確率をもつ連続なマルコフ過程 $X(t), 0 \leq t \leq T$ が存在する．

注意 6.5.2 多次元の場合，$Q(t, x)$ に対する不等式 (6.5.4) は次のような形で与えられる．

$$v^T Q(t, x) v \geq c|v|^2, \quad 0 \leq t \leq T, \quad v \in \mathbb{R}^n.$$

なお，定理 6.5.1 と後述の定理 6.5.3 は多次元の場合でも同様に成り立つ．

★ さらに，拡散過程 $X(t)$ が時間的に一様な場合（定義 6.2.3）を考える．推移確率は定常であるから，$F_{s,x}(s+t, y)$ は s に依存しない．したがって，関数

$$F_t(x, y) = F_{s,x}(s+t, y), \quad t > 0$$

が定義できる．$F_{s,x}(s+t, y)$ は s に依存しないから，$\dfrac{\partial}{\partial s} F_{s,x}(s+t, y) = 0$．これによって，次のような第 2 の等式が導かれる．

$$\frac{\partial}{\partial t} F_t(x, y_0) = \frac{\partial}{\partial (s+t)} F_{s,x}(s+t, y_0) = \left(-\frac{\partial}{\partial s} F_{s,x}(u, y_0) \right) \bigg|_{u=s+t}.$$

このとき，(6.5.2) を用いると次の関係式が得られる．

$$\frac{\partial}{\partial t} F_t(x, y_0) = \rho(x) \frac{\partial}{\partial x} F_t(x, y_0) + \frac{1}{2} Q(x) \frac{\partial^2}{\partial x^2} F_t(x, y_0). \qquad (6.5.5)$$

これは，時間的に一様な拡散過程に対するコルモゴロフの後ろ向き方程式である．初期条件は（時間的に一様なことに注意），

$$\lim_{t\downarrow 0} F_t(x, y_0) = \begin{cases} 1 & (x < y_0), \\ 0 & (x > y_0) \end{cases} \tag{6.5.6}$$

と与えられる．

ここで，適当な積分条件を満たす $\mathbb{R}$ 上の関数 $f(x)$ に対して

$$u(t,x) = \int_{\mathbb{R}} f(y) P_t(x, dy) = \int_{\mathbb{R}} f(y) \, dF_t(x, y)$$

とおく．このとき，(6.5.5) から u は次式を満たすことがわかる．

$$\frac{\partial u}{\partial t} = \mathcal{L}u, \quad u(0, x) = f(x).$$

ただし，$\mathcal{L}$ は次のように表される**微分作用素**である．

$$\mathcal{L} = \rho(x)\frac{d}{dx} + \frac{1}{2}Q(x)\frac{d^2}{dx^2}.$$

$\mathcal{L}$ は $X(t)$ の**無限小生成作用素**（または単に**生成作用素**）とよばれる作用素に関わり，これについては，6.6 節と 6.7 節で詳述される．

★ 次に，マルコフ過程に対する他の偏微分方程式を導こう．ここでは，マルコフ過程 $X(t)$ の推移確率 $P_{s,x}(t, dy)$ は確率密度関数 $p_{s,x}(t, y)$ をもつと仮定しておく．すなわち，

$$P_{s,x}(t, dy) = p_{s,x}(t, y) \, dy.$$

このとき，チャップマン・コルモゴロフ方程式は次のように表される．

$$p_{s,x}(t, y) = \int_{\mathbb{R}} p_{u,z}(t, y) p_{s,x}(u, z) \, dz. \tag{6.5.7}$$

$s_0 \in [0, T]$, $x_0 \in \mathbb{R}$ を固定して，$p_{s_0,x_0}(t, y)$ を $t \in (s_0, T]$, $y \in \mathbb{R}$ の関数と見なす．そして，適当な微分条件を満たす関数 ξ に対して

$$\theta(t) = \int_{\mathbb{R}} \xi(y) p_{s_0, x_0}(t, y) \, dy \tag{6.5.8}$$

とおく．さらに，$\varepsilon > 0$ は十分小さな数とする．このとき，(6.5.7) から

$$p_{s_0, x_0}(t + \varepsilon, y) = \int_{\mathbb{R}} p_{t,z}(t + \varepsilon, y) p_{s_0, x_0}(t, z) \, dz.$$

この式を用いて $\theta(t + \varepsilon)$ の満たす関係式を求めよう．まず，積分の順序を交換し（定理 1.6.1），テイラーの定理を用いて ξ を 2 次の項まで展開する．

$$\theta(t+\varepsilon) = \int_{\mathbb{R}} \xi(y) \left[\int_{\mathbb{R}} p_{t,z}(t+\varepsilon, y) p_{s_0 x_0}(t, z) \, dz \right] dy$$
$$= \int_{\mathbb{R}} \left[\int_{\mathbb{R}} \xi(y) p_{t,z}(t+\varepsilon, y) \, dy \right] p_{s_0 x_0}(t, z) \, dz$$
$$\approx \int_{\mathbb{R}} \left[\int_{\mathbb{R}} \left\{ \xi(z) + \xi'(z)(y-z) + \frac{1}{2}\xi''(z)(y-z)^2 \right\} \right.$$
$$\left. \times p_{t,z}(t+\varepsilon, y) \, dy \right] p_{s_0, x_0}(t, z) \, dz.$$

さらに，y での積分はドリフトと拡散係数（(6.4.5)-(6.4.6)）を導くから

$$\theta(t+\varepsilon)$$
$$\approx \int_{\mathbb{R}} \left(\xi(z) + \xi'(z)\varepsilon\rho(t,z) + \frac{1}{2}\xi''(z)\varepsilon Q(t,z) \right) p_{s_0, x_0}(t, z) \, dz$$
$$= \theta(t) + \varepsilon \int_{\mathbb{R}} \left(\xi'(z)\rho(t,z) + \frac{1}{2}\xi''(z)Q(t,z) \right) p_{s_0, x_0}(t, z) \, dz.$$

右辺第 1 項の $\theta(t)$ を左辺に移項し，両辺を ε で割って $\varepsilon \to 0$ とすれば

$$\theta'(t) = \int_{\mathbb{R}} \left(\xi'(y)\rho(t,y) + \frac{1}{2}\xi''(y)Q(t,y) \right) p_{s_0, x_0}(t, y) \, dy.$$

ここで，上式右辺を

$$\theta'(t) = \int_{\mathbb{R}} \xi'(y) \Big(\rho(t,y) p_{s_0, x_0}(t, y) \Big) dy + \frac{1}{2} \int_{\mathbb{R}} \xi''(y) \Big(Q(t,y) p_{s_0, x_0}(t, y) \Big) dy$$
$$= \text{(I)} + \frac{1}{2}\text{(II)}.$$

とおき，部分積分を用いて計算する．この場合，$\xi(y)$ は y について何回も微分できて，$\xi(y), \xi'(y) \to 0 \ (y \to \pm\infty)$ を満たすと仮定しておく．

$$\text{(I)} = \Big[\xi(y) \Big(\rho(t,y) p_{s_0, x_0}(t, y) \Big) \Big]_{-\infty}^{\infty} - \int_{-\infty}^{\infty} \xi(y) \frac{\partial}{\partial y} \Big(\rho(t,y) p_{s_0, x_0}(t, y) \Big) dy$$
$$= -\int_{-\infty}^{\infty} \xi(y) \frac{\partial}{\partial y} \Big(\rho(t,y) p_{s_0, x_0}(t, y) \Big) dy.$$

$$\text{(II)} = \Big[\xi'(y) \Big(Q(t,y) p_{s_0, x_0}(t, y) \Big) \Big]_{-\infty}^{\infty} - \int_{-\infty}^{\infty} \xi'(y) \frac{\partial}{\partial y} \Big(Q(t,y) p_{s_0, x_0}(t, y) \Big) dy$$
$$= -\int_{-\infty}^{\infty} \xi'(y) \frac{\partial}{\partial y} \Big(Q(t,y) p_{s_0, x_0}(t, y) \Big) dy$$

$$= -\left[\xi(y)\frac{\partial}{\partial y}\Big(Q(t,y)p_{s_0,x_0}(t,y)\Big)\right]_{-\infty}^{\infty}$$
$$+ \int_{-\infty}^{\infty} \xi(y)\frac{\partial^2}{\partial y^2}\Big(Q(t,y)p_{s_0,x_0}(t,y)\Big)\,dy$$
$$= \int_{-\infty}^{\infty} \xi(y)\frac{\partial^2}{\partial y^2}\Big(Q(t,y)p_{s_0,x_0}(t,y)\Big)\,dy.$$

ゆえに
$$\theta'(t) = \int_{\mathbb{R}} \xi(y)\left\{-\frac{\partial}{\partial y}\Big(\rho(t,y)p_{s_0,x_0}(t,y)\Big) + \frac{1}{2}\frac{\partial^2}{\partial y^2}\Big(Q(t,y)p_{s_0,x_0}(t,y)\Big)\right\}dy. \tag{6.5.9}$$

一方，(6.5.8) を t で（偏）微分する．このとき，微分と積分の順序を交換してかき直せば，次のようになる．

$$\theta'(t) = \int_{\mathbb{R}} \xi(y)\left(\frac{\partial}{\partial t}p_{s_0,x_0}(t,y)\right)dy. \tag{6.5.10}$$

(6.5.9) と (6.5.10) は同じ $\theta'(t)$ である．この 2 つが，任意の合理的な良い関数 $\xi(y)$ に対して一致するのは，$\xi(y)$ を除いた被積分関数が等しいときである．すなわち

$$\frac{\partial}{\partial t}p_{s_0,x_0}(t,y) = -\frac{\partial}{\partial y}\Big(\rho(t,y)p_{s_0,x_0}(t,y)\Big) + \frac{1}{2}\frac{\partial^2}{\partial y^2}\Big(Q(t,y)p_{s_0,x_0}(t,y)\Big). \tag{6.5.11}$$

この方程式の初期条件は

$$\lim_{t\downarrow s_0} p_{s_0,x_0}(t,y) = \delta_{x_0}(y) = \begin{cases} 1 & (y=x_0), \\ 0 & (y\neq x_0) \end{cases} \tag{6.5.12}$$

である．(6.5.11) は**コルモゴロフの前向き方程式**とよばれている．"前向き"というのは，(t,y) に注目したとき，時間変数 t が s_0 から前方に動くことによる．また，この方程式は**フォッカー・プランク方程式**ともよばれている．

定理 6.5.3

$\rho(t,x), Q(t,x)$ は定理 6.5.1 の条件を満たすとする．さらに，$\dfrac{\partial \rho}{\partial x}$, $\dfrac{\partial Q}{\partial x}$, $\dfrac{\partial^2 Q}{\partial x^2}$ は x に関してリプシッツ条件と線形増大度条件を満たすと仮定する．このとき，初期条件 (6.5.12) を満たすコルモゴロフの前向き方程式 (6.5.11) はただ 1 つの解をもつ．

注意 6.5.4 解 $p_{s_0,x_0}(t,,y)$ をコルモゴロフの前向き方程式の**基本解**という．後ろ向き方程式は $X(t)$ の推移確率の "分布関数" に対するものである．一方，前向き方程式は $X(t)$ の推移確率の "確率密度関数" に対するものである．このため，定理 6.5.3 の仮定は定理 6.5.1 の仮定よりも強い条件になっている．

以下においては，確率微分方程式（SDE）からのアプローチを考えよう．ドリフト $\rho(t,x)$ と拡散係数 $Q(t,x)$ は定理 6.5.1 の条件を満たすと仮定する．

$$\sigma(t,x) = \sqrt{Q(t,x)}$$

によって $\sigma(t,x)$ を定義する．このとき，$Q(t,x)$ のリプシッツ条件から

$$|\sigma(t,x) - \sigma(t,y)| = \frac{|Q(t,x) - Q(t,y)|}{\sqrt{Q(t,x)} + \sqrt{Q(t,y)}}$$
$$\leq \frac{1}{2\sqrt{c}}|Q(t,x) - Q(t,y)| \leq K|x-y| \quad (K > 0)$$

となるから，$\sigma(t,x)$ はリプシッツ条件を満たす．また，増大度に関する定数も K として不等式 $|x| \leq 1 + x^2$ と $Q(t,x)$ の線形増大度条件を用いれば

$$|\sigma(t,x)|^2 = |Q(t,x)| \leq K(1+|x|) \leq 2K(1+x^2).$$

すなわち，$\sigma(t,x)$ は線形増大度条件も満たす．

定理 6.5.5

$\rho(t,x), Q(t,x)$ は定理 6.5.1 の条件を満たすとする．$\mu(t,x) = \rho(t,x)$, $\sigma(t,x) = \sqrt{Q(t,x)}$ とおき，この係数に対応する 1 次元 SDE の解，すなわち，次の SIE で表される $X(t)$ を考える．

$$X(t) = X_0 + \int_0^t \mu(s, X(s))\,ds + \int_0^t \sigma(s, X(s))\,dB(s). \quad (6.5.13)$$

このとき，一意的に存在する連続な解 $X(t)$ は，ドリフト $\mu(t,x)$ と拡散係数 $Q(t,x)$ をもつ拡散過程である．また，$X(t)$ の推移確率の分布関数を $F_{s,x}(t,y)$ とおく．すなわち，$F_{s,x}(t,y) = P_{s,x}(t,(-\infty,y])$．このとき，$(t,y)$ を固定すれば，$F_{s,x}(t,y)$ はコルモゴロフの後ろ向き方程式の一意的な解になる．

さらに，定理 6.5.3 で課せられた条件も仮定すれば，$X(t)$ の推移確率は確率密度関数 $p_{s,x}(t,y)$ をもち，(s,x) を固定すれば，$p_{s,x}(t,y)$ はコルモゴロフの前向き方程式の一意的な解になる．

6.5 コルモゴロフの前向きと後ろ向きの方程式

注意 6.5.6 多次元の場合，行列関数 $\sigma(t,x)$ としては

$$\sigma(t,x)\sigma(t,x)^T = Q(t,x)$$

を満たすものが選ばれる．このとき，$UU^T = I$（単位行列）を満たす任意の行列 U をとって $\widetilde{\sigma}(t,x) = \sigma(t,x)U$ とおけば，転置行列の性質 $(AB)^T = B^T A^T$ から

$$\begin{aligned}\widetilde{\sigma}(t,x)\widetilde{\sigma}(t,x)^T &= \sigma(t,x)U\bigl(\sigma(t,x)U\bigr)^T = \sigma(t,x)U\bigl(U^T \sigma(t,x)^T\bigr) \\ &= \sigma(t,x)\bigl(UU^T\bigr)\sigma(t,x)^T = \sigma(t,x)\sigma(t,x)^T = Q(t,x)\end{aligned}$$

となる．したがって，SIE (6.5.13) を多次元で考えるとき，用いられる $\sigma(t,x)$ の選び方は一通りに決まらない．しかし，$U\boldsymbol{B}(t)$ もまたブラウン運動になることから，$\boldsymbol{X}(t)$ の推移確率は $\sigma(t,x)$ の選び方には依存しない．

例題 6.5.1 1 次元ブラウン運動 $B(t)$ に対するコルモゴロフの方程式をかけ．

【解答】 後ろ向きと前向きの方程式は，それぞれ次のように表される．

$$\frac{\partial F}{\partial s} + \frac{1}{2}\frac{\partial^2 F}{\partial x^2} = 0, \qquad \frac{\partial p}{\partial t} - \frac{1}{2}\frac{\partial^2 p}{\partial y^2} = 0.$$

(6.1.5) から $F_{s,x}(t,y) = P_{s,x}(t,y) = \displaystyle\int_{-\infty}^{y} p_{s,x}(t,u)\,du,$

$$p_{s,x}(t,y) = \bigl(2\pi(t-s)\bigr)^{-\frac{1}{2}} \exp\left[-\frac{(y-x)^2}{2(t-s)}\right].$$

F を (s,x) の関数と見なしたときが後ろ向き方程式で，p を (t,y) の関数と見なしたときが前向き方程式である．$\dfrac{\partial p}{\partial t} = -\dfrac{\partial p}{\partial s}$ に注意されたい．

問 6.5.1 1 次元 SDE $dX(t) = -X(t)\,dt + dB(t)$ の解 $X(t)$（OU 過程）に対するコルモゴロフの方程式をかけ．

【解答】 後ろ向きと前向きの方程式は，それぞれ次のように表される．

$$\frac{\partial F}{\partial s} - x\frac{\partial F}{\partial x} + \frac{1}{2}\frac{\partial^2 F}{\partial x^2} = 0, \qquad \frac{\partial p}{\partial t} - \frac{\partial p}{\partial y}(yp) - \frac{1}{2}\frac{\partial^2 p}{\partial y^2} = 0.$$

定義 6.4.1 の前で示したように，$F_{s,x}(t,y) = P_{s,x}(t,y) = \displaystyle\int_{-\infty}^{y} p_{s,x}(t,u)\,du,$

$$p_{s,x}(t,y) = \{\pi(1-e^{-2(t-s)})\}^{-\frac{1}{2}} \exp\left[-\frac{(y - e^{-(t-s)}x)^2}{1 - e^{-2(t-s)}}\right].$$

F を (s,x) の関数と見なしたときが後ろ向き方程式で，p を (t,y) の関数と見なしたときが前向き方程式である．

6.6 拡散過程の関数の平均と偏微分方程式

$\boldsymbol{B}(t)$ を n 次元ブラウン運動とする．また，$\mu(t,x) = \bigl(\mu_i(t,x)\bigr)_{i=1,\ldots,n}$ を n 次元ベクトル関数，$\sigma(t,x) = \bigl(\sigma_{ij}(t,x)\bigr)_{i,j=1,\ldots,n}$ を $n \times n$ 行列関数とする．SDE (5.5.2)，SIE (6.4.10) を $m=n$ の場合で考えて，その解を $\boldsymbol{X}(t)$ とする．

$$d\boldsymbol{X}(t) = \mu\bigl(t, \boldsymbol{X}(t)\bigr)\,dt + \sigma\bigl(t, \boldsymbol{X}(t)\bigr)\,d\boldsymbol{B}(t), \quad 0 \le t \le T. \qquad (6.6.1)$$

ただし，$\mu(t,x)$ と $\sigma(t,x)$ は解の存在と一意性に関する定理 5.5.1 の条件を満たし，$[0,T] \times \mathbb{R}^n$ で連続とする．1 次元の場合と同様に，n 次元の $\boldsymbol{X}(t)$ はマルコフ過程となり（注意 6.3.5），かつ拡散過程になる（定理 6.4.4）．

今後のために，$x \in \mathbb{R}^n$ に関して 2 回連続偏微分可能な関数 $f(s,x)$ に作用する微分作用素 $\mathcal{L}$ を次のように定義する．

$$\mathcal{L} = \sum_{i=1}^n \mu_i(s,x) \frac{\partial}{\partial x_i} + \frac{1}{2} \sum_{i=1}^n \sum_{j=1}^n Q_{ij}(s,x) \frac{\partial^2}{\partial x_i \partial x_j}. \qquad (6.6.2)$$

すなわち

$$\begin{aligned}
\mathcal{L}f(s,x) &= (\mathcal{L}f)(s,x) \\
&= \sum_{i=1}^n \mu_i(s,x) \frac{\partial f}{\partial x_i}(s,x) + \frac{1}{2} \sum_{i=1}^n \sum_{j=1}^n Q_{ij}(s,x) \frac{\partial^2 f}{\partial x_i \partial x_j}(s,x).
\end{aligned}$$

ここで，$Q(t,x)$ は $n \times n$ 行列で $Q(t,x) = \sigma(t,x)\sigma(t,x)^T$ によって与えられる．ただし，A^T は行列 A の転置行列．したがって，$\sigma(t,x) = \bigl(\sigma_{ij}(t,x)\bigr)$ ならば

$$Q(t,x) = \bigl(Q_{ij}(t,x)\bigr), \quad Q_{ij}(t,x) = \sum_{k=1}^n \sigma_{ik}(t,x)\sigma_{jk}(t,x).$$

$\mathcal{L} : f(s,x) \to (\mathcal{L}f)(s,x)$ の対応によって，f から新たな関数 $(\mathcal{L}f)$ が得られるが，$\mathcal{L}f(s,x)$ は関数 $(\mathcal{L}f)$ の (s,x) における値を表している．

(6.6.2) の微分作用素を用いると，前節の 1 次元偏微分方程式の結果を，n 次元 SDE (6.6.1) からアプローチして，以下のようにかき直すことができる．

まず，$s < t$ として，推移確率 $P_{s,x}(t, dy) = P\bigl(\boldsymbol{X}(t) \in dy \mid \boldsymbol{X}(s) = x\bigr)$ による条件付き平均を $E_{s,x}[\cdots]$ で表す．そして，$x \in \mathbb{R}^n$ の関数 $g(x)$ に対して

$$u(s,x) = E_{s,x}\bigl[g(\boldsymbol{X}(t))\bigr] = E\bigl[g(\boldsymbol{X}(t))\,|\,\boldsymbol{X}(s) = x\bigr] \quad (6.6.3)$$

とおく．すなわち，推移確率でかけば

$$u(s,x) = \int_{\mathbb{R}^n} g(y)\,P_{s,x}(t,dy).$$

定理 6.6.1

SDE (6.6.1) に対して，定理 6.4.4 の仮定が（$m = n$ の場合で）満たされているとする．$\mu(t,x), \sigma(t,x)$ は x に関して連続で有界な偏導関数

$$\frac{\partial \mu}{\partial x_i},\quad \frac{\partial^2 \mu}{\partial x_i \partial x_j},\quad \frac{\partial \sigma}{\partial x_i},\quad \frac{\partial^2 \sigma}{\partial x_i \partial x_j},\quad 1 \le i,j \le n$$

をもつとする．また，$g(x)$ は有界，x に関して連続で有界な偏導関数

$$\frac{\partial g}{\partial x_i},\quad \frac{\partial^2 g}{\partial x_i \partial x_j},\quad 1 \le i,j \le n$$

をもつとする．このとき，(6.6.3) で与えられた $u(s,x)$ と $u(s,x)$ の x に関する偏導関数

$$\frac{\partial u}{\partial x_i},\quad \frac{\partial^2 u}{\partial x_i \partial x_j},\quad 1 \le i,j \le n$$

および s に関する偏導関数 $\dfrac{\partial u}{\partial s}$ は連続で有界になる．さらに，t を固定したとき，$u(s,x), s < t$，は次のような**コルモゴロフの後ろ向き方程式**を満たす．

$$\frac{\partial u(s,x)}{\partial s} + \mathcal{L}u(s,x) = 0,\quad \lim_{s \uparrow t} u(s,x) = g(x). \quad (6.6.4)$$

定理 6.6.2

定理 6.6.1 の仮定のもとに，推移確率 $P_{s,x}(t,dy)$ は s に関して連続な確率密度関数 $p_{s,x}(t,y)$ をもち，かつ偏導関数 $\dfrac{\partial p}{\partial x_i},\ \dfrac{\partial^2 p}{\partial x_i \partial x_j},\ 1 \le i,j \le n$ は存在して s に関して連続とする．このとき，p はコルモゴロフの後ろ向き方程式を満たす．すなわち，(t,y) を固定すれば，$s < t$ に対して次が成り立つ．

$$\frac{\partial p}{\partial s} + \mathcal{L}p = 0,\quad \lim_{s \uparrow t} p_{s,x}(t,y) = \delta_x(y) = \begin{cases} 1 & (y = x), \\ 0 & (y \ne x). \end{cases} \quad (6.6.5)$$

この p はコルモゴロフの後ろ向き方程式の**基本解**とよばれている．

定理 6.6.3

定理 6.6.1 と定理 6.6.2 の仮定のもとに，推移確率の確率密度関数を p とし，偏導関数

$$\frac{\partial}{\partial t}p, \quad \frac{\partial}{\partial y_i}\bigl(\mu_i(t,y)p\bigr), \quad \frac{\partial^2}{\partial y_i \partial y_j}\bigl(Q_{ij}(t,y)p\bigr), \quad 1 \le i,j \le n$$

は存在して連続とする．このとき，p は**コルモゴロフの前向き方程式**を満たす．すなわち，(s,x) を固定すれば，$s<t$ に対して次が成り立つ．

$$-\frac{\partial p}{\partial t} + \mathcal{L}^* p = 0, \quad \lim_{t \downarrow s} p_{s,x}(t,y) = \delta_x(y). \tag{6.6.6}$$

上式は**フォッカー・プランク方程式**ともよばれ，p はコルモゴロフの前向き方程式（またはフォッカー・プランク方程式）の**基本解**とよばれている．ただし，$y \in \mathbb{R}^n$ に関して 2 回連続偏微分可能な関数 $v(t,y)$ に作用する微分作用素 $\mathcal{L}^*$ を次のように定義する．

$$\begin{aligned}
\mathcal{L}^* v(t,y) &= (\mathcal{L}^* v)(t,y) \\
&= -\sum_{i=1}^n \frac{\partial}{\partial y_i}\bigl(\mu_i(t,y)v\bigr) + \frac{1}{2}\sum_{i=1}^n \sum_{j=1}^n \frac{\partial^2}{\partial y_i \partial y_j}\bigl(Q_{ij}(t,y)v\bigr).
\end{aligned} \tag{6.6.7}$$

この $\mathcal{L}^*$ は (6.6.2) で与えられた $\mathcal{L}$ の形式的な**共役作用素**になっている（後述の注意 6.6.4 参照）．

例題 6.6.1 n 次元ブラウン運動 $\boldsymbol{B}(t)$ に対して，推移確率の確率密度関数に関するコルモゴロフの方程式をかけ．

【解答】 後ろ向きと前向きの方程式は，それぞれ次のように表される．

$$\frac{\partial p}{\partial s} + \frac{1}{2}\sum_{i=1}^n \frac{\partial^2 p}{\partial x_i^2} = 0, \quad \frac{\partial p}{\partial t} - \frac{1}{2}\sum_{i=1}^n \frac{\partial^2 p}{\partial y_i^2} = 0.$$

6.4 節の初めで示したように，$\boldsymbol{B}(t)$ の推移確率は確率密度関数

$$p_{s,x}(t,y) = \bigl(2\pi(t-s)\bigr)^{-\frac{n}{2}} \exp\left[-\frac{|y-x|^2}{2(t-s)}\right]$$

をもつ．ただし，$|x-y|$ はベクトル $x-y$ の大きさを表す．この p を (s,x) の関数と見なしたときが後ろ向き方程式で，(t,y) の関数と見なしたときが前向き方程式である．

問 6.6.1 $B(t)$ を 1 次元ブラウン運動として,SDE $dX_1(t) = X_2(t)\,dt$,$dX_2(t) = -\alpha X_2(t)\,dt + \sigma\,dB(t)$ (α, σ は正数) を考える.このとき,問 5.2.1 から

$$X_1(t) = X_1(0) + \int_0^t X_2(s)\,ds, \quad X_2(t) = e^{-\alpha t}\left(X_2(0) + \int_0^t \sigma e^{\alpha s}\,dB(s)\right).$$

粒子の速度が $X_2(t)$ (**OU の速度過程**) で表されるとき,$X_1(t)$ は時刻 t における粒子の位置 (**OU の位置過程**) を表している.SDE に対応する微分作用素 $\mathcal{L}$ と共役作用素 $\mathcal{L}^*$ をかけ.

【解答】 $\mathcal{L}f = x_2 \dfrac{\partial f}{\partial x_1} - \alpha x_2 \dfrac{\partial f}{\partial x_2} + \dfrac{1}{2}\sigma^2 \dfrac{\partial^2 f}{\partial x_2^2}, \quad f = f(s, x), \quad x = (x_1, x_2).$

$\mathcal{L}^* v = -\dfrac{\partial}{\partial y_1}(y_2 v) + \alpha \dfrac{\partial}{\partial y_2}(y_2 v) + \dfrac{1}{2}\sigma^2 \dfrac{\partial^2}{\partial y_2^2} v, \quad v = v(t, y), \quad y = (y_1, y_2).$

★ さて,n 次元 SDE (6.6.1) において,ドリフトと拡散係数が時間変数 t に依存しないとしよう.すなわち,$\mu(t, x) = \mu(x)$,$\sigma(t, x) = \sigma(x)$ として

$$d\boldsymbol{X}(t) = \mu(\boldsymbol{X}(t))\,dt + \sigma(\boldsymbol{X}(t))\,d\boldsymbol{B}(t).$$

このとき,1 次元の場合と同様に,$\boldsymbol{X}(t)$ は時間的に一様なマルコフ過程になるから (定理 6.2.4,注意 6.3.5),その推移確率 $P_{s,x}(t, dy)$ は $t - s$, x, dy だけに依存し,$P_t(x, dy)$ とかくことができる.$P_t(x, dy)$ に関する平均を $E_x[\cdot]$ と表す.いま,$\mathbb{R}^n$ 上の有界で可測な関数 $g(x)$ に対する作用素 T_t を

$$T_t g(x) = E_x\bigl[g(\boldsymbol{X}(t))\bigr] = \int_{\mathbb{R}^n} g(y)\,P_t(x, dy), \quad t \in [0, T]$$

と定義する.$T_t g(x)$ は $\boldsymbol{X}(s) = x$ に対する $g(\boldsymbol{X}(t+s))$ の (s に依存しない) 条件付き平均値である.1_B を $B \in \mathcal{B}(\mathbb{R}^n)$ のインディケータとすれば

$$T_t 1_B(x) = P_t(x, B)$$

であるから,T_t から推移確率を導くこともできる.この作用素 T_t は関係式

$$T_{s+t} = T_s T_t = T_t T_s, \quad s, t, s+t \in [0, T]$$

を満たすので,**半群**とよばれている.

さらに,$\boldsymbol{X}(t)$, $0 \le t \le T$, を時間的に一様なマルコフ過程とするとき,$\mathbb{R}^n$ 上の有界で可測な関数 $g(x)$ に対して,$\mathcal{A}$ を

$$\mathcal{A}g(x) = \lim_{t \downarrow 0} \frac{T_t g(x) - g(x)}{t}$$

によって定義する (x に関して一様な極限として).$\mathcal{A}g(x)$ は,$\boldsymbol{X}(s) = x$ の

場合に，$g(\boldsymbol{X}(s))$ の無限小平均変化率と解釈できる．この意味で，$\mathcal{A}$ を**無限小生成作用素**または単に**生成作用素**という．$g(x)$ の x に関する 1 次と 2 次の偏導関数が連続で，それらの偏導関数が，ある m に対して $(1+|x|^m)$ より速く増大しないで，しかも $\mathbb{R}^n$ のある有界領域の外で $g(x)=0$ ならば

$$\mathcal{A}g(x) = \mathcal{L}g(x)$$

となることが知られている．このことは，$\boldsymbol{X}(t)$ が拡散過程の場合，時刻 s のとき x から出発する $\boldsymbol{X}(t)$ を $\boldsymbol{X}_{s,x}(t)$ とおいて，$s+t$ における $g(\boldsymbol{X}_{s,x}(s+t)) - g(x)$ をテイラーの定理によって展開し，拡散過程の性質 (6.4.2)-(6.4.3) を用いることから確かめられる．ただし，$\mathcal{L}$ は (6.6.2) が s を含まない形で与えられた微分作用素である．すなわち

$$\mathcal{L}f(x) = (\mathcal{L}f)(x) = \sum_{i=1}^{n} \mu_i(x) \frac{\partial f}{\partial x_i}(x) + \frac{1}{2}\sum_{i=1}^{n}\sum_{j=1}^{n} Q_{ij}(x) \frac{\partial^2 f}{\partial x_i \partial x_j}(x), \tag{6.6.8}$$

$$Q(x) = \sigma(x)\sigma(x)^T.$$

$\mathcal{A}=\mathcal{L}$ の意味で，$\mathcal{L}$ を**生成作用素**ともいう ((6.5.6) 以降参照)．時間的に一様な場合，(6.6.7) で与えられた $\mathcal{L}$ の共役作用素 $\mathcal{L}^*$ は次のように表される．

$$\mathcal{L}^* v(y) = (\mathcal{L}^* v)(y) = -\sum_{i=1}^{n} \frac{\partial}{\partial y_i}\bigl(\mu_i(y)v\bigr) + \frac{1}{2}\sum_{i=1}^{n}\sum_{j=1}^{n} \frac{\partial^2}{\partial y_i \partial y_j}\bigl(Q_{ij}(y)v\bigr). \tag{6.6.9}$$

特に，$B(t)$ を 1 次元ブラウン運動として，1 次元の時間的に一様な SDE

$$dX(t) = \mu\bigl(X(t)\bigr)dt + \sigma\bigl(X(t)\bigr)dB(t) \tag{6.6.10}$$

に対応する $\mathcal{L}$ と $\mathcal{L}^*$ をかけば，次のようになる．

$$\mathcal{L}f(x) = (\mathcal{L}f)(x) = \mu(x)\frac{df}{dx} + \frac{1}{2}\sigma(x)^2 \frac{d^2 f}{dx^2}, \tag{6.6.11}$$

$$\mathcal{L}^* f(y) = (\mathcal{L}^* f)(y) = -\frac{d}{dy}\bigl(\mu(y)f\bigr) + \frac{1}{2}\frac{d^2}{dy^2}\bigl(\sigma^2(y)f\bigr). \tag{6.6.12}$$

注意 6.6.4 一般に，$\mathcal{L}$ の共役作用素 $\mathcal{L}^*$ は，適当な積分条件を満たす関数 $f(x), g(x)$ に対して，**部分積分**の関係式が成り立つように与えられる．1 次元でかけば，(6.6.11) と (6.6.12) は次のような関係式で特徴付けられる．

$$\int_{\mathbb{R}} g(x)\bigl(\mathcal{L}f(x)\bigr)dx = \int_{\mathbb{R}} f(x)\bigl(\mathcal{L}^* g(x)\bigr)dx. \tag{6.6.13}$$

たとえば，$\mathcal{L} = \frac{1}{2}\frac{d^2}{dx^2}$ の場合で確かめてみよう．簡単のために，$f(x)$ と $g(x)$ は，1次と2次の導関数まで含めて，$x = \pm\infty$ の近くで0になるような関数とする．このとき，(6.6.13) は部分積分の公式から次のようにして導かれる．

$$\begin{aligned}
\int_{-\infty}^{\infty} g(x)(\mathcal{L}f(x))\,dx &= \int_{-\infty}^{\infty} g(x)\Big(\frac{1}{2}f''(x)\Big)\,dx \\
&= \frac{1}{2}\Big[g(x)f'(x)\Big]_{-\infty}^{\infty} - \frac{1}{2}\int_{-\infty}^{\infty} g'(x)f'(x)\,dx \\
&= -\frac{1}{2}\int_{-\infty}^{\infty} g'(x)f'(x)\,dx \\
&= -\frac{1}{2}\Big[g'(x)f(x)\Big]_{-\infty}^{\infty} + \frac{1}{2}\int_{-\infty}^{\infty} g''(x)f(x)\,dx \\
&= \frac{1}{2}\int_{-\infty}^{\infty} g''(x)f(x)\,dx \\
&= \int_{-\infty}^{\infty} f(x)\Big(\frac{1}{2}g''(x)\Big)\,dx = \int_{-\infty}^{\infty} f(x)\big(\mathcal{L}^*g(x)\big)\,dx.
\end{aligned}$$

★ 以下においては，2つの重要な公式，すなわち，ディンキンの公式とファインマン・カッツの公式について記す．簡単のために，1次元SDEを対象とする．

$$dX(t) = \mu\big(t, X(t)\big)\,dt + \sigma\big(t, X(t)\big)\,dB(t), \quad 0 \leq t \leq T. \qquad (6.6.14)$$

$X(t)$ に対応する微分作用素を $\mathcal{L}$ とする．すなわち

$$\mathcal{L}f(t,x) = (\mathcal{L}f)(t,x) = \mu(t,x)\frac{\partial f}{\partial x}(t,x) + \frac{1}{2}\sigma^2(t,x)\frac{\partial^2 f}{\partial x^2}(t,x). \qquad (6.6.15)$$

はじめに，伊藤の公式から得られるマルチンゲール性の結果をまとめておこう．

定理 6.6.5

(1) t に関しては1回，x に関しては2回連続偏微分可能な関数を $f(t,x)$ とすれば，(6.6.14) に対する伊藤の公式は次のように表される．

$$\begin{aligned}
df\big(t, X(t)\big) &= \Big(\frac{\partial f}{\partial t}\big(t, X(t)\big) + \mathcal{L}f\big(t, X(t)\big)\Big)\,dt \\
&\quad + \frac{\partial f}{\partial x}\big(t, X(t)\big)\sigma\big(t, X(t)\big)\,dB(t). \qquad (6.6.16)
\end{aligned}$$

(2) SDE (6.6.14) において，$\mu(t,x), \sigma(t,x)$ は x に関してリプシッツ条件と線形増大度条件を満たすとする．さらに，$f(t,x)$ は t に関して1回，x に関して2回連続偏微分可能で，$\frac{\partial f}{\partial x}$ は有界とする．このとき

$$M_f(t) = f(t, X(t)) - \int_0^t \left(\frac{\partial f}{\partial t} + \mathcal{L}f\right)(u, X(u)) \, du \qquad (6.6.17)$$

はマルチンゲールになる.

(3) $f(t,x)$ はコルモゴロフの後ろ向き方程式

$$\frac{\partial f}{\partial t}(t,x) + \mathcal{L}f(t,x) = 0$$

の解とし,かつ上記 (2) の仮定が満たされているとする.このとき $f(t, X(t))$ はマルチンゲールになる.

実際,上記 (2)-(3) の仮定のもとでは条件 (4.4.1) が満たされるため,定理 4.4.11 (3) によって伊藤の確率積分はマルチンゲールになる.

例題 6.6.2 $\mathcal{L}f(x) = \frac{1}{2}f''(x) = 0$ とする.$f(B(t))$ はマルチンゲールになることを確かめよ.

【解答】 $\mathcal{L}f = 0$ の解は 1 次関数 $f(x) = ax + b$ (a, b は定数) である.定理 6.6.5 (3) から $f(B(t)) = aB(t) + b$ はマルチンゲールになる.なお,この結果は,$B(t)$ 自身がマルチンゲールであるということからも得られる.

問 6.6.2 $f(t,x) = e^{x - \frac{1}{2}t}, X(t) = f(t, B(t))$ とする.$X(t)$ はマルチンゲールになることを示せ(指数マルチンゲール性(注意 3.2.9,問 5.1.2)の再確認).$B(t)$ の積率母関数から確率積分は (4.4.1) を満たすことに注意.

【解答】 $\frac{\partial f}{\partial t}(t,x) = -\frac{1}{2}f(t,x), \frac{\partial f}{\partial x}(t,x) = \frac{\partial^2 f}{\partial x^2}(t,x) = f(t,x)$ であるから,$f(t,x)$ は後ろ向き方程式を満たす.

$$\frac{\partial f}{\partial t}(t,x) + \frac{1}{2}\frac{\partial^2 f}{\partial x^2}(t,x) = 0.$$

したがって,定理 6.6.5 (3) から $X(t) = e^{B(t) - \frac{1}{2}t}$ はマルチンゲールになる.

定理 6.6.6

定理 6.6.5 (2) の仮定が満たされているとする.このとき,(6.6.16) を積分形に直して平均をとれば次の等式が得られる.

$$E[f(t, X(t))] = f(0, X(0)) + E\left[\int_0^t \left(\frac{\partial f}{\partial t} + \mathcal{L}f\right)(s, X(s)) \, ds\right]. \qquad (6.6.18)$$

(6.6.18) をディンキンの公式という.

例題 6.6.3 $f(t)$ が実数値関数ならば，$J = \int_0^T f(t)\,dB(t)$ は平均 0，分散 $\int_0^T f(t)^2\,dt$ の正規分布 $N\left(0, \int_0^T f(t)^2\,dt\right)$ に従う（注意 4.1.2）．このことを，$f(t) = t$，$T = 1$ として，$J = \int_0^1 s\,dB(s)$ の積率母関数（定義 2.4.2）$E[e^{uJ}]$ $(u > 0)$ を計算して確かめよ．一般の f の場合も同様である．

【解答】 $X(t) = \int_0^t s\,dB(s)$，$t \le 1$ とおく．明らかに $J = X(1)$．また，$dX(t) = t\,dB(t)$ であるから，$X(t)$ は $\mu(t,x) = 0$，$\sigma(t,x) = t$ の SDE (6.6.14) の解である．$f(t,x) = f(x) = e^{ux}$ $(u > 0)$ とおく．このとき

$$\frac{\partial f}{\partial t} = 0, \qquad \mathcal{L}f(t,x) = \frac{1}{2}t^2\frac{\partial^2 f}{\partial x^2} = \frac{1}{2}t^2 u^2 e^{ux}.$$

したがって，ディンキンの公式から

$$E\left[e^{uX(t)}\right] = 1 + \frac{1}{2}u^2 \int_0^t s^2 E\left[e^{uX(s)}\right] ds.$$

$h(t) = E\left[e^{uX(t)}\right]$ とおく．t で微分すれば，$h'(t) = \frac{1}{2}u^2 t^2 h(t)$，$h(0) = 1$．

$$\frac{h'(t)}{h(t)} = \frac{1}{2}u^2 t^2, \quad h(0) = 1 \Rightarrow \log h(t) = \frac{1}{2}u^2 \int_0^t s^2\,ds = \frac{1}{2}u^2 \frac{1}{3}t^3$$

ゆえに，$h(t) = \exp\left[\frac{1}{2}u^2\frac{1}{3}t^3\right]$．これは正規分布 $N\left(0, \frac{1}{3}t^3\right)$ に対応する母関数である（例題 2.4.1）．ゆえに，$X(t)$ は正規分布 $N\left(0, \frac{1}{3}t^3\right)$ に従う．ここで $t = 1$ とおけば J の分布が得られる．

問 6.6.3 $I = \int_0^1 B(t)\,dt$ は正規分布 $N\left(0, \frac{1}{3}\right)$ に従うことを示せ．

【解答】 部分積分の公式（定理 4.6.7，例題 4.6.3）から

$$\int_0^1 B(t)\,dt = B(1) - \int_0^1 t\,dB(t) = \int_0^1 dB(t) - \int_0^1 t\,dB(t)$$
$$= \int_0^1 (1-t)\,dB(t).$$

例題 6.6.3 で $f(t) = (1-t)$ とおけば，$\int_0^1 f(t)^2\,dt = \left[-\frac{1}{3}(1-t)^3\right]_0^1 = \frac{1}{3}$．ゆえに，$I$ は $N\left(0, \frac{1}{3}\right)$ に従う．

> **定理 6.6.7**
>
> $X(t)$ を SDE (6.6.14) の解とする．有界な関数 $r(t,x)$, $g(x)$ に対して
> $$C(t,x) = E\left[e^{-\int_t^T r(u,X(u))\,du} g(X(T)) \,\Big|\, X(t)=x\right] \quad (6.6.19)$$
> とおく．さらに，次の偏微分方程式の解 $f(t,x)$ が存在すると仮定する．
> $$\frac{\partial f}{\partial t}(t,x) + \mathcal{L}f(t,x) = r(t,x)f(t,x), \quad f(T,x) = g(x). \quad (6.6.20)$$
> このとき，(6.6.20) の解はただ 1 つ定まり，$C(t,x)$ はその解である．この結果を**ファインマン・カッツの公式**という．

【証明】 概要だけを記す．$f(t,x)$ と $X(t)$ に伊藤の公式を応用すると
$$df(t,X(t)) = \left(\frac{\partial f}{\partial t} + \mathcal{L}f(t,X(t))\right)dt + \frac{\partial f}{\partial x}(t,X(t))\sigma(t,X(t))\,dB(t).$$
右辺最後の項を $dM(t)$ とおく．このとき，$M(t)$ はマルチンゲールになる伊藤過程である．したがって，(6.6.20) から
$$df(t,X(t)) = r(t,X(t))f(t,X(t))\,dt + dM(t).$$
これは，ブラウン運動の項 $dB(t)$ を $dM(t)$ に置き換えた $f(t,X(t))$ に対する線形なランジュバン方程式である．問 5.2.1 と注意 5.2.2 の解法と同様にして，$dB(t)$ を $dM(t)$ に置き換えた解の表現を得ることができる．すなわち，SDE を t から T まで積分するとして，t を初期時刻，$X(t)=x$ を初期状態，時間変数を $T \geq t$ と見なせば，次のようになる．
$$f(T,X(T)) = f(t,X(t))e^{\int_t^T r(u,X(u))\,du}$$
$$+ e^{\int_t^T r(u,X(u))\,du}\int_t^T e^{\int_t^s r(u,X(u))\,du}\,dM(s).$$
しかし，$f(T,X(T)) = g(X(T))$ であるから，かき直せば
$$g(X(T))e^{-\int_t^T r(u,X(u))\,du} = f(t,X(t)) + \int_t^T e^{\int_t^s r(u,X(u))\,du}\,dM(s)$$
となる．$X(t)=x$ のもとで条件付き平均をとると，右辺最後の項は有界な関数のマルチンゲールによる確率積分で，かつ平均 0 のマルチンゲールであるから消去される．ゆえに，$C(t,x) = f(t,x)$．

注意 6.6.8 $r(t,x) \equiv r$（正数）のとき，表現 $e^{-r(T-t)}E[g(X(T))\,|\,X(t)=x]$ はファイナンスに現れる．それは，金融市場における安全な**利子率**を r としたとき，割り引かれた期待報酬額が，後ろ向き方程式 $\frac{\partial f}{\partial t} + \mathcal{L}f = 0$ の右辺

にある 0 を rf とした偏微分方程式を満たすものになっている：(8.5.7)-(8.5.8) 参照．

例題 6.6.4 次の偏微分方程式の形はファイナンスの分野で用いられる（例題 8.5.1，問 8.5.1 参照）．解 $f(t,x)$ の確率的な表現を求めよ．
$$\frac{\partial f}{\partial t} + \frac{1}{2}\sigma^2 x^2 \frac{\partial^2 f}{\partial x^2} + \mu x \frac{\partial f}{\partial x} = rf, \quad 0 \leq t \leq T, \quad f(T,x) = x^2.$$
ただし，σ, μ, r は正数．また，対応する SDE の解を用いて偏微分方程式を解け（$g(x) = x^2$ の場合でも定理 6.6.7 は応用できる）．

【解答】 与えられた偏微分方程式 $\frac{\partial f}{\partial t} + \mathcal{L}f = rf$ の $\mathcal{L}$ に対応する SDE は $dX(t) = \mu X(t)\,dt + \sigma X(t)\,dB(t)$ である．例題 5.1.1，例題 5.2.1 から
$$X(t) = X(0)e^{\left(\mu - \frac{1}{2}\sigma^2\right)t + \sigma B(t)}.$$
したがって，ファインマン・カッツの公式によって
$$f(t,x) = E\left[X(T)^2 e^{-r(T-t)} \mid X(t) = x\right] = e^{-r(T-t)} E\left[X(T)^2 \mid X(t) = x\right].$$
また，$X(T) = X(t)e^{\left(\mu - \frac{1}{2}\sigma^2\right)(T-t) + \sigma(B(T) - B(t))}$ であるから
$$E\left[X(T)^2 \mid X(t) = x\right] = E\left[X(t)^2 e^{(2\mu - \sigma^2)(T-t) + 2\sigma(B(T) - B(t))} \,\Big|\, X(t) = x\right]$$
$$= e^{(2\mu + \sigma^2)(T-t)} E\left[X(t)^2 Y(T;t) \mid X(t) = x\right]$$
$$(Y(T;t) = e^{2\sigma(B(T) - B(t)) - \frac{1}{2}(2\sigma)^2(T-t)})$$
$$= e^{(2\mu + \sigma^2)(T-t)} x^2 \, E[Y(T;t)] \qquad \cdots ①$$
$$= x^2 e^{(2\mu + \sigma^2)(T-t)}. \qquad \cdots ②$$

ここで，$Y(T;t)$ は $X(t)$ と独立であることに注意すると，①は条件付き平均の性質（定理 2.7.6 (6)）から得られる．②は指数過程 $Y(T;t)$ が平均 1 のマルチンゲールであること（例題 5.1.2，問 5.1.2）から得られる．ゆえに，$f(t,x) = x^2 e^{(2\mu + \sigma^2 - r)(T-t)}$．

問 6.6.4 SDE (6.6.14) の解を $X(t)$ とし，$\mathcal{L}$ を (6.6.15) で与えられた微分作用素とする．$f(t,x) = E[g(X(T) \mid X(t) = x)]$ とおく．$f(t,x)$ は次の後ろ向き方程式を満たすことを示せ．
$$\frac{\partial f}{\partial t}(t,x) + \mathcal{L}f(t,x) = 0, \quad f(T,x) = \lim_{t \uparrow T} f(t,x) = g(x).$$

【解答】 ファインマン・カッツの公式で $r(t,x) = 0$ とおけばよい．

6.7 時間的に一様な拡散過程と不変測度

確率微分方程式（SDE）の係数が時間変数 t に依存しない場合，拡散過程としての解について考える．簡単のために，1 次元の SDE

$$dX(t) = \mu\bigl(X(t)\bigr)dt + \sigma\bigl(X(t)\bigr)dB(t) \tag{6.7.1}$$

を扱う．定理 6.2.4 によって一意的に存在した連続な解 $X(t)$ は時間的に一様なマルコフ過程になる．したがって，推移確率を次のようにかくことができる．

$$P_t(x,y) = P\bigl(X(t) \leq y \,|\, X(0) = x\bigr).$$

この $P_t(x,y)$ は時間 t の経過で x から $(-\infty, y]$ へ推移する確率を表している．$P_t(x,y)$ の確率密度を（存在するとして）$p_t(x,y)$ とかく．すなわち，$p_t(x,y) = \dfrac{\partial P_t(x,y)}{\partial y}$．これは $X(0) = x$ に対する $X(t)$ の条件付き確率の確率密度である．時間的に一様な拡散過程 $X(t)$ に対応する微分作用素を $\mathcal{L}$ とする．

$$\mathcal{L}f(x) = \mu(x)f'(x) + \frac{1}{2}\sigma^2(x)f''(x). \tag{6.7.2}$$

係数の適当な条件のもとでは，$p_t(x,y)$ はコルモゴロフの後ろ向き方程式

$$\frac{\partial p}{\partial t} = \mathcal{L}p = \mu(x)\frac{\partial p}{\partial x} + \frac{1}{2}\sigma^2(x)\frac{\partial^2 p}{\partial x^2} \tag{6.7.3}$$

の基本解になる（(6.5.5) と定理 6.6.2 参照）．さらに，$p_t(x,y)$ は x を固定したとき，(t,y) に関してコルモゴロフの前向き方程式

$$\frac{\partial p}{\partial t} = -\frac{\partial}{\partial y}\bigl(\mu(y)p\bigr) + \frac{1}{2}\frac{\partial^2}{\partial y^2}\bigl(\sigma^2(y)p\bigr) \tag{6.7.4}$$

を満たす（(6.5.11) と定理 6.6.3 参照）．微分作用素を用いれば，コルモゴロフの後ろ向きと前向きの方程式はそれぞれ次のように表される．

$$\frac{\partial p}{\partial t} = \mathcal{L}p, \qquad \frac{\partial p}{\partial t} = \mathcal{L}^*p. \tag{6.7.5}$$

ただし，$\mathcal{L}^*$ は $\mathcal{L}$ の共役作用素で

$$(\mathcal{L}^*f)(y) = -\frac{\partial}{\partial y}\bigl(\mu(y)f(y)\bigr) + \frac{1}{2}\frac{\partial^2}{\partial y^2}\bigl(\sigma^2(y)f(y)\bigr).$$

例題 6.7.1 SDE $dX(t) = \mu X(t)\,dt + \sigma X(t)\,dB(t)$，$\mu \in \mathbb{R}$，$\sigma > 0$ の解 $X(t)$（幾何ブラウン運動）に対して，推移確率 $P_t(x,y)$ の確率密度 $p_t(x,y)$ を求めよ．

6.7 時間的に一様な拡散過程と不変測度

【解答】 例題 6.1.1 から，推移確率 $P_{s,x}(t,y) = P(X(t) \leq y \mid X(s) = x)$ は次のように与えられる．

$$P_{s,x}(t,y) = \Phi\left(\frac{\log\left(\frac{y}{x}\right) - \left(\mu - \frac{1}{2}\sigma^2\right)(t-s)}{\sigma\sqrt{t-s}}\right),$$

$$\Phi(w) = \frac{1}{\sqrt{2\pi}} \int_{-\infty}^{w} \exp\left[-\frac{z^2}{2}\right] dz.$$

ゆえに，時間的に一様な推移確率 $P_t(x,y) = P_{0,x}(t,y)$ の確率密度 $p_t(x,y)$ は y で偏微分して得られる．合成関数の微分法から

$$p_t(x,y) = \frac{\partial \Phi(w)}{\partial w} \cdot \frac{\partial w}{\partial y}, \qquad w = \frac{\log\left(\frac{y}{x}\right) - \left(\mu - \frac{1}{2}\sigma^2\right)t}{\sigma\sqrt{t}},$$

$$= \frac{1}{\sqrt{2\pi}} \exp\left[-\frac{w^2}{2}\right] \cdot \frac{1}{\sigma\sqrt{t}}\left(\frac{1}{y}\right)$$

$$= \frac{1}{\sigma y \sqrt{2\pi t}} \exp\left[-\frac{\rho^2}{2\sigma^2 t}\right], \qquad \rho = \log\left(\frac{y}{x}\right) - \left(\mu - \frac{1}{2}\sigma^2\right)t.$$

問 6.7.1 例題 6.7.1 の幾何ブラウン運動 $X(t)$ に対応するコルモゴロフの後ろ向きと前向きの方程式をかけ．

【解答】 後ろ向きと前向きの方程式は，それぞれ次のように表される．

$$\frac{\partial p}{\partial t} = \mu x \frac{\partial p}{\partial x} + \frac{1}{2}\sigma^2 x^2 \frac{\partial^2 p}{\partial x^2}, \qquad \frac{\partial p}{\partial t} = -\frac{\partial}{\partial y}(\mu y \cdot p) + \frac{1}{2}\frac{\partial^2}{\partial y^2}(\sigma^2 y^2 \cdot p).$$

例題 6.7.1 で与えられた $p_t(x,y)$ が後ろ向き方程式の基本解になる．

6.5 節と 6.6 節で導入された生成作用素はマルコフ過程の学びにおいて中心的な概念である．一般に，時間的に一様なマルコフ過程（拡散過程とは限らない）の生成作用素 $\mathcal{A}$ は次のように定義される線形な作用素である．

$$\mathcal{A}g(x) = \lim_{t \to 0} \frac{E[g(X(t)) \mid X(0) = x] - g(x)}{t}.$$

上式の極限が存在するとき，g は $\mathcal{A}$ の定義域に属するという．$X(t)$ が SDE (6.7.1) の解のときは，もしも g が有界かつ 2 回連続微分可能で，導関数が x のある m 乗より速く増加しないで，しかも十分大きい $|x|$ に対しては $g(x) = 0$ ならば

$$\mathcal{A}g(x) = \mathcal{L}g(x)$$

となる．ただし，$\mathcal{L}$ は (6.7.2) で与えられた微分作用素．このことは，$g(X(t))$ に対して伊藤の公式を応用し，極限と平均 $E[\cdot]$ をとる操作の順序を交換すれば確かめられる．$\mathcal{L}$ の共役作用素を $\mathcal{L}^*$ とする．このとき，方程式

$$\mathcal{L}^* g(x) = 0$$

を満たす確率密度関数 $g(x)$ が興味の対象となる.

> **定義 6.7.1**
>
> SDE (6.7.1) で拡散過程として定まる解 $X(t)$ の初期分布を $\nu(x) = P(X(0) \leq x)$ とする.このとき,任意の t に対して $X(t)$ の分布が $\nu(x)$ と同じであるならば,$\nu(x)$ を拡散過程 $X(t)$ に対する**不変測度**,**不変分布**または**定常分布**という.

もしも $P_t(x,y) = P(X(t) \leq y \mid X(0) = x)$ が $X(t)$ の推移確率ならば,不変分布 $\nu(x)$ は次式を満たす.

$$\nu(y) = \int_{-\infty}^{\infty} P_t(x,y) \, d\nu(x). \tag{6.7.6}$$

上式は,全確率の公式(定理 2.1.13 (1))と $\nu(x)$ がすべての t に対する $X(t)$ の不変な確率分布であるということから導かれる.実際,

$$P(X(0) \leq y) = P(X(t) \leq y) = \int_{-\infty}^{\infty} P(X(t) \leq y \mid X(0) = x) \, d\nu(x).$$

不変分布が確率密度 $\pi(x) = \dfrac{d}{dx} \nu(x)$ をもつとき,$\pi(x)$ を**不変密度**または**定常密度**という.もしも $p_t(x,y) = \dfrac{\partial}{\partial y} P_t(x,y)$ を $P_t(x,y)$ の確率密度とすれば,$\pi(x)$ は次式を満たす.

$$\pi(y) = \int_{-\infty}^{\infty} p_t(x,y) \pi(x) \, dx. \tag{6.7.7}$$

> **定理 6.7.2**
>
> SDE (6.7.1) の係数 $\mu(x), \sigma(x)$ に対する適当な条件のもとでは,たとえば,x に関して 2 回連続微分可能で 2 次の導関数がヘルダー条件(定義 1.9.1)を満たすとき,不変密度 $\pi(x)$ が存在するための必要十分条件は次の (1) と (2) が成り立つことである.任意の $x_0 \in (-\infty, \infty)$ に対して
>
> (1) $\displaystyle \int_{-\infty}^{x_0} \exp\left[-\int_{x_0}^{x} \frac{2\mu(s)}{\sigma^2(s)} ds\right] dx = \int_{x_0}^{\infty} \exp\left[-\int_{x_0}^{x} \frac{2\mu(s)}{\sigma^2(s)} ds\right] dx$
> $= \infty.$
>
> (2) $\displaystyle \int_{-\infty}^{\infty} \frac{1}{\sigma^2(x)} \exp\left[\int_{x_0}^{x} \frac{2\mu(s)}{\sigma^2(s)} ds\right] dx < \infty.$
>
> また,不変密度が 2 回連続微分可能ならば,それは次の常微分方程式 (ODE) を満たす.

$$\mathcal{L}^*\pi = 0, \quad \text{すなわち,} \quad \frac{1}{2}\frac{\partial^2}{\partial y^2}\bigl(\sigma^2(y)\pi\bigr) - \frac{\partial}{\partial y}\bigl(\mu(y)\pi\bigr) = 0. \quad (6.7.8)$$

さらに,有限な積分値をもつ (6.7.8) の任意の解は不変密度を定義する.

【証明】 関係式 (6.7.8) だけを確かめる.$|x|$ が十分大きい領域では値が 0 となるような関数 $f(x)$ に対してディンキンの公式(定理 6.6.6)を応用する.

$$E\bigl[f(X(t))\bigr] = E\bigl[f(X(0))\bigr] + \int_0^t E\bigl[\mathcal{L}f(X(s))\bigr]\,ds.$$

この式は任意の t に対して成り立つから

$$E\bigl[\mathcal{L}f(X(t))\bigr] = \int_{\mathbb{R}} \mathcal{L}f(x)\pi(x)\,dx = 0$$

となる.部分積分の関係式(注意 6.6.4)を用いれば $\int_{\mathbb{R}} f(x)\mathcal{L}^*\pi(x)\,dx = 0$ と同値である.これが任意の f に対して成り立つから,$\mathcal{L}^*\pi = 0$ が得られる.

$X(t)$ の推移確率の確率密度 p はコルモゴロフの前向き方程式 (6.7.4) を満たすから,不変分布をもつ場合には,$X(t)$ の分布が t に依存しないため $\dfrac{\partial p}{\partial t} = 0$ となる.このことからも (6.7.8) は形式的に導出される.

例題 6.7.2 不変密度の方程式 (6.7.8) は次の解をもつことを確かめよ.
$$\pi(x) = \frac{C}{\sigma^2(x)}\exp\left[\int_{x_0}^x \frac{2\mu(y)}{\sigma^2(y)}\,dy\right].$$
ただし,C は確率密度関数としての性質 $\int_{\mathbb{R}} \pi(x)\,dx = 1$ を満たすように与えられる正数である.

【解答】 変数を x で表した (6.7.8) を積分してかき直す.

$$\frac{\partial}{\partial x}\bigl(\sigma^2(x)\pi\bigr) - \frac{2\mu(x)}{\sigma^2(x)}\bigl(\sigma^2(x)\pi\bigr) = \widetilde{C}.$$

ここに $\widetilde{C}$ は x に無関係な定数である.$z = \sigma^2(x)\pi$ とおくと,z に関する 1 階線形微分方程式である.したがって,解の表現(公式 (1.9.3))から

$$z = \exp\left[\int_{x_0}^x \frac{2\mu(y)}{\sigma^2(y)}\,dy\right]\left\{\int_{x_0}^x \widetilde{C}\exp\left[-\int_{x_0}^t \frac{2\mu(s)}{\sigma^2(s)}\,ds\right]dt + z(x_0)\right\}.$$

不変密度 $\pi(x)$ が存在するための定理 6.7.2 の必要十分条件 (1) を考慮すれば,$\widetilde{C} = 0$ でなければならない.ゆえに

$$\pi(x) = \frac{1}{\sigma^2(x)} \exp\left[\int_{x_0}^{x} \frac{2\mu(y)}{\sigma^2(y)}\,dy\right] \times C, \quad C \text{ は正数}.$$

$\pi(x)$ は確率密度関数であるから，$\mathbb{R}$ 上での積分が 1 でなければならない．C はこの条件を満たす規格化因子として定まる（定理 6.7.2 (2) 参照）．

問 6.7.2 次のことを示せ．

(1) ブラウン運動 $B(t)$ は不変分布をもたない．

(2) SDE $dX(t) = -\alpha X(t)\,dt + \sigma\,dB(t)$ の OU 過程 $X(t)$ に対して，$\alpha < 0$ ならば不変分布は存在しない．また，$\alpha > 0$ ならば不変分布は存在して平均 0，分散 $\dfrac{\sigma^2}{2\alpha}$ の正規分布 $N\left(0, \dfrac{\sigma^2}{2\alpha}\right)$ になる．

【解答】 (1) $B(t)$ は $\mu(x) = 0$, $\sigma(x) = 1$ の SDE (6.7.1) の解である．定理 6.7.2 において，明らかに，(1) を満たすが (2) を満たさない．また，方程式 (6.7.8) を変数 x を用いてかけば

$$\frac{1}{2}\frac{\partial^2 p}{\partial x^2} = 0 \Rightarrow p(x) = c_1 x + c_2, \quad c_1, c_2 \text{ は定数}.$$

$\int_{-\infty}^{\infty} p(x)\,dx < \infty$ とはならない．ゆえに不変密度（不変分布）は存在しない．

(2) 例題 6.7.2 で $\mu(y) = -\alpha y$, $\sigma(y) = \sigma$ とおけば

$$\pi(x) = \frac{C}{\sigma^2} \exp\left[-\frac{\alpha}{\sigma^2} x^2\right], \quad C \text{ は正数}.$$

$\alpha < 0$ ならば $\int_{-\infty}^{\infty} \pi(x)\,dx = \infty$ となり不適である．$\alpha > 0$ ならば $\int_{-\infty}^{\infty} \pi(x)\,dx = 1$ を満たすように正数 C を定めることができ，不変密度になる．

$$\begin{aligned}
1 &= \int_{-\infty}^{\infty} \pi(x)\,dx = \int_{-\infty}^{\infty} \frac{C}{\sigma^2} \exp\left[-\frac{\alpha}{\sigma^2} x^2\right] dx \\
&= \left(\frac{Cv\sqrt{2\pi}}{\sigma^2}\right) \frac{1}{v\sqrt{2\pi}} \int_{-\infty}^{\infty} \exp\left[-\frac{x^2}{2v^2}\right] dx \quad \left(v = \frac{\sigma}{\sqrt{2\alpha}}\right) \\
&= \left(\frac{Cv\sqrt{2\pi}}{\sigma^2}\right) \times 1 \Rightarrow C = \frac{\sigma\sqrt{\alpha}}{\sqrt{\pi}} \Rightarrow \pi(x) = \frac{1}{v\sqrt{2\pi}} \exp\left[-\frac{x^2}{2v^2}\right]
\end{aligned}$$

注意 6.7.3 推移確率 $P_t(x, B)$ が $t \to \infty$ で不変分布に近づいていくかということが問題となる．これに関しては，次のようなパラメータ $\alpha > 0$, $\lambda > 0$ のガンマ分布 $f(x)$ を不変分布にもつモデルが紹介されている（注意 7.5.1 参照）．

$$f(x) = \frac{\lambda^\alpha}{\Gamma(\alpha)} x^{\alpha-1} e^{-\lambda x} \quad (x \geq 0), \quad f(x) = 0 \quad (x < 0).$$

ただし，$\Gamma(\alpha) = \int_0^\infty e^{-t} t^{\alpha-1} dt$（ガンマ関数）．

第7章 応用トピックス

7.1 線形確率微分方程式

はじめに，線形な常微分方程式（ODE）を考える．

$$\frac{dx(t)}{dt} = f(t)x(t) + g(t), \quad 0 \le t \le T, \quad x(0) = x_0 \in \mathbb{R}. \tag{7.1.1}$$

ただし，$f(t), g(t)$ は連続関数とする．この方程式を解くために，$f(t)x(t)$ を左辺に移項してから，両辺に積分因子とよばれる関数

$$h(t) = e^{-\int_0^t f(s)\,ds} \tag{7.1.2}$$

を乗じる．すなわち

$$h(t)\left(\frac{dx(t)}{dt} - f(t)x(t)\right) = h(t)g(t). \tag{7.1.3}$$

$$\begin{aligned}\frac{d}{dt}\Big(h(t)x(t)\Big) &= h(t)\frac{dx(t)}{dt} + \frac{dh(t)}{dt}x(t) \\ &= h(t)\left(\frac{dx(t)}{dt} - f(t)x(t)\right)\end{aligned} \tag{7.1.4}$$

であることに注意すると，(7.1.3) と (7.1.4) から次のようになる．

$$\frac{d}{dt}\Big(h(t)x(t)\Big) = h(t)g(t).$$

これを解けば

$$h(t)x(t) = x_0 + \int_0^t h(s)g(s)\,ds$$

となる．したがって，(7.1.1) の解は次のように与えられる．

$$x(t) = x_0 h(t)^{-1} + \int_0^t h(t)^{-1} h(s) g(s) \, ds$$
$$= x_0 e^{\int_0^t f(s) \, ds} + \int_0^t g(s) e^{\int_s^t f(u) \, du} \, ds. \qquad ((1.9.3) \text{ 参照})$$

次に，1次元ブラウン運動 $B(t)$ に影響される**線形確率微分方程式**（線形 SDE）を考える．

$$dX(t) = \Big(f(t)X(t) + g(t)\Big) dt + \Big(\phi(t)X(t) + \theta(t)\Big) dB(t), \quad X(0) = X_0. \tag{7.1.5}$$

ただし，$\{f(t), g(t)\}$ および $\{\phi(t), \theta(t)\}$ は連続関数と仮定する．上式は，次の線形確率積分方程式（線形 SIE）の形式的な表現である．

$$X(t) = X_0 + \int_0^t \Big(f(s)X(s) + g(s)\Big) ds$$
$$+ \int_0^t \Big(\phi(s)X(s) + \theta(s)\Big) dB(s), \quad 0 \le t \le T.$$

(7.1.2) の積分因子と指数過程の表現（例題 5.1.2）から，(7.1.5) に対する積分因子として次のような $H(t)$ を考えることができる．

$$H(t) = e^{-Y(t)}, \quad Y(t) = \int_0^t f(s) \, ds + \int_0^t \phi(s) \, dB(s) - \frac{1}{2} \int_0^t \phi(s)^2 \, ds.$$

ODE の場合と同様に $d(H(t)X(t))$ が必要になる．そのために，伊藤過程に対する部分積分と確率積の微分公式（定理 4.6.7，例題 4.6.3）で計算する．

$$d\big(H(t)X(t)\big) = H(t) \, dX(t) + X(t) \, dH(t) + \big(dH(t)\big)\big(dX(t)\big). \tag{7.1.6}$$

ここで，$H(t) = e^{-Y(t)}$ に伊藤の公式と乗積表（注意 4.6.5）を用いると

$$dH(t) = -H(t) \, dY(t) + \frac{1}{2} H(t) \big(dY(t)\big)^2$$
$$= H(t)\Big(-f(t) \, dt - \phi(t) \, dB(t) + \frac{1}{2} \phi(t)^2 \, dt\Big)$$
$$\quad + \frac{1}{2} H(t) \phi(t)^2 \, dt$$
$$= H(t)\Big(-f(t) \, dt - \phi(t) \, dB(t) + \phi(t)^2 \, dt\Big). \tag{7.1.7}$$

(7.1.5) と (7.1.7) に注意して，積 $(dH)(dX)$ を定義 4.6.4 に基づいて乗積表から計算すると，次のようになる．

$$\big(dH(t)\big)\big(dX(t)\big) = -H(t)\phi(t)\Big(\phi(t)X(t) + \theta(t)\Big) dt. \tag{7.1.8}$$

(7.1.7) と (7.1.8) を (7.1.6) へ代入すると

$$d(H(t)X(t))$$
$$= H(t)\Big(dX(t) - f(t)X(t)\,dt - \phi(t)X(t)\,dB(t) - \theta(t)\phi(t)\,dt\Big). \quad (7.1.9)$$

上式の $(\cdots\cdots)$ は，(7.1.5) の右辺で $X(t)$ を含む項を左辺に移項した部分と補正項の $-\theta(t)\phi(t)\,dt$ を含んでいる．したがって，(7.1.5) と (7.1.9) から次式が導かれる．

$$d(H(t)X(t)) = H(t)\Big(\theta(t)\,dB(t) + g(t)\,dt - \theta(t)\phi(t)\,dt\Big).$$

すなわち，

$$H(t)X(t) = X_0 + \int_0^t H(s)\theta(s)\,dB(s) + \int_0^t H(s)\Big(g(s) - \theta(s)\phi(s)\Big)\,ds.$$

ゆえに，両辺を $H(t)$ で割れば，(7.1.5) の解が得られる．以上の結果を定理にまとめておこう．

定理 7.1.1

$f(t), g(t)$ および $\phi(t), \theta(t)$ を連続関数とし，線形 SDE (7.1.5) を考える．このとき，解 $X(t)$ は次のように与えられる．

$$X(t) = X_0 e^{Y(t)} + \int_0^t e^{Y(t)-Y(s)}\Big(g(s) - \theta(s)\phi(s)\Big)\,ds$$
$$+ \int_0^t e^{Y(t)-Y(s)}\theta(s)\,dB(s).$$

ただし，$Y(t) = \int_0^t \Big(f(s) - \frac{1}{2}\phi(s)^2\Big)\,ds + \int_0^t \phi(s)\,dB(s).$

例題 7.1.1 次の SDE の解を定理 7.1.1 から求めよ．

$$dX(t) = \big(AX(t) + a\big)\,dt + b\,dB(t), \quad X(0) = X_0.$$

ただし，A, a, b は定数で $A, b \neq 0$. $a = 0$ の場合はオルンシュタイン・ウーレンベック（OU）過程，ランジュバン型である．

【解答】 定理 7.1.1 において，$f(t) \equiv A$, $g(t) \equiv a$, $\phi(t) \equiv 0$, $\theta(t) \equiv b$ とおく．

$$Y(t) = \int_0^t \Big(f(s) - \frac{1}{2}\phi(s)^2\Big)\,ds + \int_0^t \phi(s)\,dB(s) = \int_0^t A\,ds = At,$$
$$X(t) = X_0 e^{Y(t)} + \int_0^t e^{Y(t)-Y(s)}\Big(g(s) - \theta(s)\phi(s)\Big)\,ds$$
$$\qquad\qquad + \int_0^t e^{Y(t)-Y(s)}\theta(s)\,dB(s)$$
$$\qquad = X_0 e^{At} + \frac{a}{A}(e^{At} - 1) + b\int_0^t e^{A(t-s)}\,dB(s).$$

問 7.1.1 次の SDE の解（幾何ブラウン運動）を定理 7.1.1 から求めよ.
$$dX(t) = \mu X(t)\,dt + \sigma X(t)\,dB(t), \quad \mu \in \mathbb{R},\ \sigma > 0.$$

【解答】 定理 7.1.1 において, $f(t) \equiv \mu$, $g(t) \equiv 0$, $\phi(t) \equiv \sigma$, $\theta(t) \equiv 0$ とおく.
$$Y(t) = \int_0^t \Big(f(s) - \frac{1}{2}\phi(s)^2\Big)\,ds + \int_0^t \phi(s)\,dB(s) = \Big(\mu - \frac{1}{2}\sigma^2\Big)t + \sigma B(t),$$
$$X(t) = X_0 e^{Y(t)} = X_0 \exp\Big[\Big(\mu - \frac{1}{2}\sigma^2\Big)t + \sigma B(t)\Big].$$

一般に, $Z(t)$ を "伊藤過程" として, 次のような線形 SDE を考える.
$$dX(t) = \Big(f(t)X(t) + g(t)\Big)\,dt + \Big(\phi(t)X(t) + \theta(t)\Big)\,dZ(t), \quad X(0) = X_0. \tag{7.1.10}$$

この方程式の解は, $dZ(t) = a(t)\,dt + b(t)\,dB(t)$ の形を定理 7.1.1 の公式に代入することによって, $B(t)$ に関する確率積分の項を用いて表される（(4.6.8) 参照）. しかし, 応用では, 多くの場合, 解を伊藤過程 $Z(t)$ を用いて表すことが望まれている（フィルター問題, ファイナンスなど）. それに応えるためには, 定理 7.1.1 を得たときと同様の計算を修正すればよい.

定理 7.1.2

線形 SDE (7.1.10) の解 $X(t)$ は次のように与えられる.
$$X(t) = X_0 e^{Y(t)} + \int_0^t e^{Y(t)-Y(s)} g(s)\,ds + \int_0^t e^{Y(t)-Y(s)} \theta(s)\,dZ(s)$$
$$\qquad\qquad - \int_0^t e^{Y(t)-Y(s)} \theta(s)\phi(s)\,\big(dZ(s)\big)^2. \tag{7.1.11}$$
$$Y(t) = \int_0^t f(s)\,ds + \int_0^t \phi(s)\,dZ(s) - \frac{1}{2}\int_0^t \phi(s)^2\,\big(dZ(s)\big)^2.$$

ただし, $\big(dZ(s)\big)^2$ は伊藤の乗積表（注意 4.6.5）に基づいて計算される.

7.1 線形確率微分方程式 281

> **例題 7.1.2** $Z(t)$ は OU 過程,すなわち,$dZ(t) = \alpha\, dB(t) - \beta Z(t)\, dt$ とする(α, β は正数).次の SDE の解 $X(t)$ を $Z(t)$ を用いて表せ.
> $$dX(t) = X(t)\, dt + \bigl(X(t) + 1\bigr) dZ(t), \quad X(0) = X_0.$$

【解答】 公式 (7.1.11) において,$f(t) \equiv 1$, $g(t) \equiv 0$, $\phi(t) \equiv 1$, $\theta(t) \equiv 1$ とおく.伊藤の乗積表から $\bigl(dZ(t)\bigr)^2 = \alpha^2\, dt$ となる.したがって

$$Y(t) = \int_0^t f(s)\, ds + \int_0^t \phi(s)\, dZ(s) - \frac{1}{2}\int_0^t \phi(s)^2 \bigl(dZ(s)\bigr)^2$$
$$= \left(1 - \frac{\alpha^2}{2}\right) t + Z(t).$$

$$X(t) = X_0 e^{Y(t)} + \int_0^t e^{Y(t) - Y(s)} \theta(s)\, dZ(s) - \int_0^t e^{Y(t) - Y(s)} \theta(s)\phi(s) \bigl(dZ(s)\bigr)^2$$
$$= X_0 \exp\left[Z(t) + \left(1 - \frac{\alpha^2}{2}\right) t\right]$$
$$+ \int_0^t \exp\left[Z(t) - Z(s) + \left(1 - \frac{\alpha^2}{2}\right)(t-s)\right] dZ(s)$$
$$- \alpha^2 \int_0^t \exp\left[Z(t) - Z(s) + \left(1 - \frac{\alpha^2}{2}\right)(t-s)\right] ds.$$

問 7.1.2 例題 7.1.2 で,$dZ(t) = \sqrt{2}\, dB(t) - Z(t)\, dt$ のとき,$X(t)$ を求めよ.

【解答】 $\alpha = \sqrt{2}$, $\beta = 1$ であるから

$$X(t) = X_0 \exp[Z(t)] + \int_0^t \exp[Z(t) - Z(s)]\, dZ(s)$$
$$- 2\int_0^t \exp[Z(t) - Z(s)]\, ds.$$

最後に,線形 SDE の解がガウス過程であるかどうかの判定方法を記す.

> **定理 7.1.3**
> $f(t), g(t), \theta(t)$ を $[0, T]$ 上の可測で有界な関数とする.c はブラウン運動 $(B(t), 0 \le t \le T)$ とは独立で $E[c^2] < \infty$ を満たす確率変数とし,初期値 $X(0) = c$ に関する次の線形 SDE を考える.
> $$dX(t) = \bigl(f(t)X(t) + g(t)\bigr) dt + \theta(t)\, dB(t), \quad X(0) = c. \quad (7.1.12)$$
> このとき,$X(t)$ がガウス過程となるための必要十分条件は,c が正規分布に従うか,あるいは定数ということである.さらに,$X(t)$ が独立増分

性をもつための必要十分条件は，c が定数であるか，あるいは $f(t) \equiv 0$ ということである．

★ たとえば，1次元オルンシュタイン・ウーレンベック過程（OU 過程）を考えよう．
$$dX(t) = -\alpha X(t)\,dt + \sigma\,dB(t), \quad X(0) = c.$$
ここに，c はブラウン運動 $(B(t), 0 \le t \le T)$ とは独立で $E[c^2] < \infty$ を満たす確率変数とし，α, σ は正数とする．解は問 5.2.1 から
$$X(t) = ce^{-\alpha t} + \sigma \int_0^t e^{-\alpha(t-s)}\,dB(s).$$
この形を用いて $X(t)$ の平均と共分散を求めることができる．明らかに，平均は $m(t) = E[X(t)] = e^{-\alpha t}E[c]$．一方，共分散は，任意の s, t に対して，$K(s,t) = E[(X(s) - m(s))(X(t) - m(t))]$ とおくと次のように得られる．
$$K(s,t) = e^{-\alpha(s+t)} \left\{ V[c] + \frac{\sigma^2}{2\alpha}\left(e^{2\alpha \min(s,t)} - 1\right) \right\}. \tag{7.1.13}$$
上式は，c とブラウン運動は独立であること，$s \le t$ ならば $(B(u), u \le s)$ と $(B(v) - B(s), s \le v \le t)$ は独立であることを用いて計算される．そこで，任意の c に対して，$\lim_{t \to \infty} e^{-\alpha t}c = 0$ a.s. であるから，$X(t)$ の分布は正規分布 $N\left(0, \dfrac{\sigma^2}{2\alpha}\right)$ に近づくと考えられる（問 6.7.1 の不変分布を参照）．実際，定理 7.1.3 によって，c が正規分布に従うか，あるいは定数である場合には，$X(t)$ はガウス過程となる．このような $X(t)$ が，いわゆる **OU の速度過程** である（問 6.6.1 参照）．もしも c が平均 0，分散 $\dfrac{\sigma^2}{2\alpha}$ の正規分布 $N\left(0, \dfrac{\sigma^2}{2\alpha}\right)$ に従うならば
$$m(t) = e^{-\alpha t}E[c] = 0, \tag{7.1.14}$$
$$K(s,t) = E[X(s)X(t)] = \frac{\sigma^2}{2\alpha}e^{-\alpha|t-s|}. \tag{7.1.15}$$
この場合，平均 $m(t)$ は t に依存しない．さらに，共分散 $K(s,t)$ は t と s の差 $t - s$ に依存している．一般に，確率過程 $X(t)$ において，
$$m(t) = E[X(t)] = m \quad (m \text{ は定数}),$$
$$K(s,t) = C(X(s), X(t)) = \overline{K}(s - t) \quad (\overline{K}(\tau) \text{ は } \tau \text{ の関数})$$
を満たすとき，$X(t)$ は **広義に定常** または単に **定常** とよばれる．ゆえに，OU

過程 $X(t)$ において，初期値 $X(0) = c$ が正規分布 $N\left(0, \dfrac{\sigma^2}{2\alpha}\right)$ に従えば，$X(t)$ は定常なガウス過程になる．このような $X(t)$ を**カラーノイズ**ともいう．

7.2　確率測度の変換とギルサノフの公式

はじめに，離散型確率空間の場合を扱う．簡単なモデルとして，$\Omega = \{\omega_1, \omega_2\}$ 上に $P(\omega_1) = p, P(\omega_2) = 1 - p$ と与えられた確率 P を考えよう．一般に，2つの確率測度 Q, P があるとき，それらの関係が大切となる．

定義 7.2.1

Q と P が同じ零集合（確率 0 の集合）をもつならば，すなわち，
$$Q(A) = 0 \text{ ならば } P(A) = 0, \quad P(A) = 0 \text{ ならば } Q(A) = 0$$
を同時に満たすならば，Q は P と**同値**であるといい，$Q \sim P$ と表す．

いま，Q を P と同値な新しい確率測度とする．このことは，前述のモデルにおいて $Q(\omega_1) > 0$ かつ $Q(\omega_2) > 0$（すなわち $0 < Q(\omega_1) < 1$）であることを意味する．このとき $Q(\omega_1) = q, 0 < q < 1$ とし，$\Lambda(\omega) = \dfrac{Q(\omega)}{P(\omega)}$ とおく．すなわち

$$\Lambda(\omega_1) = \frac{Q(\omega_1)}{P(\omega_1)} = \frac{q}{p}, \quad \Lambda(\omega_2) = \frac{1-q}{1-p}.$$

Q は，Λ の定義によって，すべての ω に対して

$$Q(\omega) = \Lambda(\omega) P(\omega) \tag{7.2.1}$$

と表される．そこで，X を確率変数としよう．このとき，確率 P のもとで X の平均は

$$E_P[X] = X(\omega_1) P(\omega_1) + X(\omega_2) P(\omega_2) = pX(\omega_1) + (1-p)X(\omega_2)$$

となる．確率 Q のもとで X の平均は

$$E_Q[X] = X(\omega_1) Q(\omega_1) + X(\omega_2) Q(\omega_2)$$

となる．これは，(7.2.1) によって

$$E_Q[X] = X(\omega_1) \Lambda(\omega_1) P(\omega_1) + X(\omega_2) \Lambda(\omega_2) P(\omega_2) = E_P[\Lambda X] \tag{7.2.2}$$

と表される．上式で $X = 1$ とおけば

$$E_Q[X] = 1 = E_P[\Lambda]. \qquad (7.2.3)$$

一方，$E_P[\Lambda] = 1$ を満たす任意の確率変数 $\Lambda > 0$ をとり，(7.2.1) によって Q を定義すれば，この Q は確率になる．実際，Q は $Q(\omega_i) = \Lambda(\omega_i)P(\omega_i) > 0, i = 1, 2$ かつ

$$Q(\Omega) = Q(\omega_1) + Q(\omega_2) = \Lambda(\omega_1)P(\omega_1) + \Lambda(\omega_2)P(\omega_2) = E_P[\Lambda] = 1$$

を満たすからである．したがって，$\Lambda > 0$ であるから，Q は P と同値である．

以上から，同値な確率の変換 $Q \sim P$ においては，$E_P[\Lambda] = 1$ かつ $Q(\omega) = \Lambda(\omega)P(\omega)$ を満たすような正の確率変数 Λ の存在することがわかった．これは**ラドン・ニコディムの定理**として知られる結果の最も単純な例である．このような Q のもとでは，確率変数 X の平均は

$$E_Q[X] = E_P[\Lambda X] \qquad (7.2.4)$$

と与えられる．事象 $\{X \in A\}$ のインディケータ $I(X \in A)$ をとれば，Q のもとでの X の分布（注意 2.2.10 参照）を次のように得ることができる．

$$Q(X \in A) = E_P[\Lambda I(X \in A)].$$

上記の簡単なモデルに対する変換の結果は一般のモデルに対しても成り立つ．

★ $\mathbb{R}$ 上の確率測度として正規分布を考えよう．μ は任意の実数とし，$f_\mu(x)$ は平均 μ，分散 1 の正規分布 $N(\mu, 1)$ の確率密度関数とする．また，P_μ は $\mathbb{R}$ のボレル σ-フィールド $\mathcal{B}(\mathbb{R})$ 上の $N(\mu, 1)$ 確率測度とする．このとき

$$f_\mu(x) = \frac{1}{\sqrt{2\pi}} e^{-\frac{1}{2}(x-\mu)^2} = f_0(x) e^{\mu x - \frac{1}{2}\mu^2} \qquad (7.2.5)$$

と表される．そこで

$$\Lambda(x) = e^{\mu x - \frac{1}{2}\mu^2} \qquad (7.2.6)$$

とおく．このとき (7.2.5) を

$$f_\mu(x) = f_0(x)\Lambda(x) \qquad (7.2.7)$$

とかくことができる．

確率密度関数の定義から，数直線上の集合 A の確率は，この集合上の積分

$$P(A) = \int_A f(x)\,dx = \int_A dP \tag{7.2.8}$$

によって与えられる．これは微分形式で次のように表される．

$$dP = P(dx) = f(x)\,dx. \tag{7.2.9}$$

したがって，(7.2.7) の確率測度の関係は次のようにかかれる．

$$f_\mu(x)\,dx = f_0(x)\Lambda(x)\,dx, \quad P_\mu(dx) = \Lambda(x)P_0(dx). \tag{7.2.10}$$

平均（積分）の性質から，$X \geq 0$ となる確率変数 X に対しては，$E[X] = 0$ と $P(X=0) = 1$ は同値である（定理 2.3.2 (1)）ことに注意すると，

$$P_\mu(A) = \int_A \Lambda(x) P_0(dx) = E_{P_0}[I_A \Lambda] = 0 \quad (I_A \text{ は } A \text{ のインディケータ})$$

ならば

$$P_0(I_A \Lambda = 0) = 1$$

である．したがって，すべての x に対して $\Lambda(x) > 0$ であるから，$P_0(A) = 0$ が導かれる．逆に，$\Lambda < \infty$ を用いると，もしも $P_0(A) = 0$ ならば，$P_\mu(A) = E_{P_0}[I_A \Lambda] = 0$ となり，2 つの確率測度は同じ零集合（確率 0 の集合）をもち，同値（$P_0 \sim P_\mu$）である．

Λ については，次のような別の表記がなされる．

$$\Lambda = \frac{dP_\mu}{dP_0}, \quad \frac{dP_\mu}{dP_0}(x) = e^{\mu x - \frac{1}{2}\mu^2}. \tag{7.2.11}$$

このことは，任意の正規分布 $N(\mu, 1)$ は標準正規分布 $N(0,1)$ の変換による同値な分布として得られるということを示している．

★ 以下に，一般的な空間における確率測度 P, Q の変換公式について記そう．

定義 7.2.2

P, Q について，$P(A) = 0$ ならば $Q(A) = 0$ を満たすとき，Q は P に関して**絶対連続**であるといい，$Q \ll P$ と表す．$Q \ll P$ かつ $P \ll Q$ を同時に満たすとき，P と Q は**同値**であるといい，$Q \sim P$ と表す．

確率測度の一般的な変換理論は次のラドン・ニコディムの定理に拠っている．

定理 7.2.3

$Q \ll P$ とする．このとき，$\Lambda \geq 0, E_P[\Lambda] = 1$ で，かつ任意の可測集合 A に対して

$$Q(A) = E_P[\Lambda I_A] = \int_A \Lambda\, dP \qquad (7.2.12)$$

を満たす確率変数 Λ が存在する．この Λ は P-a.s. に（P に関してほとんど確実に）ただ 1 つ定まる．逆に，上の性質を満たす確率変数 Λ が存在して，Q が (7.2.12) によって定義されるならば，Q は確率測度で $Q \ll P$ となる．

定理 7.2.3 の Λ は**ラドン・ニコディム微分**または P に関する Q の**密度**とよばれ，$\dfrac{dQ}{dP}$ と表される．(7.2.12) によって，もしも $Q \ll P$ ならば P と Q に関する平均は次のような関係式で結ばれている：Q に関して可積分な任意の確率変数 X に対して

$$E_Q[X] = E_P[\Lambda X]. \qquad (7.2.13)$$

確率測度の変換を用いれば平均（期待値）の計算を簡単にすることもできる．たとえば，ファイナンスに現れる対数正規分布に関する計算例を挙げよう．準備として，一般の $N(\mu, \sigma^2)$ に従う確率変数 X の積率母関数

$$m_X(\theta) = E[e^{\theta X}] = e^{\mu\theta + \frac{1}{2}(\sigma\theta)^2} \quad (\text{例題 2.4.1 参照})$$

に注意しておく．

例題 7.2.1 X は P のもとで正規分布 $N(\mu, 1)$ をもつとし，

$$\Lambda(X) = \frac{e^X}{E[e^X]}, \quad \text{すなわち，} \quad \Lambda(X) = e^{X-\mu-\frac{1}{2}}$$

とおく ($E[\cdots] = E_P[\cdots]$)．さらに，Q を $dQ = \Lambda(X)\, dP$ によって与える．このとき，$E[\Lambda(X)] = 1, 0 < \Lambda(X) < \infty$. したがって，$Q \sim P$ である．次の成り立つことを確かめよ．

$$E_P[e^X I(X > a)] = e^{\mu + \frac{1}{2}} Q(X > a), \quad E_Q[e^{\theta X}] = e^{(\mu+1)\theta + \frac{1}{2}\theta^2}.$$

7.2 確率測度の変換とギルサノフの公式

【解答】 $e^X = \Lambda(X)e^{\mu+\frac{1}{2}}, E_P[e^X] = e^{\mu+\frac{1}{2}}, dQ = \Lambda(X) dP$. したがって

$$E_P[e^X I(X > a)] = e^{\mu+\frac{1}{2}} E_P[\Lambda(X)I(X > a)]$$
$$= e^{\mu+\frac{1}{2}} E_Q[I(X > a)] = e^{\mu+\frac{1}{2}} Q(X > a),$$
$$E_Q[e^{\theta X}] = E_P[e^{\theta X}\Lambda(X)] = E_P[e^{(\theta+1)X-\mu-\frac{1}{2}}]$$
$$= e^{\mu(\theta+1)+\frac{1}{2}(\theta+1)^2}e^{-\mu-\frac{1}{2}}$$
$$= e^{\mu\theta+\theta+\frac{1}{2}\theta^2} = e^{(\mu+1)\theta+\frac{1}{2}\theta^2}.$$

問 7.2.1 例題 7.2.1 において, $E_P[e^X I(X > a)]$ を計算せよ.

【解答】 $E_Q[e^{\theta X}] = e^{(\mu+1)\theta+\frac{1}{2}\theta^2}$ は, 正規分布 $N(\mu+1,1)$ の積率母関数の表現である. したがって, X は Q のもとで正規分布 $N(\mu+1,1)$ に従う. ゆえに

$$E_P[e^X I_{\{X>a\}}] = e^{\mu+\frac{1}{2}} Q(X > a)$$
$$= e^{\mu+\frac{1}{2}}\mathrm{Pr}\bigl(N(\mu+1,1) > a\bigr) = e^{\mu+\frac{1}{2}}\bigl(1 - \Phi(a-\mu-1)\bigr).$$

ここで最後の等式は, 正規分布 $N(\mu+1,1)$ に従う確率変数を $N(\mu+1,1)$ で代用し, 次のように置換積分して得られる. $\mathrm{Pr}(A) = A$ の確率,

$$\mathrm{Pr}\bigl(N(\mu+1,1) > a\bigr) = \frac{1}{\sqrt{2\pi}}\int_a^\infty e^{-\frac{1}{2}(x-\mu-1)^2} dx$$
$$= \frac{1}{\sqrt{2\pi}}\int_{a-\mu-1}^\infty e^{-\frac{1}{2}z^2} dz \qquad (z = x-\mu-1)$$
$$= 1 - \frac{1}{\sqrt{2\pi}}\int_{-\infty}^{a-\mu-1} e^{-\frac{1}{2}z^2} dz = 1 - \Phi(a-\mu-1).$$

ただし, $\Phi(x)$ は標準正規分布の分布関数.

次の定理は条件付き確率におけるベイズの公式(定理 2.1.13 (2))に関係するが, 確率測度の変換公式に応用される基本的なものである.

定理 7.2.4

2つの確率測度 Q, P は $\mathcal{F}$ 上で定義されているとし, $\mathcal{G}$ は $\mathcal{F}$ の部分 σ-フィールドとする. もしも $Q \ll P$ で $dQ = \Lambda\, dP$ かつ X が Q-可積分 ($E_Q[|X|] < \infty$) ならば, ΛX は P-可積分 ($E_P[|\Lambda X|] < \infty$)) で Q-a.s. に次が成り立つ.

$$E_Q[X \mid \mathcal{G}] = \frac{E_P[X\Lambda \mid \mathcal{G}]}{E_P[\Lambda \mid \mathcal{G}]}. \tag{7.2.14}$$

【証明】 条件付き平均の定義(定義 2.7.5)から, 任意の有界で $\mathcal{G}$-可測な確率変数 ξ に対して

$$E_Q[\xi X] = E_Q[\xi \eta]$$

を満たす η を $E_Q[X \mid \mathcal{G}]$ と表した．明らかに (7.2.14) の右辺は $\mathcal{G}$-可測である．したがって，任意の $\mathcal{G}$-可測な ξ に対しては次のようになる．

$$\begin{aligned}
E_Q\left[\frac{E_P[X\Lambda \mid \mathcal{G}]}{E_P[\Lambda \mid \mathcal{G}]}\xi\right] &= E_P\left[\Lambda \frac{E_P[X\Lambda \mid \mathcal{G}]}{E_P[\Lambda \mid \mathcal{G}]}\xi\right] \\
&= E_P\left[E_P[\Lambda \mid \mathcal{G}]\frac{E_P[X\Lambda \mid \mathcal{G}]}{E_P[\Lambda \mid \mathcal{G}]}\xi\right] \qquad (\mathcal{G}\text{-可測，定理 2.7.6 (3)}) \\
&= E_P[E_P[X\Lambda \mid \mathcal{G}]\xi] \\
&= E_P[X\Lambda\xi] = E_Q[X\xi]. \qquad (\mathcal{G}\text{-可測，2 重平均の法則，定理 2.7.6 (5)})
\end{aligned}$$

ゆえに，(7.2.14) が成り立つ．

P と Q が同値な確率測度のとき，それらは同じ零集合をもち，$Q(A) = \int_A \Lambda\, dP$ を満たすようなラドン・ニコディム微分 $\Lambda = \dfrac{dQ}{dP}$ が存在する．後述のギルサノフの定理は，この Λ の形を与えるものである．

はじめに，絶対連続な確率測度のもとでの平均と条件付き平均の計算に対する一般的な結果を，定理 7.2.4 から直接に導いてみよう．以下においては，確率測度 P のもとでのブラウン運動とマルチンゲールを，それぞれ P-ブラウン運動，P-マルチンゲールとよぶ．

定理 7.2.5

$\Lambda(t),\ t \in [0, T]$ は $E_P[\Lambda(T)] = 1$ を満たして，$\mathcal{F}$ の部分 σ-フィールド $\mathcal{F}_t$ に関して正の P-マルチンゲールとする．確率測度 Q を $Q(A) = \int_A \Lambda(T)\, dP$ によって，すなわち，$\dfrac{dQ}{dP} = \Lambda(T)$ によって定義する．このとき Q は P に関して絶対連続で，Q-可積分な確率変数 X ($E_Q[|X|] < \infty$) に対して次が成り立つ．

$$E_Q[X] = E_P[\Lambda(T)X], \qquad (7.2.15)$$

$$E_Q[X \mid \mathcal{F}_t] = E_P\left[\frac{\Lambda(T)}{\Lambda(t)}X \,\Big|\, \mathcal{F}_t\right]. \qquad (7.2.16)$$

さらに，もしも X が $\mathcal{F}_t$-可測ならば，$s \leq t$ に対して

$$E_Q[X \mid \mathcal{F}_s] = E_P\left[\frac{\Lambda(t)}{\Lambda(s)}X \,\Big|\, \mathcal{F}_s\right]. \qquad (7.2.17)$$

【証明】 (7.2.15) は Q の定義でかき直した式である．(7.2.16) は定理 7.2.4 で $\Lambda = \Lambda(T)$, $\mathcal{G} = \mathcal{F}_t (\subset \mathcal{F})$ とおいて得られる．実際，$\Lambda(t)$ は P-マルチンゲールで $E_P[\Lambda(T) | \mathcal{F}_t] = \Lambda(t)$, $t \in [0, T]$ を満たし，$\dfrac{1}{\Lambda(t)}$ は $\mathcal{F}_t$-可測であることに注意すると次のようになる．

$$E_Q[X | \mathcal{F}_t] = \frac{E_P[X\Lambda(T) | \mathcal{F}_t]}{E_P[\Lambda(T) | \mathcal{F}_t]} = \frac{1}{\Lambda(t)} E_P[X\Lambda(T) | \mathcal{F}_t] = E_P\left[\frac{\Lambda(T)}{\Lambda(t)} X \,\middle|\, \mathcal{F}_t\right].$$

(7.2.17) は次の評価から導かれる．$s \leq t$ とすれば

$$\begin{aligned}
E_Q[X | \mathcal{F}_s] &= E_P\left[\frac{\Lambda(T)}{\Lambda(s)} X \,\middle|\, \mathcal{F}_s\right] && ((7.2.16) \text{ による}) \\
&= E_P\left[E_P\left[\frac{\Lambda(T)}{\Lambda(s)} X \,\middle|\, \mathcal{F}_t\right] \,\middle|\, \mathcal{F}_s\right] && (\text{スムージング, 定理 2.7.6 (4)}) \\
&= E_P\left[X \frac{1}{\Lambda(s)} E_P\left[\Lambda(T) \,\middle|\, \mathcal{F}_t\right] \,\middle|\, \mathcal{F}_s\right] && (X, \tfrac{1}{\Lambda(s)} \text{ は } \mathcal{F}_t\text{-可測, 定理 2.7.6 (3)}) \\
&= E_P\left[\frac{\Lambda(t)}{\Lambda(s)} X \,\middle|\, \mathcal{F}_s\right]. && (\Lambda(t) \text{ は } P\text{-マルチンゲール})
\end{aligned}$$

定理 7.2.5, (7.2.17) から次の系が導かれる．

系 7.2.6

$M(t)$ が Q-マルチンゲールになるための必要十分条件は，$\Lambda(t)M(t)$ が P-マルチンゲールになることである．

$M(t) = \dfrac{1}{\Lambda(t)}$ とおくことによって，ファイナンスで応用される結果が得られる．

定理 7.2.7

$\Lambda(t)$ は正の P-マルチンゲールで $E_P[\Lambda(T)] = 1$, かつ $\dfrac{dQ}{dP} = \Lambda(T)$ を満たすとする．このとき，$\dfrac{1}{\Lambda(t)}$ は Q-マルチンゲールになる．

次の定理はブラウン運動に対する**ギルサノフの公式**を与えている．

定理 7.2.8

$B(t)$, $0 \leq t \leq T$ を P-ブラウン運動とする．$\widetilde{B}(t) = B(t) + \mu t$, $\mu \in \mathbb{R}$, とおく．さらに

$$\Lambda = \frac{dQ}{dP}(B_{[0,T]}) = e^{-\mu B(T) - \frac{1}{2}\mu^2 T} \qquad (7.2.18)$$

とおく．ただし，$B_{[0,T]}$ は $[0, T]$ におけるブラウン運動 $B(t)$ の見本経路を表す．このとき Q は P と同値で，$\widetilde{B}(t)$ は Q-ブラウン運動になり，かつ

$$\frac{dP}{dQ}(\widetilde{B}_{[0,T]}) = \frac{1}{\Lambda} = e^{\mu \widetilde{B}(T) - \frac{1}{2}\mu^2 T} \tag{7.2.19}$$

を満たす.

【証明】 ブラウン運動であることを示すためには，レヴィのマルチンゲールによる特徴付け（定理 3.2.8）を確認すればよい．キーポイントは，2 次変分が t の連続なマルチンゲールになることの確認である．一般に，同値な P, Q のもとでの 2 次変分は等しいことが知られている．また，$\widetilde{B}(t) = B(t) + \mu t$ において，μt は滑らかな関数であるから $\widetilde{B}(t)$ の 2 次変分に影響を与えないことに注意する（定理 1.10.4 参照）．これらによって，$\widetilde{B}(t)$ の 2 次変分は $B(t)$ のそれと等しく t である．すなわち

$$[\widetilde{B}, \widetilde{B}](t) = [B(t) + \mu t, B(t) + \mu t] = [B, B](t) = t.$$

したがって，$\widetilde{B}(t)$ が Q-マルチンゲールであることを示せばよい．$\Lambda(t) = E_P[\Lambda \mid \mathcal{F}_t]$ とおく．このとき，系 7.2.6 によって，$\Lambda(t)\widetilde{B}(t)$ が P-マルチンゲールになることを示せば十分であるが，これは (7.2.17) より直接に計算して次のようにわかる．$s \le t$ ならば

$$E_P[\widetilde{B}(t)\Lambda(t) \mid \mathcal{F}_s] = E_P\left[(B(t) + \mu t)e^{-\mu B(t) - \frac{1}{2}\mu^2 t} \mid \mathcal{F}_s\right] = \widetilde{B}(s)\Lambda(s).$$

次の定理は，$\int_0^T H(s)^2 ds < \infty$ を満たし，$\int_0^T H(s) ds$ の形をしているドリフト項は，同様の確率測度の変換で取り外すことができることを示し，これもギルサノフの公式とよばれている．

定理 7.2.9

$B(t)$ は P-ブラウン運動とする．$H(t)$ は $X(t) = -\int_0^t H(s)\, dB(s)$ が定義できて，かつ

$$\mathcal{E}(X)(t) = e^{-\int_0^t H(s)\, dB(s) - \frac{1}{2}\int_0^t H(s)^2\, ds}$$

がマルチンゲールになるような関数とする．同値な確率測度 Q を次の式によって定義する．

$$\Lambda = \frac{dQ}{dP}(B_{[0,T]}) = e^{-\int_0^T H(s)\, dB(s) - \frac{1}{2}\int_0^T H(s)^2\, ds} = \mathcal{E}(X)(T). \tag{7.2.20}$$

このとき

$$\widetilde{B}(t) = B(t) + \int_0^t H(s)\,ds \tag{7.2.21}$$

は Q-ブラウン運動になる.

【証明】 証明は前定理と同様であるから，概略だけを記す. $\widetilde{B}(t) = B(t) + \int_0^t H(s)\,ds$ が 2 次変分 t をもつ Q-局所マルチンゲール (Q のもとでの局所マルチンゲール) であることを示せば，レヴィのマルチンゲールによる特徴付けから結果が得られる. 積分項 $\int_0^t H(s)\,ds$ は連続関数で有限変動であるから $\widetilde{B}(t)$ は $B(t)$ と同じ 2 次変分 t をもつ ($Q \sim P$ のとき，P, Q それぞれに関する 2 次変分は等しい. すなわち $[\widetilde{B}, \widetilde{B}]_Q(t) = [B, B]_Q(t)$). Q-局所マルチンゲールであることを示すためには，系 7.2.6 によって，$\Lambda(t) = E_P[\Lambda | \mathcal{F}_t]$ とおき，$\Lambda(t)\widetilde{B}(t) = \Lambda(t)\left(B(t) + \int_0^t H(s)\,ds\right)$ が P-局所マルチンゲールであることを示せば十分である (局所マルチンゲールについては注意 4.11.5, 注意 5.1.1 参照). このためには，$d(\Lambda(t)\widetilde{B}(t))$ を計算して dt の項が現れないことを確認すればよい. $\Lambda(t)$ はマルチンゲール $X(t)$ に関する指数過程 (例題 5.1.2) であるから, 次式が成り立つ.

$$d\Lambda(t) = \Lambda(t)\,dX(t), \quad dX(t) = -H(t)\,dB(t).$$

$$d(\Lambda(t)\widetilde{B}(t)) = \Lambda(t)\,d\widetilde{B}(t) + \widetilde{B}(t)\,d\Lambda(t) + d\Lambda(t)\,d\widetilde{B}(t). \tag{7.2.22}$$

$d\Lambda(t)\,d\widetilde{B}(t)$ については，定義 4.6.4, 注意 4.6.5 (乗積表), 定理 4.6.7 (部分積分), 例題 4.6.3 (確率積の微分公式) から，次のように計算できる.

$$d\Lambda(t)\,d\widetilde{B}(t) = \Lambda(t)\,dX(t)\bigl(dB(t) + H(t)\,dt\bigr) = -\Lambda(t)H(t)\,dt.$$

これを (7.2.22) に代入すると

$$\begin{aligned}d(\Lambda(t)\widetilde{B}(t)) &= \Lambda(t)\bigl(dB(t) + H(t)\,dt\bigr) + \widetilde{B}(t)\,d\Lambda(t) - \Lambda(t)H(t)\,dt \\ &= \Lambda(t)\,dB(t) + \widetilde{B}(t)\,d\Lambda(t).\end{aligned}$$

したがって，dt の項がないから $\Lambda(t)\widetilde{B}(t)$ は P-局所マルチンゲール. ゆえに，$\widetilde{B}(t)$ は Q-局所マルチンゲールである.

最後に, 拡散過程のドリフト項の取り外しに関する**ギルサノフの公式**を定理として記す.

定理 7.2.10

$X(t)$ は P-ブラウン運動 $B(t)$ で記述される拡散過程で，次の確率微分方程式（SDE）を満たすものとする.

$$dX(t) = \mu_1\bigl(t, X(t)\bigr) dt + \sigma\bigl(t, X(t)\bigr) dB(t). \tag{7.2.23}$$

$$H(t) = \frac{\mu_1\bigl(t, X(t)\bigr) - \mu_2\bigl(t, X(t)\bigr)}{\sigma\bigl(t, X(t)\bigr)}, \tag{7.2.24}$$

$$\mathcal{E}\left(-\int_0^\cdot H(t)\, dB(t)\right)(t) = e^{-\int_0^t H(s)\, dB(s) - \frac{1}{2}\int_0^t H(s)^2\, ds}$$

とおく.確率測度 Q を $dQ = \Lambda\, dP$,

$$\Lambda = \frac{dQ}{dP} = \mathcal{E}\left(-\int_0^\cdot H(t)\, dB(t)\right)(T) = e^{-\int_0^T H(t)\, dB(t) - \frac{1}{2}\int_0^T H(t)^2\, dt} \tag{7.2.25}$$

によって定義する.さらに

$$\mathcal{E}\left(-\int_0^\cdot H(s)\, dB(s)\right)(t) = e^{-\int_0^t H(s)\, dB(s) - \frac{1}{2}\int_0^t H(s)^2\, ds}$$

は P-マルチンゲールと仮定する.このとき $\widetilde{B}(t) = B(t) + \int_0^t H(s)\, ds$ は Q-ブラウン運動となり,$X(t)$ は $\widetilde{B}(t)$ で表される次の SDE を満たす.

$$dX(t) = \mu_2\bigl(t, X(t)\bigr) dt + \sigma\bigl(t, X(t)\bigr) d\widetilde{B}(t). \tag{7.2.26}$$

【証明】 前半部分はギルサノフの公式(定理 2.7.9)による.後半部分は

$$d\widetilde{B}(t) = dB(t) + H(t)\, dt = dB(t) + \frac{\mu_1\bigl(t, X(t)\bigr) - \mu_2\bigl(t, X(t)\bigr)}{\sigma\bigl(t, X(t)\bigr)}\, dt \tag{7.2.27}$$

となることを用いて,SDE (7.2.23) を次のようにかき直して整理すれば,Q-ブラウン運動 $\widetilde{B}(t)$ に関する SDE (7.2.26) が得られる.

$$dX(t) = \mu_1\bigl(t, X(t)\bigr) dt + \sigma\bigl(t, X(t)\bigr)\left(d\widetilde{B}(t) - \frac{\mu_1\bigl(t, X(t)\bigr) - \mu_2\bigl(t, X(t)\bigr)}{\sigma\bigl(t, X(t)\bigr)}\, dt\right).$$

例題 7.2.2 $B(t)$ を P-ブラウン運動とし,$\widetilde{B}(t) = B(t) + \sin t$, $0 \leq t \leq T$ とする.Q を $\widetilde{B}(t)$ が Q-ブラウン運動となるような P と同値な確率測度とする.このとき,$\Lambda = \dfrac{dQ}{dP}$ を表せ.

【解答】 $H(t) = \cos t$ とおくと，$\widetilde{B}(t) = B(t) + \int_0^t H(s)\,ds$. 実数値関数 $(-H(t))$ はノビコフ条件 $E_P\left[e^{\frac{1}{2}\int_0^T (-H(s))^2 ds}\right] < \infty$ を満たす．注意 5.1.1，問 5.1.2 によって，$X(t) = -\int_0^t \cos s\,dB(s)$ に対応する指数過程

$$\mathcal{E}(X)(t) = e^{-\int_0^t \cos s\,dB(s) - \frac{1}{2}\int_0^t \cos^2 s\,ds}$$

は P-マルチンゲールになる．したがって，(7.2.20) に $H(t) = \cos t$ を代入して

$$\Lambda = \frac{dQ}{dP} = e^{-\int_0^T \cos s\,dB(s) - \frac{1}{2}\int_0^T \cos^2 s\,ds} = \mathcal{E}(X)(T).$$

問 7.2.2 $B(t)$ を P-ブラウン運動とし，$\widetilde{B}(t) = B(t) + t - t^3$，$0 \leq t \leq 2$ とする．Q を $\widetilde{B}(t)$ が Q-ブラウン運動となるような P と同値な確率測度とする．このとき，$\Lambda = \dfrac{dQ}{dP}$ を表せ．

【解答】 $H(t) = 1 - 3t^2$ とおくと，$\widetilde{B}(t) = B(t) + \int_0^t H(s)\,ds$. 実数値関数 $(-H(t))$ はノビコフ条件を満たすから

$$\mathcal{E}(X)(t) = e^{-\int_0^t (1-3s^2)\,dB(s) - \frac{1}{2}\int_0^t (1-3s^2)^2\,ds}$$

は P-マルチンゲールになる．(7.2.20) に $H(t) = 1 - 3t^2$ を代入して

$$\Lambda = \frac{dQ}{dP} = e^{-\int_0^2 (1-3s^2)\,dB(s) - \frac{1}{2}\int_0^2 (1-3s^2)^2\,ds} = \mathcal{E}(X)(2).$$

7.3 パラメータの統計的推定

統計の推定法では，まずモデル（仮説）を立てそれが実際の観察データに合っているかどうかを考える．その指標として<ruby>尤度<rt>ゆうど</rt></ruby>（likelihood）という概念が導入されている．簡単に言えば，尤度とはあるモデル（仮説）のもとで観察されたデータが生じる確率を意味している．観察の結果から見てモデルの<ruby>尤<rt>もっと</rt></ruby>もらしさを比較する場合，尤度そのものにはあまり意味が無いことが多く，異なったモデルの尤度の比をとることが有用である．

たとえば，X の観察において，2つの競合モデルが考えられるとしよう．このようなことは，X に対して確率分布 P あるいは Q のどちらを仮定しているかによって生じることである．一般に，尤度（の比）はラドン・ニコディムの微分（定理 7.2.3）の $\Lambda = \dfrac{dQ}{dP}$ によって与えられる．

X が離散型の確率変数で，観察された値 x が分布 P あるいは Q によるものと仮定される場合，x に対する尤度は

$$\Lambda(x) = \frac{Q(X=x)}{P(X=x)} \tag{7.3.1}$$

によって与えられる.比の値の大小によって,一方のモデルの尤もらしさが他方のモデルよりどの程度高いかを調べることができるからである.上式においては,$\Lambda(x)$ の値が小さければモデル P が尤もらしく,逆に $\Lambda(x)$ の値が大きければモデル Q が尤もらしいと考えられる.

X が連続型の確率変数で,その確率密度として,P のもとでは $f_0(x)$ が,Q のもとでは $f_1(x)$ が仮定される場合,$dP = f_0(x)\,dx$,$dQ = f_1(x)\,dx$ となって,尤度は

$$\Lambda(x) = \frac{f_1(x)}{f_0(x)} \tag{7.3.2}$$

によって与えられる.

もしも観察のデータが有限個の $x_1, x_2, \ldots, x_n$ ならば,$\boldsymbol{x} = (x_1, x_2, \ldots, x_n)$ とおき,離散型,連続型に対応する確率変数ベクトル $\boldsymbol{X}$ を用いて

$$\Lambda(\boldsymbol{x}) = \frac{Q(\boldsymbol{X}=\boldsymbol{x})}{P(\boldsymbol{X}=\boldsymbol{x})} \quad \text{または} \quad \Lambda(\boldsymbol{x}) = \frac{f_1(\boldsymbol{x})}{f_0(\boldsymbol{x})} \tag{7.3.3}$$

と表す.

次に,1次元拡散過程に対する尤度比について記す.

X は拡散過程で P-ブラウン運動で記述される SDE の解とする.

$$dX(t) = \mu_1\bigl(t, X(t)\bigr)\,dt + \sigma\bigl(t, X(t)\bigr)\,dB(t), \quad 0 \leq t \leq T. \tag{7.3.4}$$

いま,$X(t)$ は別の Q-ブラウン運動 $\widetilde{B}(t)$ で記述される SDE を満たすと仮定しよう.

$$dX(t) = \mu_2\bigl(t, X(t)\bigr)\,dt + \sigma\bigl(t, X(t)\bigr)\,d\widetilde{B}(t), \quad 0 \leq t \leq T. \tag{7.3.5}$$

このとき,定理 7.2.10 の公式 (7.2.25) から尤度は次のように与えられる.

$$\begin{aligned}
\Lambda(X_{[0,T]}) &= \frac{dQ}{dP} \\
&= \exp\Biggl[\int_0^T \frac{\mu_2\bigl(t, X(t)\bigr) - \mu_1\bigl(t, X(t)\bigr)}{\sigma\bigl(t, X(t)\bigr)}\,dB(t) \\
&\qquad - \frac{1}{2}\int_0^T \frac{\bigl(\mu_2\bigl(t, X(t)\bigr) - \mu_1\bigl(t, X(t)\bigr)\bigr)^2}{\sigma^2\bigl(t, X(t)\bigr)}\,dt\Biggr].
\end{aligned} \tag{7.3.6}$$

ただし,$X_{[0,T]}$ は $[0,T]$ における $X(t)$ の見本経路である.$B(t)$ は直接に観

察されないから，尤度は観察された見本経路 $X_{[0,T]}$ の関数として表されることになる．(7.3.4) から

$$dB(t) = \frac{dX(t) - \mu_1(t, X(t))\, dt}{\sigma(t, X(t))}$$

であるから，これを (7.3.6) の尤度に代入すれば次の形を得ることができる．

$$\begin{aligned}\Lambda(X)_T &= \frac{dQ}{dP} \\ &= \exp\left[\int_0^T \frac{\mu_2(t, X(t)) - \mu_1(t, X(t))}{\sigma^2(t, X(t))}\, dX(t)\right. \\ &\quad\left. - \frac{1}{2}\int_0^T \frac{\mu_2^2(t, X(t)) - \mu_1^2(t, X(t))}{\sigma^2(t, X(t))}\, dt\right]. \quad (7.3.7)\end{aligned}$$

ただし，$\Lambda(X)_T = \Lambda(X_{[0,T]})$．この尤度を用いれば，$X$ に対してはどのモデルがより適しているのかを決めることができる．

たとえば，連続な関数 $x(t)$，$0 \le t \le T$ を観察しているとしよう．このとき，$x(t)$ はホワイトノイズなのか（確率測度 P に関する帰無仮説 H_0）あるいはノイズが混ざった信号なのか（確率測度 Q に関する対立仮説 H_1）について知りたい．すなわち，次の仮説を検定したい．

$$H_0 : \text{ノイズ}, \quad dX(t) = dB(t),$$
$$H_1 : \text{信号} + \text{ノイズ}, \quad dX(t) = h(t)\, dt + dB(t).$$

そこで，SDE (7.3.4) と (7.3.5) において，$\mu_1(t, x) = 0$，$\mu_2(t, x) = h(t)$，$\sigma(t, x) = 1$ とおく．今の場合，尤度は次のように与えられる．

$$\Lambda(X)_T = \frac{dQ}{dP} = \exp\left[\int_0^T h(t)\, dX(t) - \frac{1}{2}\int_0^T h(t)^2\, dt\right]. \quad (7.3.8)$$

このとき，統計的検定に従えば，第 1 種の誤り（帰無仮説が実際には真であるのに棄却してしまう誤り）の確率が α となるように次式の (7.3.9) で設定された値を k として，$\Lambda \ge k$ ならばノイズが混じっていると結論づけることになる．

$$P\left(\exp\left[\int_0^T h(t)\, dX(t) - \frac{1}{2}\int_0^T h(t)^2\, dt\right] \ge k\right) = \alpha. \quad (7.3.9)$$

例題 7.3.1 次の SDE を満たす OU 過程 $X(t)$ に対して，パラメータ α の推定をしたい．

$$dX(t) = -\alpha X(t)\, dt + \sigma\, dB(t), \quad 0 \le t \le T \quad (\alpha, \sigma \text{ は正数}).$$

$X(t)$ は α に依存しているので,$X(t)$ に対応する確率測度を P_α と表す.この記法に従えば,$\sigma B(t)$ には確率測度 P_0 が対応する.そこで,SDE (7.3.4) と (7.3.5) において,$\mu_1(t,x) = 0$,$\mu_2(t,x) = -\alpha x$,$\sigma(t,x) = \sigma$ とおけば,尤度は

$$\Lambda(\alpha, X_{[0,T]}) = \frac{dP_\alpha}{dP_0} = \exp\left[-\frac{\alpha}{\sigma^2}\int_0^T X(t)\,dX(t) - \frac{\alpha^2}{2\sigma^2}\int_0^T X(t)^2\,dt\right].$$

である.Λ を最大にする α は次のように与えられることを確かめよ.

$$\widehat{\alpha}(T) = -\frac{\displaystyle\int_0^T X(t)\,dX(t)}{\displaystyle\int_0^T X(t)^2\,dt}.$$

この $\widehat{\alpha}(T)$ を**最尤推定値**という.

【解答】 関数 $\log x$ は x について単調増加で,対応 $x \leftrightarrow \log x$ は 1 対 1 である.したがって,Λ の対数をとった $\log \Lambda(\alpha, X_{[0,T]})$ (**対数尤度**) を最大にする α を求めればよい.

$$\log \Lambda(\alpha, X_{[0,T]}) = -\alpha\left(\int_0^T \frac{X(t)}{\sigma^2}\,dX(t)\right) - \alpha^2\left(\frac{1}{2}\int_0^T \frac{X(t)^2}{\sigma^2}\,dt\right)$$

上式を α の 2 次関数と見なして,最大値を与える α を求めればよい.

例題 7.3.1 において,α は正数と仮定されているにもかかわらず,推定値 $\widehat{\alpha}(T)$ は,その分子の形から負の値をとり得る.しかし,次の定理が成り立つ意味で,$\widehat{\alpha}(T)$ は**一致推定値**になる.

定理 7.3.1

例題 7.3.1 の OU 過程の最尤推定値 $\widehat{\alpha}(T)$ は次を満たす.

任意の $\alpha \in \mathbb{R}$ に対して $\quad P_\alpha\left(\lim_{T\to\infty} \widehat{\alpha}(T) = \alpha\right) = 1.$ (7.3.10)

問 7.3.1 例題 7.3.1 の $\widehat{\alpha}(T)$ は次のように表されることを示せ.

$$\widehat{\alpha}(T) = -\frac{X(T)^2 - X(0)^2 - \sigma^2 T}{2\displaystyle\int_0^T X(s)^2\,ds}.$$

$dX(t)$ に関する積分が現れないので,数値計算がしやすい.

【解答】 伊藤の公式から,$d(X(t)^2) = 2X(t)\,dX(t) + \sigma^2\,dt$.これを用いて,例題 7.3.1 の分子 $\displaystyle\int_0^T X(t)\,dX(t)$ をかき直せばよい.

7.4 確率微分方程式の解の安定性

$\boldsymbol{B}(t)$ を n 次元ブラウン運動とする.はじめに,時間的に一様な n 次元確率微分方程式(SDE)の解 $\boldsymbol{X}(t)$ を考える.

$$d\boldsymbol{X}(t) = \mu\big(\boldsymbol{X}(t)\big)\,dt + \sigma\big(\boldsymbol{X}(t)\big)\,d\boldsymbol{B}(t)), \quad t \geq 0.$$

ここで,$x = (x_i)_{i=1,\ldots,n} \in \mathbb{R}^n$ に対応する $\mu(x) = \big(\mu_i(x)\big)_{i=1,\ldots,n}$,$\sigma(x) = \big(\sigma_{ij}(x)\big)_{i,j=1,\ldots,n}$ はそれぞれ n 次元ベクトル関数,$n \times n$ 行列関数である.$\sigma(x)$ は $\mathbb{R}^n$ の有界領域 Ω で 0 にならないと仮定する.また,$\sigma(x)\sigma(x)^T = (Q_{ij}(x))_{i,j=1,\ldots,n}$($\sigma(x)^T$ は $\sigma(x)$ の転置行列)とする.この場合,SDE に対応する微分作用素を

$$\mathcal{L}_0 = \sum_{i=1}^n \mu_i(x)\frac{\partial}{\partial x_i} + \frac{1}{2}\sum_{i=1}^n\sum_{j=1}^n Q_{ij}(x)\frac{\partial^2}{\partial x_i \partial x_j}$$

とおく.さらに,すべての $x \in \Omega$ と $\xi = (\xi_i)_{i=1,\ldots,n} \in \mathbb{R}^n$ に対して

$$\sum_{i=1}^n \sum_{j=1}^n Q_{ij}(x)\xi_i\xi_j \geq \delta|\xi|^2$$

となるような正数 δ が存在すると仮定する.このような $\mathcal{L}_0$ は,Ω で**一様楕円性条件**を満たすとよばれる.このとき,楕円問題として知られる偏微分方程式

$$\begin{cases} \mathcal{L}_0[\phi] = -1 & (\Omega \text{ の内部の点 } x \text{ で}) \\ \phi = 0 & (\Omega \text{ の境界 } \partial\Omega \text{ の点 } x \text{ で}) \end{cases}$$

は有界な解 ϕ をもつことが知られている.$\tau_x = \inf\{t \geq 0;\ \boldsymbol{X}(t) \in \partial\Omega\}$ とおく.τ_x は,時刻 0 で $\mathbb{R}^n$ の原点 0 を含む Ω の内部の点 x から出発した $\boldsymbol{X}(t)$ が,初めて境界 $\partial\Omega$ に到達する時間を表している.このとき,ディンキンの公式(定理 6.6.6)から,$E[\tau_x] = \phi(x)$ となる.したがって,$\tau_x < \infty$ a.s.. 言い換えれば,確率 1 で,$\boldsymbol{X}(t)$ は $\mathbb{R}^n$ の原点 0 を含む領域 Ω から有限時間で脱出する.このことは,常微分方程式(ODE)

$$\frac{d\boldsymbol{x}(t)}{dt} = \mu\big(\boldsymbol{x}(t)\big)$$

が $0 \in \mathbb{R}^n$ を**安定な点**(たとえば,$\lim_{t \to \infty} \boldsymbol{x}(t) = 0$ の状態)にもつとしても,ブラウン運動 $\boldsymbol{B}(t)$ と拡散係数の影響によって SDE の解が安定な点に向かわないという**不安定な状態**が生じることを示唆している.

一般に，係数が時間変数 t にも依存する SDE を考えよう．

$$d\boldsymbol{X}(t) = \mu\bigl(t, \boldsymbol{X}(t)\bigr) dt + \sigma\bigl(t, \boldsymbol{X}(t)\bigr) d\boldsymbol{B}(t), \quad t \geq t_0, \quad \boldsymbol{X}(t_0) = c. \tag{7.4.1}$$

ここで，$\mu(t,x), \sigma(t,x)$ は $x = 0 \in \mathbb{R}^n$ のとき

$$\mu(t,0) = 0 \quad (零ベクトル), \quad \sigma(t,0) = 0 \quad (零行列), \quad t \geq t_0$$

を満たすとする．明らかに，$\boldsymbol{X}(t) \equiv 0$ は初期条件 $\boldsymbol{X}(t_0) = c = 0$ （零ベクトル）に関する解になる．この意味で，$\mathbb{R}^n$ の原点 0 を SDE (7.4.1) の**平衡点**という．

仮定 7.4.1

SDE (7.4.1) に対して，次を仮定する．
(1) $[t_0, \infty)$ における大域的な解の存在と一意性に関する定理の条件（注意 5.4.3，定理 5.5.1 参照）が満たされている．
(2) $\mu(t,x)$, $\sigma(t,x)$ は t に関して連続である．
(3) 初期値 $\boldsymbol{X}(t_0) = c \in \mathbb{R}^n$ は定数ベクトルである．

このとき，$\boldsymbol{X}(t)$ は $[t_0, \infty)$ において一通りに定まったマルコフ過程，かつ拡散過程になる（定理 6.1.3，注意 6.3.5，定理 6.4.4）．このとき，初期値 c が定数ベクトルであるから，定理 6.3.4 の証明と同様にして，積率 $E[|\boldsymbol{X}(t)|^k]$，$k > 0$ は任意の t に対して存在することがわかる．

定義 7.4.2

原点 $0 \in \mathbb{R}^n$ の近傍 $U_h = \{x; |x| \leq h\} \subset \mathbb{R}^n$, $h > 0$ で定義された連続な実数値関数 $v(x)$ は，次を満たすとき，**正定値**であるとよばれる．

$$v(0) = 0, \quad v(x) \geq 0 \quad (x \neq 0).$$

$[t_0, \infty) \times U_h$ で定義された連続な実数値関数 $V(t,x)$ は，$V(t,0) = 0$ で，次を満たす正定値な $w(x)$ が存在するとき，**正定値**であるとよばれる．

$$V(t,x) \geq w(x), \quad t \geq t_0.$$

いま，実数値関数 $V : [t_0, \infty) \times \mathbb{R}^n \to \mathbb{R}$ は正定値で，連続な偏導関数 $\dfrac{\partial}{\partial t}$, $\dfrac{\partial}{\partial x_i}$, $\dfrac{\partial^2}{\partial x_i \partial x_j}$ をもつとする．また，SDE (7.4.1) に対応する微分作用素を L とする．

$$L = \frac{\partial}{\partial t} + \mathcal{L}, \tag{7.4.2}$$

$$\mathcal{L} = \sum_{i=1}^{n} \mu_i(t,x) \frac{\partial}{\partial x_i} + \frac{1}{2} \sum_{i=1}^{n} \sum_{j=1}^{n} Q_{ij}(t,x) \frac{\partial^2}{\partial x_i \partial x_j},$$

$$(Q_{ij}(t,x))_{i,j} = \sigma(t,x)\sigma(t,x)^T, \quad Q_{ij}(t,x) = \sum_{k=1}^{n} \sigma_{ik}(t,x)\sigma_{jk}(t,x).$$

このとき，$V(t) = V(t, \boldsymbol{X}(t))$ とおき，伊藤の公式（定理 4.9.1）を V に応用すると次のようになる．

$$dV(t) = LV(t, \boldsymbol{X}(t))\, dt + \sum_{i=1}^{n} \sum_{j=1}^{n} \frac{\partial}{\partial x_i} V(t, \boldsymbol{X}(t)) \sigma_{ij}(t, \boldsymbol{X}(t))\, dB_j(t).$$

$\mathbb{R}^n$ の原点 0 が安定的な吸引点であるためには，すべての軌跡に対して $dV(t) \leq 0,\ t \geq t_0$ となることが要請される．ブラウン運動の項がない場合，直感的ではあるが，$dV(t) \leq 0$ ならば，$t \to \infty$ において $V(t)$ は減少して $V = 0$ に向かい，それゆえに正定値性から軌跡は 0 に吸引されると解釈される．しかし，ランダムな揺動の影響を受けるならば，必ずしもそうはならない．少なくとも，平均をとって $E[dV(t)] \leq 0$ が言えるだけで，そのときは

$$E\bigl[LV(t, \boldsymbol{X}(t))\bigr] \leq 0 \tag{7.4.3}$$

となる．これに関しては，もしも $V(t,x)$ が

$$LV(t,x) \leq 0, \quad t \geq t_0, \quad x \in \mathbb{R}^n \tag{7.4.4}$$

を満たすならば，(7.4.3) が成り立つ．一般に，(7.4.4) を満たす正定値な $V(t,x)$ は**リヤプノフ関数**とよばれている．

$t_0 \leq s < t$ として，$dV(t)$ を s から t まで積分すれば次のようになる．

$$V(t) - V(s) = \int_s^t LV(r, \boldsymbol{X}(r))\, dr + H(t)$$

$$H(t) = \int_s^t \sum_{i=1}^{n} \sum_{j=1}^{n} \frac{\partial}{\partial x_i} V(r, \boldsymbol{X}(r)) \sigma_{ij}(r, \boldsymbol{X}(r))\, dB_j(r).$$

SDE の解が定義される確率空間で与えられたフィルトレーションを $\{\mathcal{F}_t\}$ とすれば（仮定 5.3.1 参照），$H(t)$ は $\{\mathcal{F}_t\}$ に関してマルチンゲールになり，$E[H(t)|\mathcal{F}_s] = H(s) = 0$ となる．したがって，(7.4.4) を満たすリヤプノフ関数 $V(t,x)$ に対しては次のようになる．

$$E[V(t) - V(s) \mid \mathcal{F}_s] = E\left[\int_s^t LV(r, \boldsymbol{X}(r))\, dr \,\bigg|\, \mathcal{F}_s\right] \leq 0.$$

すなわち,$V(t)$ は $\{\mathcal{F}_t\}$ に関して優マルチンゲールである.優マルチンゲールの不等式(定理 2.8.14 (3))によって,任意に $\varepsilon > 0$ をとれば次が成り立つ.

任意の $[a, b] \subset [t_0, \infty)$ に対して

$$P\left(\sup_{a \leq t \leq b} V(t, \boldsymbol{X}(t)) \geq \varepsilon\right) \leq \frac{1}{\varepsilon} E[V(a, \boldsymbol{X}(a))].$$

特に,$a = t_0$,$\boldsymbol{X}(a) = c \in \mathbb{R}^n$ とし,$b \to \infty$ とすれば

$$P\left(\sup_{t_0 \leq t \leq \infty} V(t, \boldsymbol{X}(t)) \geq \varepsilon\right) \leq \frac{1}{\varepsilon} V(t_0, c), \quad \varepsilon > 0, \quad c \in \mathbb{R}^n.$$

もしも $\lim_{c \to 0} V(t_0, c) = 0$ と仮定すれば

$$\lim_{c \to 0} P\left(\sup_{t_0 \leq t \leq \infty} V(t, \boldsymbol{X}(t)) \geq \varepsilon\right) = 0, \quad \varepsilon > 0 \tag{7.4.5}$$

となる.したがって,すべての $\varepsilon_1 > 0$ に対して,次を満たすような,ε_1 と t_0 に依存した正数 $\delta = \delta(\varepsilon_1, t_0)$ が存在する.

$|c| < \delta$ となる c を任意にとれば $\quad P\left(\sup_{t_0 \leq t \leq \infty} V(t, \boldsymbol{X}(t)) \geq \varepsilon\right) \leq \varepsilon_1.$

ここで,たとえば $V(t, x)$ は $\mathbb{R}^n$ のベクトルの大きさ $|x|$ の関数のようなものと考えて

$$|\boldsymbol{X}(t)| > \varepsilon_2 \Rightarrow V(t, \boldsymbol{X}(t)) > \varepsilon$$

を満たすものと仮定しよう.このとき,初期条件 $\boldsymbol{X}(t_0) = c$ に関する SDE の解を $\boldsymbol{X}(t; t_0, c)$ とおけば,(7.4.5) は次のようにかき表される.

任意の $\varepsilon > 0$ に対して $\quad \lim_{c \to 0} P\left(\sup_{t_0 \leq t \leq \infty} |\boldsymbol{X}(t; t_0, c)| \geq \varepsilon\right) = 0.$ (7.4.6)

定義 7.4.3

(1) (7.4.6) を満たすとき,点 $0 \in \mathbb{R}^n$ を SDE (7.4.1) の**確率的に安定な平衡点**という.

(2) 点 $0 \in \mathbb{R}^n$ が確率的に安定な平衡点で,かつ

$$\lim_{c \to 0} P\left(\lim_{t \to \infty} \boldsymbol{X}(t; t_0, c) = 0\right) = 1$$

を満たすとき,点 0 を**確率的に漸近安定な平衡点**という.

(3) 点 $0 \in \mathbb{R}^n$ が確率的に安定な平衡点で,かつ

任意の $c \in \mathbb{R}^n$ に対して $P\left(\lim_{t\to\infty} \boldsymbol{X}(t;t_0,c) = 0\right) = 1$

を満たすとき，点 0 を**大域で確率的に漸近安定**な平衡点という．

定理 7.4.4

SDE (7.4.1) に対応する正定値な関数を $V(t,x)$ とする．このとき
(1) $LV(t,x) \leq 0$, $t \geq t_0$, $0 < |x| \leq h$ ならば，点 0 は確率的に安定な平衡点．
(2) $V(t,x) \leq w(x)$, $t \geq t_0$ ($w(x)$ は正定値)，かつ $LV(t,x) \leq -u(|x|)$, $t \geq t_0$, $0 < |x| \leq h$ ($u(r)$ は $r \geq 0$ で正定値) ならば，点 0 は確率的に漸近安定な平衡点．
(3) 上記 (2) の V が $\inf_{t \geq t_0} V(t,x) \to \infty$ ($|x| \to \infty$) を満たすならば，点 0 は大域で確率的に漸近安定な平衡点．

例題 7.4.1 1次元幾何ブラウン運動に関する SDE
$$dX(t) = \mu X(t)\,dt + \sigma X(t)\,dB(t), \quad X(0) = c\ (\mu, \sigma, c \text{ は定数で } \sigma > 0)$$
において，点 $0 \in \mathbb{R}$ は大域で確率的に漸近安定な平衡点になるか調べよ．

【解答】 $X(t) = c \exp\left[\left(\mu - \frac{1}{2}\sigma^2\right)t + \sigma B(t)\right]$. 大数の強法則（定理 3.3.5）によって，$\lim_{t\to\infty} \frac{B(t)}{t} = 0$, a.s. となるから，$t \to \infty$ のとき次が成り立つ．

$$\mu - \frac{1}{2}\sigma^2 < 0 \Rightarrow X(t) \to 0 \text{ a.s.}, \quad \mu - \frac{1}{2}\sigma^2 > 0 \Rightarrow X(t) \to \infty \text{ a.s.}$$

もしも $\mu = \frac{1}{2}\sigma^2$ ならば，$X(t) = c\exp[\sigma B(t)]$ であるから，重複大数の法則（定理 3.3.6）によって $P\left(\limsup_{t\to\infty} X(t) = \infty\right) = 1$ を満たす．したがって，$\mu < \frac{1}{2}\sigma^2$ ならば，点 0 は大域で確率的に漸近安定な平衡点になる．

同じ結果をリヤプノフ関数の手法で導いてみよう．$V(x) = |x|^\alpha$, $\alpha > 0$ とおく．このとき $x \neq 0$ に対しては
$$LV(x) = \left(\mu + \frac{1}{2}\sigma^2(\alpha - 1)\right)\alpha|x|^\alpha.$$

$\mu - \frac{1}{2}\sigma^2 < 0$ ならば，$0 < \alpha < 1 - \frac{2\mu}{\sigma^2}$ となる α を選ぶことができて，そのとき

$$LV(x) \leq -kV(x), \quad x \neq 0$$

を満たす定数 $k>0$ が存在する．ゆえに，定理 7.4.4 (3) が応用できる．

問 **7.4.1** SDE (7.4.1) を 1 次元の場合で考え，$0 \in \mathbb{R}$ を平衡点とする．係数は解の存在と一意性が保証される条件を満たすとし，さらに次のような定数 μ_0, σ_0 が存在すると仮定する．

$$\mu(t,x) = \mu_0 x + \widetilde{\mu}(t,x), \quad \sigma(t,x) = \sigma_0 x + \widetilde{\sigma}(t,x), \quad t \geq 0, \quad x \in \mathbb{R}.$$
$$\lim_{|x| \to 0} \frac{|\widetilde{\mu}(t,x)| + |\widetilde{\sigma}(t,x)|}{|x|} = 0 \quad (t \text{ に関して一様に}).$$

このとき，$\mu_0 - \frac{1}{2}\sigma_0^2 < 0$ ならば，点 0 は確率的に漸近安定な平衡点になることを示せ．

【解答】 $V(x) = |x|^\alpha$, $\alpha > 0$ とおく．伊藤の公式から次のようになる．

$$LV(x) = \left\{ \mu_0 + \frac{\widetilde{\mu}(t,x)}{x} + \frac{1}{2}(\alpha-1)\left(\sigma_0 + \frac{\widetilde{\sigma}(t,x)}{x}\right)^2 \right\} \alpha |x|^\alpha$$
$$= \left\{ \mu_0 - \frac{1}{2}\sigma_0^2 + \frac{\widetilde{\mu}(t,x)}{x} + \frac{1}{2}\alpha\sigma_0^2 \right.$$
$$\left. + (\alpha-1)\left(\sigma_0 \frac{\widetilde{\sigma}(t,x)}{x} + \frac{\widetilde{\sigma}^2(t,x)}{2x^2}\right) \right\} \alpha |x|^\alpha.$$

係数の仮定によって，$\alpha > 0$ と $r > 0$ を，$0 < |x| < r$ においては

$$\left| \frac{\widetilde{\mu}(t,x)}{x} \right| + \frac{1}{2}\alpha\sigma_0^2 + \left| (\alpha-1)\left(\sigma_0 \frac{\widetilde{\sigma}(t,x)}{x} + \frac{\widetilde{\sigma}^2(t,x)}{2x^2}\right) \right| < \left| \mu_0 - \frac{1}{2}\sigma_0^2 \right|$$

が成り立つように，十分小さく選ぶことができる．このとき

$$LV(x) \leq -kV(x), \quad 0 < |x| < r$$

を満たす定数 $k>0$ が存在する．ゆえに，定理 7.4.4 (2) が応用できる．

7.5 人口動態のロジスティックモデル

集団の時刻 t における人口を $x(t)$ としよう．たとえば，人口の変化率がそのときの人口に比例すると仮定すれば，$\dfrac{dx(t)}{dt} = rx(t)$（$r$ は定数）と表されるから，$x(t) = x(0)e^{rt}$ となる．したがって，$t \to \infty$ のとき，$r>0$ ならば $x(t) \to \infty$（人口爆発），$r<0$ ならば $x(t) \to 0$（人口消滅），$r=0$ ならば $x(t) = x(0)$（一定）である．$r = r_+ - r_-$（出生率 r_+，死亡率 r_-）と解釈することができる．しかし，これらは極端な場合である．改良して，人口の変化

7.5 人口動態のロジスティックモデル

率がそのときの人口と環境収容力の残りに比例すると仮定してみよう．このとき，内的増加率を $r>0$, 環境収容力を $K>0$ とすれば，

$$\frac{dx(t)}{dt} = rx(t)\left(1 - \frac{x(t)}{K}\right), \quad x(0) = x_0 > 0 \qquad (7.5.1)$$

と表される．この常微分方程式（ODE）は，人口動態の**ロジスティックモデル**として知られている．はじめに，$x(t)$ の振る舞いを調べる．

例題 7.5.1 ODE (7.5.1) の解は次のように与えられることを確かめよ．

$$x(t) = \frac{x_0 e^{rt}}{1 + \frac{x_0}{K}(e^{rt}-1)}.$$

【解答】 $y(t) = x(t)^{-1}$ とおく．$\dfrac{dy(t)}{dt} = -x(t)^{-2}\dfrac{dx(t)}{dt}$ であるから，(7.5.1) に $x(t)^{-2}$ を乗じれば次のようにかき直される．

$$\frac{dy(t)}{dt} + ry(t) = \frac{r}{K}, \quad y(0) = y_0 = x_0^{-1}.$$

これは $y(t)$ に関する1階線形微分方程式である．(1.9.3) の公式を用いると

$$\begin{aligned}
y(t) &= e^{-rt}\left(\int_0^t \frac{r}{K}e^{rs}\,ds + y_0\right) \\
&= e^{-rt}\left(\frac{1}{K}\left[e^{rs}\right]_0^t + y_0\right) = e^{-rt}\left(\frac{1}{K}(e^{rt}-1) + \frac{1}{x_0}\right).
\end{aligned}$$

$x(t) = y(t)^{-1}$ であるから，整理すれば求める解 $x(t)$ が得られる．

問 7.5.1 ODE (7.5.1) の解は，$0 < x_0 < K$ のとき次を満たすことを示せ．
(1) $0 < x(t) < K, t > 0$.
(2) $\lim_{t\to\infty} x(t) = K$.

【解答】 (1) $\dfrac{dx(t)}{dt} > 0 \Leftrightarrow 0 < x(t) < K$ であるから，区間 $(0, K)$ の x_0 から出た解 $x(t)$ は t に関して単調増加し，$(0, K)$ 内に収まっている．
(2) 例題 7.5.1 の解表現において，分母子を e^{rt} で割り，$t\to\infty$ とすればよい．

さらに，(7.5.1) が偶然の揺らぎから影響を受ける場合には，ブラウン運動を $B(t)$ として，1次元確率微分方程式（SDE）で表される**確率ロジスティックモデル**が考えられる．

$$dX(t) = rX(t)\left(1 - \frac{X(t)}{K}\right)dt + \sigma X(t)\,dB(t), \quad X(0) = X_0 > 0. \qquad (7.5.2)$$

ここで，r, K, σ は正数で，それぞれ相対的（内的）増加率，環境収容力，揺らぎの強さを表す．この SDE は具体的な解をもつことがわかる．

> **例題 7.5.2** SDE (7.5.2) の解は次のように与えられることを確かめよ．
> $$X(t) = \frac{X_0 \exp\left[\left(r - \frac{1}{2}\sigma^2\right)t + \sigma B(t)\right]}{1 + \frac{X_0}{K} r \int_0^t \exp\left[\left(r - \frac{1}{2}\sigma^2\right)s + \sigma B(s)\right] ds}.$$

【解答】 $Z(t) = X(t)^{-1}$ とおく．伊藤の公式を $F(x) = x^{-1}$ に応用すると
$$\begin{aligned} dZ(t) &= \left[rX(t)\left(1 - \frac{X(t)}{K}\right)\left(-\frac{1}{X(t)^2}\right) + \frac{1}{2}\sigma^2 X(t)^2 \left(\frac{2}{X(t)^3}\right)\right] dt \\ &\quad + \sigma X(t)\left(-\frac{1}{X(t)^2}\right) dB(t) \\ &= \left[-(r - \sigma^2)Z(t) + \frac{r}{K}\right] dt - \sigma Z(t)\, dB(t). \end{aligned}$$

これは $Z(t)$ に関する線形な SDE である．定理 7.1.1 の解の公式において
$$f(t) \equiv -(r - \sigma^2), \quad g(t) \equiv \frac{r}{K}, \quad \phi(t) \equiv -\sigma, \quad \theta(t) \equiv 0$$

とおく．定理 7.1.1 で $Y(t)$ を求めて解の公式に代入すれば
$$\begin{aligned} Y(t) &= \int_0^t \left(f(s) - \frac{1}{2}\phi(s)^2\right) ds + \int_0^t \phi(s)\, dB(s) \\ &= -\left(r - \frac{1}{2}\sigma^2\right)t - \sigma B(t), \\ Z(t) &= Z(0)\exp[Y(t)] + \exp[Y(t)]\left(\frac{r}{K}\right)\int_0^t \exp[-Y(s)]\, ds, \\ X(t) &= Z(t)^{-1} = \frac{\exp[-Y(t)]}{\frac{1}{X_0} + \left(\frac{r}{K}\right)\int_0^t \exp[-Y(s)]\, ds}. \end{aligned}$$

ゆえに，右辺の分母子に X_0 を乗じれば求める解が得られる．

問 **7.5.2** SDE (7.5.2) で表される人口は消滅することがあるか，調べよ．

【解答】 問 7.4.1 が応用できる．$2r < \sigma^2$ ならば，原点 0 は確率的に漸近安定な平衡点であるから，そのときは消滅する．

厚労省の統計資料から，1958-2010 年の日本の人口数 (単位:千人) に基づき，SDE (7.5.2) で
$$r = 5.54, \quad K = 128000, \quad \sigma = 1 \quad (2r > \sigma^2)$$

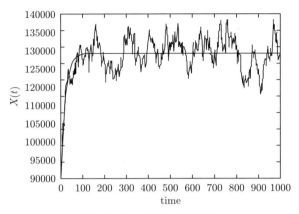

図 **7.5.1** 日本の人口推移

とする．このとき，初期値として 1958 年の日本の人口数 $X_0 = 92010$ を与えると，$X(t)$ は図 7.5.1 のようになる．

注意 7.5.1 ODE (7.5.1) のモデルでは，人口 $x(t)$ が $0 < x(t) < K$ となっていた．しかし，SDE (7.5.2) のモデルでは，正の確率で，人口 $X(t)$ が任意の大きな値に達して人口密度の収容上限を超えることがある．すなわち，任意の数 $M > 0$ に対して次が成り立つ．

$$X(0) = X_0 > 0 \Rightarrow P\left(\sup_{t>0} X(t) > M\right) > 0$$

さらに，$r > \dfrac{1}{2}\sigma^2$ ならば不変密度（例題 6.7.2）が存在してパラメータ $\alpha = \dfrac{2r}{\alpha^2} - 1$，$\lambda = \dfrac{2r}{\sigma^2 K}$ のガンマ分布（注意 6.7.3）になっている．

7.6　競争と共生のロトカ・ボルテラモデル

n 種の個体群に関する ODE として**ロトカ・ボルテラモデル**がある．

$$\frac{dx_i(t)}{dt} = x_i(t)\left(r_i + \sum_{j=1}^{n} a_{ij} x_j(t)\right), \quad 1 \leq i \leq n. \tag{7.6.1}$$

ここで $x_i(t)$ は個体群密度，r_i は内的増加率（または減少率）である．a_{ij} は i 個体群に対する j 個体群の影響を表し，増進効果ならば正，阻害効果ならば負となる．ただし，成長率に対するすべての種の影響が，線形であると仮定している．たとえば，捕食者-被食者，競争，共生，あるいはこれらの混合した相互作用の動態は (7.6.1) のようにモデル化できる．特徴として，相互作用の係数 a_{ij} と a_{ji} の符合の関係によって 3 つのモデルに分けることができる．

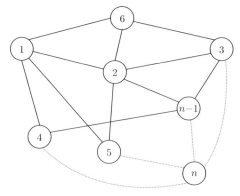

図 **7.6.1** 相互作用

$$
(a_{ij}, a_{ji}) = \begin{cases} (-, +) & \text{食物連鎖の相互作用,} \\ (-, -) & \text{競争の相互作用,} \\ (+, +) & \text{共生の相互作用.} \end{cases}
$$

$$
\mathbb{R}_+^n = \{x = (x_i)_{i=1,\ldots,n}; \, x_i > 0, \quad 1 \leq i \leq n\}
$$

とおく．$x \in \mathbb{R}_+^n$ に対して，$x(0; x) = x$ から発した (7.6.1) の解 $x(t) = x(t; x) = \bigl(x_i(t;x)\bigr)_{i=1,\ldots,n}$ は，レベル x に達した後の時刻 t における個体群の密度を表している．ODE の基礎理論によれば，$x(t; x)$ の挙動については，ある $T > 0$ に対して

$$
x(t) = x(t; x) \in \mathbb{R}_+^n, \quad t \in [\,0, T)
$$

となる．この場合，$T = \infty$ であるか，あるいは適当な j, $1 \leq j \leq n$, に対して

$$
\lim_{t \to T} x_j(t) = \infty
$$

である．通常，(7.6.1) に対しては，右辺を 0 とおいて得られる連立 1 次方程式

$$
r_i + \sum_{j=1}^n a_{ij} \overline{x}_j = 0, \quad 1 \leq i \leq n \tag{7.6.2}
$$

の解 $\overline{x} = (\overline{x}_i)_{i=1,\ldots,n} \in \mathbb{R}_+^n$（**平衡点**）が存在すると仮定されている．そのとき，$x(t) \equiv \overline{x}$ は安定な平衡点であるかどうかを考察することが基本となる．

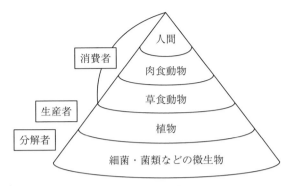

図 **7.6.2** 食物連鎖ピラミッド

簡単のために，生物群集内での生物の捕食（食べる）・被食（食べられる）という点に着目し，それぞれの生物群集における生物種間の関係を表す**食物連鎖**の方程式を考えよう．

$$\frac{dx_1(t)}{dt} = x_1(t)\bigl(r_1 - b_{11}x_1(t) - b_{12}x_2(t)\bigr),$$
$$\frac{dx_2(t)}{dt} = x_2(t)\bigl(-r_2 + b_{21}x_1(t) - b_{22}x_2(t) - b_{23}x_3(t)\bigr), \quad (7.6.3)$$
$$\frac{dx_3(t)}{dt} = x_3(t)\bigl(-r_3 + b_{32}x_2(t) - b_{33}x_3(t)\bigr).$$

ここで，$x_1(t)$, $x_2(t)$, $x_3(t)$ は，それぞれ 被食者，中位の捕食者，上位の捕食者の人口密度を表し，r_i, b_{ij} は正数である．

食物連鎖は 3 つの "企業間の相互関係" と解釈することもできる．

例題 7.6.1 方程式 (7.6.3) において，
$$r_1 - \left(\frac{b_{11}}{b_{21}}\right) r_2 - \left(\frac{b_{11}b_{22} + b_{12}b_{21}}{b_{21}b_{32}}\right) r_3 > 0$$
ならば，平衡点 $\overline{x}$ が存在することを確かめよ．

【解答】 (7.6.2) に対応する解 $\overline{x}_i > 0$, $i = 1, 2, 3$ を消去代入法で求める．

$$r_1 - b_{11}\overline{x}_1 - b_{12}\overline{x}_2 = 0, \qquad \cdots ①$$
$$-r_2 + b_{21}\overline{x}_1 - b_{22}\overline{x}_2 - b_{23}\overline{x}_3 = 0, \qquad \cdots ②$$
$$-r_3 + b_{32}\overline{x}_2 - b_{33}\overline{x}_3 = 0. \qquad \cdots ③$$

① から $\overline{x}_1 = \dfrac{r_1 - b_{12}\overline{x}_2}{b_{11}}$.
② へ代入すると $\overline{x}_2 = \dfrac{b_{21}r_1 - b_{11}b_{23}\overline{x}_3 - b_{11}r_2}{D}$, $D = b_{11}b_{22} + b_{12}b_{21}$.

この $\overline{x}_2$ を③に代入して $\overline{x}_3$ について解けば，次のようになる．

$$\overline{x}_3 = \frac{K}{M}, \quad K = (b_{21}b_{32})r_1 - (b_{11}b_{32})r_2 - (b_{12}b_{21} + b_{11}b_{22})r_3,$$
$$M = b_{11}b_{23}b_{32} + b_{33}(b_{12}b_{21} + b_{11}b_{22}).$$

$\overline{x}_3 > 0$ であるためには，$K > 0$ でなければならない．この不等式をかき直せば求める係数条件となる．$\overline{x}_3 > 0$ が求まったとして，①と②から解 $\overline{x}_1 > 0$，$\overline{x}_2 > 0$ が得られる．

例題 7.6.1 で示された係数条件が満たされていると仮定して，ODE (7.6.3) に対応するリヤプノフ関数 $V(x)$，$x \in \mathbb{R}_+^3$ を次のように与える．

$$V(x) = \sum_{i=1}^{3} c_i \left(x_i - \overline{x}_i - \overline{x}_i \log\left(\frac{x_i}{\overline{x}_i}\right) \right). \tag{7.6.4}$$

ただし，$c_i, i = 1, 2, 3$ は正数で，条件

$$c_1 b_{12} - c_2 b_{21} = 0 = c_2 b_{23} - c_3 b_{32} \tag{7.6.5}$$

を満たすように選んでおく．

問 7.6.1 (7.6.3) の解を $x(t)$，(7.6.4) の関数を $V(x)$ とし，$V(t) = V(x(t))$ とおく．$V(t)$ は次を満たすことを示せ．

$$\frac{dV(t)}{dt} = -\left(c_1 b_{11}(x_1 - \overline{x}_1)^2 + c_2 b_{22}(x_2 - \overline{x}_2)^2 + c_3 b_{33}(x_3 - \overline{x}_3)^2 \right).$$

【解答】 簡単のために，$x_i(t) = x_i$ とおく．また，(7.6.3) を一般形の (7.6.1) に対応させて，係数 $\pm b_{ij}$ を a_{ij} とかく．このとき，平衡点は (7.6.2) を満たすから

$$\frac{dx_i}{dt} = x_i \left(r_i + \sum_{j=1}^{3} a_{ij} x_j \right) = x_i \left(\sum_{j=1}^{3} a_{ij}(x_j - \overline{x}_j) \right).$$

したがって

$$\frac{dV(t)}{dt} = \sum_{i=1}^{3} c_i \left(\frac{x_i - \overline{x}_i}{x_i} \right) \frac{dx_i}{dt} = \sum_{i=1}^{3} c_i (x_i - \overline{x}_i) \left(\sum_{j=1}^{3} a_{ij}(x_j - \overline{x}_j) \right).$$

上式は積の項 $c_i a_{ij}(x_i - \overline{x}_i)(x_j - \overline{x}_j)$ の和になる．しかし，$a_{ij} \leftrightarrow \pm b_{ij}$ と対応させて整理すれば，条件 (7.6.5) によって $i \neq j$ で交差している項は相殺され，$i = j$ の 2 乗部分だけが残る．結局，かき直して整理すれば題意の結果となる．

注意 7.6.1
問 7.6.1 から $\dfrac{V(t)}{dt} < 0$ であるから,$V(t)$ は t に関して減少する.(7.6.4) の関数形に注意しよう.このとき,粗く言えば,$V(t) \downarrow 0 \Leftrightarrow \dfrac{x_i(t)}{\overline{x}_i} \to 1$.すなわち,$t$ の経過で $x(t) \to \overline{x}$ となる.実際には,任意の $x \in \mathbb{R}_+^3$ から発する解 $x(t) = x(t;x)$ に対しては,$\lim_{t\to\infty} x(t) = \overline{x}$ となることがわかり,この意味で (7.6.3) の平衡点 $\overline{x}$ は大域で漸近安定である.$\overline{x}$ は,1 点 $\overline{x}$ に集中したディラックのデルタ関数 $\delta(x - \overline{x})$(注意 8.4.2 参照)を確率密度とする "退化した" 確率分布のように見なされる.

偶然の揺らぎから影響を受ける場合には,$B_1(t), B_2(t), \ldots, B_m(t)$ を m 個の独立な 1 次元ブラウン運動として,次のような SDE で表される**確率ロトカ・ボルテラモデル**が考えられる.

$$dX_i(t) = X_i(t)\left(r_i + \sum_{j=1}^n a_{ij} X_j(t)\right) dt + \sum_{k=1}^m \sigma_{ik} X_i(t)\, dB_k(t), \quad 1 \le i \le n. \tag{7.6.6}$$

ここで,σ_{ik} は定数である.ODE (7.6.1) において,増加率 r_i を平均的な値(これを改めて定数 r_i とかく)と偶然の揺らぎ項の和

$$r_i + \sum_{j=1}^m \sigma_{ij} \xi_j(t)$$

に置き換えれば,SDE (7.6.6) が導出される.ただし,$\xi_j(t)$ は独立なホワイトノイズで,$\xi_j(t)\,dt = dB_j(t)$ の関係を満たすように扱われる(5.1 節参照).

(7.6.6) の例として,食物連鎖の ODE (7.6.3) に独立な揺らぎ項から成る 3 次元ブラウン運動が入った SDE($m = n = 3$)を考える.

$$dX_1(t) = X_1(t)\bigl(r_1 - b_{11} X_1(t) - b_{12} X_2(t)\bigr) dt + \sigma_1 X_1(t)\, dB_1(t),$$
$$dX_2(t) = X_2(t)\bigl(-r_2 + b_{21} X_1(t) - b_{22} X_2(t) - b_{23} X_3(t)\bigr) dt$$
$$\qquad\qquad\qquad\qquad\qquad + \sigma_2 X_2(t)\, dB_2(t), \tag{7.6.7}$$
$$dX_3(t) = X_3(t)\bigl(-r_3 + b_{32} X_2(t) - b_{33} X_3(t)\bigr) dt + \sigma_3 X_3(t)\, dB_3(t).$$

ただし,σ_i,$i = 1, 2, 3$ は正数で揺らぎの強さを表す.

例題 7.6.2
例題 7.6.1 の係数条件を仮定し,平衡点を $\overline{x}$ とする.(7.6.4) で与えられたリヤプノフ関数 $V(x)$ を条件 (7.6.5) のもとに考える.さらに,SDE (7.6.7) に対応して (7.4.2) で与えられる微分作用素を $L = \dfrac{\partial}{\partial t} +$

$\mathcal{L}$ とする．次式を確かめよ．

$$LV(x) = \frac{1}{2}\Big\{-2\big(c_1 b_{11}(x_1-\overline{x}_1)^2 + c_2 b_{22}(x_2-\overline{x}_2)^2 \\ + c_3 b_{33}(x_3-\overline{x}_3)^2\big)+\delta\Big\},$$

$$\delta = \sum_{i=1}^{3} c_i \sigma_i^2 \,\overline{x}_i.$$

【解答】 (7.6.7) を一般系の (7.6.6) に対応させて，係数 $\pm b_{ij}$, σ_i をそれぞれ a_{ij}, σ_{ik} とかき，$LV(x)$ を表す．

$$LV(x) = \sum_{i=1}^{3} x_i \left(r_i + \sum_{j=1}^{3} a_{ij} x_j\right) \frac{\partial V(x)}{\partial x_i}$$
$$+ \frac{1}{2}\sum_{i,j=1}^{3}\left(\sum_{k=1}^{3}\sigma_{ik}\sigma_{jk}x_i x_j\right)\frac{\partial^2 V(x)}{\partial x_i \partial x_j}.$$

$\dfrac{\partial V(x)}{\partial x_i}$ を含むドリフトに関する項は問 7.6.1 の解答で計算済みである．一方，

$$\frac{\partial V(x)}{\partial x_i} = c_i\left(1-\frac{\overline{x}_i}{x_i}\right),\quad \frac{\partial^2 V(x)}{\partial x_i^2} = c_i \overline{x}_i \frac{1}{x_i^2}$$

に注意する．$\dfrac{\partial^2 V(x)}{\partial x_i \partial x_j}$ を含む拡散係数に関する項は，(7.6.7) の形によって $i=j$ の部分だけが残り

$$\frac{1}{2}\sum_{i=1}^{3}\sigma_i^2 x_i^2\left(c_i \overline{x}_i \frac{1}{x_i^2}\right) = \frac{1}{2}\sum_{i=1}^{3}c_i \sigma_i^2 \,\overline{x}_i$$

と計算される．

問 7.6.2 もしも揺らぎの強さを表す係数 σ_i の大きさが

$$\sum_{i=1}^{3} c_i \sigma_i^2 \,\overline{x}_i < 2\min_i\{c_i b_{ii}\,\overline{x}_i^2\} \tag{7.6.8}$$

を満たすならば，次式で表される楕円体は $\mathbb{R}_+^3$ の内部に含まれることを示せ．

$$\frac{(x_1-\overline{x}_1)^2}{A_1^2} + \frac{(x_2-\overline{x}_2)^2}{A_2^2} + \frac{(x_3-\overline{x}_3)^2}{A_3^2} = 1,\quad A_i = \sqrt{\frac{\delta}{2c_i b_{ii}}},\quad i=1,2,3.$$

【解答】 原点とは異なる中心 $(\overline{x}_1,\overline{x}_2,\overline{x}_3)$ の座標 $\overline{x}_i > 0$ と軸方向の径の半分の長さに相当する A_i を比べる．楕円体が $\mathbb{R}_+^3$ の内部に含まれるためには $\overline{x}_i > A_i$, $i=1,2,3$ でなければならない．(7.6.8) が成り立てば，明らかにこの条件は満たされる．

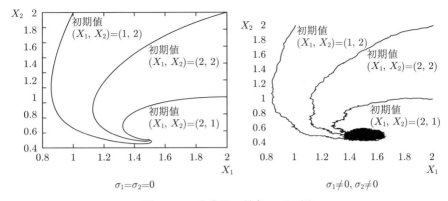

図 **7.6.3** 企業間の競争モデル例

注意 7.6.2 (7.6.4) のリヤプノフ関数 $V(x)$, (7.6.5) の相関条件, (7.6.8) の揺らぎの強さを仮定して SDE (7.6.7) を考える. 例題 7.6.2 と問 7.6.2 の結果は, 問 7.6.2 で与えられた楕円体の近傍として, ある領域 $D_0 \subset \mathbb{R}_+^3$ と定数 $k > 0$ が選べて, 次が成り立つようにできることを示している.

$$LV(x) < -k, \quad x \in \mathbb{R}_+^3 \setminus D_0 \quad (= \mathbb{R}_+^3 \cap D_0^c). \tag{7.6.9}$$

ODE (7.6.3) においては平衡点 $\bar{x}$ が軌道として大域で漸近安定とされていた (注意 7.6.1 参照). しかし, 関係式 (7.6.9) は SDE (7.6.7) に対する確率分布の安定な引き込みを導くものとして知られる. 言い換えれば, $\mathbb{R}_+^3$ の内部で至るところ 0 にならない確率密度をもつ不変分布 (定義 6.7.1) が存在する.

理解のために 2 次元の場合で考えよう. 携帯電話 (スマートフォン) を販売する A 社, B 社の 2006 年 6 月から 2010 年 9 月までの契約者数 (単位：百万人) のデータを元に, A 社, B 社の契約者数をそれぞれ $X_1(t), X_2(t)$ とする. このとき, たとえば次のような企業間の競争モデルをつくることができる (リヤプノフ関数による判定から不変分布をもつことがわかる).

$$\begin{cases} dX_1 = X_1(0.153 - 0.0024X_1 - 0.00042X_2)\,dt + \sigma_1 X_1\,dB_1, & X_1(0) > 0, \\ dX_2 = X_2(0.109 - 0.00026X_1 - 0.0027X_2)\,dt + \sigma_2 X_2\,dB_2, & X_2(0) > 0. \end{cases}$$

- $\sigma_1 = \sigma_2 = 0 \Rightarrow \lim_{t \to \infty} (X_1(t), X_2(t)) = (60.3942, 30.9757)$

(漸近的な安定点)

- $\sigma_1 = \sigma_2 = 0.4 \Rightarrow$ 2 次元不変分布 (不変密度) $z = \pi(x_1, x_2)$ が表す空間図形 $\{(x_1, x_2, z); z = \pi(x_1, x_2)\}$ の底面 (台) が $x_1 x_2$ 平面に現れる.

7.7 カルマン・ブーシーのフィルター問題

時刻 t におけるシステムの状態（入力過程，信号過程）$X(t)$ が次のような 1 次元線形確率微分方程式（SDE）によって表されているとする.

$$dX(t) = \alpha(t)X(t)\,dt + \beta(t)\,dB(t), \quad t \geq 0, \quad X(0) = X_0. \qquad (7.7.1)$$

ここで，$\alpha(t), \beta(t)$ は実数値関数，$B(t)$ は 1 次元ブラウン運動とし，X_0 の分布（初期分布）は $B(t)$ と独立であると仮定する.

一方，時刻 t におけるシステムの観測（出力過程）$Z(t)$ は次のように与えられているとする.

$$dZ(t) = f(t)X(t)\,dt + g(t)\,dW(t), \quad t \geq 0, \quad Z(0) = 0. \qquad (7.7.2)$$

ここで，$f(t), g(t)$ は実数値関数とし，$W(t)$ は 1 次元ブラウン運動で $\{B(t), X_0\}$ と独立であると仮定する．入力過程 $X(t)$ は (7.7.2) に現れて，観測可能な出力過程 $Z(t)$ によってフィルターがかけられていることに注意されたい．

フィルター問題というのは，観測値 $Z(s)$, $0 \leq s \leq t$ をもとにして，時刻 t におけるシステムの状態 $X(t)$ の**最良な推定** $\widehat{X}(t)$ を求めることである．最良な推定にはいろいろあるが，数学的な定義の 1 つは最小 2 乗法によるもので，誤差 2 乗の平均を最小にするものを探すということである．すなわち，$\{Z(s), s \leq t\}$ から生成された σ-フィールドを

$$\mathcal{F}_t^Z = \sigma(Z(s), s \leq t)$$

とするとき，$\mathcal{F}_t^Z$-可測で 2 乗可積分な任意の確率変数 Y に対して次式の誤差 2 乗の平均を最小にするような $\widehat{X}(t)$ を求めることである．

$$R(t) \equiv E\big[(X(t) - \widehat{X}(t))^2\big] \leq E\big[(X(t) - Y)^2\big]$$

そこで，$\mathcal{F}_t^Z$-可測で 2 乗可積分な確率変数 Y の集まりを $L^2(\mathcal{F}_t^Z)$ とおこう．このとき，$\widehat{X}(t)$ は，与えられた $\mathcal{F}_t^Z$ に対する条件付き平均

$$\widehat{X}(t) = E\big[X(t)\,|\,\mathcal{F}_t^Z\big] \qquad (7.7.3)$$

に一致する．幾何学的に言うと，$\widehat{X}(t)$ は $X(t)$ を $L^2(\mathcal{F}_t^Z)$ 上へ正射影したものになっている（定理 2.7.8）．したがって，誤差 2 乗の平均を最小にするという意味で，観測 $\{Z(s), 0 \leq s \leq t\}$ をもとに，(7.7.3) の $\widehat{X}(t)$ を求めることになる．次に問題となるのは $E\big[X(t)\,|\,\mathcal{F}_t^Z\big]$ の具体的な計算である．

簡単のために，(7.7.1) と (7.7.2) において

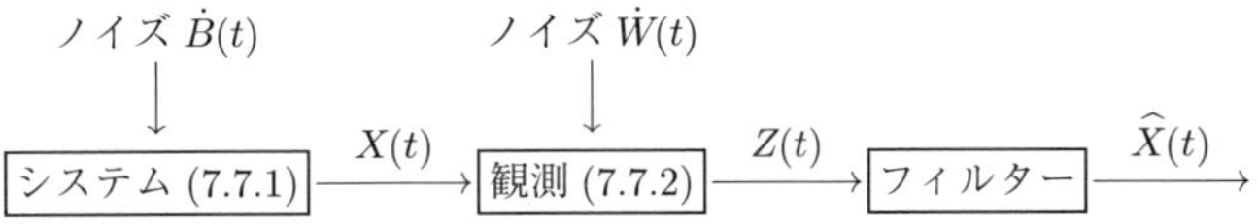

7.7 カルマン・ブーシーのフィルター問題

```
ノイズ Ḃ(t)              ノイズ Ẇ(t)
    ↓                       ↓
[システム (7.7.1)] ──X(t)──→ [観測 (7.7.2)] ──Z(t)──→ [フィルター] ──X̂(t)──→
```

図 **7.7.1** フィルター問題のイメージ

$$\alpha(t) \equiv \beta(t) \equiv 0, \quad f(t) \equiv g(t) \equiv 1$$

とし，X_0 は標準正規分布 $N(0,1)$ に従うとしよう．この場合，$X(t) = X_0$, $Z(t) = tX_0 + W(t)$ である．仮定から，$W(t)$ と X_0 は独立である．長い計算によれば，条件付き平均は

$$E[X(t) \mid Z_t] = \frac{1}{1+t} Z(t)$$

となることが知られている．一方，**カルマン・ブーシーの線形フィルター**に関する次の定理を用いれば，容易に $E[X(t) \mid \mathcal{F}_t^Z] = \dfrac{1}{1+t} Z(t)$ と得られ，上式と同じ結果が導かれる．

定理 7.7.1

(7.7.1) と (7.7.2) においてなされた係数，初期値，ブラウン運動の条件を同様に仮定する．また，初期値 X_0 は $B(t)$ と独立で平均 μ_0, 分散 σ_0^2 をもつとする．このとき，条件付き平均 $\widehat{X}(t) = E[X(t) \mid \mathcal{F}_t^Z]$ は次の線形な SDE の解になる．

$$d\widehat{X}(t) = \frac{f(t)R(t)}{g(t)^2} \, dZ(t) + \left(\alpha(t) - \frac{f(t)^2 R(t)}{g(t)^2}\right) \widehat{X}(t) \, dt, \quad \widehat{X}(0) = \mu_0. \tag{7.7.4}$$

ただし，$R(t)$ は次に示す**リッカチの方程式**の解である．

$$\frac{dR(t)}{dt} = 2\alpha(t) R(t) + \beta(t)^2 - \frac{f(t)^2}{g(t)^2} R(t)^2, \quad R(0) = \sigma_0^2. \tag{7.7.5}$$

さらに，$R(t)$ は誤差 2 乗の平均に等しい．すなわち，

$$R(t) = E\left[\left(X(t) - \widehat{X}(t)\right)^2\right].$$

例題 7.7.1 システムの状態 $X(t)$ と観測 $Z(t)$ が次のように与えられている．

$$dX(t) = 0 \;(\text{すなわち } X(t) = X_0), \quad E[X_0] = \mu_0, \quad V[X_0] = \sigma_0^2.$$

$$dZ(t) = X(t) \, dt + c \, dW(t), \quad Z(0) = 0.$$

ただし，c は 0 でない定数．このとき次を導け．
$$R(t) = \frac{c^2 \sigma_0^2}{c^2 + \sigma_0^2 t}, \qquad \widehat{X}(t) = \frac{c^2 \mu_0}{c^2 + \sigma_0^2 t} + \frac{\sigma_0^2}{c^2 + \sigma_0^2 t} Z(t).$$

【解答】 (7.7.1) と (7.7.2) において
$$\alpha(t) \equiv 0, \quad \beta(t) \equiv 0, \quad f(t) \equiv 1, \quad g(t) \equiv c$$

とおく．はじめに，リッカチの方程式 (7.7.5) をかくと
$$\frac{dR(t)}{dt} = -\frac{1}{c^2} R(t)^2, \qquad R(0) = \sigma_0^2.$$

この方程式は変数分離形であるから，求積法によって $R(t)$ を求めることができる．

$$\frac{dR}{R^2} = -\frac{dt}{c^2},$$
$$\int \frac{dR}{R^2} = -\frac{1}{c^2} \int dt + \widetilde{C} \quad (\widetilde{C} \text{ は積分定数}) \Rightarrow -\frac{1}{R} = -\frac{1}{c^2} t + \widetilde{C},$$
$$R(0) = \sigma_0^2 \Rightarrow \widetilde{C} = -\frac{1}{\sigma_0^2}, \quad \text{したがって} \quad R(t) = \frac{c^2 \sigma_0^2}{c^2 + \sigma_0^2 t}.$$

この $R(t)$ を (7.7.4) に代入すると $\widehat{X}(t)$ に関する線形な SDE が得られる．
$$d\widehat{X}(t) = \frac{\sigma_0^2}{c^2 + \sigma_0^2 t} dZ(t) - \frac{\sigma_0^2}{c^2 + \sigma_0^2 t} \widehat{X}(t) dt, \quad \widehat{X}(0) = \mu_0.$$

線形な SDE (7.1.10) で $X(t) \leftrightarrow \widehat{X}(t)$ と対応させ
$$f(t) = -\frac{\sigma_0^2}{c^2 + \sigma_0^2 t}, \quad g(t) \equiv 0, \quad \phi(t) \equiv 0, \quad \theta(t) = \frac{\sigma_0^2}{c^2 + \sigma_0^2 t}$$

とおく．このとき，定理 7.1.2 の公式 (7.1.11) から次のように計算される．
$$Y(t) = \int_0^t f(s) \, ds = -\int_0^t \frac{\sigma_0^2}{c^2 + \sigma_0^2 s} \, ds = \log\left(\frac{c^2}{c^2 + \sigma_0^2 t} \right),$$
$$\widehat{X}(t) = \widehat{X}(0) e^{Y(t)} + \int_0^t e^{Y(t) - Y(s)} \theta(s) \, dZ(s)$$
$$= \widehat{X}(0) \frac{c^2}{c^2 + \sigma_0^2 t} + \frac{c^2}{c^2 + \sigma_0^2 t} \int_0^t \left(\frac{c^2 + \sigma_0^2 s}{c^2} \right) \left(\frac{\sigma_0^2}{c^2 + \sigma_0^2 s} \right) dZ(s)$$
$$= \frac{c^2 \mu_0}{c^2 + \sigma_0^2 t} + \frac{\sigma_0^2}{c^2 + \sigma_0^2 t} Z(t).$$

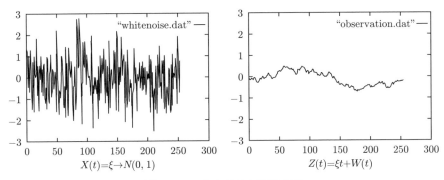

図 **7.7.2** 入力信号と観測信号

問 7.7.1 システムの状態 $X(t)$ と観測値 $Z(t)$ が次のように与えられている.

$$dX(t) = -\frac{1+t}{2}X(t)\,dt + dB(t), \quad \mu_0 = 0, \quad \sigma_0 = 1.$$
$$dZ(t) = \frac{1}{1+t}X(t)\,dt + \frac{1}{1+t}\,dW(t) \quad Z(0) = 0.$$

このとき, $R(t)$ と $\widehat{X}(t)$ を求めよ.

【解答】 (7.7.1) と (7.7.2) において

$$\alpha(t) = -\frac{1+t}{2}, \quad \beta(t) \equiv 1, \quad f(t) = g(t) = \frac{1}{1+t}$$

とおく. リッカチの方程式 (7.7.5) をかくと

$$\frac{dR(t)}{dt} = 1 - (1+t)R(t) - R(t)^2, \quad R(0) = 1.$$

$R(t)$ は次のように与えられる.

$$R(t) = \frac{1}{1+t}.$$

実際, この $R(t)$ を微分すれば, 与式を満たしていることが確かめられる. あるいは, $\frac{U'}{U} = R$, $U \neq 0$ $\left(U' = \frac{d}{dt}U\right)$ とおいて $U = U(t)$ の満たす方程式をつくれば,

$$U'' + (1+t)U' - U = 0$$

となる. 直感的に $U(t) = 1 + t$ が得られ, $R(t) = \frac{1}{1+t}$ となる.
$R(t)$ を (7.7.4) に代入すると $\widehat{X}(t)$ に関する線形な SDE が得られる.

$$d\widehat{X}(t) = dZ(t) - \left(\frac{1+t}{2} + \frac{1}{1+t}\right)\widehat{X}(t)\,dt, \quad \widehat{X}(0) = 0.$$

線形な SDE (7.1.10) で $X(t) \leftrightarrow \widehat{X}(t)$ と対応させ

$$\phi(t) \equiv 0, \quad \theta(t) \equiv 1, \quad f(t) = -\left(\frac{1+t}{2} + \frac{1}{1+t}\right), \quad g(t) \equiv 0$$

とおく．このとき，定理 7.1.2 の公式 (7.1.11) から次のように計算される．

$$\begin{aligned}
Y(t) &= \int_0^t f(s)\,ds = -\int_0^t \left(\frac{1+s}{2} + \frac{1}{1+s}\right) ds \\
&= -\left[\frac{1}{4}(1+s)^2 + \log(1+s)\right]_0^t \\
&= \log\left(\frac{1}{1+t}\right) - \frac{1}{2}\left(t + \frac{1}{2}t^2\right),
\end{aligned}$$

$$\begin{aligned}
\widehat{X}(t) &= \widehat{X}(0)e^{Y(t)} + \int_0^t e^{Y(t)-Y(s)}\theta(s)\,dZ(s) \qquad (\widehat{X}(0) = \mu_0 = 0) \\
&= \frac{1}{1+t}\exp\left[-\frac{1}{2}\left(t + \frac{1}{2}t^2\right)\right] \int_0^t (1+s)\exp\left[\frac{1}{2}\left(s + \frac{1}{2}s^2\right)\right] dZ(s).
\end{aligned}$$

第8章 金融のブラック・ショールズモデル

8.1 オプションとブラック・ショールズモデル

オプションとは，金融取引において，株式や債券などの金融商品を，将来の一定期間内もしくは一定の時期に，あらかじめ定めておいた**行使価格**という価値で売買できる権利（を与える証券）のことをいう．ただし権利行使の義務を伴わない．オプションには，コールとプットがある．

$$\text{コールオプション} = \text{買う権利を与えること},$$
$$\text{プットオプション} = \text{売る権利を与えること}.$$

金融取引において所定の期間の最終時点を**満期日**という．オプションには，いつ権利を行使できるかでヨーロッパ型とアメリカ型がある．

$$\text{ヨーロッパ型} = \text{満期日のみで権利を行使できる},$$
$$\text{アメリカ型} = \text{満期日までの任意の時点で権利を行使できる}.$$

オプション契約が満期日にもたらす利益のことを**支払価格**または**ペイオフ**という．ペイオフを満期日の**原資産**（たとえば株価や外国為替）の関数で表現したものをオプションの**ペイオフ関数**という．

本章では，満期日を T，行使価格を K として，時刻 t における価格が $X(t)$ と表される原資産に依存したヨーロッパ型オプションのみを扱う．

- コールオプション：満期日 T において $X(T) > K$ ならば，オプションの所有者は株を K の値で買う権利を行使し，直ちにそれを市場価格 $X(T)$ で売ることにより，そのときの差額 $X(T) - K$ を実際の利益として得ることができる．もしも $X(T) \leq K$ ならば，市場価格が行使価格を下回っているため，オプションの権利を行使しないから，そのときの利益はなくゼロである．

● プットオプション：満期日において $X(T) < K$ ならば，オプションの所有者は株を K の値で売る権利を行使し，直ちにそれを市場価格 $X(T)$ で買うことにより，そのとき差額 $K - X(T)$ を利益として得ることができる．もしも $X(T) \geq K$ ならば，市場価格が行使価格を上回っているため，オプションの権利を行使しないから，そのときの利益はなくゼロである．

コールオプションの満期日での価値を C_T とかくと，コールオプションのペイオフは

$$C_T = (X(T) - K)^+ = \max\{0, X(T) - K\}$$
$$= \begin{cases} X(T) - K & (X(T) > K \text{ のとき}), \\ 0 & (X(T) \leq K \text{ のとき}) \end{cases}$$

となる．また，プットオプションの満期日での価値を P_T とかくと，プットオプションのペイオフは

$$P_T = (K - X(T))^+ = \max\{0, K - X(T)\}$$
$$= \begin{cases} K - X(T) & (X(T) < K \text{ のとき}), \\ 0 & (X(T) \geq K \text{ のとき}) \end{cases}$$

となる．

本章では，主にヨーロッパ型コールオプションの問題を考察していく．

(1) オプション自体の価格は**プレミアム**とよばれる．このプレミアムをいかに計算するかが問題となる．満期日 T のコールオプションを売買した時点を時間の原点 $t = 0$ とすれば，$t = 0$ でのオプション価格をいくらにすればよいか，すなわち，買い手はいくらの代金を払えばよいか，ということである．これが**オプションの価格付け**の問題である．

(2) 一方，オプションの売り手は $t = 0$ でプレミアムを受け取るが，どうやってうまく満期日に $(X(T) - K)$ だけの金額をつくり出せるかが問題となる．これがオプションのヘッジの問題である．

8.2 節以降では，これらの問題を解くためにオプションの合理的な価値が満たす偏微分方程式を導出し，その方程式の解を，条件付き平均とマルチンゲールを用いた確率的な方法によって求める．

銀行口座の預金のようにリスクのない投資対象を**無リスク資産**（安全資産）といい，株式の株価のようにリスクのある投資対象を**リスク資産**（危険資産）という．ここでは，$B(t)$ を確率空間 $(\Omega, \mathcal{F}, P)$ 上の 1 次元ブラウン運動とす

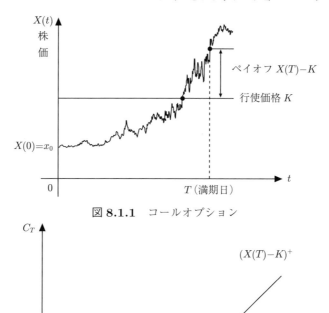

図 8.1.1　コールオプション

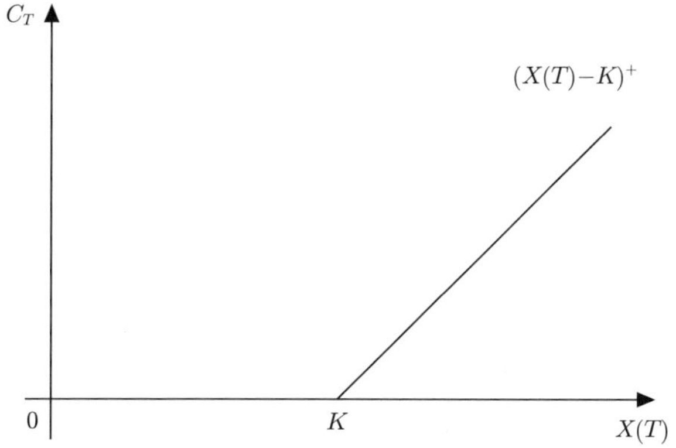

図 8.1.2　コールオプションのペイオフ

るとき，偶然の不規則変化が $B(t)$ の揺らぎに影響されるリスク資産を対象とする．

金融市場の**ブラック・ショールズモデル**とは，時刻 t における無リスク資産とリスク資産の値をそれぞれ $A(t), X(t)$ とするとき，これらが満期日 T までに，次のような常微分方程式（ODE）と確率微分方程式（SDE）によって表される数学的な模型である．

$$dA(t) = r\,A(t)\,dt, \quad A(0) = 1, \quad 0 \leq t \leq T. \tag{8.1.1}$$

r は一定の安全利子率を表す．このとき，$A(t) = e^{rt}$．

$$dX(t) = \mu\,X(t)\,dt + \sigma\,X(t)\,dB(t), \quad X(0) = X_0 > 0, \quad 0 \leq t \leq T. \tag{8.1.2}$$

$\mu(> r)$ はリスク資産の期待収益率を表し，**平均リターン率**とよばれる．また，$\sigma(> 0)$ は金融市場のリスクの程度を表し，**ボラティリティ**とよばれる．例題

5.2.1, 例題 5.3.1 (2) から，定数の初期値 $X_0 > 0$ をもつ解 $X(t)$ は

$$X(t) = X(0) \exp\left[\left(\mu - \frac{1}{2}\sigma^2\right)t + \sigma B(t)\right]$$

と表される．また，問 5.3.1 の解答 (2) から，平均と分散は

$$E[X(t)] = X_0 e^{\mu t}, \quad V[X(t)] = X_0^2 e^{2\mu t}\left(e^{\sigma^2 t} - 1\right)$$

となる．

SDE (8.1.2) を変形して

$$\frac{dX(t)}{X(t)} = \mu\,dt + \sigma\,dB(t) \tag{8.1.2}'$$

とかくことができる．この記法を用いると，微小な時間区間を Δt として，$\Delta X(t) = X(t + \Delta t) - X(t)$, $\Delta B(t) = B(t + \Delta t) - B(t)$ とおけば，リスク資産の期間 $[t, t+\Delta]$ における収益率を表す関係式

$$\frac{\Delta X(t)}{X(t)} = \mu \Delta t + \sigma \Delta B(t)$$

となる．これによって平均リターン率とボラティリティの意味を理解することもできる．

本章では，ブラック・ショールズモデル (8.1.1)-(8.1.2) が考察の対象である．

資産を無リスク資産とリスク資産に分割して投資するとして，無リスク資産 $A(t)$, リスク資産 $X(t)$ の時刻 t における保有量をそれぞれ $u(t), v(t)$ とする．このとき，ペア $\theta(t) = \bigl(u(t), v(t)\bigr)$, $0 \leq t \leq T$ を，**ポートフォリオ**または**ポートフォリオ戦略**という．これは資産をどのように分配するかを定める戦略を表している．一般に，$u(t), v(t)$ はそれらの確率積分が定義できるように

$$\int_0^T u(t)^2\,dt < \infty \text{ a.s.} \quad \int_0^T v(t)^2\,dt < \infty \text{ a.s.}$$

と仮定されている．さまざまな戦略の中で，特に興味深いのは資金自己調達的な戦略である．

定義 8.1.1

$$V(t) = u(t)A(t) + v(t)X(t) \tag{8.1.3}$$

とおく．$V(t)$ は時刻 t における投資家の総資産を表しているので，**富の過程**または**ポートフォリオの価値**とよばれる．$V(t)$ が関係式

$$dV(t) = u(t)\,dA(t) + v(t)\,dX(t), \quad 0 \leq t \leq T \tag{8.1.4}$$

を満たすならば，ポートフォリオ $\theta(t)$ は**資金自己調達的**であるとよばれる．

資金自己調達的とは，言い換えると，実際の市場では調達費用，その他の資本のやりとりが存在することもあるが，さしあたって富を外部から調達したり消費することはなく，富 $V(t)$ の増加は資産価格 $A(t), X(t)$ の変化だけに依るということである．

例題 8.1.1 資金自己調達的なとき，次が成り立つことを確かめよ．
$$A(t)\,du(t) + X(t)\,dv(t) + dv(t)\,dX(t) = 0.$$

【解答】 確率積の微分公式（定義 4.6.4，定理 4.6.7）を用いる．

$$\begin{aligned}
dV(t) &= d\bigl(u(t)A(t)\bigr) + d\bigl(v(t)X(t)\bigr) \\
&= u(t)\,dA(t) + v(t)\,dX(t) + A(t)\,du(t) + X(t)\,dv(t) \\
&\qquad\qquad + du(t)\,dA(t) + dv(t)\,dX(t) \\
&= u(t)\,dA(t) + v(t)\,dX(t) + A(t)\,du(t) + X(t)\,dv(t) + dv(t)\,dX(t)
\end{aligned}$$

ただし，$du(t)\,dA(t) = rA(t)\,dt\,du(t) = 0$ を用いた．これは，$u(t)$ が伊藤過程ならば，伊藤の乗積表（注意 4.6.5）から明らかである．したがって，$V(t)$ が (8.1.4) を満たすことから求める関係式が成り立つ．

問 8.1.1 ポートフォリオを $\theta(t) = (u(t), v(t))$，ポートフォリオの価値を $V(t)$ とする．$v(t) = \int_0^t X(s)\,ds,\ 0 \leq t \leq T$ のとき，資金自己調達的となるような $u(t)$ を求めよ．

【解答】 $dv(t) = X(t)\,dt$ であるから，例題 8.1.1 の結果を用いる．
$$A(t)\,du(t) + X(t)^2\,dt + X(t)\bigl(dt\,dX(t)\bigr) = 0.$$

$dX(t) = X(t)\bigl(\mu\,dt + \sigma\,dB(t)\bigr)$ であるから，伊藤の乗積表（注意 4.6.5）によって $dt\,dX(t) = 0$ となる．したがって，$A(t)\,du(t) + X(t)^2\,dt = 0, du(t) = -e^{-rt}X(t)^2\,dt$．ゆえに
$$u(t) = u(0) - \int_0^t e^{-rs}X(s)^2\,ds.$$

定義 8.1.2

ポートフォリオの価値 $V(t)$,リスク資産 $X(t)$ に対して

$$\widetilde{V}(t) = e^{-rt}V(t), \quad \widetilde{X}(t) = e^{-rt}X(t) \tag{8.1.5}$$

とおく.これらを,それぞれ $V(t), X(t)$ の**割引価値**という.

注意 8.1.3 $X(t)$ の表現と $B(t)$ の積率母関数から,$\int_0^T E[\widetilde{X}(t)^m]\,dt < \infty$,$m \geq 2$ となる.また,$\widetilde{X}(t)$ は次の SDE を満たす.

$$d\widetilde{X}(t) = \widetilde{X}(t)\big((\mu - r)\,dt + \sigma\,dB(t)\big).$$

実際,確率積の微分公式を用いて計算すればよい.

$$\begin{aligned}
d\widetilde{X}(t) &= d\big(e^{-rt}X(t)\big) \\
&= -re^{-rt}X(t)\,dt + e^{-rt}\,dX(t) \\
&= -re^{-rt}X(t)\,dt + \mu e^{-rt}X(t)\,dt + \sigma e^{-rt}X(t)\,dB(t) \\
&= \widetilde{X}(t)\big((\mu - r)\,dt + \sigma\,dB(t)\big).
\end{aligned}$$

次の補題は,資金自己調達的な戦略をとったとき,そのポートフォリオの割引価値,さらに価値そのものは,初期時点の富とリスク資産の保有量を表す過程 $v(t)$ によって完全に決定されることを示している.

補題 8.1.4

ポートフォリオを $\theta(t) = (u(t), v(t))$,ポートフォリオの価値を $V(t)$ とする.このとき,次の (1) と (2) は同値である.
(1) ポートフォリオ $\theta(t) = (u(t), v(t))$ は資金自己調達的.
(2) $\widetilde{V}(t), \widetilde{X}(t)$ をそれぞれ $V(t), X(t)$ の割引価値とすれば

$$\widetilde{V}(t) = \widetilde{V}(0) + \int_0^t v(s)\,d\widetilde{X}(s). \tag{8.1.6}$$

【証明】 (1) が成り立つと仮定する.資金自己調達的な条件から

$$\begin{aligned}
dV(t) &= u(t)\,dA(t) + v(t)\,dX(t) \\
&= ru(t)A(t)\,dt + \mu v(t)X(t)\,dt + \sigma v(t)X(t)\,dB(t) \\
&= rV(t)\,dt + (\mu - r)v(t)X(t)\,dt + \sigma v(t)X(t)\,dB(t)
\end{aligned}$$

したがって

$$d\widetilde{V}(t) = d\bigl(e^{-rt}V(t)\bigr) = -re^{-rt}V(t)\,dt + e^{-rt}\,dV(t)$$
$$= (\mu - r)v(t)\widetilde{X}(t)\,dt + \sigma v(t)\widetilde{X}(t)\,dB(t) = v(t)\,d\widetilde{X}(t).$$

すなわち，(8.1.6) が成り立つ．逆に，(8.1.6) が成り立つと仮定すれば

$$\begin{aligned}
dV(t) &= d\bigl(e^{rt}\widetilde{V}(t)\bigr) = re^{rt}\widetilde{V}(t)\,dt + e^{rt}\,d\widetilde{V}(t) \\
&= re^{rt}\widetilde{V}(t)\,dt + e^{rt}v(t)\,d\widetilde{X}(t) \\
&= rV(t)\,dt + e^{rt}v(t)\,d\widetilde{X}(t) \\
&= rV(t)\,dt + e^{rt}v(t)\widetilde{X}(t)\bigl((\mu-r)\,dt + \sigma\,dB(t)\bigr) \quad \text{(注意 8.1.3)} \\
&= rV(t)\,dt + v(t)X(t)\bigl((\mu-r)\,dt + \sigma\,dB(t)\bigr) \\
&= ru(t)A(t)\,dt + \mu v(t)X(t)\,dt + \sigma v(t)X(t)\,dB(t) \\
&= u(t)\,dA(t) + v(t)\,dX(t).
\end{aligned}$$

ゆえに，ポートフォリオは (8.1.4) を満たし，資金自己調達的である．

一般に，**金融派生商品（デリバティブともよばれる）は条件付き請求権**または**条件付き証券**ともよばれ，将来における証券の支払価格が株価や外国為替など，より基本的な原資産の価格に依存した金融商品（証券，契約）のことを指す．本節の初めで紹介されたオプションはその一例である．

定義 8.1.5

満期日 T に確率変数 C の値を支払う条件付き請求権を考えて，これを **T-請求権**または単に**請求権**とよぶ．

満期日 T における支払価格はリスク資産の価格を条件とする証券である．したがって，証券の保有者に対する満期日 T での支払価格 C は $X(T)$ に依存し，$X(T)$ はブラウン運動の値 $B(t)$ に依存する．$\mathcal{F}_T = \sigma(B(t), 0 \leq t \leq T)$ とおけば，結局，C は $\mathcal{F}_T$-可測な確率変数で，満期日 T での**ペイオフ**を表している．

- 特に混乱を生じない場合には，C そのものを T-請求権または単に請求権とよぶこともある．
- 一般に，ペイオフがある関数 f で $f(X(T))$ と表される証券は T-請求権である．

もしも T-請求権 C を買う場合には，合理的な値段が売り手から付けられているだろうかと心配になる．この心配を解決するためには，満期日でのポートフォリオの価値がペイオフに一致するように，すなわち，$V(T) = C$ となるようにポートフォリオ $\theta(t) = (u(t), v(t))$ を計算しなければならない．粗く言

えば，T-請求権の値段は，ポートフォリオで投資される富の値になるように（安全利子率で割り引いたときに，現在の値になるように）定められる．このようなポートフォリオを**ヘッジ戦略**または**レプリケーション戦略**という．8.2節以降では，ヘッジ戦略を求めていくことになる．

補題 8.1.4 の関係式 (8.1.6) は，T-請求権の不確定要素であるリスクに対応した打ち手（いわゆるヘッジ）の問題は，割引価値 $\widetilde{C} = e^{-rT}C$ の表現を確率積分

$$\widetilde{C} = \widetilde{V}(0) + \int_0^T v(s)\,d\widetilde{X}(s)$$

として見出すことに帰着されるということを示している．注意 8.1.3 によって，(8.1.6) は資金自己調達的なポートフォリオの価値が次のように表されることも示している．

$$V(t) = e^{rt}V(0) + (\mu - r)\int_0^t e^{r(t-s)}v(s)X(s)\,ds$$
$$+ \sigma \int_0^t e^{r(t-s)}v(s)X(s)\,dB(s).$$

8.2 裁定機会，リスク中立確率，市場の完備性

以下においては，任意の時点でポートフォリオの価値が非負となるような資金自己調達的なポートフォリオ，すなわち，$V(t) \geq 0$, $t \in [0, T]$, を満たすポートフォリオ戦略 $\theta(t) = (u(t), v(t))$ を考える．このような $\theta(t)$ は**許容的**であるとよばれる．

定義 8.2.1

ポートフォリオ $\theta(t) = (u(t), v(t))$, $t \in [0, T]$ が**裁定機会**をもつとは，次の (1)-(3) の条件が満たされることである．
(1) $V(0) \leq 0$.
(2) $V(T) \geq 0$.
(3) $P(V(T) > 0) > 0$.

言い換えれば，(2) は投資家が損したくないことを，(3) は投資家がたまには正の利益を出したいことを，(1) は元手なし，借金さえもなしで，ということを意味している．したがって，裁定機会があれば，自己の投資資金ゼロでも一定期間後にリスクなしで（確実に）儲けを得る投資行動ができることになる．

8.2 裁定機会, リスク中立確率, 市場の完備性

いかなるポートフォリオ戦略も裁定機会をもたないとき, 金融市場には裁定機会がないといわれる.

次に, 確率空間 $(\Omega, \mathcal{F}, P)$ 上の 1 次元ブラウン運動 $B(t)$ から生成されたフィルトレーションを $\{\mathcal{F}_t\}$ とする. すなわち

$$\mathcal{F}_t = \sigma\bigl(B(u), 0 \leq u \leq t\bigr).$$

定義 8.2.2

Ω 上の確率測度 P^* が**リスク中立確率**であるとは, 次の関係式が満たされることである.

$$E^*[X(t)\,|\,\mathcal{F}_u] = e^{r(t-u)} X(u), \quad 0 \leq u \leq t. \tag{8.2.1}$$

ただし, E^* は P^* のもとでの平均を表す.

関係式

$$A(t) = e^{r(t-u)} A(u), \quad 0 \leq u \leq t$$

から, (8.2.1) を, P^* のもとでのリスク資産 $X(t)$ の期待収益は無リスク資産 $A(t)$ の収益に等しい, と解釈することができる. リスク資産 $X(t)$ の割引価値 $\widetilde{X}(t)$ を

$$\widetilde{X}(t) = e^{-rt} X(t) = \frac{X(t)}{N(t)}, \quad N(t) = \frac{A(t)}{A(0)}$$

によって定義することもできる. $N(t)$ は**ニューメレール**とよばれ, 各国通貨の基準為替相場を測定するための計算単位あるいは共通価値尺度に用いられる.

さて, 確率過程 $Z(t)$ がフィルトレーション $\{\mathcal{F}_t\}$ に関してマルチンゲール (定義 2.8.12) であるとは

$$E[Z(t)\,|\,\mathcal{F}_s] = Z(s), \quad 0 \leq s \leq t \tag{8.2.2}$$

を満たすことであった. この関係式と条件付き平均 $E[\cdot\,|\,\mathcal{F}_t]$ の $\mathcal{F}_t$-可測性 (定義 2.7.5) から, 特に, $Z(t)$ は任意の t に対して $\mathcal{F}_t$-可測になる.

マルチンゲールの概念はリスク中立確率を特徴付けるために用いられる.

定理 8.2.3

確率測度 P^* がリスク中立確率であるための必要十分条件は, $X(t)$ の割引価値 $\widetilde{X}(t)$ が P^* のもとでマルチンゲールになることである. (リスク中立確率は**同値なマルチンゲール測度**ともよばれている.)

【証明】 P^* をリスク中立確率とする．このとき

$$E^*[\widetilde{X}(t)\,|\,\mathcal{F}_u] = E^*[e^{-rt}X(t)\,|\,\mathcal{F}_u] = e^{-rt}E^*[X(t)\,|\,\mathcal{F}_u]$$
$$= e^{-rt}e^{r(t-u)}X(u)$$
$$= e^{-ru}X(u) = \widetilde{X}(u), \quad 0 \leq u \leq t.$$

すなわち，$\widetilde{X}(t)$ は P^* のもとでマルチンゲール（P^*-マルチンゲール）．
逆に，$\widetilde{X}(t)$ を P^*-マルチンゲールとすれば

$$E^*[\widetilde{X}(t)\,|\,\mathcal{F}_u] = \widetilde{X}(u), \quad 0 \leq u \leq t$$
$$\Leftrightarrow E^*[X(t)\,|\,\mathcal{F}_u] = e^{r(t-u)}X(u), 0 \leq u \leq t$$

ゆえに，P^* はリスク中立確率．これで必要十分性が示された．

一般に，もしも

$$E^*[X(t)\,|\,\mathcal{F}_u] > e^{r(t-u)}X(u), \quad 0 \leq u \leq t \tag{8.2.3}$$

ならば，P^* は**リスク・プレミアム確率**とよばれる．この不等式は，リスク資産 $X(t)$ を購入するリスクによって

$$A(t) = e^{r(t-u)}A(u), \quad 0 \leq u \leq t$$

の収益よりも高い期待収益を生み出すことができるということを意味している．

次の定理は数理ファイナンスの**第 1 基本定理**として知られ，裁定機会の存在をチェックするのに用いられている．

定理 8.2.4

市場に裁定機会がないための必要十分条件は，少なくとも 1 つのリスク中立確率が存在することである．

定義 8.2.5

T-請求権は，そのペイオフ C について

$$C = V(T)$$

を満たすようなポートフォリオ戦略 $\theta(t) = (u(t), v(t)), t \in [0, T]$ が存在するとき，**達成可能**であるとよばれる．

この場合，t 時点における T-請求権の価格は C をヘッジする資金自己調達的なポートフォリオの価値に等しくなることが 8.5 節でわかる．ここでヘッジとは，投資によって取引に対する保証をしてリスクを取り除くことを意味する．

定義 8.2.6
任意の T-請求権 C が達成可能なとき，市場モデルは**完備**であるとよばれる．

次の定理は**数理ファイナンスの第 2 基本定理**として知られている．

定理 8.2.7
裁定機会のない市場モデルが完備であるための必要十分条件は，ただ 1 つのリスク中立確率を許すことである．

ブラック・ショールズモデルにおいては，一意的なリスク中立確率の存在を示すことができ，それゆえに裁定機会がなく完備であることがわかる．

例題 8.2.1 $(\Omega, \mathcal{F}, P)$ で与えられた無リスク資産 $A(t)$ とリスク資産 $S(t)$, $t \in [0, T]$ を考える．$A(t)$ による $S(t)$ の割引価値 $\dfrac{S(t)}{A(t)}$ が Q-マルチンゲールになるような，P と同値な確率測度 Q（同値なマルチンゲール測度）は存在するか，次のモデルで調べよ．
(1) $dA(t) = 0.03 A(t)\, dt, A(0) = 1.$ $dS(t) = 0.04 S(t)\, dt.$
(2) $A(t) \equiv 1.$ $S(t) = S(0) + \mu t + \sigma B(t), \mu > 0,\ \sigma > 0.$
（これはファイナンスの先駆的な**バシュリエのモデル** (1900) として知られている）．

【解答】
(1) $S(t) = S(0) e^{0.04t}, A(t) = e^{0.03t} \Rightarrow \dfrac{S(t)}{A(t)} = S(0) e^{0.01t}$.
マルチンゲールの平均は t に関わりなく一定値でなければならない（例題 2.8.1）．したがって，同値なマルチンゲール測度 Q は存在しない．
(2) $\dfrac{dQ}{dP} = \exp\left[-\dfrac{\mu}{\sigma} B(T) - \dfrac{\mu^2}{2\sigma^2} T\right]$, $\widetilde{B}(t) = \dfrac{\mu}{\sigma} t + B(t)$ とおく．このとき，ギルサノフの公式（定理 7.2.8-7.2.9）によって Q は P と同値で，$\widetilde{B}(t)$ は Q-ブラウン運動になる．明らかに，$\dfrac{S(t)}{A(t)} = S(t) = S(0) + \sigma \widetilde{B}(t)$ となって，これは Q-マルチンゲールになる（実は，同値なマルチンゲール測度はただ 1 つ）．

問 8.2.1 例題 8.2.1 で $A(t)$ と $S(t)$ が次のように与えられているとする.

$$A(t) = e^{-rt}, r > 0. \quad dS(t) = \alpha S(t)\, dt + \sigma\, dB(t), \quad \alpha \in \mathbb{R},\ \sigma > 0.$$

割引価値 $\widetilde{S}(t) = e^{-rt} S(t)$ が P-マルチンゲールになるように,α の値を定めよ.
【解答】 $d\widetilde{S}(t) = -re^{-rt} S(t)\, dt + e^{-rt}\, dS(t) = (\alpha - r)\widetilde{S}(t)\, dt + \sigma e^{-rt}\, dB(t).$
したがって,$\alpha = r$ ならば,$\widetilde{S}(t)$ は P-マルチンゲールになる.

離散時間の 2 項モデルについて

　これまでと今後の事柄を直感的に理解するために,離散時間モデルを挙げたい.取引時点は $t = 0$(現在)と Δt 後の $t = T$(満期日)のみという 1 期の金融市場を考え,ここでは無リスク資産(銀行口座の預金)M とリスク資産(株式の株価)S が取り扱われるとする.$t = 0$ での M は T のとき確実に RM になるとする.$R\ (> 0)$ は増加因子を表し,たとえば現在の 1 円は T のとき R 円になると解釈される.また,$t = 0$ での S は T のとき確率 q で uS に上昇し,確率 $1 - q$ で dS に下落すると仮定する.すなわち,$u > 1 > d$ と仮定する.このとき,裁定機会が生じないためには

$$u > R > d > 0 \tag{8.2.4}$$

でなければならない.何故ならば,たとえば $u > d > R > 0$ とすると,投資家は $t = 0$ で銀行から借りた資金を株式に投入し,$t = T$ で株式を売り負債を弁済するならば,株式の変動比率が u であっても d であっても差額の利益を得ることになる.すなわち裁定機会が生じてしまうからである.$R > u > d > 0$ の場合についても同様である.

　$t = 0$ では,無リスク資産 M と α 単位のリスク資産 S を保有しているとする.このとき,$t = T$ での全富は次のようになる.

$$\begin{cases} \alpha(uS) + RM & \text{(確率 } q\text{)}, \\ \alpha(dS) + RM & \text{(確率 } 1-q\text{)}. \end{cases} \tag{8.2.5}$$

いま,満期日を T として,行使価格 K のヨーロッパ型コールオプションを考えよう.コールオプションは T-請求権の 1 つの例である.コールオプションの現在価値を C とし,満期日 T での価値を株価の上下に応じて C_u,C_d と表すと,次のようになる.

$$\begin{cases} C_u = \max\{uS - K, 0\} & \text{(確率 } q\text{)}, \\ C_d = \max\{dS - K, 0\} & \text{(確率 } 1-q\text{)}. \end{cases} \tag{8.2.6}$$

8.2 裁定機会，リスク中立確率，市場の完備性

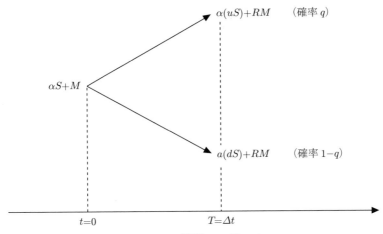

図 **8.2.1** 1期間の2項モデル

満期日 T での値 C_u, C_d をもつようにオプションに価格を設定するにはどうしたらよいだろうか．

1期間での，このような樹形をたくさんつないで考えたものを **2項モデル** という．上記のようなリスク資産と無リスク資産を含むポートフォリオは，ポートフォリオの価値とコールオプションの価値が株の変動に対してマッチしているときに**ロングポジションをレプリケート**（複製）するといわれる．ここで，ロングポジションとは金融市場の取引において買い持ちのポジションともいわれ，一般に，「将来的に値上がりする（上昇する）」と判断した投資対象を買って，値上がりした時点で売って決済する投資手法であり，決済したときの差額が損益（プラスのときは利益，マイナスのときは損失）となる．ロングポジションは買って保有している状態である．

したがって，(8.2.5) と (8.2.6) を等しいとおく．すなわち

$$\begin{cases} \alpha(uS) + RM = C_u, \\ \alpha(dS) + RM = C_d. \end{cases} \tag{8.2.7}$$

未知数は α, M の2個，方程式は2個であるが，裁定機会が生じない条件 $u > R > d > 0$ によって，連立1次方程式 (8.2.7) はただ1組の解をもつ．

$$\alpha = \frac{C_u - C_d}{(u-d)S} \geq 0, \quad M = \frac{uC_d - dC_u}{(u-d)R} \leq 0. \tag{8.2.8}$$

容易に

$$u \max\{dS - K, 0\} - d \max\{uS - K, 0\} \leq 0$$

であることがわかるから，常に $M \leq 0$ ということである．このようなレプリ

ケーション戦略のポートフォリオは，銀行口座から (8.2.8) の M だけ借りることを示している．また，株式の保有量は (8.2.8) の α で与えられ，コール価値の差分 $C_u - C_d$ 対株価の差分 $uS - dS$ という比の値となる．結局，コールの現在価値はポートフォリオの現在価値に等しいと考えられる．すなわち

$$C = \alpha S + M = \frac{1}{R}\left(\frac{R-d}{u-d}C_u + \frac{u-R}{u-d}C_d\right)$$
$$= \frac{1}{R}\bigl(pC_u + (1-p)C_d\bigr). \tag{8.2.9}$$

ここに

$$p = \frac{R-d}{u-d}. \tag{8.2.10}$$

株価が上昇する確率 q，下落する確率 $1-q$ が (8.2.9) に現れていないことに注意されたい．$u > R > d$ によって $0 < p < 1$ であることがわかる．したがって，p は確率の値と解釈できる．さらに

$$puS + (1-p)dS = \frac{R-d}{u-d}uS + \frac{u-R}{u-d}dS = RS \tag{8.2.11}$$

であることから，上昇確率 p をもつような株の期待収益率は，無リスク資産の利子率に等しいと解釈することができる．Δt 後の株価を $S^{\Delta t}$ とかけば，$S^{\Delta t}$ は 1 期間後の株価を表す確率変数である．このとき，(8.2.11) を

$$S = \frac{1}{R}E^*[S^\Delta \,|\, S] \tag{8.2.12}$$

と表すことができる．ただし，$E^*[\ |\ ]$ は p のもとでの条件付き平均（定義 2.1.19, 定義 2.7.2 参照）である．p は考えている 2 項モデルの情報のみから決まる**リスク中立確率**と見なされる．同様に，コールの Δt 後の価値を $C^{\Delta t}$ とかけば，$C^{\Delta t}$ は確率変数であり，コールの現在価値を表す式 (8.2.9) を

$$C = \frac{1}{R}E^*[C^{\Delta t} \,|\, S] \tag{8.2.13}$$

と表すことができる．

まとめると，コールオプションの現在価値は，満期日のペイオフのリスク中立確率による平均（期待収益）の割り引き値になるということである．裁定機会がない仮定のもとに，株価が上昇，下落する状態 ω_u, ω_d それぞれに対応するリスク中立確率の値 $Q(\omega_u), Q(\omega_d)$ が存在すると仮定すれば，これらの確率の値は方程式

$$S = Q(\omega_u)\frac{uS}{R} + Q(\omega_d)\frac{dS}{R}, \quad Q(\omega_u) + Q(\omega_d) = 1$$

を解いて求めることができる（(8.2.12) 参照）．すなわち

$$Q(\omega_u) = 1 - Q(\omega_d) = \frac{R-d}{u-d} = p.$$

このとき，コールの現在価値は対応する割引期待値の式から

$$C = Q(\omega_u)\frac{C_u}{R} + Q(\omega_d)\frac{C_d}{R} = \frac{pC_u + (1-p)C_d}{R}$$

と得られ，これは (8.2.9) と同じである．

| 数値例 | $K = 10$, $C_T = \bigl(S(T) - K\bigr)^+$, $R = 1.1$ とする．さらに

$$\begin{array}{ccc}
uS = 12 \ (u=1.2) & & 2 = C_u \\
\nearrow & & \nearrow \\
S = 10 & & C \\
\searrow & & \searrow \\
dS = 8 \ (d=0.8) & & 0 = C_d
\end{array}$$

とする．このとき，(8.2.8) から $\alpha = 0.5$, $M = -3.64$. オプションは，株に 0.5 単位を投入して，銀行から 3.64 を借り入れるポートフォリオによってレプリケート（複製）される．ポートフォリオの初期値は $C = 0.5 \times 10 - 3.64 = 1.36$ で，これがコールオプションの裁定機会のない価格を与える．また $p = \dfrac{1.1 - 0.8}{1.2 - 0.8} = 0.75$ となり，(8.2.9) から $C = \dfrac{1}{1.1} \times 2 \times 0.75 = 1.36$ となる．

8.3 ブラック・ショールズの偏微分方程式

はじめに，資金自己調達的なポートフォリオの価値に対してブラック・ショールズの**偏微分方程式**（PDE: Partial Differential Equation）を導こう．

定理 8.3.1

$\theta(t) = (u(t), v(t))$ を次のようなポートフォリオ戦略とする．

(1) $\theta(t)$ は資金自己調達的．

(2) ポートフォリオの価値 $V(t) = u(t)A(t) + v(t)X(t)$ は $V(t) = g(t, X(t))$ と表される．ただし，g は t に関して 1 回連続偏微分可能，かつ x に関して 2 回連続偏微分可能な関数である．

このとき，$g(t, x)$ は**ブラック・ショールズの偏微分方程式**（略してブラック・ショールズの PDE）とよばれる次の偏微分方程式を満たす．

$$\frac{\partial g}{\partial t}(t,x) + rx\frac{\partial g}{\partial x}(t,x) + \frac{1}{2}\sigma^2 x^2 \frac{\partial^2 g}{\partial x^2}(t,x) = rg(t,x), \quad t, x > 0. \tag{8.3.1}$$

さらに，$v(t)$ は次のように与えられる．

$$v(t) = \frac{\partial g}{\partial x}(t, X(t)). \tag{8.3.2}$$

(8.3.2) の $v(t)$ を与える微分は，オプション価格の**デルタ**とよばれている．

【証明】 条件 (1) に注意して $A(t)$, $X(t)$ の式 (8.1.1), (8.1.2) を用いる．

$$\begin{aligned} dV(t) &= u(t)\bigl[rA(t)\,dt\bigr] + v(t)\bigl[\mu X(t)\,dt + \sigma X(t)\,dB(t)\bigr] \\ &= \bigl[ru(t)A(t) + \mu v(t)X(t)\bigr]dt + \sigma v(t)X(t)\,dB(t). \end{aligned} \tag{8.3.3}$$

また，条件 (2) に注意して伊藤の公式を用いる．

$$\begin{aligned} dV(t) &= dg(t, X(t)) \\ &= \left[\frac{\partial g}{\partial t}(t, X(t)) + \mu X(t)\frac{\partial g}{\partial x}(t, X(t)) + \frac{1}{2}\sigma^2 X(t)^2 \frac{\partial^2 g}{\partial x^2}(t, X(t))\right]dt \\ &\quad + \sigma X(t)\frac{\partial g}{\partial x}(t, X(t))\,dB(t). \end{aligned} \tag{8.3.4}$$

(8.3.3) と (8.3.4) は等しいから，dt と $dB(t)$ に対応する項を等しいとおく．

$$ru(t)A(t) + \mu v(t)X(t)$$
$$= \frac{\partial g}{\partial t}(t, X(t)) + \mu X(t)\frac{\partial g}{\partial x}(t, X(t)) + \frac{1}{2}\sigma^2 X(t)^2 \frac{\partial^2 g}{\partial x^2}(t, X(t)), \tag{8.3.5}$$
$$\sigma v(t)X(t) = \sigma X(t)\frac{\partial g}{\partial x}(t, X(t)). \tag{8.3.6}$$

(8.3.6) から

$$v(t) = \frac{\partial g}{\partial x}(t, X(t)).$$

これを (8.3.5) に代入すると

$$\begin{cases} rV(t) - rv(t)X(t) = \dfrac{\partial g}{\partial t}(t, X(t)) + \dfrac{1}{2}\sigma^2 X(t)^2 \dfrac{\partial^2 g}{\partial x^2}(t, X(t)), \\ v(t) = \dfrac{\partial g}{\partial x}(t, X(t)). \end{cases}$$

ゆえに，$V(t) = g(t, X(t))$ であるから (8.3.1) と (8.3.2) が同時に示された．

定理 8.3.1 によって，時刻 t で無リスク資産に投資された金額は

$$u(t)A(t) = V(t) - v(t)X(t) = g(t, X(t)) - X(t)\frac{\partial g}{\partial x}(t, X(t))$$

であるから，そのときの無リスク資産の保有量 $u(t)$ は次のように計算される．

$$u(t) = \frac{V(t) - v(t)X(t)}{A(t)} = \frac{g(t, X(t)) - X(t)\frac{\partial g}{\partial x}(t, X(t))}{A(t)}$$

$$= \frac{g(t, X(t)) - X(t)\frac{\partial g}{\partial x}(t, X(t))}{A(0)e^{rt}}. \quad (8.3.7)$$

次の定理では，$C = f(X(T))$ と表される T-請求権をヘッジするために，ブラック・ショールズの PDE に対して終端条件 $g(T, x) = f(x)$ を設ける．

定理 8.3.2

ペイオフ $C = f(X(T))$ のオプションをヘッジして $V(t) = g(t, X(t))$ と表される資金自己調達的なポートフォリオの価値は次の終端条件をもつブラック・ショールズの PDE を満たす．

$$\begin{cases} \dfrac{\partial g}{\partial t}(t, x) + rx\dfrac{\partial g}{\partial x}(t, x) + \dfrac{1}{2}\sigma^2 x^2 \dfrac{\partial^2 g}{\partial x^2}(t, x) = rg(t, x), \\ g(T, x) = f(x). \end{cases}$$

ブラック・ショールズの PDE は，$C = X(T) - K$ ならば，すなわち $f(x) = x - K$ ならば簡単な解

$$g(t, x) = x - Ke^{-r(T-t)}, \quad t, x > 0$$

をもち，そのときのデルタは

$$v(t) = \frac{\partial g}{\partial x}(t, X(t)) = 1, \quad 0 \le t \le T$$

と与えられる．行使価格 K のヨーロッパ型コールオプションでは，ペイオフ関数が $f(x) = (x - K)^+$ と与えられること，そしてブラック・ショールズの PDE は次のように表されることに注意されたい：添え字 c はコール（call）の "c"．

$$\begin{cases} \dfrac{\partial g_c}{\partial t}(t, x) + rx\dfrac{\partial g_c}{\partial x}(t, x) + \dfrac{1}{2}\sigma^2 x^2 \dfrac{\partial^2 g_c}{\partial x^2}(t, x) = rg_c(t, x), \\ g_c(T, x) = (x - K)^+. \end{cases}$$

次節以降においては，上記 PDE の解が次のようなブラック・ショールズの

公式によって与えられることを示す（後述の定理 8.4.4 参照）．

$$g_c(t,x) = \mathrm{BS}(K,x,\sigma,r,T-t) = x\Phi(d_+) - Ke^{-r(T-t)}\Phi(d_-). \quad (8.3.8)$$

ただし，解の表現 $\mathrm{BS}(K,x,\sigma,r,T-t)$ における BS は Black-Scholes の略で，解が $K,x,\sigma,r,T-t$ に依存していることを意味している．また，$\Phi(x)$ は標準正規分布 $N(0,1)$ の分布関数である．すなわち

$$\Phi(x) = \int_{-\infty}^{x} \phi(z)\,dz, \quad x \in \mathbb{R}, \quad \phi(z) = \frac{1}{\sqrt{2\pi}} e^{-\frac{z^2}{2}}. \quad (8.3.9)$$

さらに，$d_+ = d_+(t,x)$, $d_- = d_-(t,x)$ は次のように与えられる．

$$\begin{aligned}
d_+ = d_+(t,x) &= \frac{\log\left(\frac{x}{K}\right) + \left(r + \frac{\sigma^2}{2}\right)(T-t)}{\sigma\sqrt{T-t}}, \\
d_- = d_-(t,x) &= \frac{\log\left(\frac{x}{K}\right) + \left(r - \frac{\sigma^2}{2}\right)(T-t)}{\sigma\sqrt{T-t}}.
\end{aligned} \quad (8.3.10)$$

ここで，d_+, d_- は (t,x) に依存して次の関係式を満たす．

$$d_+ = d_- + \sigma\sqrt{T-t}. \quad (8.3.11)$$

$N(0,1)$ の分布関数 Φ については，次の関係式を満たすことに注意されたい．

$$\Phi(+\infty) = 1, \quad \Phi(-\infty) = 0, \quad \Phi(0) = \frac{1}{2}.$$

例題 8.3.1 $\tau = T - t$ とおく．次の関係式を確かめよ．

(1) $\displaystyle\lim_{\tau\to\infty} d_+ = \infty, \quad \lim_{\tau\to 0} d_\pm = \begin{cases} +\infty, & x > K, \\ 0, & x = K, \\ -\infty, & x < K. \end{cases}$

(2) $\dfrac{\partial d_+}{\partial x} = \dfrac{\partial d_-}{\partial x} = \dfrac{1}{x\sigma\sqrt{\tau}}$．

(3) $e^{-\frac{1}{2}d_-^2} = e^{-\frac{1}{2}d_+^2}\left(\dfrac{xe^{r\tau}}{K}\right), \quad \phi(d_-) = \phi(d_+)\left(\dfrac{xe^{r\tau}}{K}\right)$．

【解答】 (1) $d_\pm = \dfrac{1}{\sigma\sqrt{\tau}}\log\left(\dfrac{x}{K}\right) + \left(r \pm \dfrac{\sigma^2}{2}\right)\dfrac{\sqrt{\tau}}{\sigma}$.

$x > K \Rightarrow \log\left(\dfrac{x}{K}\right) > 0, \quad x = K \Rightarrow \log\left(\dfrac{x}{K}\right) = 0, \quad x < K \Rightarrow \log\left(\dfrac{x}{K}\right) < 0.$

このことから (1) が確かめられる.

(2) $\dfrac{\partial d_\pm}{\partial x} = \dfrac{1}{\sigma\sqrt{\tau}} \dfrac{\partial}{\partial x} \log\left(\dfrac{x}{K}\right) = \dfrac{1}{\sigma\sqrt{\tau}} \left(\dfrac{K}{x}\right)\left(\dfrac{1}{K}\right) = \dfrac{1}{\sigma\sqrt{\tau}}\left(\dfrac{1}{x}\right)$.

(3) $d_- = d_+ - \sigma\sqrt{\tau}, \quad d_-^2 = d_+^2 - 2d_+\sigma\sqrt{\tau} + \sigma^2\tau = d_+^2 - 2\log\left(\dfrac{x}{K}\right) - 2r\tau$

$\Rightarrow e^{-\frac{1}{2}d_-^2} = e^{-\frac{1}{2}d_+^2 + \log\left(\frac{x}{K}\right) + r\tau} = e^{-\frac{1}{2}d_+^2}\left(\dfrac{xe^{r\tau}}{K}\right), \quad \phi(d_-) = \phi(d_+)\left(\dfrac{xe^{r\tau}}{K}\right).$

> **問 8.3.1** (8.3.8) で与えられた $g_c(t,x)$ は次を満たすことを示せ.

(1) 終端条件：$g_c(T,x) = (x-K)^+$.
(2) 境界 $x=0$ での振る舞い：$g_c(t,0) = 0$.
(3) 境界 $x \to \infty$ での振る舞い：$g_c(t,x) \approx x - Ke^{-r(T-t)} \quad (x \to \infty)$.

(1) は，満期日 T でのペイオフを表している.
(2) は，株価が下がって 0 に近くなれば，コールオプションでは行使価格 K より市場価格 x のほうが安く利益 0 の状態であるからオプションの価値は 0, ということを意味している.
(3) は，株価が上がって十分高くなれば，コールオプションの権利を行使した方が有利で，そのときのオプションの漸近的な価値を表している.

【解答】 (1) 分布関数の性質から $\Phi(+\infty) = 1, \Phi(-\infty) = 0$. したがって, 例題 8.3.1 (1) を用いると

$$g_c(T,x) = \begin{cases} x\Phi(+\infty) - K\Phi(+\infty) = x - K, & x > K \\ x\Phi(-\infty) - K\Phi(-\infty) = 0, & x < K \end{cases}$$
$$= (x-K)^+.$$

(2) $\log x \to -\infty \ (x \to 0)$ であるから, $d_\pm \to -\infty \ (x \to 0), \Phi(-\infty) = 0$. したがって, $g_c(t,0) = 0$.

(3) $d_\pm \to \infty \ (x \to \infty), \Phi(\infty) = 1$ であるから

$$\lim_{x \to \infty} \dfrac{g_c(t,x)}{x - Ke^{-r(T-t)}} = \lim_{x \to \infty} \dfrac{x - Ke^{-r(T-t)}}{x - Ke^{-r(T-t)}} = 1.$$

$x \to \infty$ における分母子の比の値は 1 となるから, (3) の評価が得られる.

> **定理 8.3.3**
>
> ヨーロッパ型コールオプションのデルタは次のように与えられる.
>
> $$v(t) = \Phi(d_+), \quad d_+ = d_+\bigl(t, X(t)\bigr). \tag{8.3.12}$$

【証明】 $v(t)$ は (8.3.2) によって与えられるから，(8.3.8) の $g_c(t,x)$ を x で偏微分すればよい．例題 8.3.1 (2)-(3) を用いる．$\Phi'_x(x) = \phi(x)$ であるから

$$\begin{aligned}
\frac{\partial g_c}{\partial x} &= \Phi(d_+) + x\phi(d_+)\frac{\partial d_+}{\partial x} - Ke^{-r\tau}\phi(d_-)\frac{\partial d_-}{\partial x} \qquad (\tau = T-t) \\
&= \Phi(d_+) + \left(x\phi(d_+) - Ke^{-r\tau}\phi(d_-)\right)\frac{1}{x\sigma\sqrt{\tau}} \\
&= \Phi(d_+) + \left(x\phi(d_+) - Ke^{-r\tau}\phi(d_+)\left(\frac{xe^{r\tau}}{K}\right)\right)\frac{1}{x\sigma\sqrt{\tau}} \\
&= \Phi(d_+) > 0.
\end{aligned}$$

$x = X(t)$ を代入すれば (8.3.12) が得られる．

$\Phi(d_+) < 1$ であるから，コールオプションのデルタはリスク資産 x の増加関数で 1 を超えない．リスク資産（株式）の保有量はいつでも有限である．

また，定理 8.3.3 から，リスク資産に投資された金額は

$$X(t)v(t) = X(t)\Phi(d_+) > 0$$

となり，空売りがない形になっている．ここで**空売り**とは，株式を保有せずに，または保有している場合であってもそれを用いず，他人から借りてきた株券を用いて売却を行うことを指す．

一方，無リスク資産に投資された金額は

$$\begin{aligned}
u(t)A(t) = V(t) - v(t)X(t) &= X(t)\Phi(d_+) - Ke^{-r(T-t)}\Phi(d_-) - \Phi(d_+)X(t) \\
&= -Ke^{-(T-t)}\Phi(d_-) < 0
\end{aligned}$$

となるから，いつも（銀行から）借金している形になっている．

注意 8.3.4 $\tau = T - t$ に関する $\dfrac{\partial g_c}{\partial x} = \Phi(d_+)$ の振る舞いは，例題 8.3.1 (1) から，次のようになる．

$$\lim_{\tau \to \infty}\Phi(d_+) = 1, \quad \lim_{\tau \to 0}\Phi(d_+) = \begin{cases} 1, & x > K, \\ \dfrac{1}{2}, & x = K, \\ 0, & x < K. \end{cases}$$

注意 8.3.5 x に関する $\dfrac{\partial g_c}{\partial x} = \Phi(d_+)$ の振る舞いを考える．まず，$d_\pm \to \infty$ $(x \to \infty)$，$\Phi(-\infty) = 0$，$\Phi(+\infty) = 1$．次に，例題 8.3.1 (2) を用いると

$$\frac{\partial^2 g_c}{\partial x^2} = \frac{\partial}{\partial x}\Phi(d_+) = \phi(d_+)\frac{\partial d_+}{\partial x} = \frac{1}{\sigma\sqrt{\tau}}\frac{\phi(d_+)}{x} > 0$$

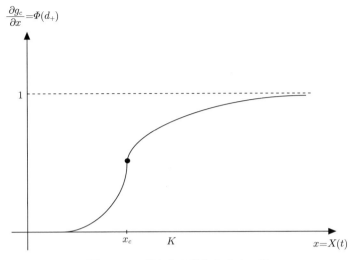

図 **8.3.1** デルタの変化のイメージ

となるから，$\Phi(d_+)$ は単調増加している．さらに

$$
\begin{aligned}
\frac{\partial^2}{\partial x^2}\Phi(d_+) &= \frac{1}{\sigma\sqrt{\tau}}\frac{\dfrac{\partial \phi(d_+)}{\partial x}\cdot x - \phi(d_+)\cdot 1}{x^2} \\
&= \frac{1}{\sigma\sqrt{\tau}}\frac{\dfrac{\partial \phi(d_+)}{\partial d_+}\dfrac{\partial d_+}{\partial x}\cdot x - \phi(d_+)\cdot 1}{x^2} \\
&= \frac{1}{\sigma\sqrt{\tau}}\frac{-d_+\phi(d_+)\dfrac{1}{x\sigma\sqrt{\tau}}\cdot x - \phi(d_+)\cdot 1}{x^2} \\
&= \frac{-1}{x^2(\sigma\sqrt{\tau})^2}\phi(d_+)(d_+ + \sigma\sqrt{\tau}) \\
&= \frac{-1}{x^2(\sigma\sqrt{\tau})^3}\phi(d_+)\left(\log\frac{x}{K} + \left(r + \frac{\sigma^2}{2}\right)\tau + \sigma^2\tau\right) \\
&= \frac{-1}{x^2(\sigma\sqrt{\tau})^3}\phi(d_+)\log\left\{\frac{x}{K}\exp\left[\left(r + \frac{3}{2}\sigma^2\right)\tau\right]\right\}.
\end{aligned}
$$

ここで

$$
x_c = K\exp\left[-\left(r + \frac{3}{2}\sigma^2\right)\tau\right]
$$

とおく．結局，$\log z > 0 \Leftrightarrow z > 1$ に注意すると，$\Phi(d_+)$ は $x < x_c$ ならば凸，$x > x_c$ ならば凹，$x = x_c$ を変曲点にもつ（定義 1.3.7 の後の説明参照）．

8.4 熱方程式とブラック・ショールズの PDE

はじめに，熱の拡散モデルを記述する熱方程式について解説する（3.1 節参照）．次に，変数変換で熱方程式がブラック・ショールズの PDE と同値になることを示し，その結果からブラック・ショールズの PDE を解く．

定理 8.4.1

初期条件 $\psi(y)$ をもつ**熱方程式**

$$\frac{\partial g}{\partial t}(t,y) = \frac{1}{2}\frac{\partial^2 g}{\partial y^2}(t,y), \tag{8.4.1}$$

$$g(0,y) = \psi(y) \tag{8.4.1}'$$

を考える．このとき，解は次のように与えられる．

$$g(t,y) = \int_{-\infty}^{\infty} \psi(z) e^{-\frac{(y-z)^2}{2t}} \frac{dz}{\sqrt{2\pi t}}. \tag{8.4.2}$$

【証明】 (8.4.2) の g が (8.4.1) を満たすことは次のようにして確かめられる．

$$\begin{aligned}
\frac{\partial g}{\partial t}(t,y) &= \frac{\partial}{\partial t} \int_{-\infty}^{\infty} \psi(z) e^{-\frac{(y-z)^2}{2t}} \frac{dz}{\sqrt{2\pi t}} \\
&= \int_{-\infty}^{\infty} \psi(z) \frac{\partial}{\partial t}\left(\frac{e^{-\frac{(y-z)^2}{2t}}}{\sqrt{2\pi t}} \right) dz \\
&= \frac{1}{2} \int_{-\infty}^{\infty} \psi(z) \left(\frac{(y-z)^2}{t^2} - \frac{1}{t} \right) e^{-\frac{(y-z)^2}{2t}} \frac{dz}{\sqrt{2\pi t}} \\
&= \frac{1}{2} \int_{-\infty}^{\infty} \psi(z) \frac{\partial^2}{\partial z^2} e^{-\frac{(y-z)^2}{2t}} \frac{dz}{\sqrt{2\pi t}} &\cdots ① \\
&= \frac{1}{2} \int_{-\infty}^{\infty} \psi(z) \frac{\partial^2}{\partial y^2} e^{-\frac{(y-z)^2}{2t}} \frac{dz}{\sqrt{2\pi t}} &\cdots ② \\
&= \frac{1}{2} \frac{\partial^2}{\partial y^2} \int_{-\infty}^{\infty} \psi(z) e^{-\frac{(y-z)^2}{2t}} \frac{dz}{\sqrt{2\pi t}} \\
&= \frac{1}{2} \frac{\partial^2 g}{\partial y^2}(t,y).
\end{aligned}$$

ただし，①では

$$\frac{\partial}{\partial z} e^{-\frac{(y-z)^2}{2t}} = \frac{y-z}{t} e^{-\frac{(y-z)^2}{2t}}, \quad \frac{\partial^2}{\partial z^2} e^{-\frac{(y-z)^2}{2t}} = \left(-\frac{1}{t} + \left(\frac{y-z}{t} \right)^2 \right) e^{-\frac{(y-z)^2}{2t}}$$

を用い，②では

$$\frac{\partial^2}{\partial z^2} e^{-\frac{(y-z)^2}{2t}} = \frac{\partial^2}{\partial y^2} e^{-\frac{(y-z)^2}{2t}}$$

を用いた.

また,g が初期条件 (8.4.1)′ を満たすことは次式から確かめられる.
$$\lim_{t\to 0}\int_{-\infty}^{\infty}\psi(z)e^{-\frac{(y-z)^2}{2t}}\frac{dz}{\sqrt{2\pi t}}=\lim_{t\to 0}\int_{-\infty}^{\infty}\psi(y+z)e^{-\frac{z^2}{2t}}\frac{dz}{\sqrt{2\pi t}}=\psi(y),\quad y\in\mathbb{R}.$$
ただし,最後の積分では**ディラックのデルタ関数** $\delta(x)$ の性質を用いた.

注意 8.4.2 形式的に言えば,ディラックのデルタ関数 $\delta(x)$ は数直線上での積分値が 1 となり,かつ $x=0$ に無限大の重みが集中して,$x=0$ 以外では値が 0 となるような関数である.すなわち
$$\int_{-\infty}^{\infty}\delta(x)\,dx=1,\quad \delta(x)=0\ (x\neq 0),\quad \delta(0)=\infty.$$
一般に,$\delta(x)$ は任意の連続な実数値関数 $f(x)$ に対して
$$\int_{-\infty}^{\infty}f(x)\delta(x)\,dx=f(0)$$
を満たす "超関数" として与えられる.また,デルタ関数は正規分布 $N(0,\sigma^2)$ の確率密度関数の $\sigma\to 0$ における極限と見なすことができ,
$$\lim_{\sigma\to 0}\frac{1}{\sqrt{2\pi}\sigma}e^{-\frac{x^2}{2\sigma^2}}=\delta(x)$$
と表すこともできる.

例題 8.4.1 (8.4.2) の g が熱方程式 (8.4.1) を満たすことを,ブラウン運動 $B(t)$ に関する確率積分の方法で確かめよ.

【解答】 ブラウン運動の確率密度(例題 3.1.1)を用いる.$x=z-y$ とおく.
$$\begin{aligned}g(t,y)&=\int_{-\infty}^{\infty}\psi(z)e^{-\frac{(y-z)^2}{2t}}\frac{dz}{\sqrt{2\pi t}}\\&=\int_{-\infty}^{\infty}\psi(y+x)e^{-\frac{x^2}{2t}}\frac{dx}{\sqrt{2\pi t}}=E\bigl[\psi(y+B(t))\bigr].\end{aligned}$$
さらに,ψ は 2 回連続微分可能として,伊藤の単純公式を用いる.
$$\begin{aligned}&E\bigl[\psi(y+B(t))\bigr]\\&=\psi(y)+E\left[\int_0^t\psi'(y+B(s))\,dB(s)\right]+\frac{1}{2}E\left[\int_0^t\psi''(y+B(s))\,ds\right]\\&=\psi(y)+\frac{1}{2}E\left[\int_0^t\psi''(y+B(s))\,ds\right]\\&=\psi(y)+\frac{1}{2}\int_0^t\frac{\partial^2}{\partial y^2}E\bigl[\psi(y+B(s))\bigr]\,ds.\end{aligned}$$

したがって

$$\frac{\partial g}{\partial t}(t,y) = \frac{\partial}{\partial t}E[\psi(y+B(t))] = \frac{1}{2}\frac{\partial^2}{\partial y^2}E[\psi(y+B(t))] = \frac{1}{2}\frac{\partial^2 g}{\partial y^2}(t,y).$$

問 **8.4.1** 例題 8.4.1 において，g が初期条件 (8.4.1)′ を満たすことを示せ．

【解答】

$$g(0,y) = E[\psi(y+B(0))] = E[\psi(y)] = \psi(y).$$

以下においては，ブラック・ショールズの PDE は変数変換によって熱方程式と同値になることを示し，その結果からブラック・ショールズの PDE の解を求める．

―定理 **8.4.3** ―――

$f(t,x)$ を終端条件 $h(x) = (x-K)^+$ に関するブラック・ショールズの PDE の解とする．すなわち

$$\begin{cases} \dfrac{\partial f}{\partial t}(t,x) + rx\dfrac{\partial f}{\partial x}(t,x) + \dfrac{1}{2}\sigma^2 x^2 \dfrac{\partial^2 f}{\partial x^2}(t,x) = rf(t,x), \\ f(T,x) = (x-K)^+. \end{cases} \quad (8.4.3)$$

このとき

$$g(t,y) = e^{rt}f\left(T-t, e^{\sigma y + \left(\frac{\sigma^2}{2}-r\right)t}\right) \quad (8.4.4)$$

によって与えられた $g(t,y)$ は，初期条件

$$g(0,y) = h(e^{\sigma y}) \quad (8.4.5)$$

に関する熱方程式，すなわち

$$\frac{\partial g}{\partial t}(t,y) = \frac{1}{2}\frac{\partial^2 g}{\partial y^2}(t,y), \quad g(0,y) = h(e^{\sigma y})$$

の解になる．

【証明】 $s = T-t, x = e^{\sigma y + \left(\frac{\sigma^2}{2}-r\right)t}$ とおく．$g(t,y) = e^{rt}f(s,x)$ と表されるから，偏微分法（定理 1.5.5-1.5.6）を用いると次のようになる．

$$\frac{\partial g}{\partial t}(t,y) = re^{rt}f(s,x) + e^{rt}\frac{\partial f}{\partial t}(s,x),$$
$$\frac{\partial f}{\partial t}(s,x) = \frac{\partial f}{\partial s}(s,x)\frac{\partial s}{\partial t} + \frac{\partial f}{\partial x}(s,x)\frac{\partial x}{\partial t}.$$

$$\frac{\partial g}{\partial t}(t,y) = re^{rt}f(s,x) + e^{rt}\left\{-\frac{\partial f}{\partial s}(s,x) + \left(\frac{\sigma^2}{2} - r\right)x\frac{\partial f}{\partial x}(s,x)\right\}$$
$$= e^{rt}\left\{rf - \frac{\partial f}{\partial s} - rx\frac{\partial f}{\partial x} + \frac{\sigma^2}{2}x\frac{\partial f}{\partial x}\right\}(s,x)$$
$$= \frac{1}{2}e^{rt}x^2\sigma^2\frac{\partial^2 f}{\partial x^2}(s,x) + \frac{\sigma^2}{2}e^{rt}x\frac{\partial f}{\partial x}(s,x). \tag{8.4.6}$$

ただし，(8.4.6) では f が (8.4.3) を満たすことを用いた．一方，

$$\frac{\partial g}{\partial y}(t,y) = \frac{\partial}{\partial y}\left(e^{rt}f(s,x)\right) = e^{rt}\frac{\partial f}{\partial x}(s,x)\frac{\partial x}{\partial y} = e^{rt}\sigma x\frac{\partial f}{\partial x}(s,x),$$
$$\frac{1}{2}\frac{\partial^2 g}{\partial y^2}(t,y) = \frac{1}{2}e^{rt}\sigma\left\{\frac{\partial f}{\partial x}(s,x)\frac{\partial x}{\partial y} + x\frac{\partial^2 f}{\partial x^2}(s,x)\frac{\partial x}{\partial y}\right\}$$
$$= \frac{1}{2}e^{rt}\sigma\left\{\frac{\partial f}{\partial x}\sigma x + x\frac{\partial^2 f}{\partial x^2}\sigma x\right\}(s,x)$$
$$= \frac{1}{2}e^{rt}\sigma^2\left\{x\frac{\partial f}{\partial x} + x^2\frac{\partial^2 f}{\partial x^2}\right\}(s,x). \tag{8.4.7}$$

(8.4.7) は (8.4.6) に等しい．ゆえに，$g(t,y)$ は初期条件

$$g(0,y) = f(T, e^{\sigma y}) = h(e^{\sigma y})$$

に関する熱方程式を満たす．

次の定理では，PDE (8.4.3) を解くことによって，8.3 節で示したブラック・ショールズの公式 (8.3.8) を導く．この結果は，次節以降において，確率的な方法と平均の計算法によって再確認されることになる（定理 8.5.2 参照）．

定理 8.4.4

$h(x) = (x - K)^+$ のとき，ブラック・ショールズの PDE (8.4.3) に対する解は次のように与えられる．

$$f(t,x) = x\Phi(d_+) - Ke^{-r(T-t)}\Phi(d_-).$$

ただし，$\Phi(x)$ は (8.3.9) で与えられた標準正規分布 $N(0,1)$ の分布関数，d_+, d_- は (8.3.10) で与えられた (t,x) に依存した値である．

【証明】 $s = T - t, x = e^{\sigma y + \left(\frac{\sigma^2}{2} - r\right)t}$ とおいて，(8.4.4) の f を g で表す．

$$f(s,x) = e^{-r(T-s)}g\left(T-s, \frac{-\left(\frac{\sigma^2}{2} - r\right)(T-s) + \log x}{\sigma}\right).$$

記号の簡単のために
$$m(x) = -\left(\frac{\sigma^2}{2} - r\right)(T-t) + \log x,$$
$$a = \frac{1}{\sigma}m(x), \quad b = -\left(\frac{\sigma^2}{2} - r\right)(T-t)$$

とおく．熱方程式に対する解 g の表現 (8.4.2) と初期条件 $g(0,y) = \psi(y)$ の関係式 (8.4.5) を用いて $f(t,x)$ をかき直すと，次のようになる．

$$f(t,x) = e^{-r(T-t)} g\left(T-t, \frac{-\left(\frac{\sigma^2}{2} - r\right)(T-t) + \log x}{\sigma}\right)$$
$$= e^{-r(T-t)} g(T-t, a)$$
$$= e^{-r(T-t)} \int_{-\infty}^{\infty} \psi(z) e^{-\frac{(a-z)^2}{2(T-t)}} \frac{dz}{\sqrt{2\pi(T-t)}} \quad \cdots ①$$
$$= e^{-r(T-t)} \int_{-\infty}^{\infty} \psi(a+w) e^{-\frac{w^2}{2(T-t)}} \frac{dw}{\sqrt{2\pi(T-t)}} \quad \cdots ②$$
$$= e^{-r(T-t)} \int_{-\infty}^{\infty} \left(xe^{b+\sigma w} - K\right)^+ e^{-\frac{w^2}{2(T-t)}} \frac{dw}{\sqrt{2\pi(T-t)}}.$$

ただし，①では置換 $w = z - a$ を行い，②では関係式
$$\psi(a+w) = h(e^{\sigma(a+w)}) = h(e^{b+\log x + \sigma w}) = h(xe^{b+\sigma w}) = \left(xe^{b+\sigma w} - K\right)^+$$
を用いた．まず，上式最後の積分で dw に関する積分範囲を求めておく．
$$xe^{b+\sigma w} - K > 0 \Leftrightarrow e^{\log x + b + \sigma w} > e^{\log K} \Leftrightarrow w > \frac{1}{\sigma}\left(\log\frac{K}{x} - b\right)$$
ここで，(8.3.10) に注意すると
$$\frac{1}{\sigma}\left(\log\frac{K}{x} - b\right) = \frac{1}{\sigma}\left(\log\frac{K}{x} + \left(\frac{\sigma^2}{2} - r\right)(T-t)\right) = (-d_-)\sqrt{T-t}.$$
したがって
$$f(t,x) = e^{-r(T-t)} \int_{(-d_-)\sqrt{T-t}}^{\infty} \left(xe^{b+\sigma w} - K\right) e^{-\frac{w^2}{2(T-t)}} \frac{dw}{\sqrt{2\pi(T-t)}}$$
$$= e^{-r(T-t)} x \int_{(-d_-)\sqrt{T-t}}^{\infty} e^{b+\sigma w - \frac{w^2}{2(T-t)}} \frac{dw}{\sqrt{2\pi(T-t)}}$$
$$\quad - Ke^{-r(T-t)} \int_{(-d_-)\sqrt{T-t}}^{\infty} e^{-\frac{w^2}{2(T-t)}} \frac{dw}{\sqrt{2\pi(T-t)}}.$$

右辺の第1の積分において，$b = -\left(\dfrac{\sigma^2}{2} - r\right)(T-t)$ に注意すると

$$\begin{aligned}
& b + \sigma w - \frac{w^2}{2(T-t)} \\
&= -\frac{1}{2(T-t)}\Big((w - \sigma(T-t))^2 - \sigma^2(T-t)^2 - 2(T-t)b\Big) \\
&= -\frac{1}{2(T-t)}(w - \sigma(T-t))^2 + r(T-t).
\end{aligned}$$

これによって，以下のように計算される．

$$\begin{aligned}
f(t,x) &= x \int_{(-d_-)\sqrt{T-t}}^{\infty} e^{-\frac{1}{2(T-t)}(w - \sigma(T-t))^2} \frac{dw}{\sqrt{2\pi(T-t)}} \\
&\quad - Ke^{-r(T-t)} \int_{(-d_-)\sqrt{T-t}}^{\infty} e^{-\frac{w^2}{2(T-t)}} \frac{dw}{\sqrt{2\pi(T-t)}} \quad \cdots ③ \\
&= x \int_{(-d_-)\sqrt{T-t} - \sigma(T-t)}^{\infty} e^{-\frac{v^2}{2(T-t)}} \frac{dv}{\sqrt{2\pi(T-t)}} \\
&\quad - Ke^{-r(T-t)} \int_{(-d_-)\sqrt{T-t}}^{\infty} e^{-\frac{w^2}{2(T-t)}} \frac{dw}{\sqrt{2\pi(T-t)}} \quad \cdots ④ \\
&= x \int_{(-d_-) - \sigma\sqrt{T-t}}^{\infty} e^{-\frac{y^2}{2}} \frac{dy}{\sqrt{2\pi}} - Ke^{-r(T-t)} \int_{(-d_-)}^{\infty} e^{-\frac{y^2}{2}} \frac{dy}{\sqrt{2\pi}} \quad \cdots ⑤ \\
&= x\big(1 - \Phi(-d_+)\big) - Ke^{-r(T-t)}\big(1 - \Phi(-d_-)\big) \\
&= x\Phi(d_+) - Ke^{-r(T-t)}\Phi(d_-). \quad \cdots ⑥
\end{aligned}$$

③の第1の積分では置換 $v = w - \sigma(T-t)$ を行い，④の第1，第2の積分では置換 $y = \dfrac{v}{\sqrt{T-t}}$, $y = \dfrac{w}{\sqrt{T-t}}$ を行った．また，⑤の第1の積分では (8.3.11) から $(-d_-) - \sigma\sqrt{T-t} = -d_+$ に注意し，⑥では $N(0,1)$ の分布関数の関係式

$$1 - \Phi(a) = \Phi(-a), \quad a \in \mathbb{R}.$$

を用いた．ゆえに，解 $f(t,x)$ が題意のように得られた．

8.5　リスク中立確率とマルチンゲールによる価格付け

　今後は，オプションをヘッジして価格付けをするためにマルチンゲールからのアプローチをとる．これによって，特に，割引されたペイオフの平均（期待値）としてオプション価格を計算し，ポートフォリオの戦略を決定することが

できる.

　ブラウン運動 $B(t)$ から生成された σ-フィールドを $\mathcal{F}_t = \sigma\big(B(u), 0 \leq u \leq t\big)$ とする．このとき，フィルトレーション $\{\mathcal{F}_t\}$ に適合した確率過程 $M(t), 0 \leq t \leq T$ は

$$E[M(t) \,|\, \mathcal{F}_s] = M(s), \quad 0 \leq s \leq t$$

を満たすならば，マルチンゲールとよばれた（定義 2.8.12 参照）．たとえば

(1) F が 2 乗可積分な確率変数のとき，$Y(t) = E[F \,|\, \mathcal{F}_t], 0 \leq t \leq T$ とおく．このとき，条件付き平均のスムージング性（定理 2.7.6）によって $Y(t)$ はマルチンゲール（定理 2.8.13）．

(2) $\mathcal{F}_t$ に適合した $f(t) = f(t,\omega)$ に対して $I(t) = \displaystyle\int_0^t f(s)\,dB(s),\ 0 \leq t \leq T$ とおく．このとき

$$\int_0^T E[f(t)^2]\,dt < \infty$$

ならば，$I(t)$ は $\mathcal{F}_t$-可測，連続，かつ平均 0 で 2 乗可積分なマルチンゲール（定理 4.4.11）．

　$\widetilde{X}(t), \widetilde{V}(t)$ を，それぞれ (8.1.2), (8.1.3) で与えられたリスク資産 $X(t)$，ポートフォリオの価値 $V(t)$ の割引価値とする（(8.1.15) 参照）．すなわち

$$\widetilde{X}(t) = e^{-rt}X(t), \quad \widetilde{V}(t) = e^{-rt}V(t).$$

- $\mu = r$ ならば，リスク資産の割引価値 $\widetilde{X}(t)$ はマルチンゲールになる．実際，$\widetilde{X}(t)$ の表現（注意 8.1.3）と幾何ブラウン運動の表現（例題 5.2.1），および $e^{\sigma B(t) - \frac{1}{2}\sigma^2 t}$ のマルチンゲール性（注意 3.2.9）から次のようになる．

$$\begin{aligned}
E[\widetilde{X}(t)\,|\,\mathcal{F}_s] &= E\left[X_0 e^{((\mu-r)-\frac{1}{2}\sigma^2)t + \sigma B(t)} \,\Big|\, \mathcal{F}_s\right] \quad \text{(定数 } X(0) = X_0 > 0) \\
&= X_0 E\left[e^{\sigma B(t) - \frac{1}{2}\sigma^2 t} \,\Big|\, \mathcal{F}_s\right] \\
&= X_0 e^{\sigma B(s) - \frac{1}{2}\sigma^2 s} = \widetilde{X}(s), \quad 0 \leq s \leq t.
\end{aligned}$$

- また，$\mu = r$ ならば，注意 8.1.3 から $\displaystyle\int_0^T E[\widetilde{X}(t)^2]\,dt < \infty$,

$$d\widetilde{X}(t) = \sigma\widetilde{X}(t)\,dB(t), \quad \widetilde{X}(t) = X_0 + \sigma\int_0^t \widetilde{X}(u)\,dB(u)$$

となる．したがって，確率積分のマルチンゲール性から $\widetilde{X}(t)$ のマルチンゲール性を確認することもできる．

- さらに，$\mu = r$ ならば，資金自己調達的なポートフォリオ $\theta(t) = (u(t), v(t))$ に対応するポートフォリオの割引価値 $\widetilde{V}(t)$ はマルチンゲールになる．実際，補題 8.1.4 と注意 8.1.3 によって，次のように表されるからである．

$$\widetilde{V}(t) = \widetilde{V}(0) + \int_0^t v(u)\, d\widetilde{X}(u) = \widetilde{V}(0) + \sigma \int_0^t v(u)\widetilde{X}(u)\, dB(u).$$

さて，定義 8.2.2 によると，P^* がリスク中立確率であるとは，リスク資産 $X(t)$ の割引価値 $\widetilde{X}(t) = e^{-rt}X(t)$ が P^* のもとでマルチンゲールになることであった．前述の結果から，確率空間 $(\Omega, \mathcal{F}, P)$ で与えられたリスク資産 $X(t)$ は，$\mu = r$ ならばマルチンゲールになり，そのとき $P^* = P$ はリスク中立確率になる．

本節においては，$\mu \neq r$ の一般の場合にリスク中立確率をつくる方法を考える．このために，確率測度の変換に関するギルサノフの公式を用いる．

まず，注意 8.1.3 によって，リスク資産 $X(t)$ の割引価値 $\widetilde{X}(t)$ は

$$d\widetilde{X}(t) = \widetilde{X}(t)\bigl((\mu - r)\, dt + \sigma\, dB(t)\bigr)$$

を満たす．そこで

$$\widetilde{B}(t) = \frac{\mu - r}{\sigma} t + B(t), \quad 0 \leq t \leq T \tag{8.5.1}$$

とおく．そして

$$\frac{dP^*}{dP} = \exp\left[-\frac{\mu - r}{\sigma} B(T) - \frac{(\mu - r)^2}{2\sigma^2} T\right] \tag{8.5.2}$$

によって確率測度 P^* を定める．このとき，ギルサノフの公式（定理 7.2.8-7.2.10）によって，$\widetilde{B}(t)$ は P^*-ブラウン運動（P^* のもとでブラウン運動）になる．ゆえに，割引価値 $\widetilde{X}(t)$ は

$$\frac{d\widetilde{X}(t)}{\widetilde{X}(t)} = (\mu - r)\, dt + \sigma\, dB(t) = \sigma\, d\widetilde{B}(t) \tag{8.5.3}$$

と表され，これは P^*-マルチンゲール（P^* のもとでマルチンゲール）になる．すなわち，P^* はリスク中立確率である．$\mu = r$ ならば $P^* = P$ となることは明らかであろう．

以下においては，割引されたペイオフの平均（期待値）を用いてブラック・ショールズ価格の表現を求める．数理ファイナンスの第 1 基本定理（定理 8.2.4）によれば，リスク資産 $X(t)$ の割引価値

$$\widetilde{X}(t) = e^{-rt} X(t)$$

がマルチンゲールとなるようなリスク中立確率 P^* が（少なくとも）1つ存在すれば，市場は裁定機会をもたない．さらに，数理ファイナンスの第2基本定理（定理 8.2.7）によれば，リスク中立確率がただ1つならば，市場は完備である．

リスク資産 $X(t)$ が

$$\frac{dX(t)}{X(t)} = \mu\,dt + \sigma\,dB(t), \quad X(0) = X_0 > 0$$

を満たすときは

$$X(t) = X_0 e^{\left(\mu - \frac{1}{2}\sigma^2\right)t + \sigma B(t)}, \quad \widetilde{X}(t) = X_0 e^{\left((\mu - r) - \frac{1}{2}\sigma^2\right)t + \sigma B(t)}$$

であるから，定理 8.2.3 によって，割引価値 $\widetilde{X}(t)$ は (8.5.2) で定められた P^* のもとでマルチンゲールになる．すなわち，P^* は同値なマルチンゲール測度である．注意 8.1.3 と (8.5.1) から

$$d\widetilde{X}(t) = (\mu - r)\widetilde{X}(t)\,dt + \sigma\widetilde{X}(t)\,dB(t) = \sigma\widetilde{X}(t)\,d\widetilde{B}(t) \quad (8.5.4)$$

と表される．したがって，補題 8.1.4 から，資金自己調達的なポートフォリオの値 $V(t)$ の割引価値 $\widetilde{V}(t)$ は

$$\widetilde{V}(t) = \widetilde{V}(0) + \int_0^t v(u)\,d\widetilde{X}(u) = \widetilde{V}(0) + \sigma\int_0^t v(u)\widetilde{X}(u)\,d\widetilde{B}(u) \quad (8.5.5)$$

と表され，$\widetilde{V}(t)$ は P^*-マルチンゲール（P^* のもとでマルチンゲール）になる．

達成可能な T-請求権 C をヘッジする資金自己調達的なポートフォリオの価値 $V(t)$ は，時刻 $t \in [0, T]$ における請求権 C の価格を与えることがわかる．

定理 8.5.1

$\theta(t) = \bigl(u(t), v(t)\bigr)$ を価値

$$V(t) = u(t)A(t) + v(t)X(t), \quad t \in [0, T]$$

をもつポートフォリオ戦略とする．C を T-請求権とし，ともに次を満たすとする．

(1) $\theta(t) = \bigl(u(t), v(t)\bigr), t \in [0, T]$ は資金自己調達的．
(2) $\theta(t) = \bigl(u(t), v(t)\bigr), t \in [0, T]$ は C をヘッジする．すなわち，$V(T) = C$.

このとき，時刻 $t \in [0, T]$ における C の価格は $V(t)$ によって

$$V(t) = e^{-r(T-t)} E^*[C \,|\, \mathcal{F}_t], \quad t \in [0, T] \tag{8.5.6}$$

と与えられる．ただし，E^* はリスク中立確率 P^* に関する平均である．

【証明】 任意の時刻 $t < T$ における請求権 C の価格は，仮定されたポートフォリオ戦略による価値 $V(t)$ と同じでなければならない．もしそうでなければ裁定機会による利益が生じてしまうからである．$\theta(t) = (u(t), v(t))$ は資金自己調達的であるから，補題 8.1.4 と (8.5.4) によって，$\widetilde{V}(t)$ は (8.5.5) を満たして P^*-マルチンゲールになる．したがって

$$\widetilde{V}(t) = E^*[\widetilde{V}(T) \,|\, \mathcal{F}_t] = e^{-rT} E^*[V(T) \,|\, \mathcal{F}_t] = e^{-rT} E^*[C \,|\, \mathcal{F}_t], \quad t \in [0, T].$$

ゆえに，

$$V(t) = e^{rt} \widetilde{V}(t) = e^{-r(T-t)} E^*[C \,|\, \mathcal{F}_t]$$

となって，(8.5.6) が得られる．

$V(t)$ が t と $X(t)$ の関数で $C(t, X(t))$ と表される場合には，$V(t)$ は (8.5.6) から次のように与えられる．

$$\boxed{V(t) = C(t, X(t)) = e^{-r(T-t)} E^*[\phi(X(T)) \,|\, \mathcal{F}_t], \quad t \in [0, T].} \tag{8.5.7}$$

ここで，関数 $C(t, x)$ は定理 8.3.1 によってブラック・ショールズの PDE の解になる．すなわち

$$\begin{cases} \dfrac{\partial C}{\partial t}(t, x) + rx \dfrac{\partial C}{\partial x}(t, x) + \dfrac{1}{2} \sigma^2 x^2 \dfrac{\partial^2 C}{\partial x^2}(t, x) = rC(t, x), \\ C(T, x) = \phi(x). \end{cases} \tag{8.5.8}$$

なお，ファインマン・カッツの公式（定理 6.6.7）を用いれば，(8.5.7) で与えられる関数 $C(t, x)$ は PDE (8.5.8) を満たすことがわかる．

ペイオフ関数 $\phi(x) = (x - K)^+$ をもつヨーロッパ型コールオプションに対しては，ブラック・ショールズの公式 (8.3.8)（定理 8.4.4 も参照）を確率的な議論に基づいて与えることができる．

定理 8.5.2

行使価格 K，満期日 T のヨーロッパ型コールオプションに対して，時刻 t における価格は次のように与えられる．

$$C(t, X(t)) = X(t) \Phi(d_+) - K e^{-r(T-t)} \Phi(d_-), \quad t \in [0, T] \tag{8.5.9}$$

【証明】 定理 8.5.1 の関係式 (8.5.6) を用いる. $B(t)$ を (8.5.1) の $\widetilde{B}(t)$ で表せば, C をヘッジするポートフォリオの価値 $V(t)$ は次のようになる.

$$\begin{aligned}
V(t) &= e^{-r(T-t)} E^*[C \mid \mathcal{F}_t] = e^{-r(T-t)} E^*\big[(X(T)-K)^+ \mid \mathcal{F}_t\big] \\
&= e^{-r(T-t)} E^*\Big[\big(X(t) e^{r(T-t)+\sigma(\widetilde{B}(T)-\widetilde{B}(t))-\frac{1}{2}\sigma^2(T-t)} - K\big)^+ \Big| \mathcal{F}_t\Big] \\
&= e^{-r(T-t)} E^*\Big[\big(x e^{r(T-t)+\sigma(\widetilde{B}(T)-\widetilde{B}(t))-\frac{1}{2}\sigma^2(T-t)} - K\big)^+\Big]\Big|_{x=X(t)} \\
&= e^{-r(T-t)} E^*\Big[\big(e^{m(x)+Z} - K\big)^+\Big]\Big|_{x=X(t)}, \quad 0 \le t \le T.
\end{aligned}$$

ただし,

$$m(x) = r(T-t) - \frac{1}{2}\sigma^2(T-t) + \log x, \quad Z = \sigma\big(\widetilde{B}(T) - \widetilde{B}(t)\big).$$

ここで, Z は, P^* のもとで平均 0, 分散 $v^2 = \sigma^2(T-t)$ の正規分布に従う確率変数であることに注意する. したがって, $v = \sigma\sqrt{T-t}$ とおけば, 後述の補題 8.5.3 の評価によって, 次のように計算される.

$$\begin{aligned}
V(t) &= e^{-r(T-t)} E^*\Big[\big(e^{m(x)+Z} - K\big)^+\Big]\Big|_{x=X(t)} \\
&= e^{-r(T-t)} e^{m(X(t))+\frac{1}{2}\sigma^2(T-t)} \Phi\Big(v + \frac{m(X(t)) - \log K}{v}\Big) \\
&\qquad\qquad - K e^{-r(T-t)} \Phi\Big(\frac{m(X(t)) - \log K}{v}\Big) \\
&= X(t) \Phi\Big(v + \frac{m(X(t)) - \log K}{v}\Big) - K e^{-r(T-t)} \Phi\Big(\frac{m(X(t)) - \log K}{v}\Big) \\
&= X(t) \Phi(d_+) - K e^{-r(T-t)} \Phi(d_-), \quad 0 \le t \le T.
\end{aligned}$$

ただし, $v = \sigma\sqrt{T-t}$ のとき, (8.3.10) から

$$v + \frac{m(x) - \log K}{v} = d_+, \quad \frac{m(x) - \log K}{v} = d_-$$

となることを用いた.

補題 8.5.3

Z を平均 0, 分散 v^2 の正規分布に従う確率変数とする. Φ を標準正規分布 $N(0,1)$ の分布関数とする. このとき, 次が成り立つ.

$$E\big[(e^{m+Z} - K)^+\big] = e^{m+\frac{v^2}{2}} \Phi\Big(v + \frac{m - \log K}{v}\Big) - K \Phi\Big(\frac{m - \log K}{v}\Big). \tag{8.5.10}$$

【証明】 置換積分法を繰り返して計算する.

$$
\begin{aligned}
E\big[(e^{m+Z}-K)^+\big] &= \frac{1}{\sqrt{2\pi v^2}}\int_{-\infty}^{\infty}(e^{m+z}-K)^+ e^{-\frac{z^2}{2v^2}}\,dz \\
&= \frac{1}{\sqrt{2\pi v^2}}\int_{-m+\log K}^{\infty}(e^{m+z}-K)e^{-\frac{z^2}{2v^2}}\,dz \\
&= \frac{e^m}{\sqrt{2\pi v^2}}\int_{-m+\log K}^{\infty}e^{z-\frac{z^2}{2v^2}}\,dz - \frac{K}{\sqrt{2\pi v^2}}\int_{-m+\log K}^{\infty}e^{-\frac{z^2}{2v^2}}\,dz \\
&= \frac{e^{m+\frac{v^2}{2}}}{\sqrt{2\pi v^2}}\int_{-m+\log K}^{\infty}e^{-\frac{(z-v^2)^2}{2v^2}}\,dz - \frac{K}{\sqrt{2\pi}}\int_{\frac{-m+\log K}{v}}^{\infty}e^{-\frac{z^2}{2}}\,dz \\
&= \frac{e^{m+\frac{v^2}{2}}}{\sqrt{2\pi}}\int_{\frac{-m+\log K}{v}-v}^{\infty}e^{-\frac{z^2}{2}}\,dz - K\Phi\Big(\frac{m-\log K}{v}\Big) \\
&= \frac{e^{m+\frac{v^2}{2}}}{\sqrt{2\pi}}\Phi\Big(v+\frac{m-\log K}{v}\Big) - K\Phi\Big(\frac{m-\log K}{v}\Big).
\end{aligned}
$$

ただし, $1-\Phi(a)=\Phi(-a)$, $a\in\mathbb{R}$ を用いた. ゆえに, (8.5.10) が成り立つ.

定義 8.5.4

$$P(t,X(t)) = e^{-r(T-t)}E^*\big[(K-X(T))^+\,\big|\,\mathcal{F}_t\big] \tag{8.5.11}$$

とおく. $P(t,X(t))$ は行使価格 K, 満期日 T のヨーロッパ型プットオプションの価格を表している.

このときコールとプットの差を考えると, 定理 8.5.1 の評価式 (8.5.6) から以下のように計算される.

$$
\begin{aligned}
&C(t,X(t)) - P(t,X(t)) \\
&= e^{-r(T-t)}E^*\big[(X(T)-K)^+\,\big|\,\mathcal{F}_t\big] - e^{-r(T-t)}E^*\big[(K-X(T))^+\,\big|\,\mathcal{F}_t\big] \\
&= e^{-r(T-t)}E^*\big[(X(T)-K)^+ - (K-X(T))^+\,\big|\,\mathcal{F}_t\big] \\
&= e^{-r(T-t)}E^*\big[(X(T)-K)\,\big|\,\mathcal{F}_t\big] \\
&= e^{rt}E^*\big[e^{-rT}X(T)\,\big|\,\mathcal{F}_t\big] - e^{-r(T-t)}K \\
&= e^{rt}\big(e^{-rt}X(t)\big) - e^{-r(T-t)}K = X(t) - e^{-r(T-t)}K.
\end{aligned}
$$

最後の式では, $\widetilde{X}(t) = e^{-rt}X(t)$ がリスク中立確率 P^* のもとでマルチンゲールになることを用いた. ゆえに, 次の定理が得られた.

定理 8.5.5

$$C(t, X(t)) - P(t, X(t)) = X(t) - e^{-r(T-t)}K. \quad (8.5.12)$$

この関係式は**プット・コール・パリティ**として知られている．

プット・コール・パリティは，同一の原資産，同一満期，同一行使価格のプットオプションとコールオプションの間に成立する価格（プレミアム）の相関関係を表している．言い換えれば

コールオプションの価格 − プットオプションの価格
＝ 原資産価格 − 権利行使価格 ÷ 時間割引率.

この関係式を理解するためには時間割引率をいったん無視するとわかりやすい．割引率を 1 とした場合，

コールオプションの価格 − プットオプションの価格
＝ 原資産価格 − 権利行使価格

という式になる．

コールオプションとプットオプションの相関関係が大きく崩れている場合は，裁定取引の機会が発生していることになる．

定理 8.5.2 の評価式 (8.5.9) から，プットオプションの価格式は次のように求められる．

$$\begin{aligned}
P(t, X(t)) &= C(t, X(t)) - X(t) + e^{-r(T-t)}K \\
&= X(t)\Phi(d_+) + e^{-r(T-t)}K - X(t) - e^{-r(T-t)}K\Phi(d_-) \\
&= -X(t)(1 - \Phi(d_+)) + e^{-r(T-t)}K(1 - \Phi(d_-)) \\
&= -X(t)\Phi(-d_+) + e^{-r(T-t)}K\Phi(-d_-).
\end{aligned}$$

すなわち

$$P(t, X(t)) = -X(t)\Phi(-d_+) + e^{-r(T-t)}K\Phi(-d_-), \quad t \in [0, T]. \quad (8.5.13)$$

注意 8.5.6 コールとプット，それぞれの価格式 (8.5.9) と (8.5.13) は，次のようにまとめられる．(8.3.10) の $d_+ = d_+(t, x)$, $d_- = d_-(t, x)$ を用いると

$$\begin{cases} C(t, X(t)) = X(t)\Phi(d_+) - Ke^{-r(T-t)}\Phi(d_-), & t \in [0, T], \\ P(t, X(t)) = -X(t)\Phi(-d_+) + Ke^{-r(T-t)}\Phi(-d_-), & t \in [0, T]. \end{cases}$$
(8.5.14)

ここで, $d_+ = d_+(t, X(t)), d_- = d_-(t, X(t))$. 特に, $t = 0$ とおけば

$$\begin{cases} C(0, X(0)) = X(0)\Phi(d_+) - Ke^{-rT}\Phi(d_-), \\ P(0, X(0)) = -X(0)\Phi(-d_+) + Ke^{-rT}\Phi(-d_-). \end{cases}$$
(8.5.15)

権利を手に入れるためには権利料(オプション料)という, いわば権利の購入代金を相手に支払わなくてはならない. このオプション料が**プレミアム**である (8.1 節参照). (8.5.15) の値はプレミアムを表している. オプションは, 将来の値上がり値下がりというリスクに備えるために入っておく保険のようなものと考えることもできるから, プレミアムは保険会社に払う保険料に似ている.

例題 8.5.1 定理 8.5.1 の (8.5.6) および公式 (8.5.7) を応用して, ペイオフ $X(T)^2$ の T-請求権に対する時刻 $t \in [0, T]$ での価格

$$C(t, X(t)) = e^{-r(T-t)} E^*[X(T)^2 \mid \mathcal{F}_t]$$

を計算せよ. ただし, E^* は (8.5.2) のリスク中立確率 P^* に関する平均.

【証明】 $X(t) = X(0)e^{\left(\mu - \frac{1}{2}\sigma^2\right)t + \sigma B(t)}, X(T)^2 = X(t)^2 \dfrac{X(T)^2}{X(t)^2}$.

$$C(t, X(t)) = e^{-r(T-t)} X(t)^2 E^* \left[\frac{X(T)^2}{X(t)^2} \,\Big|\, \mathcal{F}_t \right] \qquad \cdots ①$$

$$= e^{-r(T-t)} X(t)^2 E^* \left[e^{2\sigma\left(\tilde{B}(T) - \tilde{B}(t)\right) - \sigma^2(T-t) + 2r(T-t)} \,\Big|\, \mathcal{F}_t \right] \qquad \cdots ②$$

$$= X(t)^2 e^{(r+\sigma^2)(T-t)}.$$

ここに, $\tilde{B}(t)$ は (8.5.1) で与えられた P^*-ブラウン運動である.

なお, ① では, $\mathcal{F}_t$-可測な $X(t)^2$ は条件付き平均で定数のように扱われること (定理 2.7.6 (3)) を用いた. ② では, $e^{2\sigma\left(\tilde{B}(T) - \tilde{B}(t)\right) - 2\sigma^2(T-t)}$ の指数マルチンゲール性 (注意 3.2.9, 問 5.1.2) を用いた.

問 8.5.1 例題 8.5.1 において, 資金自己調達的なポートフォリオ戦略を $\theta(t) = (u(t), v(t)), t \in [0, T]$ とする. 資産を投資するために, (8.3.2) を用いて $v(t)$ を, (8.3.7) を用いて $u(t)$ を, それぞれ計算せよ.

【解答】 $v(t) = \left.\dfrac{\partial C}{\partial x}(t,x)\right|_{x=X(t)} = 2X(t)e^{(r+\sigma^2)(T-t)}$.

$$u(t) = \dfrac{C(t, X(t)) - v(t)X(t)}{A(t)}$$
$$= e^{-rt}\left(X(t)^2 e^{(r+\sigma^2)(T-t)} - 2X(t)^2 e^{(r+\sigma^2)(T-t)}\right)$$
$$= -X(t)^2 e^{\sigma^2(T-t)+r(T-2t)}.$$

8.6 ヘッジ戦略

以下においては，資金自己調達的なヘッジ戦略が，任意の2乗可積分な確率変数 C に対する確率積分による表現（伊藤の表現定理，定理 4.11.2）

$$C = E[C] + \int_0^T \zeta(t)\, dB(t) \tag{8.6.1}$$

と同様な形でかき表される場合に，その戦略を導く計算を行う．ただし，$\mathcal{F}_t = \sigma(B(s), 0 \leq s \leq t)$ とし，$\zeta(t), t \in [0,T]$ は $\mathcal{F}_t$ に適合した確率過程とする．(8.6.1) の例としては，伊藤の単純公式から

$$B(T)^2 = T + 2\int_0^T B(t)\, dB(t)$$

を挙げることができる．

リスク資産 $X(t)$ は SDE (8.1.2)′，すなわち

$$\dfrac{dX(t)}{X(t)} = \mu\, dt + \sigma\, dB(t), \quad t \in [0,T], \quad X(0) = X_0 > 0$$

を満たし，その割引価値 $\widetilde{X}(t) = e^{-rt}X(t)$ は SDE (8.5.3)，すなわち

$$d\widetilde{X}(t) = \sigma\widetilde{X}(t)\, d\widetilde{B}(t), \quad t \in [0,T], \quad \widetilde{X}(0) = X_0 > 0$$

を満たすことに注意されたい．ここで，$\widetilde{B}(t)$ はリスク中立確率 P^* のもとでのブラウン運動として与えられた ((8.5.1)-(8.5.2) 参照).

定理 8.6.1

2乗可積分な確率変数として，P^* のもとで $E = E^*, B = \widetilde{B}$ としたときの表現 (8.6.1) が成り立つようなペイオフ C を考えて，

$$v(t) = \dfrac{e^{-r(T-t)}}{\sigma X(t)}\zeta(t), \tag{8.6.2}$$

$$u(t) = \dfrac{e^{-r(T-t)}E^*[C\,|\,\mathcal{F}_t] - v(t)X(t)}{A(t)}, \quad t \in [0,T] \tag{8.6.3}$$

とおく．このとき，ポートフォリオ $\theta(t) = (u(t), v(t))$, $t \in [0, T]$ は資金自己調達的であり，

$$V(t) = u(t)A(t) + v(t)X(t), \quad t \in [0, T] \tag{8.6.4}$$

とおけば，$V(t)$ は

$$V(t) = e^{-r(T-t)} E^*[C \,|\, \mathcal{F}_t], \quad t \in [0, T] \tag{8.6.5}$$

を満たす．特に

$$V(T) = C \tag{8.6.6}$$

となる．すなわち，ポートフォリオ $\theta(t) = (u(t), v(t))$, $t \in [0, T]$ は初期値

$$V(0) = e^{-rT} E^*[C] \tag{8.6.7}$$

から出発して達成可能な C を導くヘッジ戦略である．

【証明】 (8.6.5) は (8.6.3) と (8.6.4) から導かれる．(8.6.5) で $t = 0$ とおけば

$$V(0) = e^{-rT} E^*[C \,|\, \mathcal{F}_0] = e^{-rT} E^*[C] = u(0)A(0) + v(0)X(0)$$

となって，(8.6.7) が得られる．ここで，$\mathcal{F}_0 = \{\phi, \Omega\}$（自明な σ-フィールド）に関する条件付き平均は通常の平均に等しく，$E^*[C \,|\, \mathcal{F}_0] = E^*[C]$ となることを用いた（(2.1.5), (2.1.8) および定理 2.7.6 (1) 参照）．また，(8.6.5) で $t = T$ とおけば $V(T) = E^*[C \,|\, \mathcal{F}_T] = C$ となって (8.6.6) が得られる．ここで，(8.6.1) を満たす C は $\mathcal{F}_T$-可測であるから，C の条件付き平均は定数のように扱われることを用いた（定理 2.7.6 (3) 参照）．

したがって，$\theta(t) = (u(t), v(t))$, $t \in [0, T]$ が資金自己調達的なポートフォリオ戦略であることを示せばよい．表現 (8.6.1) をリスク中立確率 P^* に関するブラウン運動 $\widetilde{B}(t)$ と平均 E^* で考えて表せば，以下のように計算される．

$$\begin{aligned}
V(t) &= u(t)A(t) + v(t)X(t) = e^{-r(T-t)} E^*[C \,|\, \mathcal{F}_t] \\
&= e^{-r(T-t)} E^* \left[E^*[C] + \int_0^T \zeta(s) \, d\widetilde{B}(s) \,\Big|\, \mathcal{F}_t \right] \\
&= e^{-r(T-t)} \left(E^*[C] + \int_0^t \zeta(s) \, d\widetilde{B}(s) \right) \qquad \cdots \text{①} \\
&= e^{rt} V(0) + e^{-r(T-t)} \int_0^t \zeta(s) \, d\widetilde{B}(s) \qquad \cdots \text{②}
\end{aligned}$$

$$= e^{rt}V(0) + \sigma \int_0^t v(s)X(s)e^{r(t-s)} d\widetilde{B}(s) \qquad \cdots ③$$

$$= e^{rt}V(0) + \sigma \int_0^t v(s)\widetilde{X}(s)e^{rt} d\widetilde{B}(s) \qquad \cdots ④$$

$$= e^{rt}V(0) + e^{rt} \int_0^t v(s) d\widetilde{X}(s), \quad t \in [0, T]. \qquad \cdots ⑤$$

①では，$E^*[C]$ が定数であること，および $\int_0^t \zeta(s) d\widetilde{B}(s),\ t \in [0,T]$ が $\mathcal{F}_t$ に関してマルチンゲールであることを用いた．
②では，$V(0)$ の表現 (8.6.7) を用いた．
③では，$v(s),\ s \in [0,T]$ の表現 (8.6.2) を用いた．
④では，割引価値 $\widetilde{X}(s) = e^{-rs}X(s)$ を用いた．
⑤では，SDE (8.5.3) から $d\widetilde{X}(s) = \sigma\widetilde{X}(s) d\widetilde{B}(s)$ となることを用いた．
したがって，ポートフォリオの割引価値 $\widetilde{V}(t) = e^{-rt}V(t)$ は

$$\widetilde{V}(t) = V(0) + \int_0^t v(s) d\widetilde{X}(s), \quad t \in [0,T]$$

を満たす．すなわち，$\widetilde{V}(t)$ は関係式 (8.1.6) を満たす．ゆえに，補題 8.1.4 から $\theta(t) = (u(t), v(t)),\ t \in [0,T]$ は資金自己調達的である．

定理 8.6.1 は

$$V(0) = e^{-rT}E^*[C]$$

から出発するヘッジ戦略が常に存在することを示している．さらに

$$\widetilde{V}(T) = e^{-rT}C$$

を導くヘッジ戦略が存在するから，$\widetilde{V}(t),\ t \in [0,T]$ は，かならず次を満たすマルチンゲールになる (8.5 節の冒頭 (1)，定理 2.8.13 参照).

$$\begin{cases} \widetilde{V}(t) = E^*[\widetilde{V}(T) \,|\, \mathcal{F}_t] = e^{-rT}E^*[C \,|\, \mathcal{F}_t], \quad t \in [0,T]. \\ \widetilde{V}(0) = E^*[\widetilde{V}(T)] = e^{-rT}E^*[C]. \end{cases}$$

実際には，ヘッジングの問題は E^* のもとで (8.6.1) の表現における $\zeta(t),\ t \in [0,T]$ を計算することに帰着される．この計算は**デルタヘッジ**とよばれ，伊藤の公式とマルコフ性を応用して行われる．そこで，$X(t)\ t \in [0,T]$ に対応して，$f \in C_b^2(\mathbb{R})$ に演算操作される $P_{s,t},\ 0 \leq s \leq t \leq T$ を

$$P_{s,t}f(X(s)) = E^*[f(X(t)) \,|\, \mathcal{F}_s] \stackrel{\text{(a)}}{=} E^*[f(X(t)) \,|\, X(s)], \quad 0 \leq s \leq t$$
(8.6.8)

によって定める．ただし，$C_b^2(\mathbb{R})$ は 2 回連続微分可能で有界な導関数をもつ実数値関数の集まりである．

ここで，$X(t)$ は初期値 $X(0) = X_0$ をもつ SDE の解で $\mathcal{A}_t = \sigma\bigl(X_0, (B(s), 0 \leq s \leq t)\bigr)$-可測 (解の定義 5.3.3 (2))，かつマルコフ性をもつ (定理 6.1.3)．$\mathcal{F}_t^X = \sigma(X(s), 0 \leq s \leq t)$ とおけば，マルコフ性は，もともと

$$P\bigl(X(t) \leq x \mid \mathcal{F}_s^X\bigr) = P\bigl(X(t) \leq x \mid X(s)\bigr), \quad s < t, \quad x \in \mathbb{R} \quad \cdots \text{ⓑ}$$

の成り立つことを意味するが ((6.1.8) 参照)，定理 6.1.3 の証明では，ⓑよりも強い条件，

$$P\bigl(X(t) \leq x \mid \mathcal{A}_s\bigr) = P\bigl(X(t) \leq x \mid X(s)\bigr), \quad s < t, \quad x \in \mathbb{R} \quad \cdots \text{ⓒ}$$

の成り立つことが示されていた ((6.1.9) 参照)．しかし，初期値 X_0 は定数であるから，仮定 5.3.1 と注意 5.3.2 (2) によって $\mathcal{A}_t = \sigma(B(s), 0 \leq s \leq t)$ である．これは 8.2 節以降で用いてきた σ-フィールド $\mathcal{F}_t = \sigma(B(s), 0 \leq s \leq t)$ に他ならない．このことから，ⓒで $\mathcal{A}_s = \mathcal{F}_s = \sigma(B(r), 0 \leq r \leq s)$ とおき直せば，定義式 (8.6.8) ではⓐのように表されることが理解できよう．

$P_{s,t}$ は次の関係式を満たすので，時間的に一様でない**半群**になっている (6.6 節，生成作用素の説明参照)．

$$P_{s,t} P_{t,u} = P_{s,u}, \quad 0 \leq s \leq t \leq u. \tag{8.6.9}$$

実際，$0 \leq s \leq t \leq u$ ならば

$$P_{s,t}\bigl[P_{t,u}f(X(t))\bigr] = P_{s,t}\bigl[E^*[f(X(u)) \mid \mathcal{F}_t]\bigr] = P_{s,t}\bigl[E^*[f(X(u)) \mid X(t)]\bigr]$$
$$= E^*\bigl[E^*[f(X(u)) \mid \mathcal{F}_t] \mid \mathcal{F}_s\bigr]$$
$$= E^*\bigl[f(X(u)) \mid \mathcal{F}_s\bigr] = P_{s,u} f(X(s))$$

となるからである．ただし，上式では $\mathcal{F}_s \subset \mathcal{F}_t$, $s \leq t$, に注意して条件付き平均のスムージング性 (定理 2.7.6 (4)) を用いた．ここで $P_{t,T} f(X(t))$, $t \in [0, T]$, は $\mathcal{F}_t$ に関してマルチンゲールになることに注意しよう．すなわち

$$E^*\bigl[P_{t,T} f(X(t)) \mid \mathcal{F}_s\bigr] = E^*\bigl[E^*[f(X(T)) \mid \mathcal{F}_t] \,\bigl|\, \mathcal{F}_s\bigr]$$
$$= E^*\bigl[f(X(T)) \mid \mathcal{F}_s\bigr]$$
$$= P_{s,T} f(X(s)), \quad 0 \leq s \leq t \leq T. \tag{8.6.10}$$

したがって，時刻 s のとき $x > 0$ から出発する解の形に注意して

$$P_{s,t}f(x) = E^*\big[f(X(t)) \,|\, X(s) = x\big] = E^*\Big[f\Big(\frac{xX(t)}{X(s)}\Big)\Big], \quad 0 \le s \le t.\tag{8.6.11}$$

注意 8.6.2 定理 8.6.1 の公式 (8.6.5) と証明の中の等式④によって

$$e^{-rT}E^*[C \,|\, \mathcal{F}_t] = V(0) + \sigma \int_0^t v(s)\widetilde{X}(s)\,d\widetilde{B}(s), \quad t \in [0,T]$$

となる．もしも，$d\widetilde{B}$ による確率積分が dt による定積分で

$$e^{-rT}E^*[C \,|\, \mathcal{F}_t] = V(0) + \sigma \int_0^t v(s)\widetilde{X}(s)\,ds, \quad t \in [0,T]$$

と表される場合には，t で微分して次のようになる．

$$\sigma v(t)\widetilde{X}(t) = \frac{d}{dt}\Big(e^{-rT}E^*[C \,|\, \mathcal{F}_t]\Big)$$
$$\Rightarrow v(t) = \frac{1}{\sigma \widetilde{X}(t)}e^{-rT}\frac{d}{dt}\Big(E^*[C \,|\, \mathcal{F}_t]\Big) = \frac{e^{-r(T-t)}}{\sigma X(t)}\frac{d}{dt}E^*[C \,|\, \mathcal{F}_t]$$

実は，確率積分の場合にも形式的に同じような微分ができて

$$\boxed{v(t) = \frac{e^{-r(T-t)}}{\sigma X(t)}E^*[D_t C \,|\, \mathcal{F}_t]}$$

となる．ここに，D_t は**マリアヴァン微分**とよばれる微分作用素で，平均 $E^*[\cdot]$ の中に入っている！マリアヴァン微分を用いれば，表現 (8.6.1) における $\zeta(t)$，そしてヘッジ戦略における $v(t)$ を D_t で計算できるようになる．

次の補題は，ペイオフ C がある関数 ϕ で $C = \phi(X(T))$ と表される場合に，(8.6.1) の被積分関数形 $\zeta(t)$，$t \in [0,T]$ を計算することができるということを示している．

補題 8.6.3

$\phi \in C_b^2(\mathbb{R})$（2 回連続微分可能で有界な導関数をもつ関数）とする．このとき，$\phi(X(T))$ に関する伊藤の表現

$$\phi(X(T)) = E^*\big[\phi(X(T))\big] + \int_0^T \zeta(t)\,d\widetilde{B}(t)\tag{8.6.12}$$

において，$\zeta(t)$ は

$$\zeta(t) = \sigma X(t)\frac{\partial}{\partial x}\big(P_{t,T}\phi\big)(X(t)), \quad t \in [0,T]\tag{8.6.13}$$

と与えられる．

【証明】 $P_{t,T}\phi$ は 2 回連続微分可能であるから，伊藤の公式を確率過程
$$t \mapsto P_{t,T}\phi(X(t)) = E^*[\phi(X(T))\,|\,\mathcal{F}_t]$$
に応用する．この確率過程は，8.5 節冒頭の (1) によってマルチンゲールであることに注意する．さらに，$P_{t,T}\phi(X(t))$, $t \in [0,T]$ がマルチンゲールならば，伊藤の公式に現れる dt に関する積分項は 0 であることに注意する（問 4.11.1 (1) 参照）．したがって

$$\begin{aligned}P_{t,T}\phi(X(t)) = {}& P_{0,T}\phi(X(0)) \\ & + \sigma\int_0^t X(s)\frac{\partial}{\partial x}(P_{s,T}\phi)(X(s))\,d\widetilde{B}(s), \quad t\in[0,T].\end{aligned}$$
(8.6.14)

ここで，自明な σ-フィールド $\mathcal{F}_0$ に対する $\phi(X(T))$ の条件付き平均は通常の平均であるから（定理 2.7.6 (1)）

$$P_{0,T}\phi(X(0)) = E^*[\phi(X(T))\,|\,\mathcal{F}_0] = E^*[\phi(X(T))]$$

となる．したがって，(8.6.14) で $t = T$ とおけば $E^*[\phi(X(T))\,|\,\mathcal{F}_T] = \phi(X(T))$,

$$\phi(X(T)) = E^*[\phi(X(T))] + \sigma\int_0^T X(s)\frac{\partial}{\partial x}(P_{s,T}\phi)(X(s))\,d\widetilde{B}(s).$$

ゆえに，$C = \phi(X(T))$ に関する伊藤の表現 (8.6.12) の一意性（定理 4.11.2 (2)）によって (8.6.13) を得ることができる．

さて，(8.6.11) から次の関係式を得ることができる．

$$\begin{aligned}\zeta(t) &= \sigma X(t)\frac{\partial}{\partial x}E^*\big[\phi(X(T))\,|\,X(t) = x\big]\Big|_{x=X(t)} \\ &= \sigma X(t)\frac{\partial}{\partial x}E^*\Big[\phi\Big(\frac{xX(T)}{X(t)}\Big)\Big]\Big|_{x=X(t)}, \quad t\in[0,T].\end{aligned}$$

したがって，定理 8.6.1 の式 (8.6.2) から，ポートフォリオ $\theta(t) = (u(t),v(t))$ におけるリスク資産 $X(t)$ の保有量 $v(t)$ は次のように求められる．

$$\begin{aligned}v(t) &= \frac{1}{\sigma X(t)}e^{-r(T-t)}\zeta(t) \\ &= e^{-r(T-t)}\frac{\partial}{\partial x}E^*\Big[\phi\Big(\frac{xX(T)}{X(t)}\Big)\Big]\Big|_{x=X(t)}, \quad t\in[0,T]. \quad (8.6.15)\end{aligned}$$

(8.6.15) の $v(t)$ は，定理 8.3.1 の公式 (8.3.2) で与えられたオプション価格のデルタを再表現している．結局，ペイオフ ϕ が非減少関数のときは $v(t) \geq 0$ となって，空売りがない形をしている．

ヨーロッパ型オプションの場合，$\zeta(t)$ を次のように表すこともできる．

定理 8.6.4

$C = (X(T) - K)^+$ とする．このとき
$$\zeta(t) = \sigma X(t) E^* \Big[\frac{X(T)}{X(t)} 1_{[K, \infty)} \Big(x \frac{X(T)}{X(t)} \Big) \Big]\Big|_{x=X(t)}, \quad t \in [0, T]. \tag{8.6.16}$$

ただし，$1_{[K, \infty)}(z)$ は区間 $[K, \infty)$ のインディケータ．

【証明】 $\phi(x) = (x - K)^+$ を近似する 2 回連続微分可能な関数を考えて，補題 8.6.3 の (8.6.13) と関係式 $P_{t,T} f(x) = E^*[f(X(T)) | X(t) = x]$ を応用すればよい．

上の定理から，ブラック・ショールズモデルにおけるヨーロッパ型コールオプションのデルタに対する公式を再確認することができる．以下に示す例題 8.6.1 はブラック・ショールズの資金自己調達的なヘッジ戦略を示している．すなわち，リスク資産に対しては

$$v(t) = \Phi\big(d_+(t, X(t))\big) = \Phi\left(\frac{\log\left(\frac{X(t)}{K}\right) + \left(r + \frac{\sigma^2}{2}\right)(T-t)}{\sigma\sqrt{T-t}} \right) \tag{8.6.17}$$

の量を保有し，無リスク資産に対しては

$$\begin{aligned}
-u(t) &= K e^{-rT} \Phi\big(d_-(t, X(t))\big) \\
&= K e^{-rT} \Phi\left(\frac{\log\left(\frac{X(t)}{K}\right) + \left(r - \frac{\sigma^2}{2}\right)(T-t)}{\sigma\sqrt{T-t}} \right)
\end{aligned} \tag{8.6.18}$$

の量を借り入れることを意味している．

定理 8.6.1 と定理 8.6.4 を用いれば，8.3 節で示されたデルタ $v(t)$ に関する定理 8.3.3 の別証明を，次の例題で与えることができる．この結果は定理 8.3.1 の (8.3.2)，別表現の (8.6.15) およびブラック・ショールズの関数を直接微分して導かれた定理 8.3.3 の (8.3.12) を，再計算して補充するものである．

8.6 ヘッジ戦略

> **例題 8.6.1** ペイオフ関数 $f(x) = (x-K)^+$ をもつヨーロッパ型コールオプションのデルタは次のように与えられることを確かめよ.
> $$v(t) = \Phi\big(d_+\big(t, X(t)\big)\big)$$
> $$= \Phi\left(\frac{\log\left(\dfrac{X(t)}{K}\right) + \left(r + \dfrac{\sigma^2}{2}\right)(T-t)}{\sigma\sqrt{T-t}}\right), \quad t \in [0, T].$$

【証明】 定理 8.6.1 と定理 8.6.4 を用い, 置換積分を繰り返して計算する.

$$v(t) = \frac{1}{\sigma X(t)} e^{-r(T-t)} \zeta(t)$$
$$= e^{-r(T-t)} E^*\left[\frac{X(T)}{X(t)} \mathbf{1}_{[K,\infty)}\left(x\frac{X(T)}{X(t)}\right)\right]\bigg|_{x=X(t)}$$
$$= e^{-r(T-t)} \times E^*\left[e^{\sigma(\widetilde{B}(T)-\widetilde{B}(t))-\frac{\sigma^2}{2}(T-t)+r(T-t)}\right.$$
$$\left. \mathbf{1}_{[K,\infty)}\left(xe^{\sigma(\widetilde{B}(T)-\widetilde{B}(t))-\frac{\sigma^2}{2}(T-t)+r(T-t)}\right)\right]\bigg|_{x=X(t)}$$
$$= \frac{1}{\sqrt{2\pi(T-t)}} \int_m^\infty e^{\sigma y - \frac{\sigma^2}{2}(T-t) - \frac{y^2}{2(T-t)}} \, dy$$
$$\left(m = \frac{\sigma(T-t)}{2} - \frac{r(T-t)}{\sigma} + \frac{1}{\sigma}\log\frac{K}{X(t)} = (-d_-)\sqrt{T-t}\right)$$
$$= \frac{1}{\sqrt{2\pi(T-t)}} \int_{(-d_-)\sqrt{T-t}}^\infty e^{-\frac{1}{2(T-t)}(y-\sigma(T-t))^2} \, dy$$
$$= \frac{1}{\sqrt{2\pi}} \int_{-d_-}^\infty e^{-\frac{1}{2}(y-\sigma\sqrt{T-t})^2} \, dy$$
$$= \frac{1}{\sqrt{2\pi}} \int_{-d_+}^\infty e^{-\frac{1}{2}y^2} \, dy \qquad (d_+ = d_- + \sigma\sqrt{T-t})$$
$$= \frac{1}{\sqrt{2\pi}} \int_{-\infty}^{d_+} e^{-\frac{1}{2}y^2} \, dy$$
$$= \Phi(d_+), \quad d_+ = d_+\big(t, X(t)\big).$$

例題 8.6.1 に関して, ヨーロッパ型コールオプションの価格を与えるブラック・ショールズの公式 (8.3.8) を再び採り上げたい.

$$\boxed{g_c(t,x) = \mathrm{BS}(K, x, \sigma, r, T-t) = x\Phi(d_+) - Ke^{-r(T-t)}\Phi(d_-).} \quad (8.6.19)$$

注意 8.6.5 g_c は 5 つのパラメータ,すなわち,リスク資産 $x = X(t)$,満期日 T までの残り $T-t$,行使価格 K,無リスク資産の利子率 r,市場のボラティリティ σ の関数になっている.したがって,これらのパラメータに関する感応度としての変化率が重要となる.このとき,$x = X(t)$ における以下の偏微分係数を**グリークス**という(ギリシャ語にないのもあるが,それも含めて).

$$\text{デルタ}\quad \Delta = \frac{\partial g_c}{\partial x}, \quad \text{ガンマ}\quad \Gamma = \frac{\partial^2 g_c}{\partial x^2}, \quad \text{テータ}\quad \Theta = \frac{\partial g_c}{\partial t},$$

$$\text{ナブラ}\quad \nabla = \frac{\partial g_c}{\partial K}, \quad \text{ロー}\quad \rho = \frac{\partial g_c}{\partial r}, \quad \text{ベガ}\quad \wedge = \frac{\partial g_c}{\partial \sigma}.$$

問 8.6.1 グリークスを計算せよ.また,次の関係式を満たすことも確かめよ.

$$\Theta + rx\Delta + \frac{1}{2}\sigma^2 x^2 \Gamma = r g_c. \qquad \cdots (\diamond)$$

【解答】 $\tau = T - t$ とおく.偏微分した結果に $x = X(t)$ を代入する.
定理 8.3.3 から $\Delta = \dfrac{\partial g_c}{\partial x} = \Phi(d_+)$.注意 8.3.5 から

$$\Gamma = \frac{\partial^2 g_c}{\partial x^2} = \frac{1}{x\sigma\sqrt{\tau}}\phi(d_+).$$

以下においては,合成関数の偏微分法と例題 8.3.1 の関係式 (3) を用いる.

$$\nabla = \frac{\partial g_c}{\partial K} = x\phi(d_+)\frac{\partial d_+}{\partial K} - Ke^{-r\tau}\phi(d_-)\frac{\partial d_-}{\partial K} - e^{-r\tau}\Phi(d_-)$$

$$\qquad = -e^{-r\tau}\Phi(d_-) < 0 \;\Rightarrow\; \text{コール価格は行使価格 } K \text{ の減少関数}.$$

$$\Theta = \frac{\partial g_c}{\partial t} = -\frac{\partial g_c}{\partial \tau}$$

$$\qquad = -\left[x\phi(d_+)\frac{\partial d_+}{\partial \tau} + rKe^{-r\tau}\Phi(d_-) - Ke^{-r\tau}\phi(d_-)\frac{\partial d_-}{\partial \tau}\right]$$

$$\qquad = -\frac{x\sigma}{2\sqrt{\tau}}\phi(d_+) - rKe^{-r\tau}\Phi(d_-) < 0$$

$$\qquad \Rightarrow\; \text{コール価格は時刻 } t \text{ の減少関数}.$$

$$\wedge = \frac{\partial g_c}{\partial \sigma} = x\phi(d_+)\frac{\partial d_+}{\partial \sigma} - Ke^{-r\tau}\phi(d_-)\frac{\partial d_-}{\partial \sigma}$$

$$\qquad = x\sqrt{\tau}\phi(d_+) > 0 \;\Rightarrow\; \text{コール価格はボラティリティ } \sigma \text{ の増加関数}.$$

$$\rho = \frac{\partial g_c}{\partial r} = x\phi(d_+)\frac{\partial d_+}{\partial r} + \tau K e^{-r\tau}\Phi(d_-) - K e^{-r\tau}\phi(d_-)\frac{\partial d_-}{\partial r}$$

$$= \tau K e^{-r\tau}\Phi(d_-) > 0 \;\Rightarrow\; \text{コール価格は利率 } r \text{ の増加関数}.$$

$g_c(t,x)$ はブラック・ショールズの PDE (8.3.1) を満たす．この PDE をグリークスでかき直せば $(\diamond)$ となる．また，グリークスの計算結果を $(\diamond)$ の左辺に代入すれば rg_c となる．したがって，関係式 $(\diamond)$ の成り立つことが確かめられた．

参 考 図 書

[1] Arnold L., *"Stochastic Differential Equations: Theory and Applications"*. John Wiley & Sons, New York, 1974.

[2] Bishwal J.P.N., *"Parameter Estimation in Stochastic Differential Equations"*, Springer-Verlag, Berlin-Heidelberg, 2008.

[3] Blanco L., Arunachalam S. and Dharmaraja S., *"Introduction to Probability and Stochastic Processes with Applications"*, John Willey & Sons, Hoboken(New Jersey), 2012.

[4] Brzeźniak Z. and Zastawniak T., *"Basic Stochastic Processes"*, Springer-Verlag, London, 1999.

[5] Capasso V. and Bakstein D., *"An Introduction to Continuous-Time Stochastic Processes: Theory, Models, and Applications to Finance, Biology, and Medicine"* (2nd edition), Springer Science + Business Media, New York, 2012.

[6] Capiński M. and Kopp E., *"The Black-Scholes Model"*, Cambridge Univ. Press, New York, 2012.

[7] 道工 勇『確率と統計』, 数学書房, 2012.

[8] Friedman A., *"Stochastic Differential Equations"* Vol.1, Academic Press, New York, 1975.

[9] Gard T.C., *"Introduction to Stochastic Differential Equations"*, Marcel Dekker, New York, 1988.

[10] Gihman I.I. and Skorohod A.V., *"Stochastic Differential Equations"*, Springer-Verlag, Berlin-Heidelberg, 1972.

[11] 石村直之『確率微分方程式入門』, 共立出版, 2014.

[12] 伊藤 清『確率論』(岩波基礎数学選書), 岩波書店, 1991.

[13] 伊藤 清『確率論の基礎 新版』, 岩波書店, 2004.

[14] 伊藤 清『確率論と私』, 岩波書店, 2010.

[15] Karatzas I. and Shreve S.E., *"Brownian Motion and Stochastic Calculus"* (2nd edition), Springer-Verlag, New York, 1991.

[16] Khasminskii R., *"Stochastic Stability of Differential Equations"* (2nd edition), Springer-Verlag, Berlin-Heidelberg, 2012.

[17] Klebaner F.C., *"Introduction to Stochastic Calculus with Applications"* (3rd edition), Imperial College Press, London, 2012.

[18] Kloeden P.E., Platen E. and Schurz H., *"Numerical Solution of SDE through Computer Experiments"* (corrected 2nd printing edition), Springer-Verlag, Berlin-Heidelberg, 1997.

[19] Kumar P.R. and Varaiya P., *"Stochastic Systems:Estimation, Identification, and Adaptive Control"* (Reprint of 1986 edition), SIAM, Philadelphia(Pennsylvania), 2016.

[20] Kuo H.-H., *"Introduction to Stochastic Integration"*, Springer Science + Business Media Inc., New York, 2006.

[21] 長井英生『確率微分方程式』, 共立出版, 1999.

[22] 成田清正『例題で学べる確率モデル』, 共立出版, 2010.

[23] 日本応用数理学会（監修）『応用数理ハンドブック』（数理ファイナンスの章：赤堀次郎, 新井拓児, 石村直之, 小俣正朗, 関根順, 中川秀敏, 成田清正）, 朝倉書店, 2013.

[24] Øksendal B., *"Stochastic Differential Equations: An Introduction with Applications"* (6th edition), Springer-Verlag, Berlin, 2003.

[25] Privault N., *"Stochastic Finance: An Introduction with Market Examples"*, CRC Press, Taylor & Francis Group, Boca Raton (Florida), 2014.

[26] Shiryaev A.N., *"Essentials of Stochastic Finance: Facts, Models, Theory"*, World Scientific, Singapore, 1999.

[27] 髙信　敏『確率論』, 共立出版, 2015.

[28] 高橋陽一郎〔編〕『伊藤清の数学』, 日本評論社, 2011.

[29] 渡辺信三『確率微分方程式』（初版）, 産業図書, 1975.

確率論の基礎概念から確率微分方程式論の直感的背景に至るまで伊藤理論の原点が凝縮された [12], 確率過程論の基礎が体系的に解説された [13], 数学に携わる人々への深い思いが綴られた [14], 伊藤清先生によるこれら3点は学びの貴重書である. 伊藤清先生に関する著作選と論説集 [28] は研究の発展的な過程と現代的な意義の把握に欠かせない. また, 確率微分方程式としては本邦初の和書 [29] も専門の深い学びに欠かせない.

確率論については, コルモゴロフによる測度論を基に解説した [27], 基本演習からブラウン運動までの入門を例題で扱った [22] がある. 統計については, 未知母数の統計的推定をユーザー視点で扱った [7] がある.

確率変数から確率過程，確率積分，確率微分方程式，さらにその応用に至るまでが解説された [3], [5], [17] は，入門のための基本知識と基本演習について具体的かつ即戦的な内容になっている．

確率積分が要約された [4] は入門の簡潔版であり，ブラウン運動から確率積分，確率微分方程式，偏微分方程式，確率測度の変換に至るまでが解説された [8], [10] および [15] は専門の詳細版である．これらはいずれも要項の関係がわかるよう，体系的に編まれている．

確率微分方程式については，[11] が入門として勘所を簡潔に語り，[20], [21] および [24] が専門として問題の本質と証明のキーポイントを明解に示している．

確率微分方程式の解の安定性については，[16] がリヤプノフ関数による定性理論に詳しく，その内容の一部分は [1], [5] および [9] に要約されている．

パラメータの統計的推定については，[2] がこれまでの研究成果に詳しく，[5], [17] および [18] が身近な応用例で平易な表現になっている．人口動態とロトカ・ボルテラのモデルについては，[9] が数理生物の観点から詳しい．また，確率フイルターについては，[19] が問題の本質と計算の技法を離散型モデルで見渡せるように解説し，[1], [20] および [24] が入門のための基礎を連続型モデルで最短コース的に与えている．

数理ファイナンスの書としては，[6], [23] および [25] があり，入門から専門までを丁寧に扱っている．また，[26] は問題の本質から専門の展開までを具体的なモデルを用いて詳細に，かつ全体を大きく見渡せるように展開している．

最後に，本書をまとめるにあたっては，教育的な配慮で解説する部分を [1], [3], [4], [9], [17], [20], [25] における方法と例示から啓発をうけ，参照した．

索　引

【欧文・数字】

$\mathcal{A}$ から生成された σ-フィールド　60
BS　334
càdlàg　98, 150, 155
C^n 級　12
C^r　19
C^r 級　20
$\mathcal{F}$-可測　49, 62
$\mathcal{F}_t$-可測　155
$\mathcal{F}_Y$ に対する A の条件付き確率　54
$\mathcal{G}$ に対する A の条件付き確率　53
$\mathcal{G}$ に対する X の条件付き平均　54, 91
$\mathcal{G}$ に対する事象 A の条件付き確率　228
L^2-連続　98
L^r-収束　73
n 回微分可能　12
n 回連続微分可能　12
n 次元 OU 過程　250
n 次元オルンシュタイン・ウーレンベック過程　250
n 次元空間　17
n 次元ブラウン運動　108
n 変数関数　17
n 変量の正規分布　86
ODE　192
OU 過程　174, 200, 276, 295
OU の位置過程　265
OU の速度過程　265, 282
P-可積分　287
P-ブラウン運動　288
P-マルチンゲール　288
P^*-ブラウン運動　345

P^*-マルチンゲール　345
PDE　331
P に関する Q の密度　286
RCLL　98
r 回連続偏微分可能　19
SDE　193
SIE　195
σ-加法性　58
σ-フィールド　57
T-請求権　323
X から生成されたフィールド　51
$Y = y$ に対する X の条件付き確率密度　89
$Y = y$ に対する X の条件付き平均　90
Y に対する X の条件付き平均　55, 90, 91

1 階線形微分方程式　35
2 回微分可能　12
2 項モデル　329
2 次変分　41, 115, 156
2 重積分　25
2 重平均の法則　92
2 乗可積分　69
2 乗平均収束　73, 206
2 変数関数　17

【あ　行】

アメリカ型　317
安全利子率　319
安定　297
安定的な吸引点　299
安定な引き込み　311
イェンセンの不等式　92

索引

一様可積分　74
一様収束　30, 206, 214
一様楕円性条件　297
一様に有界　206
一様分布　77
一様連続　8
一致している　96
一致推定値　296
伊藤解析　151
伊藤過程　160
伊藤積分　137, 141
伊藤の一般公式　173, 175
伊藤の確率積分　137, 141
伊藤の修正項　159, 166, 172
伊藤の乗積表　115, 162, 177
伊藤の単純公式　166, 172
伊藤の表現定理　188, 352
インディケータ　52
ウィーナー積分　195
上に有界　1
凹関数　11
オプション　317
オプションの価格付け　318
オルンシュタイン・ウーレンベック（OU）過程　174, 200, 279

【か 行】

解　35, 192, 198
開区間　1
階数　34
階段過程　135
階段関数　133
解の存在と一意性　220
ガウス過程　89, 120, 281
ガウス分布　85
下界　1
下極限　3
拡散型のSDE　201
拡散過程　198, 251
拡散係数　198, 251
拡散方程式　104
各点収束　30

確率　51, 58
確率過程　50, 88, 95
確率空間　45, 53, 58
確率収束　72
確率積分　134, 137, 141
確率積分の収束性　216
確率積分の定義の拡張　151
確率積分方程式　195, 198, 203
確率測度　58
確率積の微分公式　164, 178
確率的に安定　300
確率的に漸近安定　300
確率微分　160
確率微分方程式　193, 198, 203
確率微分方程式の解　204
確率分布　52, 64
確率変数　49, 62
確率変数 X から生成された σ-フィールド　64
確率変数ベクトル　65
確率密度　64, 66
確率密度関数　64
確率連続　97
確率ロジスティックモデル　303
確率ロトカ・ボルテラモデル　309
下限　2
可算加法性　58
可積分　69
可測　49, 62, 149, 203
可測関数　203
可測空間　58
可測集合　58
空売り　336, 358
カラーノイズ　283
カラテオドリイの拡張定理　60
カルマン・ブーシーの線形フィルター　313
関数　4
関数行列　27
関数項級数　32
関数列　30
完備　327

完備化 100
ガンマ 360
ガンマ関数 276
ガンマ分布 276
幾何ブラウン運動 172, 193, 199, 218, 233
企業間の競争モデル 311
企業間の相互関係 307
危険資産 193
期待値 52, 66
基本解 260, 263, 264
基本事象 45
帰無仮説 295
級数 28
級数の和 28
求積法 36
競争と共生 305
共分散 80
共分散関数 121
共分散行列 82
共変動 43, 158
強マルコフ性 131
共役作用素 264, 272
極限関数 30, 215
極限値 2, 5, 18
極座標による変換 27
極値 11
極小値 11
極大値 11
局所解 222
局所マルチンゲール 191, 195, 291
局所リプシッツ条件 221
曲面 18
ギルサノフの公式 289, 291, 345
ギルサノフの例 221
金融市場 193, 319
金融派生商品 323
空間的な一様性 128
空事象 46
区間 1
区間 $[0, T]$ で確率連続 97
グリークス 360

グロンウォールの不等式 205
グロンウォールの補題 205
結合確率密度 65
結合分布関数 65
原始関数 14
原資産 317
減少 11
項 28
高位の無限小 6
広義積分 17
広義に定常 282
行使価格 317
高次偏導関数 19
合成関数の微分法 9
合成関数の偏微分法 21
恒等法則 46
項別積分 33
項別微分 33
コーシーの平均値の定理 10
コーシー分布 69
コーシー列 3
コールオプション 317
コルモゴロフの後ろ向き方程式 256, 263
コルモゴロフの拡張定理 239
コルモゴロフの前向き方程式 259, 264
コルモゴロフの連続性判定定理 97

【さ 行】

最小値 1, 7
最大値 1, 7
裁定機会 324, 328
裁定取引 350
最尤推定値 296
最良な推定 312
最良な推定値 94, 228
差事象 46
時間的に一様 128
時間的に一様な拡散過程 272
時間的に一様なマルコフ過程 242, 273

索　　引　369

資金自己調達的　321
試行　45
事後確率　53
事象　45
指数型　188
指数過程　194
指数級数　29
指数分布　69
指数マルチンゲール　114
システムの観測　312
システムの状態　312
事前確率　53
自然なフィルトレーション　51, 99
（下に）凹　11
（下に）凸　11
下に有界　1
支払価格　317
自明なフィールド　47
集合 A から生成されたフィールド　47
収束する　2, 5, 17, 28, 30
周辺分布関数　65
出力過程　312
シュワルツの不等式　15, 80
順序交換　32
上界　1
上極限　3
上限　2
条件付き確率　53
条件付き証券　323
条件付き請求権　323
条件付き分布関数　125
条件付き平均　228
常微分方程式　34, 192
乗法公式　53
初期条件　35, 192
初期値　35, 202
初期分布　236
食物連鎖　307
初脱出時間　103
初到達時間　103, 131
信号過程　312

人口動態　303
人口モデル　194
振動する　28
推移確率　229
推移確率関数　127, 229
推移確率密度　106, 128
推移確率密度関数　106
数理ファイナンスの第1基本定理　326
数理ファイナンスの第2基本定理　327
数列　2
ストラトノビッチ積分　147, 181
スマートフォン　311
スムージング　92
正の無限大　1
正の無限大に発散する　3
正規増分　89
正規分布　85
請求権　323
正項級数　28, 214
整合性条件　239
正射影　94
生成作用素　257, 266
正定値　298
積（共通）事象　46
積型再正規化　185, 195
積分可能　14, 69
積分曲線　35
積分順序の変更　26
積分する　14
積分定数　14
積率　69
積率母関数　70
積率評価　243
絶対連続　285
全確率の公式　53
線形　81
線形 SDE　278
線形 SIE　278
線形確率積分方程式　278
線形確率微分方程式　278

線形性　43, 137, 151
線形増大度条件　205, 221, 225
線形微分方程式　34
線形法則　92
全事象　46
全微分可能　22
全変動　40
増加　11
相関がない　82
相関係数　81
増大度条件　197, 205
相等　46
増分　109

【た　行】

第1種の誤り　295
第2次導関数　12
第2次偏導関数　19
第3次偏導関数　19
第n次導関数　12
大域解　222
大域で確率的に漸近安定　301
大域で漸近安定　311
大域リプシッツ条件　223
対称　81
対称性　43, 159
対数正規分布　286
大数の強法則　78, 118
大数の法則　118
対数尤度　296
多次元の伊藤公式　177
多次元の確率微分方程式　224
達成可能　326
田中の方程式　224
多変量正規分布　86
ダランベールの判定法　29, 214
タワー法則　92
単調関数　11
単調減少　11
単調収束定理　75, 93
単調性　58
単調増加　11

値域　4
チェビシェフの不等式　84
置換積分法　16
チャップマン・コルモゴロフ方程式　238
中間値の定理　7
中心極限定理　78
重複大数の法則　118
直積σ-フィールド　149
直積集合　149
筒集合　96
強い意味の解　198
定義域　4
停止時間　102
定常　282
定常増分　109
定常独立増分　112
定常な推移確率　242
定常なマルコフ過程　242
定常分布　274
定常密度　274
定積分　14
定積分可能　14
テイラーの定理　12, 23
ディラックのデルタ関数　339
ディンキンの公式　268
テータ　360
適合過程　99, 141
適合している　50, 99
デリバティブ　323
デルタ　332, 359, 360
転置　251
転置行列　253, 261
ド・モルガンの法則　46
ドゥーブ・レヴィの定理　100
ドゥーブの劣マルチンゲール不等式　102, 244
導関数　9
同値　283, 285
同値なマルチンゲール測度　325
等長性　137, 152
等比級数　28

特性関数　70
独立　78, 79
独立増分　109
凸関数　11
富の過程　320
ドリフト　198, 251
ドリフト係数　198, 251
ドリフトをもつブラウン運動　218

【な　行】

ナブラ　360
日本の人口数　304
ニューメレール　325
入力過程　312
熱方程式　104, 338
ノビコフ条件　195

【は　行】

バージョン　96
バシュリエのモデル　327
排反　46
白色雑音　192
爆発時間　222
爆発する解　196, 222
発散する　3, 28
発展的可測　149
パラメータの統計的推定　293
汎関数　201
半群　265, 355
ピカールの逐次近似法　38, 206
被食　307
被積分関数　14
非先行的　148
左極限値　5
左連続　6, 98
微分　9
微分可能　9
微分係数　9
微分作用素　257, 262
微分商　9
微分する　9
微分積分の基本定理　16

微分方程式　34
標準正規分布　78, 85
標準多変量正規分布　85
標準ブラウン運動　105
標本空間　45
ファイナンス　270, 280, 286
ファインマン・カッツの公式　270
ファトゥの補題　75, 93, 217
不安定　297
フィールド　47
フィルター付き確率空間　99
フィルター問題　280, 312
フィルトレーション　49, 99, 140
フォッカー・プランク方程式　259, 264
プット・コール・パリティ　350
プットオプション　317, 349
不定形の極限　11
不定積分　14
負の無限大　1
負の無限大に発散する　3
フビニの定理　103
部分積分　266
部分積分の公式　164
部分積分法　16
部分列　2
不変測度　274
不変分布　274, 311
不変密度　274, 305, 311
ブラウン運動　105, 276
ブラック・ショールズのPDE　331
ブラック・ショールズの公式　333, 341, 347
ブラック・ショールズの偏微分方程式　331
ブラック・ショールズモデル　193, 319
プレミアム　318, 351
分割　48
分割から生成されたフィールド　48
分極公式　43
分散　80

分配法則　46
分布　64
分布関数　64
分布の意味で収束　72
ペイオフ　317
ペイオフ関数　317
平均　52, 66
平均 0 の性質　137, 152
平均回帰のオルンシュタイン・ウーレンベック（OU）過程　218, 227
平均関数　121
平均値の定理　10, 24
平均リターン率　319
閉区間　1
平衡点　298, 306, 309
ベイズの公式　53, 287
ベガ　360
ヘッジ戦略　324, 352, 358
ヘッジの問題　318
ベッセル過程　180
ヘルダー条件　36
ヘルダーの不等式　83
変曲点　12
変数分離形　314
変動　40
偏導関数　19, 20
偏微分可能　18, 20
偏微分係数　18, 20
偏微分する　19
偏微分方程式　34, 331
包含　46
ポートフォリオ　320
ポートフォリオ戦略　320
ポートフォリオの価値　320
捕食　307
ほとんど至るところで　62
ほとんど確実に収束　73
ほとんどすべての x に対して　62
ボラティリティ　227, 319
ボレル・カンテリの補題　59, 214
ボレル σ-フィールド　61, 66
ボレル関数　64

ボレル集合　61, 66
ホワイトノイズ　192, 295, 309
本質的下限　60
本質的上限　60

【ま 行】

マクローリンの定理　13, 24
マリアヴァン微分　356
マルコフ過程　124, 128, 229
マルコフ性　124, 229
マルコフの不等式　84
マルチンゲール　100, 147, 155, 267, 343
マルチンゲールの表現定理　187
右極限値　5
右連続　6, 98, 99
道　95
見本経路　95
無限級数　28
無限区間　1
無限小　6, 252
無限小生成作用素　257, 266
無数の解　196
無リスク資産　318
モーメント　69

【や 行】

ヤコビアン　27
有界　1
有界収束定理　75, 93
有界変動　40, 116
有限区間　1
有限次元分布　96
有限変動　40, 165
尤度　293
優マルチンゲール　100, 300
優マルチンゲールの不等式　300
ヨーロッパ型　317
ヨーロッパ型コールオプション　328
余事象　46
弱い意味で一意的　223
弱い意味の解　198, 223

【ら 行】

螺旋ブラウン運動　226
ラドン・ニコディムの定理　284, 285
ラドン・ニコディム微分　286
ランジュバン型　201, 279
ランジュバン方程式　174, 200
リーマン・スティルチェス積分　42, 148
リーマン積分　14
リーマン和　14, 145
離散型　45
利子率　227, 270
リスク・プレミアム確率　326
リスク資産　193, 318
リスク中立確率　325, 330, 345
リッカチの方程式　313
リプシッツ条件　36, 197, 204, 220, 225
リヤプノフ関数　299
領域　18
ルベーグ・スティルチェス積分　67
ルベーグ積分　67
ルベーグ測度　61
零集合　96, 285

レヴィのマルチンゲールによる特徴付け　112
劣加法性　58
劣マルチンゲール　100
レプリケーション戦略　324, 329
レプリケート　329
連鎖律　21
連続　6, 7, 18, 97, 155
連続型　57
連続性　58
連続なバージョン　152
ロー　360
ロジスティックモデル　303
ロトカ・ボルテラモデル　305
ロピタルの定理　10
ロルの定理　10
ロングポジション　329

【わ 行】

ワイエルシュトラスの定理　2
ワイエルシュトラスの優級数判定法　33, 214
和事象　46
割引価値　322

〈著者紹介〉

成田 清正（なりた きよまさ）
1972 年　東京教育大学大学院博士課程修了
現　在　神奈川大学名誉教授，理学博士
専　攻　確率論，統計数学
著　書　『エクササイズ微分積分』（共著，1992）
　　　　『エクササイズ偏微分・重積分』（共著，1993）
　　　　『エクササイズ線形代数』（共著，1994）
　　　　『エクササイズ微分方程式』（共著，1995）
　　　　『エクササイズ確率・統計』（共著，1996）
　　　　『エクササイズ複素関数』（共著，1999）
　　　　『Advanced ベクトル解析』（共著，2000）
　　　　『例題で学べる確率モデル』（2010）
　　　　以上，共立出版

　　　　『基本演習　微分積分（改訂版）』（2002）
　　　　『基本演習　線形代数（改訂版）』（2002）
　　　　『Quick 演習　微分積分』（2009）
　　　　以上，牧野書店（共著）
　　　　他に共著書多数．

確率解析への誘い
―確率微分方程式の基礎と応用

(*Invitation to Stochastic Calculus*
—Foundation and Application of
Stochastic Differential Equations)

2016 年 9 月 25 日　初版 1 刷発行
2017 年 9 月 15 日　初版 2 刷発行

著　者　成田清正 ⓒ 2016
発行者　南條光章
発行所　共立出版株式会社

〒112-0006
東京都文京区小日向 4-6-19
電話番号　03-3947-2511（代表）
振替口座　00110-2-57035

共立出版（株）ホームページ
http://www.kyoritsu-pub.co.jp/

印　刷　大日本法令印刷
製　本　加藤製本

一般社団法人
自然科学書協会
会員

検印廃止
NDC 417.1, 331.19
ISBN 978-4-320-11143-1

Printed in Japan

JCOPY　〈出版者著作権管理機構委託出版物〉
本書の無断複製は著作権法上での例外を除き禁じられています．複製される場合は，そのつど事前に，出版者著作権管理機構（TEL：03-3513-6969，FAX：03-3513-6979，e-mail：info@jcopy.or.jp）の許諾を得てください．